高职高专工作过程·立体化创新规划教材——计算机系列

Windows Server 2012 网络操作系统
(第 2 版)

史国川　徐　军　方星星　主　编

王　飞　束　凯　王　欢　副主编

清华大学出版社
北　京

内容简介

本书以微软较新的服务器产品——Windows Server 2012网络操作系统为应用背景，采用“工作过程导向”的编写模式，介绍了Windows服务器的网络配置、维护和管理。本书主要内容包括Windows Server 2012概述与安装，配置Windows Server 2012工作环境，账户管理，域服务的配置与管理，磁盘管理，文件服务器、打印服务器、DHCP服务器、DNS服务器、Web服务器的配置以及如何搭建FTP服务器等。为了突出实训教程的特点，本书所有实验都可以在虚拟机软件环境下完成。

本书以技能提高为主线，以知识积累为副线，内容通俗易懂，实用性和操作性强。与同类教材相比，本书在系统介绍Windows Server 2012网络功能的同时，本着“理论够用，实践为主”的原则，在讲述相关基本概念的基础上，重点培养学生的实践应用能力。

本书是高职高专计算机类专业的首选教材之一，也可作为计算机培训班、辅导班和短训班的教材。对于希望尽快掌握Windows Server 2012网络技术的入门者，可将本书作为参考资料。

图书在版编目(CIP)数据

Windows Server 2012网络操作系统/史国川，徐军，方星星主编. —2版. —北京：清华大学出版社，2019 (2024.1重印)
(高职高专工作过程·立体化创新规划教材——计算机系列)
ISBN 978-7-302-52340-6

Ⅰ. ①W… Ⅱ. ①史… ②徐… ③方… Ⅲ. ①Windows操作系统—网络服务器—高等职业教育—教材 Ⅳ. ①TP316.86

中国版本图书馆CIP数据核字(2019)第034666号

责任编辑：章忆文　李玉萍
封面设计：刘孝琼
责任校对：李玉茹
责任印制：刘海龙
出版发行：清华大学出版社
网　　址：https://www.tup.com.cn，https://www.wqxuetang.com
地　　址：北京清华大学学研大厦A座　　**邮　　编：**100084
社 总 机：010-83470000　　**邮　　购：**010-62786544
投稿与读者服务：010-62776969, c-service@tup.tsinghua.edu.cn
质量反馈：010-62772015, zhiliang@tup.tsinghua.edu.cn
课件下载：https://www.tup.com.cn, 010-62791865
印 装 者：北京嘉实印刷有限公司
经　　销：全国新华书店
开　　本：185mm×260mm　　**印　　张：**21.75　　**字　　数：**525千字
版　　次：2011年6月第1版　2019年4月第2版　　**印　　次：**2024年1月第9次印刷
定　　价：56.00元

产品编号：080087-01

丛　书　序

1. 出版目的

高等职业教育强调“以服务为宗旨，以就业为导向，走产学结合发展的道路”。能否服务于社会、促进就业和提高社会对毕业生的满意度，是衡量高等职业教育是否成功的重要标准。坚持“以服务为宗旨，以就业为导向，走产学结合发展的道路”体现了高等职业教育的本质，是其适应社会发展的必然选择。

为了提高高职院校的教学质量，培养符合社会需求的高素质人才，我们组织全国高等职业院校的专家、教授组成了“高职高专工作过程·立体化创新规划教材”编审委员会，全面研讨人才培养方案，并结合当前高职教育的实际情况，推出了这套“高职高专工作过程·立体化创新规划教材”丛书，打破了传统的高职教材以学科体系为中心、讲述大量理论知识、再配以实例的编写模式，突出应用性、实践性。一方面，强调课程内容的应用性，以解决实际问题为中心，基础理论知识以应用为目的，以“必需、够用”为度；另一方面，在教学过程中增加实践性环节的比重。

本套丛书以“工作过程为导向”，以培养学生的职业行为能力为宗旨，以现实的职业要求为主线，选择与职业相关的内容组织开展教学活动和过程，使学生在学习和实践中掌握职业技能、专业知识及工作方法，从而构建属于自己的经验和知识体系，以解决工作中的实际问题。这在一定程度上契合了高职高专院校教学改革的需求。随着技术的进步、计算机软硬件的更新换代，不断有图书再版和新的图书加入。我们希望通过对这一套突出职业素质需求的高质量教材的出版和使用，能促进技能型人才的培养。

2. 丛书特点

(1) 以项目为依托，注重能力训练。以“工作场景导入”→“知识讲解”→“回到工作场景”→“工作实训”为主线进行编写，体现了以能力为本的教育模式。

(2) 内容具有较强的针对性和实用性。丛书以贴近职业岗位要求、注重职业素质培养为基础，以“解决工作场景问题”为中心展开内容，书中每一章都涵盖了完成工作所需的知识和具体操作过程。

(3) 易于学习、提高能力。通过具体案例引出问题，在掌握知识后立刻回到工作场景中解决实际问题，使学生能很快上手，提高实际操作能力；每章结尾的“工作实训营”板块都安排了有代表意义的实训练习，针对问题给出明确的解决步骤，阐明了解决问题的技术要点，并对工作实践中的常见问题进行分析，使学生进一步提高操作能力。

(4) 示例丰富、由浅入深。书中配备了精心挑选的例题，既能帮助读者理解知识，又具有启发性。对于较难理解的问题，由浅入深、循序渐进地组织示例内容。

3. 读者定位

本系列教材主要面向高等职业技术院校和应用型本科院校，同时也适合计算机培训班和编程开发人员培训、自学使用。

4. 关于作者

丛书编委会特聘执教多年且有较高学术造诣和实践经验的名师参与各书的编写。他们长期从事有关的教学和开发研究工作，积累了丰富的经验，对相应课程有较深的体会与独特的见解，本丛书凝聚了他们多年的教学经验和心血。

5. 互动交流

本丛书保持了清华大学出版社一贯严谨、科学的图书风格。由于我国计算机应用技术教育正在蓬勃发展，要编写出满足新形势下教学需求的教材，还需要不断地努力、实践。因此，我们非常欢迎全国更多的高校老师积极加入到“高职高专工作过程・立体化创新规划教材——计算机系列”编审委员会中来，推荐并参与编写有特色、有创新的教材。同时，我们真诚希望使用本丛书的教师、学生和读者朋友提出宝贵的意见和建议，使之更臻成熟。

丛书编委会

前　言

Windows 系列服务器操作系统无疑是现阶段最强大、最易用的网络操作系统之一，具有安全性、可管理性与可靠性等特点，非常适合搭建中小型网络中的各种网络服务器，尤其适合没有经过专业培训的非专业管理人员使用。Windows Server 2012 是一套基于 Windows 8 开发的服务器版系统，引入了 Metro 界面，增强了存储、网络、虚拟化、云等技术的易用性，让管理员更容易地控制服务器，它能够更快、更高效地满足客户需求，更能体现当前网络操作系统的发展趋势。

《Windows Server 2008 网络操作系统》是针对高职高专、应用型本科院校编写的教材，针对性强，符合相关院校的实际情况，自 2011 年出版以来，加印 7 次，深得读者好评。随着计算机网络的发展和操作系统的更新换代，很多中小网络服务器操作系统已升级为 2012。为了满足院校教学，我们基于网络工程和应用实践，以 Windows Server 2012 为背景，介绍 Windows 服务器的网络配置、维护与管理，与《Windows Server 2008 网络操作系统》相比，本版教材在操作环境和软件等方面都进行了更新。

本书共分 11 章，主要内容为：第 1 章 Windows Server 2012 概述与安装、第 2 章配置 Windows Server 2012 工作环境、第 3 章 Windows Server 2012 的账户管理、第 4 章 Windows Server 2012 域服务的配置与管理、第 5 章 Windows Server 2012 的磁盘管理、第 6 章文件服务器的配置、第 7 章打印服务器的配置、第 8 章 DHCP 服务器的配置、第 9 章 DNS 服务器的配置、第 10 章 Web 服务器的配置、第 11 章搭建 FTP 服务器。

本书具有以下特点。

(1) 结构清晰、模式创新。以“工作场景导入”→“知识讲解”→“回到工作场景”→“工作实训营”→“习题”为主线合理安排全书内容，全面解答知识点“为什么”“是什么”“如何做”的问题，打破传统知识点到习题的编写模式。

(2) 针对性、实用性强。本书立足于高等职业教育，各章都涵盖了完成工作所需的知识和具体操作过程，实现理论知识与实践技能的整合；以“工作场景导入”为中心展开内容，将工作环境与学习环境有机地结合在一起，具有很强的实用性，有利于提升学生的学习兴趣。

(3) 上手快、易教学。继续遵循“理论知识适度、够用即可”的原则，内容安排循序渐进，由浅入深，详尽介绍案例操作的方法和步骤，使学生容易上手；以教与学的实际需要取材谋篇，大量结合案例，方便老师教学。

(4) 安排实训，提高能力。每章都安排了“工作实训营”板块，包括实训环境和条件、实训目的、实训内容、实训过程。通过实训操作，使学生进一步提高应用能力。

(5) 重难点突出。内容介绍不但明白详尽，还给出一些提示，力求使读者能够全面深入理解。

本书由史国川、徐军、方星星担任主编，王飞、束凯、王欢担任副主编。参与本书编写和资料整理的还有何光明、张伟、石雅琴、胡珍珍、许悦、王珊珊、卢振侠和蒋思意。本书在编写过程中参考了许多相关书籍和资料，在此谨向这些参考文献的作者表示深深的谢意。

本书可作为高职高专和本科计算机专业的教材，也可作为计算机培训班、辅导班和短训班的教材。对于希望尽快掌握 Windows Server 2012 网络技术的入门者，可将本书作为参考资料。由于编者水平有限，书中难免会有疏漏和不当之处，恳请广大读者批评指正。

编　者

第1版前言

Windows 系列服务器操作系统无疑是现阶段最强大、最易用的网络操作系统之一，具有安全性、可管理性与可靠性等特点，非常适合于搭建中小型网络中的各种网络服务，尤其适合没有经过专业培训的非专业管理人员使用。Windows Server 2008 是微软较新的服务器操作系统，与 Windows Server 2003 相比，Windows Server 2008 具有更多的功能、更好的安全性和稳定性，更能发挥多核处理器和 64 位架构的潜力，适应未来的虚拟化应用，代表了下一代 Windows Server。

本书针对高职教育的培养目标及高职学生的特点，在结构体系及内容编排上尽力体现高职教材的实用性特色，竭力突出理论知识与实际应用紧密联系的特点，力求"以就业为导向，以能力为本位"，强化上岗前培训，将深奥枯燥、不易理解的理论知识用浅显易懂的语言深入浅出地进行阐述，在知识侧重点的选择和难易程度的把握上做出了新的探索和尝试，以适应高职教学的需要。

本书以微软较新的服务器产品——Windows Server 2008 网络操作系统为应用背景，介绍了 Windows 服务器的网络配置、维护和管理。全书共分 11 章，内容包括 Windows Server 2008 服务器的安装，基本环境设置，用户和组管理，活动目录，NTFS 文件系统，以及文件、打印、DHCP、DNS、WWW、FTP 服务器的搭建和管理等。

本书立足于高等职业教育，采用"工作过程导向"的编写模式，本着"理论知识适度、够用即可"的原则，在讲述相关基本概念的基础上，针对每一个工作过程来传授相关的课程内容，实现实践技能与理论知识的整合，将工作环境与学习环境有机地结合在一起。每一章大致分为本章要点、技能目标、工作场景导入、相关知识点讲解、回到工作场景、训练实例、工作实践常见问题解析、习题等几个部分，通过应用环境引出相关概念，在讲解"如何做"的同时讲解了"为什么"和"是什么"。教材突出重点和难点，在介绍时不但解释明白详尽，还做出一些提示，使读者能够正确理解。为了突出技能实训，每章都安排了训练实例，包括实训环境和条件、实训目的、实训内容、实训过程。这些实训内容都可以在虚拟机软件环境下完成。

本书计划安排 60～70 学时，其中上机实习 25 学时左右，各学校可根据实际情况做出适当的调整。

本书由张伍荣、朱胜强、陶安担任主编，邵杰、王海军担任副主编，全书框架由何光明拟定。郑家琴、金晶、郑航坚、夏晨、黄奕铭等同志承担了本书部分章节的写作、技术资料的收集和文稿的排版与校对工作，此外，王珊珊、吴涛涛、赵梨花、陈海燕、许勇、王国全等同志也提供了大力支持和帮助，在此一并表示感谢。本书在编写过程中参考了许多相关书籍和资料，在此谨向这些参考文献的作者表示深深的谢意。

由于作者水平有限，尽管经过多次校对和反复修改，但是书中难免存在疏漏和不妥之处，恳请各相关高职院校的教学单位和读者在使用本教材的过程中多提宝贵意见，以便再版修订时进一步改进和完善。

编　者

目　　录

第 1 章

Windows Server 2012 概述与安装

- Windows Server 2012 的主要特点和版本。
- 安装 Windows Server 2012。
- 利用虚拟机技术构建 Windows Server 2012 实验环境。

技能目标

- 了解 Windows Server 2012 的主要特点。
- 学会选择适合的 Windows Server 2012 版本。
- 了解 Windows Server 2012 的安装方法及使用场合。
- 掌握使用 DVD 光盘安装 Windows Server 2012 的方法。
- 熟悉虚拟机技术的工作原理。
- 能利用虚拟机技术构建 Windows Server 2012 实验环境。

1.1 工作场景导入

【工作场景】

S 公司是一家建筑设计企业，为保证设计数据的可靠性，公司设计部购置了一台文件服务器用于存放员工提交的标书、开发图纸和文档，以及员工个人文档的备份。该服务器硬盘的可用空间约 550GB，公司设计部经理计划对服务器进行如下部署。

(1) 为了便于管理，服务器的操作系统采用 Windows Server 2012。

(2) 将服务器的硬盘划分为 3 个逻辑盘(C、D、E 盘)，分别用于安装操作系统，存放公用文档和员工个人文档。其中，C 盘 50GB，D 盘 300GB，其余用作 E 盘。

【引导问题】

(1) Windows Server 2012 有哪些版本？如何选择？

(2) Windows Server 2012 有哪些安装方法？安装前需要做哪些准备工作？在一台全新的服务器中如何安装 Windows Server 2012？

1.2 Windows Server 2012 概述

1.2.1 Windows Server 2012 简介

Windows Server 2012 是微软公司开发和发布的一个服务器系统，于 2012 年发售，继承了 Windows Server 2008 R2 服务器系统的部分功能，并在此基础上进行优化和升级。

Windows Server 2012 是迄今 Windows 服务器体系中最具重量级的产品，拥有全新的用户界面、强大的管理工具、改进的 PowerShell 支持，以及在网络、存储和虚拟化方面大量的新特性。这些新特性主要用来构建可伸缩、虚拟化和准备向云环境迁移的工作负载、应用和服务。Windows Server 2012 的底层特意为云而设计，提供了创建私有云和公共云的基础设施。Windows Server 2012 还实现了引领时代的数据安全保障，能够适应云计算环境，即使在移动设备日益普及的趋势下，也具有高安全性。Windows Server 2012 在可靠性、节能、整合方面也进行了诸多改进，使用户无须安装大量插件，就能够获得一个可用的解决平台。

Windows Server 2012 提供了令人兴奋且很有价值的新功能。

1. 新的服务器管理程序

相比 Windows Server 2008，Windows Server 2012 启动界面更加简洁和专业，操作上也更加简单，能更容易让使用者将焦点放在服务器需要完成的任务上。服务器管理器在功能方面更加强大，具有创建服务器组(server group)的能力。

2．先命令行、后 GUI

在首次安装 Windows Server 2012 时，会要求用户在基本核心与全安装之间进行选择。基本核心一般是首选、推荐选项。安装了核心版，就可简单地安装 GUI 任务，并切换到 GUI 上，不需要时可卸载，而不必选择全安装。

3．Hyper-V 复制

Hyper-V 技术提供了一种可用于创建和管理虚拟机及其资源的环境。

Windows Server 2012 内置的 Hyper-V 版本已升级到 3.0，具备了更多的新功能和特性。Hyper-V 复制特性可进行远程虚拟机复制，当站点一出现故障时，站点二马上接管业务，轻松实现虚拟架构的容灾，可帮助企业管理成本开销。

4．扩展的 PowerShell 功能

在 Windows Server 2012 中有数百条命令行指令，这将让工作变得更轻松，因为 PowerShell 本质上就是管理操作系统中所有工作负载的首选方法。

5．存储空间功能

Windows Server 2012 在存储方面带来了大量的变化。SMB 3.0 开启了全新的方式来管理磁盘和存储，可以提供高可用性和集成的群集共享卷，为虚拟机、文件共享和其他工作负载的可扩展性部署。存储空间(Storage Space)可以将工业标准的磁盘组合到一个存储池，然后在可用容量上创建虚拟磁盘，池中的每个存储空间都有自己的可用性策略，如镜像和 RAID 冗余。

6．DirectAccess

DirectAccess 允许任何端点在访问企业网络时可以拥有类似 VPN 的安全隧道，却不会有真正 VPN 的开销和性能弱点。客户端上不必安装管理代理，便可无缝地连接到文件共享、本地设备和其他资源。

7．ReFS

ReFS 可以构建比 NTFS 更大规模的文件系统，以原子方式在磁盘上的不同位置写入数据，这样在写入期间出现电源故障时就可以改善数据弹性，并且其还包括新的“完整流”功能，可使用校验和实时分配来保护程序，并同时访问系统和用户数据。

8．IP 地址管理

通过完备的 IPAM 套件，用户可以按照一种有组织的方式分配、分组、分发、更新 IP 地址，并可与 DHCP 以及 DNS 服务器集成，发现并管理网络中的已有设备。

1.2.2　Windows Server 2012 版本

Windows Server 2012 只有 4 个版本：Foundation、Essentials、Standard 和 Datacenter。这 4 个版本分别针对不同的业务和企业环境，相比 Windows Server 2008，版本数量从之前

的 12 个降到现在的 4 个。Windows Server 2012 服务器系统与微软之前推出的服务器系统一样，具有降级授权特性。

1. Windows Server 2012 Foundation(基础版)

仅提供给 OEM 厂商，限定用户 15 位，提供通用服务功能，不支持虚拟化。

2. Windows Server 2012 Essentials(精华版)

面向中小企业，并发用户数量限定在 25 位以内，该版本简化了界面，预先配置云服务连接，不支持虚拟化。

3. Windows Server 2012 Standard(标准版)

提供完整的 Windows Server 功能，限制使用两台虚拟主机。

4. Windows Server 2012 Datacenter(数据中心版)

提供完整的 Windows Server 功能，不限制虚拟主机的数量。

简单来说，Windows Server 2012 的标准版与数据中心版有相同的功能，并且标准版与数据中心版都是在每个处理器的基础上提供用户许可证，但是标准版限制使用两台虚拟主机，而数据中心版不限制虚拟主机的数量。

Windows Server 2012 标准版与数据中心版集成了 Storage Server 功能，这是建立在 Windows Server 2012 基础上的一个 NAS 平台，可以帮助企业降低存储成本，并建立现代数据中心和私有云。

各版本之间的区别见表 1-1。

表 1-1 Windows Server 2012 的 4 种版本比较

产品规格	Foundation (基础版)	Essentials (精华版)	Standard (标准版)	Datacenter (数据中心版)
散布方式	OEM	零售、大量授权、OEM	零售、大量授权、OEM	大量授权、OEM
授权模式	服务器	服务器	每对 CPU + CAL	每对 CPU + CAL
处理器芯片数量限制	1	2	64	64
内存限制	32GB	64GB	4TB	4TB
用户上限	15	25	不限	不限
文件服务限制	1 个独立的分布式文件系统根节点	1 个独立的分布式文件系统根节点	不限	不限
网络策略与访问服务限制	50 个 RRAS 连接，10 个 IAS 连接	250 个 RRAS 连接，50 个 IAS 连接，2 个 IAS 服务器组	不限	不限

续表

产品规格	Foundation (基础版)	Essentials (精华版)	Standard (标准版)	Datacenter (数据中心版)
远程桌面连接限制	20 个远程桌面连接	250 个远程桌面连接	不限	不限
虚拟化权限	不适用	1 台虚拟机或 1 台物理服务器，但不可同时使用	2 台虚拟机	不限
活动目录域服务	必须作为域或森林的根节点	必须作为域或森林的根节点	是	是
活动目录证书服务	只有证书授权	只有证书授权	是	是
活动目录联邦服务	是	否	是	是
服务器内核模式(无图形界面)	否	否	是	是
Hyper-V	否	否	是	是

1.3 安装 Windows Server 2012

1.3.1 Windows Server 2012 的安装模式

Windows Server 2012 有多种安装模式，分别适用不同的环境，用户可以根据实际需要选择合适的安装方式，从而提高工作效率。除常规的使用 DVD 盘启动安装方式外，Windows Server 2012 还可以选择升级安装、远程安装以及 Server Core 安装。

1. 全新安装

使用 DVD 盘启动安装是最基本的安装方式，新的服务器一般都采用这种方式安装。使用这种安装方式，用户根据提示信息适时插入 Windows Server 2012 安装光盘即可，在下一小节将详细介绍这种安装方式。

2. 升级安装

如果需要安装 Windows Server 2012 的计算机已经安装了 Windows Server 2008 或 Windows Server 2008 R2 操作系统，则可以选择升级安装方式，而不需要卸载原有的操作系统。这种安装方式的优点是可以保留原操作系统的各种配置。

若 PC 机通过授权购买安装了 Windows Server 2008 版 32 位体系结构，则不能直接升级至 Windows Server 2012 版本，因为 Server 2012 版本只有 64 位的。与此同时，Windows Server

2012 的四个版本不支持从一种语言到另一种语言的就地升级、不支持从 Windows Server 2012 的“服务器核心安装”模式切换到“完全安装”模式的一次性升级(反之亦然)。不过，在升级完成后，Windows Server 2012 允许在“服务器核心安装”与“完全安装”模式之间自由切换。

在 Windows 状态下，将 Windows Server 2012 安装光盘放入光驱，光盘会自动运行，打开【安装 Windows】对话框，单击【现在安装】按钮，即可启动安装向导，当出现【你想进行何种类型的安装】对话框时，选择【升级】选项，即可将原操作系统升级为 Windows Server 2012。

3. 远程安装

如果网络中已经配置了 Windows 部署服务，则可以通过网络远程方式来安装 Windows Server 2012。需要注意的是，使用这种安装方式必须要确保计算机网卡具有 PXE(预启动执行环境)芯片，支持远程启动功能，否则就需要使用 Rbfg.exe 程序生成启动软盘来启动计算机再执行远程安装。

使用 PXE 功能启动计算机时，会显示当前计算机所使用的网络版本等信息，根据提示信息按下引导键(一般为 F12 键)，将启动网络服务引导。

4. Server Core 安装

Server Core 是 Windows Server 2012 的新功能之一。管理员在安装 Windows Server 2012 时可以选择只安装执行 DHCP、DNS、文件服务器或域控制器角色所需的服务。这个新安装选项只安装必要的服务和应用程序，只提供基本的服务器功能，没有任何额外开销。虽然 Server Core 安装选项是操作系统的一个完整功能模式，支持指定的角色，但它不包含服务器图形用户界面(GUI)。由于 Server Core 安装只包含指定角色所需的功能，因此 Server Core 安装通常只需要较少的维护和更新，因为要管理的组件较少。换句话说，由于服务器上安装和运行的程序和组件较少，因此暴露在网络中的攻击也较少，从而减少了攻击面。如果在没有安装的组件中发现了安全缺陷或漏洞，则不需要安装补丁。

1.3.2 使用 DVD 启动和安装 Windows Server 2012

Windows Server 2012 安装用户界面非常友好，安装过程基本是在图形用户界面(GUI)环境下完成的，并且会为用户处理大部分初始化工作。

(1) 从光盘引导计算机。将计算机的 CMOS 设置为从光盘(DVD-ROM)引导，将 Windows Server 2012 安装光盘置于光驱内并重新启动，计算机就会从光盘启动。如果硬盘内没有安装任何操作系统，便会直接进入安装界面；如果硬盘内安装有其他操作系统，则会显示“Press any key to boot from CD...”的提示信息，此时在键盘上按任意键，即可从 DVD-ROM 启动。

(2) 启动安装后，打开【Windows 安装程序】窗口，进行安装语言、时间和货币格式、键盘和输入方法等设置。设置完毕后，单击【下一步】按钮，如图 1-1 所示。

(3) 安装向导会询问是否立即安装 Windows Server 2012，单击【现在安装】按钮开始安装，如图 1-2 所示。

图 1-1　语言、时间和货币格式、键盘和输入方法设置

图 1-2　现在安装

(4) 打开【选择要安装的操作系统】界面，在【操作系统】列表框中列出了可以安装的操作系统。用户可根据需要安装适合自己的 Windows Server 2012 的发行版本。这里选择【Windows Server 2012 Standard(带有 GUI 的服务器)】，单击【下一步】按钮，如图 1-3 所示。

(5) 在【许可条款】界面中，显示《Microsoft 软件许可条款》，只有接受该许可条款方可继续安装。选中【我接受许可条款】复选框，单击【下一步】按钮，如图 1-4 所示。

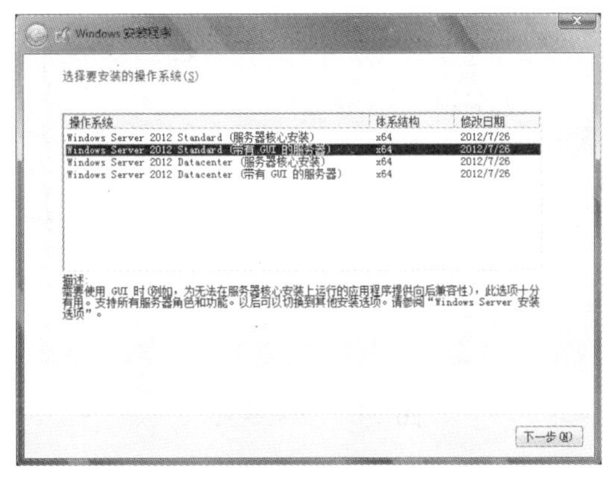

图 1-3　选择 Windows Server 2012 版本

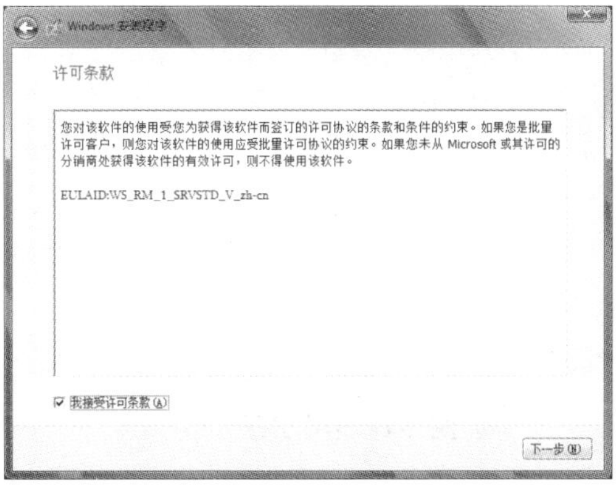

图 1-4　许可条款

(6) 在【你想执行哪种类型的安装？】界面中，升级选项用于将旧版 Windows Server 2008 升级到 Windows Server 2012，如果计算机中没有安装任何操作系统，则该选项不可用；【自定义：仅安装 Windows(高级)】选项用于全新安装，如图 1-5 所示。

(7) 在【你想将 Windows 安装在哪里？】界面中，显示了计算机的硬盘分区信息，如图 1-6 所示，计算机只有一块硬盘且没有分区。若计算机上安装了多块硬盘，则依次显示磁盘 1、磁盘 2……单击【驱动器选项(高级)】链接，对硬盘进行分区、格式化或删除已有分配等操作。

(8) 在列表框中选择【驱动器 0 未分配的空间】选项，单击【新建】按钮，在【大小】文本框中输入第一个分区的大小，如图 1-7 所示。主分区创建后，列表框中将出现三行磁盘分配信息，第一行为【驱动器 0 分区 1：系统保留】，第二行为【驱动器 0 分区 2】，第三行仍为【驱动器 0 未分配的空间】，但容量变小；再选择第三行，单击【新建】按钮，将剩余空间划分给其他分区。所有分区都创建完成后，选中列表框中的第二行【驱动器 0 分区 2】，单击【下一步】按钮，将 Windows 安装在磁盘的第二个分区中，即 C 盘中。

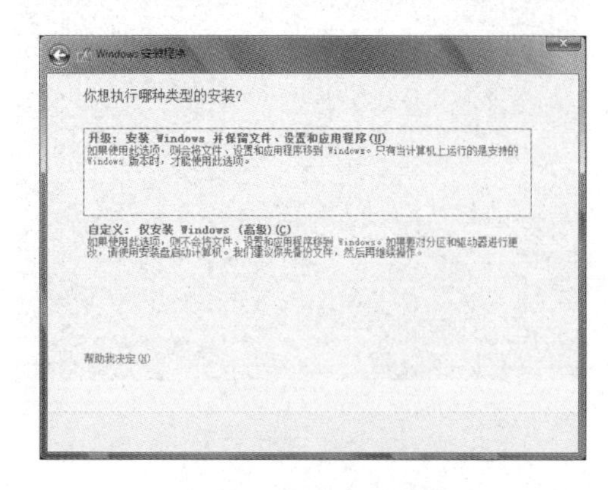

图 1-5　选择安装类型

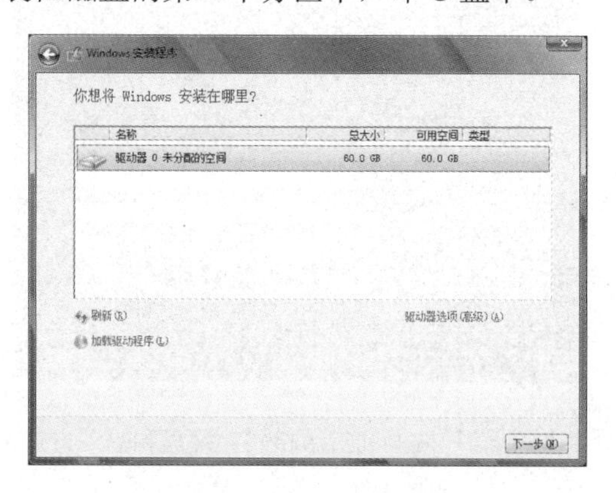

图 1-6　选择安装位置

(9) 打开【正在安装 Windows】界面，开始复制文件并安装 Windows Server 2012，如图 1-8 所示。

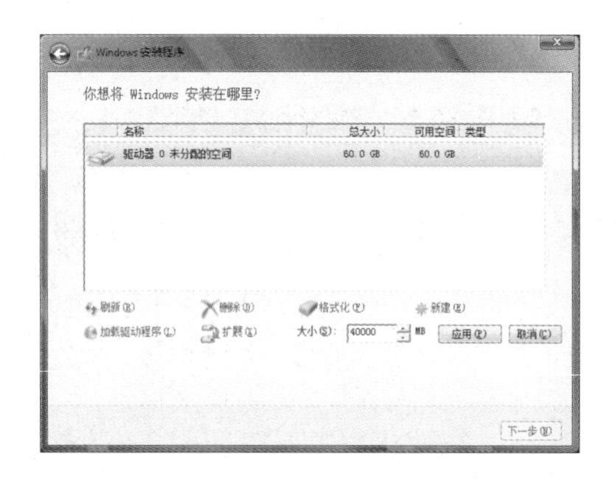

图 1-7　选择分区大小

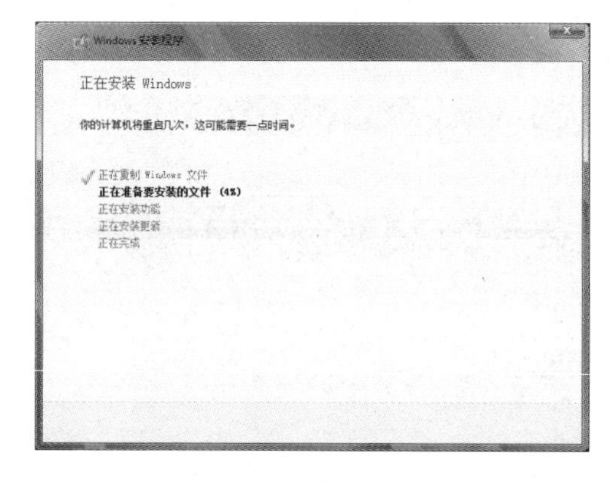

图 1-8　安装进度

(10) Windows Server 2012 安装完毕后，系统会根据需要重新启动。重新启动后，在第一次登录之前要求用户必须更改系统管理员(Administrator)账户密码，单击【确定】按钮，设置系统管理员(Administrator)账户的密码即可，如图 1-9 所示。

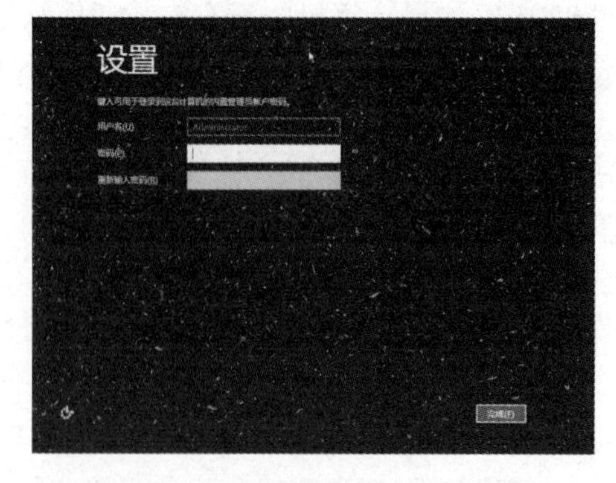

图 1-9　更改系统管理员账户密码

1.3.3　启动与使用 Windows Server 2012

Windows Server 2012 在安装完毕，并正确地设置系统管理员(Administrator)账户密码后，就可以使用了。

(1)　Windows Server 2012 启动后的第一个界面，提示用户按 Ctrl+Alt+Delete 组合键进入用户登录窗口，如图 1-10 所示。

(2)　在用户登录窗口中，输入正确的系统管理员(Administrator)账户密码，即可登录 Windows Server 2012 系统，如图 1-11 所示。

图 1-10　提示用户登录

图 1-11　输入 Administrator 账户密码

(3)　在安装 Windows Server 2012 系统时，与 Windows Server 2003 的最大区别就是，在整个安装过程中，不会提示用户设置计算机名、网络配置等信息，安装所需时间大大减少。但作为一台服务器，这些信息又必不可少，因此 Windows Server 2012 系统第一次启动时，会默认打开【服务器管理器】窗口，要求管理员设置基本配置信息。如图 1-12 所示。

图 1-12　初始配置任务

对于上述这些初始化参数的配置方法，将在第 2 章介绍。

1.4 利用虚拟机技术构建 Windows Server 2012 实验环境

对于 Windows Server 2012 学习者来说，最大的困难可能是没有一个实验环境。而虚拟机将这个问题解决了。下面简要介绍什么是虚拟机、虚拟机的特点以及如何利用虚拟机技术构建 Windows Server 2012 实验环境。

1.4.1 虚拟机简介

1. 什么是虚拟机

从本质上讲，虚拟机(Virtual Machine)是一套软件，即通过对计算机硬件资源的管理和协调在已经安装了操作系统的计算机上虚拟出一台计算机。虚拟机可以让用户在一台实际的机器上同时运行多套操作系统和应用程序，这些操作系统使用的是同一套硬件装置，但在逻辑上各自独立运行，互不干扰。虚拟机软件将这些硬件资源映射为自身的虚拟机器资源，每个虚拟机器看起来都拥有自己的 CPU、内存、硬盘、I/O 设备等。

虚拟机与主机、虚拟机与虚拟机间可以通过网络进行连接，在软件层上与真实的网络没有区别。甚至可以通过桥接的方式将虚拟机接入实际的局域网中，这台虚拟机就成为网络中的一员，与网络中其他计算机的地位一样。

下面简要介绍虚拟机系统中的常用术语。

(1) 物理计算机(Physical Computer)。运行虚拟机软件(如 VMware Workstation、Virtual PC 等)的物理计算机硬件系统，又称为宿主机。

(2) 主机操作系统(Host OS)。在物理计算机上运行的操作系统，在这个系统中运行虚拟机软件。

(3) 客户操作系统(Guest OS)。运行在虚拟机中的操作系统，可以在虚拟机中安装能在标准 PC 上运行的操作系统及软件，如 UNIX、Linux、Windows、Netware 或 MS-DOS 等。

> 提示：客户操作系统不等于桌面操作系统(Desktop Operating System)和客户端操作系统(Client Operating System)，因为虚拟机中的客户操作系统可以是服务器操作系统，例如在虚拟机中可以安装 Windows Server 2012 操作系统。

(4) 虚拟硬件(Virtual Hardware)。指虚拟机通过软件模拟出来的硬件系统，如 CPU、内存、硬盘等。

2. 虚拟服务器

虚拟服务器就是在计算机上建立一个或多个虚拟机，由虚拟机来做服务器的工作。它将服务器的功能(含操作系统)从硬件上剥离出来，使得服务器看起来就像一个软件或者文件，因而具有良好的移植性和可恢复性。

在哪些地方可以用到虚拟服务器呢？在某些场合，一个局域网中只有一台服务器，但需要提供多个功能，将所有的服务功能都放在同一个服务器上不便于管理，也不安全，而且有的服务器本身存在漏洞，容易被恶意控制，此时将不同安全级别的服务安装在不同的虚拟服务器上是个不错的主意。

又如，有些服务程序只能运行在特定的操作系统上，单独为这个服务配置一台服务器过于昂贵，这个时候虚拟机就能经济、简单地解决这个问题。

另外，虚拟服务器的移植和恢复都非常快。管理员可以为虚拟服务器建立快照，就是将服务器当前的状态保存为一个文件。如果虚拟服务器死机了，只需要几十秒钟载入快照就能让它重新运行。如果虚拟机所在的真实计算机不能用了，将快照复制到别的计算机上就能马上重新运行虚拟服务器。

3. 常用的虚拟机软件

目前，主流虚拟机软件有 VMware、Microsoft Virtual PC/Server、Sun VirtualBox、Bochs 等，根据不同的应用平台可分为服务器版本和 PC 桌面版本。

(1) VMware 是提供虚拟机解决方案的软件公司，常用产品是 VMware Workstation。VMware 产品家族中的桌面产品使用简便，支持多种主流操作系统。VMWare Workstation 的优点是其作为商用软件的稳定性和安全性，同时功能相对强大，提供了多平台版本(Windows/Linux)，且客户操作系统也是多平台操作系统。但 VMware 不是免费软件和开源软件。

(2) Microsoft Virtual PC/Server 是微软公司的产品，对 Windows 系列操作系统的支持非常好。但是相对于 VMware 和 VirtualBox，Virtual PC 只能运行于 Windows 操作系统，并且其客户操作系统也只能为 Windows 操作系统，所以说它是为 Windows 软件开发人员设计的虚拟机软件。

(3) Sun VirtualBox。无论对于个人还是企业，VirtualBox 都是功能强大的虚拟产品，对于企业来说性能丰富、高效，对于个人用户来说，它是一套开源软件，用户不仅可以免费使用，还能获得其源代码。它也支持多平台、多客户操作系统平台。

(4) Bochs 是一套免费的开源软件，可以自行修改、编译源代码，Bochs 对 Linux 的支持非常好，但操作略显复杂，多用于 Linux 平台。

提示： Windows Server 2012 操作系统本身也包括 Windows Server virtualization (WSv)，这是一项功能强大的虚拟化和网络管理技术，使企业无须购买第三方软件即可充分利用虚拟化的优势。Windows Server 2012 操作系统在创建虚拟机前，先要安装 Hyper-V 角色，然后再安装最新的 Hyper-V 补丁。

1.4.2 安装 VMware Workstation

VMware Workstation 虚拟机是一个在 Windows 或 Linux 计算机上运行的应用程序，它可以模拟一个标准 PC 环境。这个环境和真实的计算机一样，都有芯片组、CPU、内存、显卡、声卡、网卡、软驱、硬盘、光驱、串口、并口、USB 控制器、SCSI 控制器等设备，提供这个应用程序的窗口就是虚拟机的显示器。本节以 VMware Workstation 9.0.2 for Windows 版本为例，介绍虚拟机软件 VMware Workstation 的安装与配置过程。

(1) 在 VMware 官方网站上下载 VMware 安装文件并申请注册序列号，其网址是 http://www. vmware.com。

(2) 双击 VMware Workstation 的安装文件，安装文件解压缩后，将启动安装向导界面，单击 Next 按钮，如图 1-13 所示。

(3) 在 License Agreement 向导页中，询问是否同意最终用户许可协议，选择 Yes,I accept the terms in the license agreement 单选按钮，单击 OK 按钮，如图 1-14 所示。

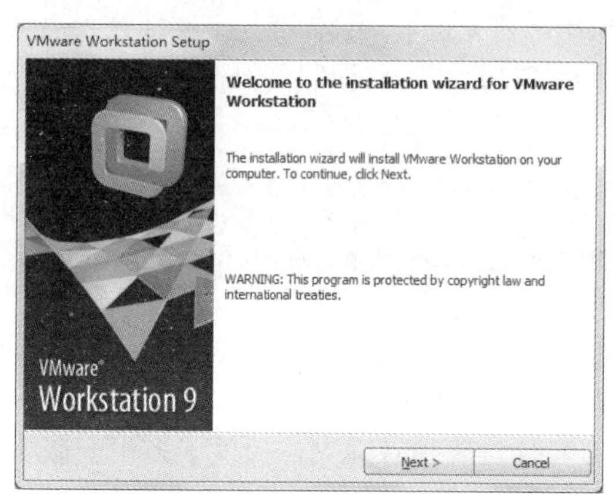

图 1-13　VMware Workstation 安装向导

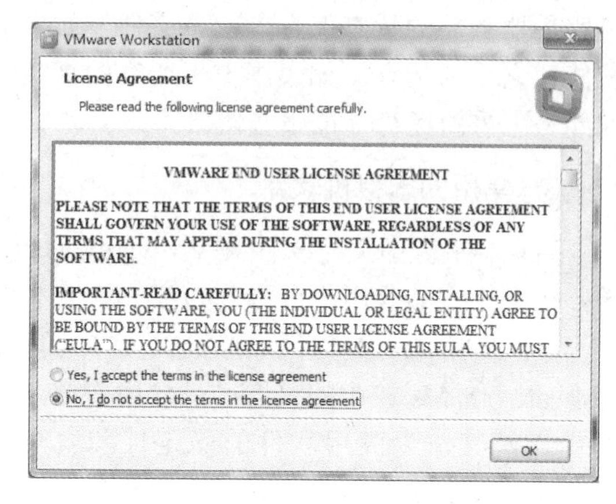

图 1-14　License Agreement 向导页

(4) 在 Setup Type 向导页中，选择 Typical(典型安装)图标按钮，然后单击 Next 按钮，如图 1-15 所示。

(5) 在 Destination Folder 向导页中，选择安装虚拟机软件的路径。单击 Change 按钮更改默认路径，修改完成后，单击 Next 按钮，如图 1-16 所示。

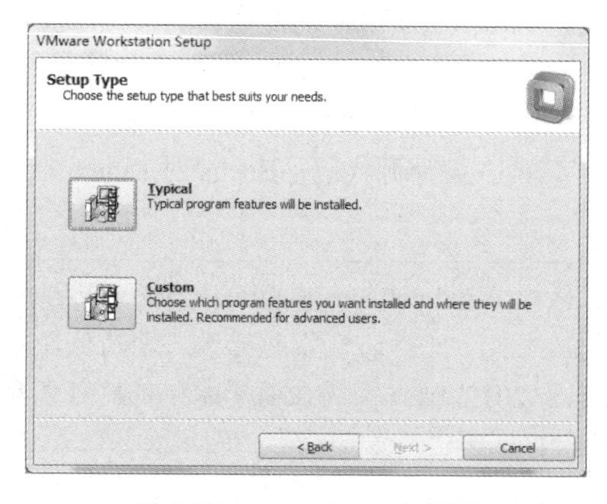

图 1-15　Setup Type 向导页

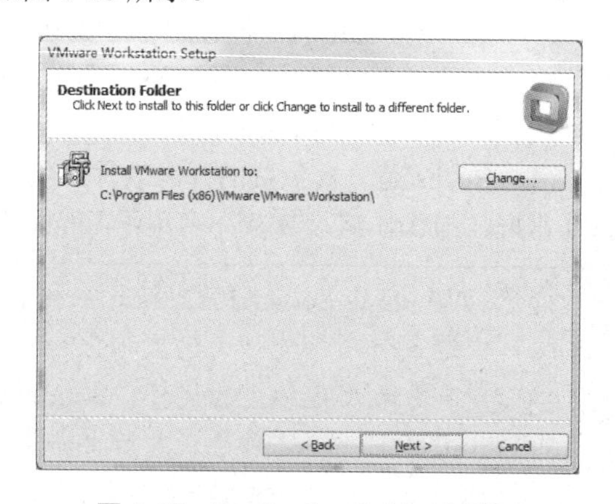

图 1-16　Destination Folder 向导页

(6) 在 Software Updates 向导页中，选择在启动时检查更新。用户可根据习惯决定是否勾选相应的复选框，单击 Next 按钮，如图 1-17 所示。

(7) 在 User Experience Improvement Program 向导页中，选择是否帮助改进虚拟机体验。用户可根据习惯决定是否勾选相应的复选框，单击 Next 按钮，如图 1-18 所示。

(8) 在 Shortcuts 向导页中，选择是否创建桌面图标、开始菜单选项。用户可根据习惯决定是否勾选相应的复选框，单击 Next 按钮，如图 1-19 所示。

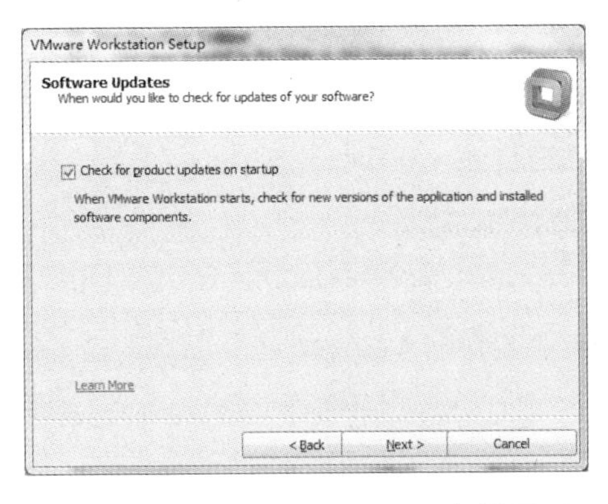

图 1-17　Software Updates 向导页

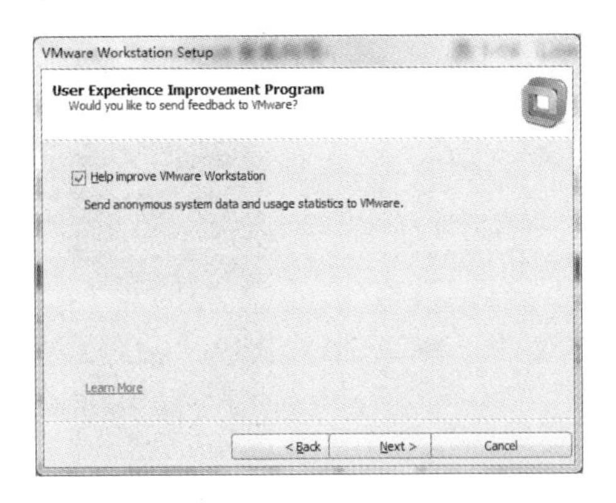

图 1-18　User Experience Improvement Program 向导页

(9)　在 Ready to Perform the Requested Operations 向导页中，单击 Continue 按钮进行安装，如图 1-20 所示。如果对设置不满意可以单击 Back 按钮返回进行修改。

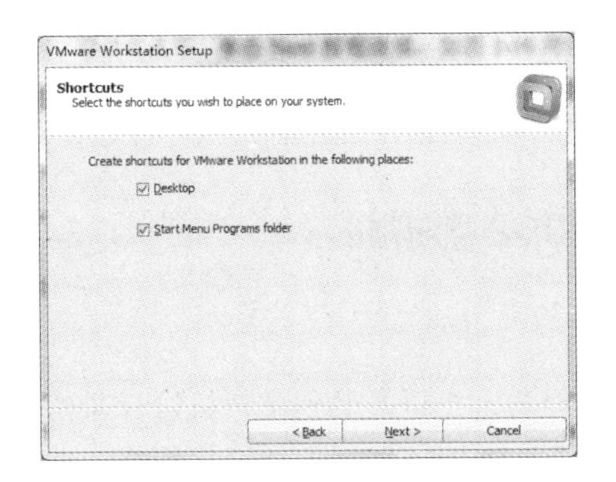

图 1-19　Shortcuts 向导页

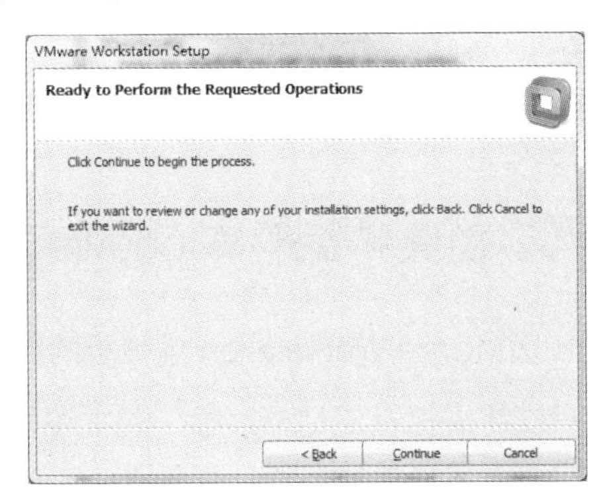

图 1-20　Ready to Perform the Requested Operations 向导页

(10) 软件开始安装，并提示安装进行状态，如图 1-21 所示。

(11) 在 Enter License Key 向导页中，输入序列号，单击 Enter 按钮，如图 1-22 所示。

提示：未注册版本可以创建虚拟机，但不能启动。

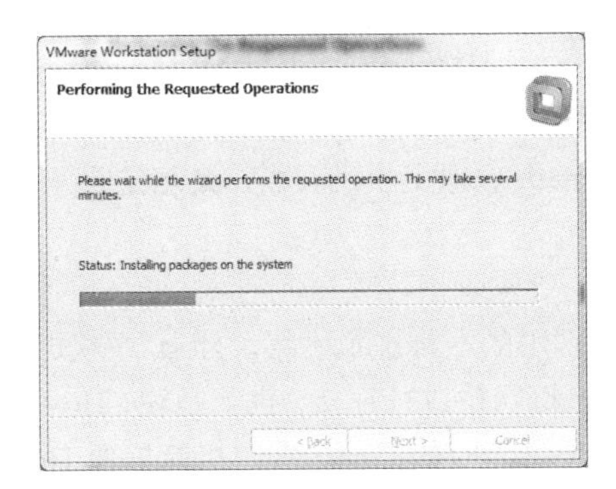

图 1-21　正在安装向导页

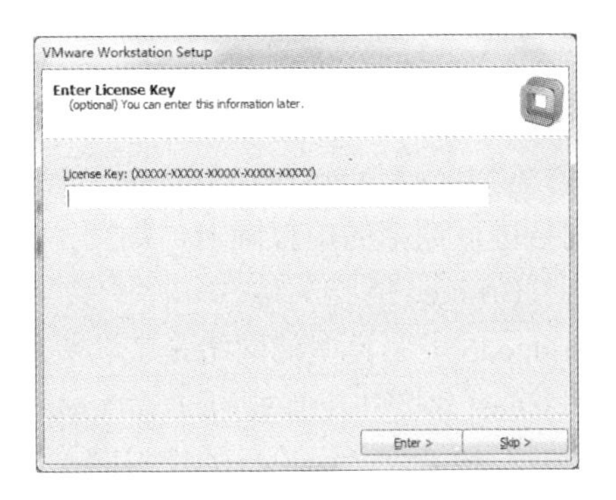

图 1-22　Enter License Key 向导页

(12) 显示安装已完成，单击 Finish 按钮，完成安装，如图 1-23 所示。

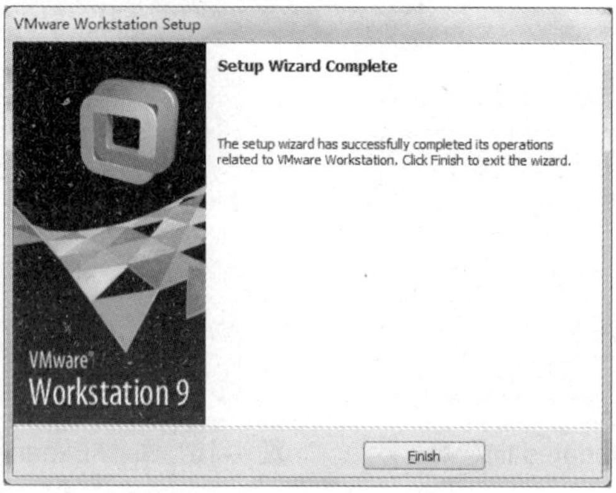

图 1-23 安装完成向导页

(13) 如果对英文版不太满意，可以到互联网上下载共享软件性质的第三方软件简体中文补丁。安装过程十分简单，根据提示进行操作即可。

安装完成后会要求重新启动计算机，以使一些配置生效。重新启动后就可使用 VMware 虚拟机软件了。

1.4.3 创建和管理 Windows Server 2012 虚拟机

1. VMware Workstation 虚拟机的网络模型

只安装虚拟机还是不够的，通常还需要虚拟机能与主机以及其他虚拟机进行通信，如本书中的大部分项目实训，都要通过在宿主机中安装 Windows Server 2012 虚拟机，然后在宿主机与虚拟机之间相互通信来实现。VMware Workstation 虚拟机主要有 3 种网络模型：Bridged 网络、NAT 网络和 Host-only 网络。

在介绍 VMware Workstation 虚拟机的网络模型之前，有几个与 VMware 虚拟设备有关的概念需要解释清楚。VMware Workstation 安装后，会生成几个虚拟网络设备，如图 1-24 所示，VMnet0 是 VMware 虚拟桥接网络下的虚拟交换机，VMnetl 是与 Host-only 虚拟网络进行通信的虚拟交换机，VMnet8 是主机与 NAT 虚拟网络进行通信的虚拟交换机。

为了使虚拟机能与宿主机进行通信，在宿主机中安装了 2 个虚拟网卡，分别是 VMware Network Adapter VMnetl 和 VMware Network Adapter VMnet8。其中，VMware Network Adapter VMnet1 与 VMnetl 虚拟交换机互联，是宿主机与 Host-Only 虚拟网络进行通信的虚拟网卡；VMware Network Adapter VMnet8 与 VMnet8 虚拟交换机互联，是宿主机与 NAT 虚拟网络进行通信的虚拟网卡，如图 1-25 所示。

1) Bridged 网络

Bridged(桥接)模型的网络是较容易实现，且又常用的一种虚拟网络。Host 主机的物理网卡和 Guest 客户机的虚拟网卡在 VMnet0 上通过虚拟网桥进行连接，也就是说，Host 主机的物理网卡和 Guest 客户机的虚拟网卡处于同等地位，此时的 Guest 客户机就好像 Host 主机所在的一个网段上的另外一台计算机。如果 Host 主机网络存在 DHCP 服务器，那么 Host

主机和 Guest 客户机都可以把 IP 地址的获取方式设置为 DHCP 方式。

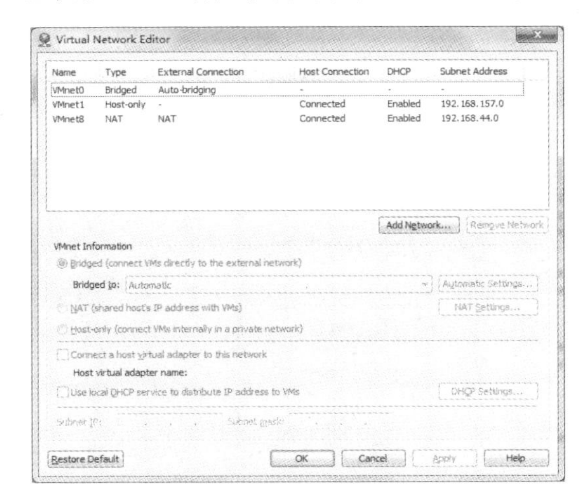

图 1-24　虚拟网络设备

图 1-25　虚拟网卡

2)　NAT 网络

NAT(Network Address Translation，网络地址转换)网络可以实现使虚拟机通过 Host 主机系统连接到互联网上，也就是说，Host 主机能够访问互联网资源，同时在该网络模型下的 Guest 客户机也可以访问互联网。Guest 客户机是不能自己连接互联网的，Host 主机必须对所有进出网络的 Guest 客户机系统收发的数据包进行地址转换。在这种方式下，Guest 客户机对外是不可见的。

在 NAT 网络中，会用到 VMnet8 虚拟交换机，Host 上的 VMware Network Adapter VMnet8 虚拟网卡连接到 VMnet8 虚拟交换机上，与 Guest 进行通信，但是 VMware Network Adapter VMnet8 虚拟网卡仅仅用于和 VMnet8 网段通信，它并不为 VMnet8 网段提供路由功能，处于虚拟 NAT 网络下的 Guest 是使用虚拟的 NAT 服务器连接 Internet 的。

3)　Host-only 网络

Host-only 网络被设计成一个与外界隔绝的网络。其实 Host-only 网络和 NAT 网络非常相似，唯一不同的地方就是在 Host-only 网络中，没有用到 NAT 服务，没有服务器为 VMnetl 网络做路由。如果此时 Host 主机要和 Guest 客户机通信，就要用到 VMware Network Adapter VMnetl 这块虚拟网卡。

2. 创建虚拟机

在使用上，虚拟机和真正的物理主机没有太大的区别，都需要分区、格式化、安装操作系统、安装应用程序和软件，总之，一切操作都和一台真正的计算机一样。下面通过例子，介绍使用 VMware Workstation 创建虚拟机的方法与步骤。

(1)　运行 VMware Workstation 9，选择 File→New→Virtual Machine 命令或者按 Ctrl+N 组合键，进入创建虚拟机向导，如图 1-26 所示。

(2)　在弹出的欢迎向导页中，选择配置类型，配置类型有 Typical(典型)和 Custom(自定义)两种，典型设置十分方便，但无法在低版本的虚拟机软件上使用，这里选择 Custom 单选按钮，然后单击 Next 按钮，如图 1-27 所示。

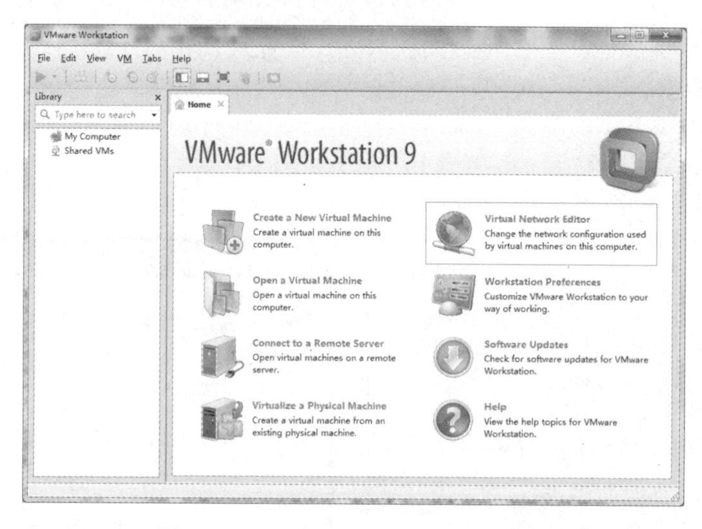

图 1-26　VMware Workstation 主窗口

(3)　在 Choose the Virtual Machine Hardware Compatibility 向导页中，选择虚拟机的硬件格式，可以在 Hardware compatibility 下拉列表框中选择 Workstation 9.0、Workstation 8.0 或 Workstation 7.0 等。通常情况下选择 Workstation 9.0 格式，因为新的虚拟机硬件格式支持更多的功能。然后单击 Next 按钮，如图 1-28 所示。

图 1-27　新建虚拟机向导

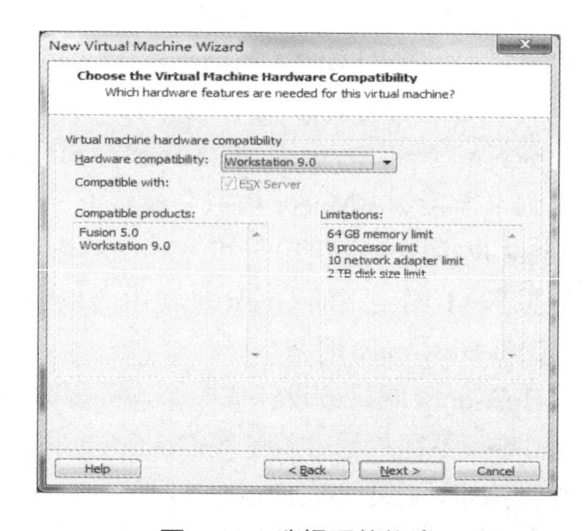

图 1-28　选择硬件格式

(4)　在 Guest Operating System Installation 向导页中，选择系统安装的来源，可以选择物理光驱安装或光盘镜像，也可以稍后选择。这里选择第三项，然后单击 Next 按钮，如图 1-29 所示。

(5)　在 Select a Guest Operating System 向导页中，选择要创建的虚拟机类型及要运行的操作系统，软件会根据选择的操作系统自动选择合适的硬件配置。常见的几大类操作系统都能在这里找到，如果要创建 Windows Server 2012 虚拟机，可以选择 Microsoft Windows 中的 Windows Server 2012 版本，然后单击 Next 按钮，如图 1-30 所示。

(6)　在 Name the Virtual Machine 向导页中，为新建的虚拟机命名并选择其保存路径。由于虚拟机文件会很大，应该指定到空余空间多的磁盘分区上，单击 Next 按钮，如图 1-31 所示。

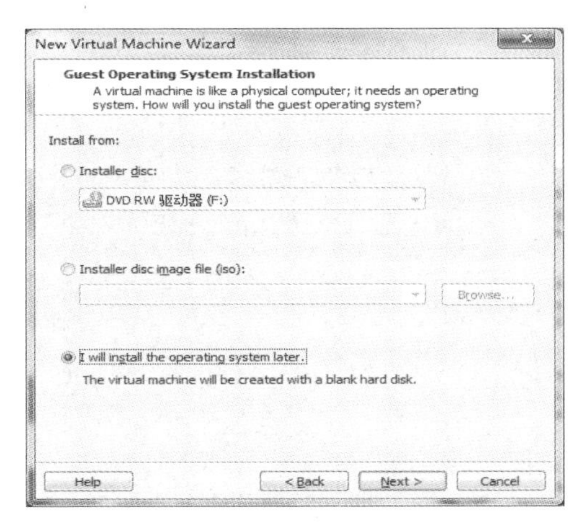

图 1-29　选择系统安装来源

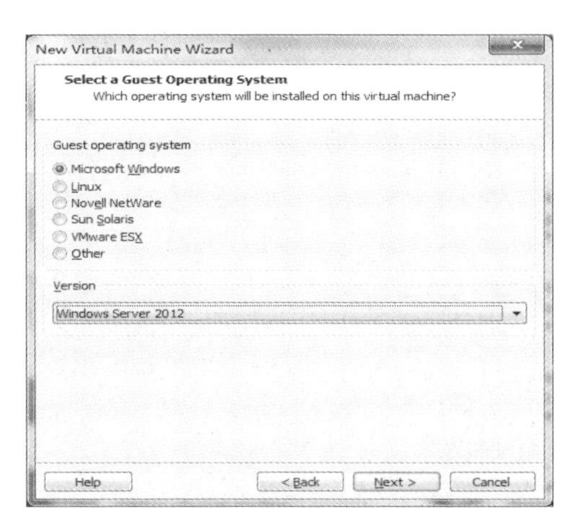

图 1-30　选择要运行的操作系统

(7) 在 Processor Configuration 向导页中选择虚拟机中 CPU 的数量，如果选择 2，主机需要有两个 CPU 或者超线程的 CPU，然后单击 Next 按钮，如图 1-32 所示。

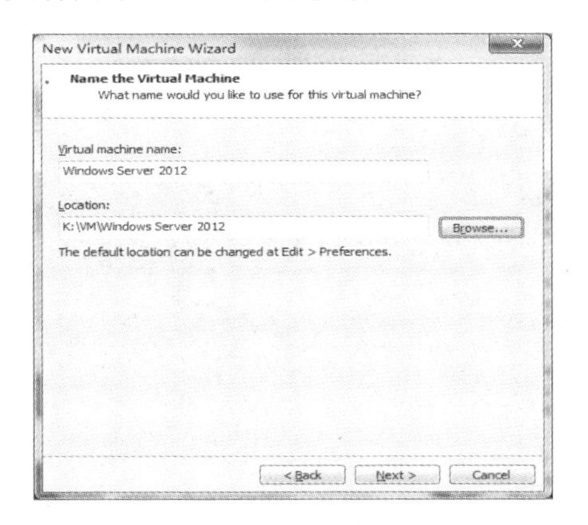

图 1-31　设置虚拟机名称和文件位置

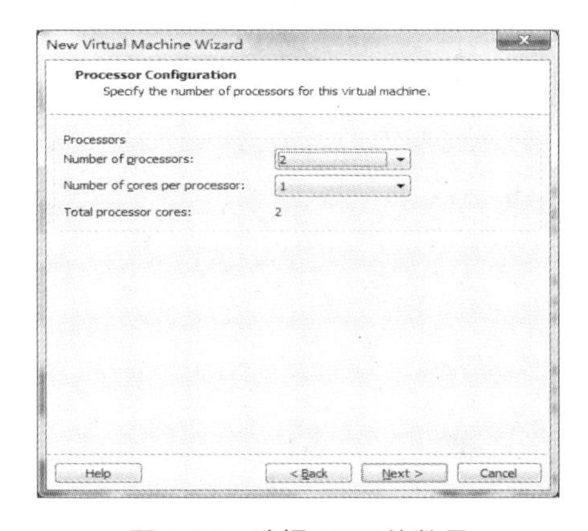

图 1-32　选择 CPU 的数量

(8) 在 Memory for the Virtual Machine 向导页中，设置虚拟机使用的内存。通常情况下，对于 Windows 98 及以下的系统，可以设置 64MB；对于 Windows 2000/XP，最少要设置 96MB；对于 Windows Server 2003，最低为 128MB；对于 Windows Vista 或 Windows Server 2008 虚拟机，最低为 512MB；对于 Windows Server 2012，最低为 1024MB。单击 Next 按钮，如图 1-33 所示。

(9) 在 Network Type 向导页中，选择虚拟机网卡的联网类型。选择第一项，使用桥接网卡(VMnet0 虚拟网卡)，表示当前虚拟机与主机(指运行 VMware Workstation 软件的计算机)在同一个网络中。选择第二项，使用 NAT 网卡(VMnet8 虚拟网卡)，表示虚拟机通过宿主机单向访问宿主机及宿主机之外的网络，但宿主机之外网络中的计算机不能访问该虚拟机。选择第三项，只使用本地网络(VMnet1 虚拟网卡)，表示虚拟机只能访问宿主机及所有使用 VMnet1 虚拟网卡的虚拟机，宿主机之外网络中的计算机不能访问该虚拟机，也不能被该虚拟机所访问。选择第四项，没有网络连接，表明该虚拟机与宿主机没有网络连接。单击 Next 按钮，如图 1-34 所示。

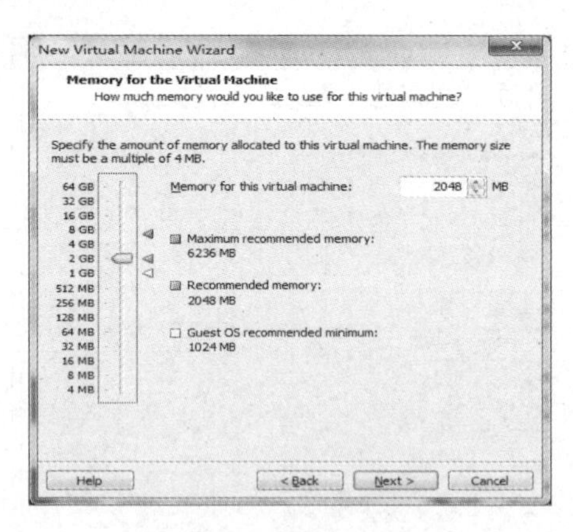

图 1-33　设置使用的内存

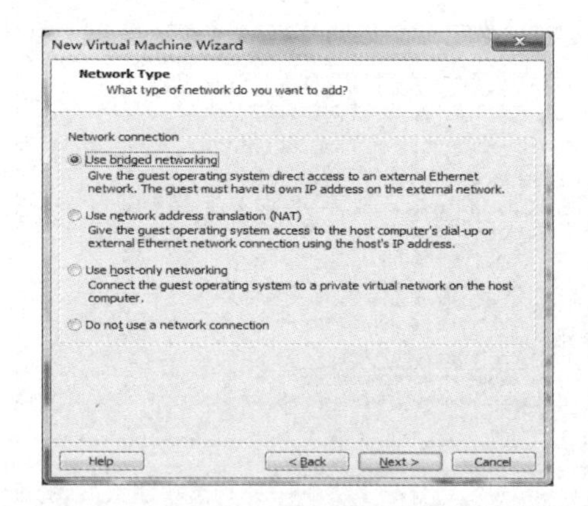

图 1-34　选择网络类型

(10) 在 Select I/O Controller Types 向导页中，选择虚拟机 SCSI 卡的型号，通常选择默认值，单击 Next 按钮，如图 1-35 所示。

(11) 在 Select a Disk 向导页中，选择 Create a new virtual disk(创建一个新的虚拟硬盘)单选按钮，单击 Next 按钮，如图 1-36 所示。

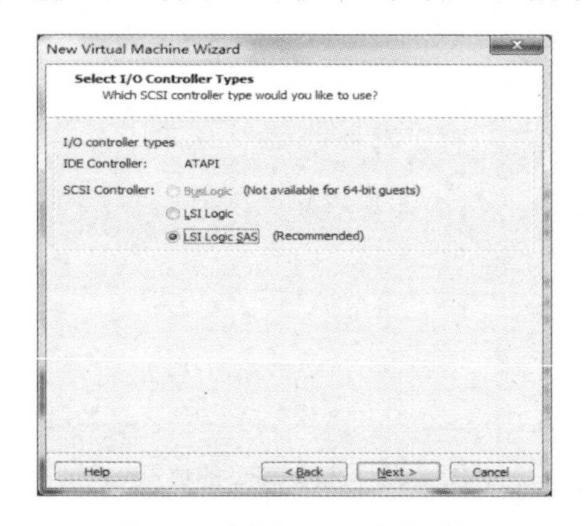

图 1-35　选择 SCSI 卡的型号

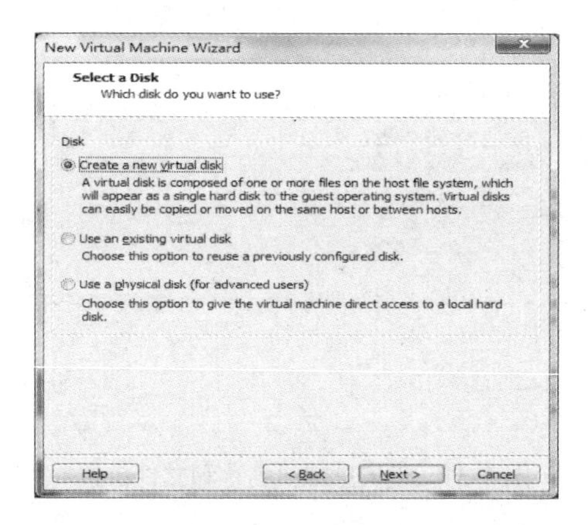

图 1-36　选择磁盘

(12) 在 Select a Disk Type 向导页中，选择创建的虚拟硬盘的接口方式，通常选择默认值，单击 Next 按钮，如图 1-37 所示。

(13) 在 Specify Disk Capacity 向导页中设置虚拟磁盘大小。这里的大小只是允许虚拟机占用的最大空间，并不会立即使用这么大的磁盘空间。如果选中 Allocate all disk space now 复选框，软件会立即将这部分空间划给虚拟机使用。在此指定虚拟机磁盘作为单个或多个文件存储，可根据情况进行选择，单击 Next 按钮，如图 1-38 所示。

(14) 在 Specify Disk File 向导页的 Disk File 选项组中，设置虚拟磁盘文件名称。通常选择默认值，然后单击 Next 按钮，如图 1-39 所示。

(15) 在 Ready to Create Virtual Machine 向导页中，单击 Finish 按钮，如图 1-40 所示。

3．为虚拟机安装 Windows Server 2012 操作系统

在虚拟机中安装 Windows Server 2012 操作系统，与在真实的计算机中安装 Windows

Server 2012 没有什么区别，但却可以直接使用保存在主机上的 Windows Server 2012 安装光盘镜像作为虚拟机的光驱。

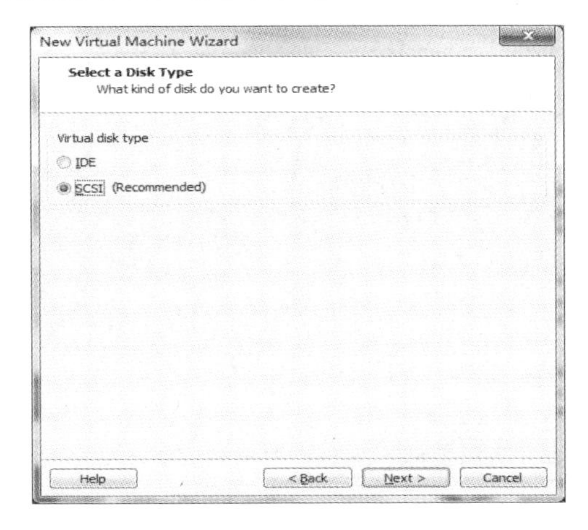

图 1-37　选择硬盘接口方式

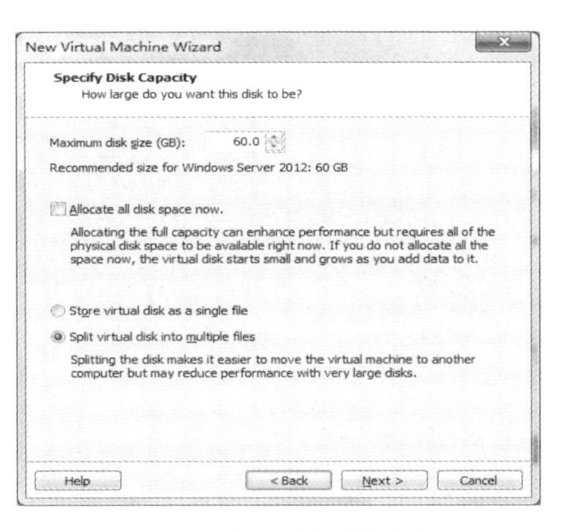

图 1-38　设置虚拟磁盘大小

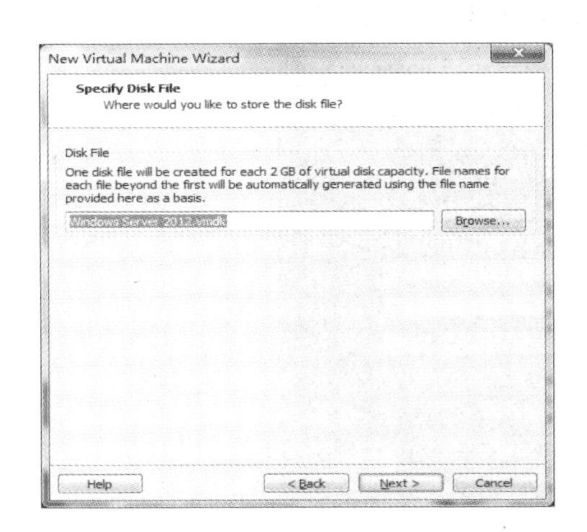

图 1-39　设置虚拟磁盘文件名称

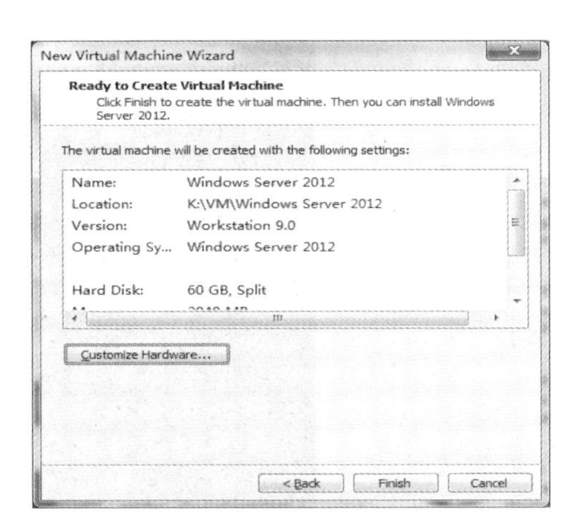

图 1-40　创建完成

(1)　若使用安装光盘镜像为虚拟机安装 Windows Server 2012 操作系统，在虚拟机窗口中选择前文创建的 Windows Server 2012 标签页，然后单击 Edit virtual machine settings 链接，打开虚拟机配置文件。在 Virtual Machine Settings 对话框的 Hardware 选项卡中，选择 CD/DVD 项，在 Connection 选项组选中 Use ISO image file 单选按钮，浏览选择 Windows Server 2012 安装光盘镜像文件(ISO 格式)。如果使用安装光盘，则选择 Use physical drive 单选按钮，选择安装光盘所在光驱，如图 1-41 所示。

(2)　光驱选择完成后，单击工具栏上的播放按钮，打开虚拟机电源，在虚拟机工作窗口中单击鼠标，进入虚拟机。

(3)　在虚拟机窗口中，便可看到熟悉的 Windows Server 2012 安装程序画面，接下来的操作与前面介绍的 Windows Server 2012 安装过程相同。在窗口内单击鼠标左键进入虚拟机的设置界面，若按 Alt+Ctrl 组合键释放鼠标，则回到宿主机的操作，如图 1-42 所示。

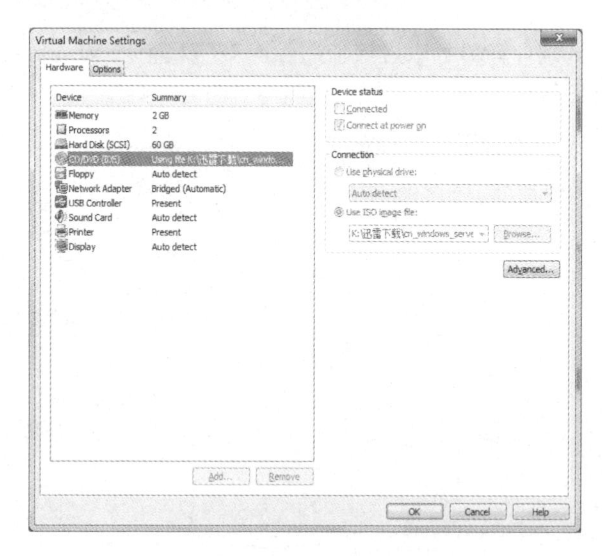

图 1-41　配置虚拟机光驱

图 1-42　在虚拟机中安装 Windows Server 2012

1.4.4　虚拟机的操作与设置

1．启动、关闭和挂起虚拟机

若要启动、关闭和挂起虚拟机，可以单击工具栏上的 Power on、Power off 和 Suspend 按钮实现。需要说明的是，关闭虚拟机时，最好是用虚拟机操作系统中的正常关机方式关闭虚拟机，以免损坏系统和丢失数据。

2．在虚拟机中使用 Ctrl+Alt+Ins 组合键

Windows Server 2012 成功安装后，登录系统时需要用户按 Ctrl+Alt+Del 组合键，由于该组合键被宿主机操作系统使用了，在虚拟机中不能使用，所以首先应在虚拟机主窗口中单击使虚拟机获得焦点，然后按 Ctrl+Alt+Ins 组合键，或通过选择 VM→Send Ctrl+Alt+Del 菜单命令实现。

3．安装 VMware Tools

为了更好地使用虚拟机，可以为虚拟机的操作系统安装 VMware Tools 工具包。VMware Tools 相当于 VMware 虚拟机的主板芯片组驱动和显卡驱动、鼠标驱动，安装 VMware Tools 后，可增强虚拟机的性能。例如，可直接用鼠标在虚拟机和主机之间切换；可直接拖曳主机的文件或文件夹到虚拟机的桌面，从而达到复制文件的目的；可以提高虚拟机的显示性能等。安装 VMware Tools 的过程如下。

(1) 启动虚拟机后，执行 VM→Install VMware tools 菜单命令，在弹出的对话框中单击 Install 按钮。

(2) 进入虚拟机，安装程序将自动运行，若没有自动运行，可打开虚拟机的虚拟光驱，运行 Setup.exe 程序，接下来的操作按照向导执行即可。

4．调整虚拟机配置

在测试环境中，可以定制虚拟机的网卡数，调整虚拟机的使用内存，或者给虚拟机添加多个硬盘。

若要调整虚拟机的硬件配置，必须先关闭虚拟机，单击 Edit Virtual Machine Settings 链接，打开 Virtual Machine Settings 对话框，如图 1-43 所示。

在 Hardware 选项卡中，单击 Add 按钮可添加各种硬件，单击 Remove 按钮可删除各种硬件。

在 Options 选项卡中，用户可以对虚拟机的选项进行设置，如修改虚拟机的名称、电源设置、将宿主机的某个文件夹设置为共享文件夹等，如图 1-44 所示。

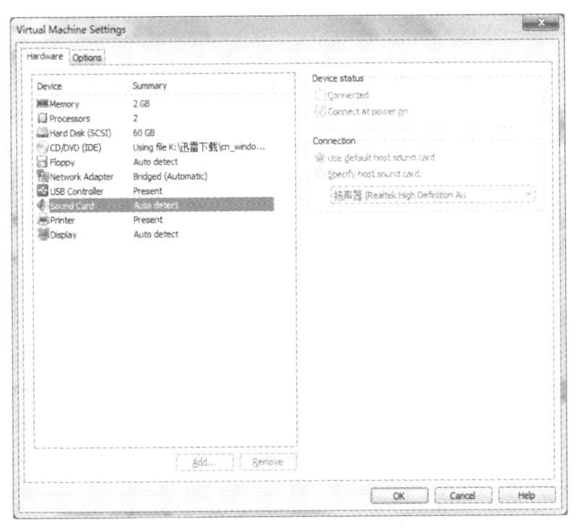

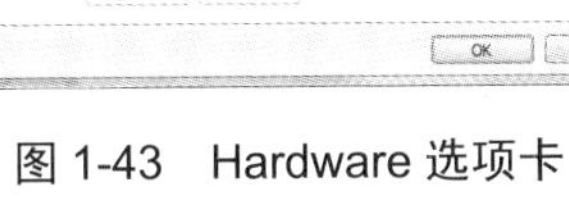
图 1-43　Hardware 选项卡

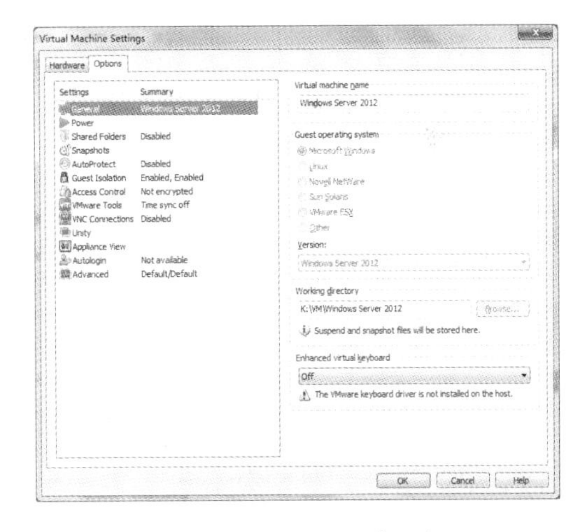

图 1-44　Options 选项卡

5．多重快照功能

有时为了测试软件，需要保存安装软件之前的状态，这时可以通过快照(Snapshot)功能来保存系统当前的状态。VMware Workstation 可以保存多个快照，且提供了快照管理功能。

(1) 要创建一个快照，执行 VM→Snapshot→Take Snapshot 菜单命令，在打开的 Windows Server 2012-Take Snapshot 对话框中，输入快照的名称和描述，如图 1-45 所示。

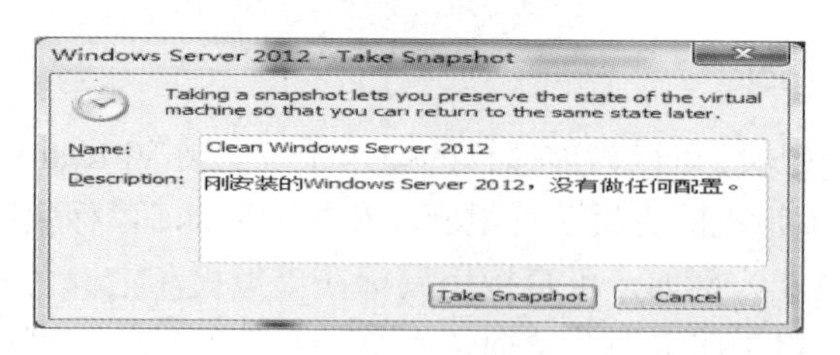

图 1-45 建立快照

(2) 要还原一个快照，执行 VM→Snapshot→Revert to Snapshot 菜单命令，并确认。

(3) 如果建立了多重快照，还可以打开快照管理器进行管理，方法是执行 VM→Snapshot→Snapshot Manager 菜单命令。在打开的窗口中，可以建立、删除、还原一个快照，如果虚拟机处于关闭状态，还可以克隆系统，如图 1-46 所示。

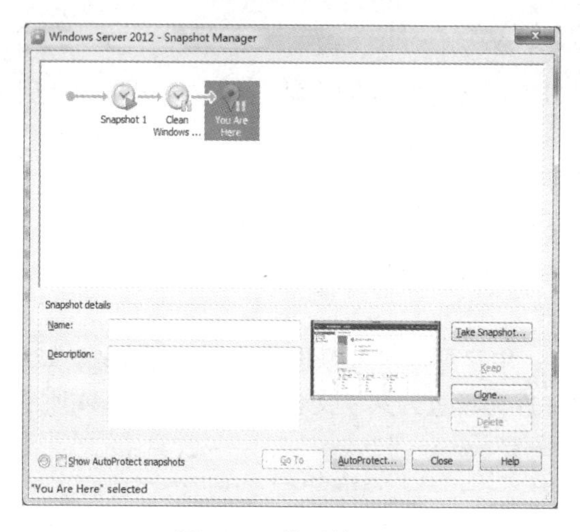

图 1-46 快照管理器

6. 克隆多个虚拟机

在以后的学习中，往往需要运行多个 Windows Server 2012 的虚拟机来模拟现实场景，如果已安装好一个 Windows Server 2012 虚拟机，则可以克隆出多个虚拟机，这样可省去安装操作系统的过程。克隆多个虚拟机可以在快照管理器中完成，也可使用菜单命令来实现。

提示：虚拟机处于启动状态或挂起状态时不能进行克隆。

(1) 关闭需要克隆的虚拟机。

(2) 执行 VM→Manage→Clone 菜单命令，或者在快照管理器中单击 Clone 按钮，打开克隆向导，单击【下一步】按钮。

(3) 在 Clone Source 向导页中，选择克隆虚拟机的当前状态或克隆一个快照，单击【下一步】按钮，如图 1-47 所示。

(4) 在 Clone Type 向导页中，选择建立链接克隆或完全克隆，通过创建链接克隆可以节省磁盘空间，单击【下一步】按钮，如图 1-48 所示。

(5) 在 Name of the New Virtual Machine 向导页中，设置克隆系统名称和存放位置，单击【下一步】按钮，如图 1-49 所示。

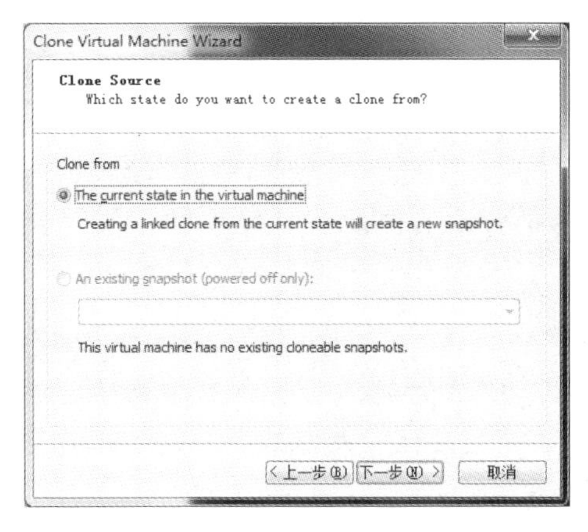

图 1-47　选择克隆源

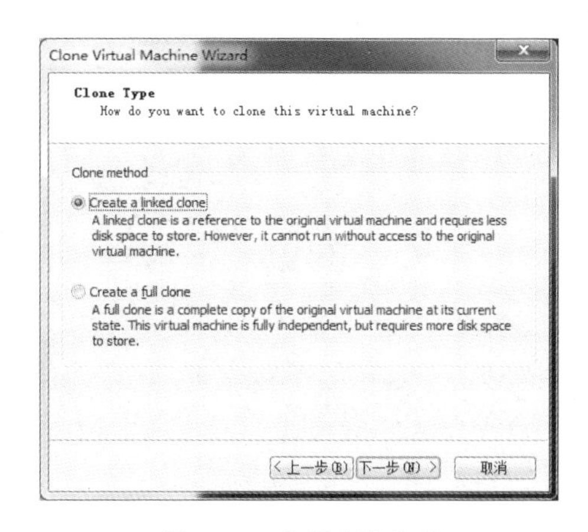

图 1-48　选择克隆方式

(6) 接下来，系统开始创建克隆，所需时间主要取决于克隆类型。克隆完成后，将在虚拟机管理器中看到两个虚拟机，如图 1-50 所示。

(7) 由于克隆虚拟机的计算机名和 IP 地址与原来的虚拟机完全一样，如果它们同时启动将出现冲突，需要手动修改。同时，计算机的安全标识符(Security Identify，SID)也完全一样，要使克隆出来的虚拟机有新的 SID，则需要运行系统准备工具。方法是启动克隆虚拟机，运行 C:\Windows\ System32\ Sysprep\文件夹下的 sysprep.exe，在打开的对话框中，选中【通用】复选框，单击【确定】按钮，重新启动虚拟机，如图 1-51 所示。

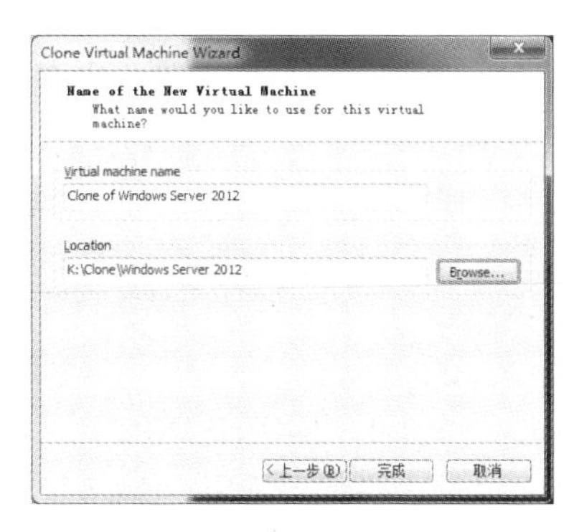

图 1-49　设置克隆系统名称和存放位置

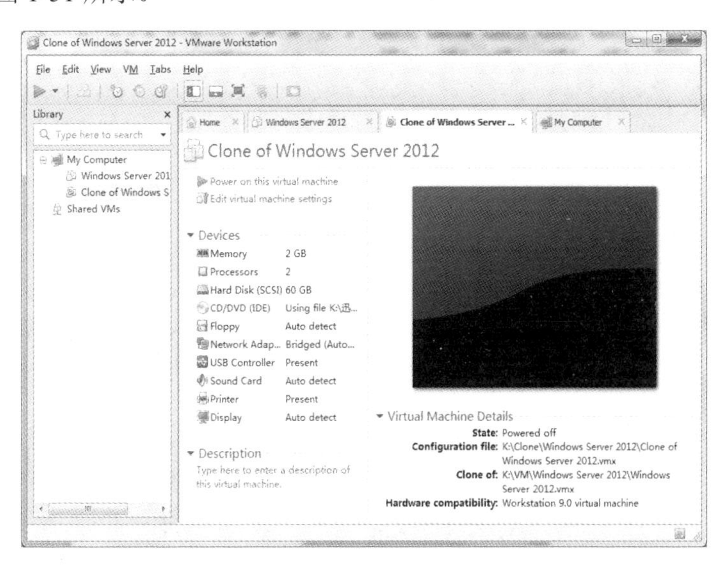

图 1-50　克隆完成

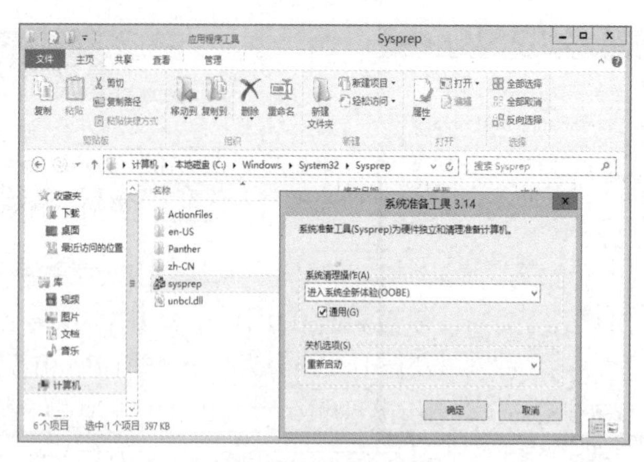

图 1-51　重置 SID

(8) 重新启动后，就会出现安装时的界面，需要选择【国家和地区】、【时间和货币】、【键盘布局】设置，并按要求输入新的计算机名称。完成之后，需要重新设置系统管理员(Administrator)账户密码。

1.5　回到工作场景

通过 1.2～1.4 节内容的学习，应对 Windows Server 2012 的基本特性、发行版本有一个基本了解，并掌握 Windows Server 2012 操作系统的主要安装方法。下面回到 1.1 节介绍的工作场景中，完成工作任务。

【工作过程一】 安装前的准备工作

(1) 连接服务器的硬件，包括显示器、键盘、鼠标等，并加电测试，检查系统配置情况，是否满足安装 Windows Server 2012 操作系统的硬件条件。为了安全，在安装之前，将网络连接线从网卡上拔除。

(2) 根据使用情况，确定安装哪一种 Windows Server 2012 操作系统发行版本，本例使用 Windows Server 2012 标准版即可。

(3) 规划好服务器的磁盘分区，确定各分区的大小。

(4) 准备服务器的随机光盘，确定显卡、网卡等驱动程序是否齐全。

【工作过程二】 利用 DVD 光驱为服务器安装 Windows Server 2012 操作系统

(1) 将计算机的 CMOS 设置为从光盘(DVD-ROM)引导，将 Windows Server 2012 安装光盘置于光驱内并重新启动，计算机就会从光盘启动。如果硬盘内没有安装任何操作系统，便会直接启动到安装界面；如果硬盘内安装有其他操作系统，则会显示“Press any key to boot from CD…”的提示信息，此时在键盘上按任意键，即可从 CD-ROM 启动。

(2) 选择安装语言、时间和货币格式、键盘和输入方法。

(3) 选择安装 Windows Server 2012 Standard(带有 GUI 的服务器)。

(4) 创建 3 个磁盘分区，其中第 1 个分区大小为 50GB、第 2 个分区大小为 300GB，剩余空间都划分给第 3 个分区。

(5) 选择操作系统安装位置，选择“磁盘 0 分区 1”，并将其格式化为 NTFS 分区。

(6) Windows Server 2012 标准版安装完毕，重新启动后，更改系统管理员(Administrator)账户密码。

1.6 工作实训营

【实训环境和条件】

(1) VMware Workstation 9.0 虚拟机软件。

(2) Windows Server 2012 系统光盘或镜像文件。

【实训目的】

通过上机实习，熟悉 VMware Workstation 9.0 虚拟机软件的安装与配置方法；掌握利用虚拟机软件搭建安装 Windows Server 2012 实验环境；掌握 Windows Server 2012 的安装过程。

【实训内容】

(1) 安装 VMware Workstation 9.0 虚拟机软件。

(2) 利用 VMware Workstation 9.0 创建 Windows Server 2012 虚拟机。

(3) 在虚拟机中安装 Windows Server 2012 操作系统。

(4) 操作与设置虚拟机。

【实训过程】

(1) 安装 VMware Workstation 9.0 虚拟机软件。

① 在 VMware 官方网站下载 VMware 安装文件并申请注册序列号。

② 双击 VMware Workstation 的安装文件，利用安装向导安装 VMware Workstation。

(2) 利用 VMware Workstation 9.0 创建 Windows Server 2012 虚拟机。

① 运行 VMware Workstation 9.0，选择 File→New→Virtual Machine 命令，进入创建虚拟机向导。

② 在 Virtual machine configuration 区域内，选择 Custom(自定义)单选按钮。

③ 依次选择虚拟机的硬件格式、选择虚拟机安装的操作系统、设置虚拟机名称并指定虚拟机文件的位置、选择 CPU 的数量、设置使用的内存、选择网络类型、选择 SCSI 卡的型号、选择磁盘、选择创建的虚拟硬盘的接口方式、选择虚拟机磁盘容量大小、设置虚拟磁盘文件名称等参数，这些参数采用默认值即可。

(3) 在虚拟机中安装 Windows Server 2012 操作系统。

① 打开虚拟机设置对话框，选择是使用 Windows Server 2012 系统光盘还是镜像文件安装。

② 打开虚拟机。若无法从光盘启动，需按下 F2 键进入 BIOS 进行设置。

③ 按照 Windows Server 2012 的安装向导进行安装。

④ 安装完毕，重新启动后设置 Administrator 密码。并使用新设置的密码登录 Windows Server 2012 系统。

(4) 操作与设置虚拟机。

① 为 Windows Server 2012 虚拟机安装 VMware Tools。

② 调整虚拟机配置。尝试给虚拟机再增加一块硬盘和一块网卡。

③ 为系统建立一个快照，并使用快照管理器对此进行管理。

④ 克隆系统，并使用系统准备工具，为新虚拟机产生一个新的 SID。

1.7 习题

一、填空题

1. Windows Server 2012 操作系统的安装方式有_______、_______、_______、_______等。

2. VMware Workstation 虚拟机的网络模型有_______、______和_____。

3. 要在虚拟机中使用 Ctrl+Alt+Del 组合键时，应使用_______组合键代替；从虚拟机中返回到宿主机，使用_______组合键。

二、选择题

1. 有一台服务器的操作系统是 Windows Server 2008，文件系统是 NTFS，无任何分区，现要求为该服务器安装 Windows Server 2012，保留原数据，但不保留操作系统，应使用下列_______种方法进行安装才能满足需求。

A. 在安装过程中进行全新安装并格式化磁盘

B. 对原操作系统进行升级安装，不格式化磁盘

C. 做成双引导，不格式化磁盘

D. 重新分区并进行全新安装

2. 现要在一台装有 Windows Server 2008 操作系统的机器上安装 Windows Server 2012，并做成双引导系统。此计算机硬盘大小是 10.4GB，有两个分区：C 盘 4GB，文件系统是 FAT；D 盘 6.4GB，文件系统是 NTFS。为使计算机成为双引导系统，下列哪个选项是最好的方法？_______

A. 安装时选择升级选项，并选择 D 盘作为安装盘

B. 安装时选择全新安装，并且选择 C 盘上与 Windows 不同的目录作为 Windows Server 2012 的安装目录

C. 安装时选择升级安装，并且选择 C 盘上与 Windows 不同的目录作为 Windows Server 2012 的安装目录

D. 安装时选择全新安装，并选择 D 盘作为安装盘

第2章

配置 Windows Server 2012 工作环境

本章要点

- 配置用户和系统环境。
- 管理硬件设备。
- 配置计算机名与网络。
- Windows Server 2012 管理控制台。
- 管理服务器的角色和功能。

技能目标

- 了解控制面板中的主要工具及其功能，掌握设置 Windows Server 2012 桌面环境及【开始】屏幕的方法，掌握环境变量的查看、设置和使用方法。
- 掌握硬件设备的安装、查看、管理方法。
- 掌握更改计算机名和工作组的方法，掌握 TCP/IP 属性的配置方法，熟悉常用网络排错工具的使用方法及应用场合。
- 熟悉管理控制台的操作界面，掌握管理控制台的操作方法。
- 理解服务器角色、角色服务和功能概念，掌握服务器管理器的使用，并利用向导添加服务器角色和功能。

2.1 工作场景导入

【工作场景】

S 公司设计部文件服务器已成功地安装了 Windows Server 2012，重新启动并正确地设置了系统管理员账号密码，现需要对这台服务器进行相关初始化配置，主要包括以下内容。

(1) 为了方便操作，系统管理员希望在桌面显示常用图标。

(2) 为了标识这台服务器的用途，需要修改服务器的计算机名。

(3) 配置服务器的网络参数，使之连接到公司的局域网中。

(4) 为了服务器的安全，需要启用 Windows 防火墙，并及时到微软的网站下载更新补丁。

(5) 为了方便管理，系统管理员希望能从自己的计算机上远程管理和维护这台服务器。

(6) 系统管理员使用这台服务器去管理公司的交换机或其他网络设备，需要安装 Telnet 客户端。

【引导问题】

(1) 控制面板有哪些功能？如何利用控制面板设置用户的桌面环境、【开始】菜单和任务栏？

(2) 如何修改服务器的计算机名？

(3) 如何配置网络参数？有哪些命令可以帮助系统管理员排除网络故障？

(4) 如何启用和配置 Windows 防火墙？如何配置 Windows Update 与自动更新？如何启用远程桌面功能？

(5) 什么是服务器角色、角色服务和功能？如何添加服务器角色和功能？

2.2 配置用户和系统环境

2.2.1 控制面板

控制面板(Control Panel)是 Windows 图形用户界面的一部分，提供了一组特殊用途的管理工具，使用这些工具可以配置 Windows、应用程序和服务环境，如图 2-1 所示。在 Windows Server 2012 系统中，控制面板可通过【开始】菜单直接访问，也可以通过运行 control 命令来打开。该窗口中包含可用于常见任务的默认项，用户也可以在控制面板中插入用户安装的应用程序和服务图标。

下面介绍 Windows Server 2012 控制面板中的主要配置工具。

(1) Internet 选项。更改 Internet Explorer 设置，可以指定默认主页、修改安全设置、使用内容审查程序阻止访问不适宜资料，以及指定颜色和字体如何显示在网页上。

图 2-1　控制面板

(2) iSCSI 发起程序。连接远程 iSCSI 目标并配置连接设置。

(3) Windows 更新。配置系统更新的方法和方式。

(4) 程序和功能。管理计算机上的程序，可以添加新程序，或者更改或删除现有程序。

(5) 设备和打印机。将新硬件设备添加到系统，安装和共享整个网络上的打印资源。

(6) 电话和调制解调器。管理电话和调制解调器的连接。

(7) 电源选项。管理能源消耗的选项，可以设置按电源按钮时计算机执行的动作、更改计算机睡眠时间等。

(8) 显示。允许用户改变计算机显示设置，如桌面壁纸，屏幕保护程序，显示分辨率等。

(9) 管理工具。为系统管理员提供多种工具，可以使用管理工具进行系统管理、网络管理、存储管理和目录服务管理等操作。

(10) 键盘。可以设置光标闪烁频率、字符重复速率，或者修改键盘驱动程序设置。

(11) 区域和语言选项。更改 Windows 显示日期、时间、货币量、大数和带小数数字的格式。还可以选择使用很多输入语言和文字服务，例如其他键盘布局、输入方法编辑器以及语音和手写识别程序。

(12) 任务栏。更改任务栏和【开始】菜单的行为和外观。

(13) 日期和时间。允许用户更改存储于计算机 BIOS 中的日期和时间，以及时区，并通过 Internet 时间服务器同步日期和时间。

(14) 设备管理器。用于检查硬件状态并更新计算机上的设备驱动程序。

(15) 声音。可以使用声音对系统事件指派声音、设置音量、配置录音和播放的设置。

(16) 网络和共享中心。配置计算机与 Internet、网络或另一台计算机之间的连接。使用网络连接，可以访问本地或远程的网络资源或功能。

(17) 文本到语音转换。更改文本到语音(Text to Speech，TTS)支持的设置。

(18) 文件夹选项。允许用户配置文件夹和文件在 Windows 资源管理器中的显示方式。修改文件类型的关联，这意味着使用何种程序打开何种类型的文件。

(19) 系统。查看和更改网络连接、硬件及设备、用户配置文件、环境变量、内存使用和性能等项的设置。

(20) 字体。显示所有安装到计算机中的字体。用户可以删除字体、安装新字体或者使用字体特征搜索字体。

2.2.2 设置用户工作环境

1. 设置用户的桌面环境

安装好 Windows Server 2012 后，桌面上只有一个【回收站】图标，如图 2-2 所示，显得空荡荡的。如果想在桌面上显示【计算机】、【网络】等图标，则可以通过如下设置来完成。

(1) 同时按住键盘上的 Windows+R 组合键，打开【运行】对话框。在对话框中输入 rundll32.exe shell32.dll,Control_RunDLL desk.cpl,,0(注意大小写)，然后单击【确定】按钮，如图 2-3 所示。

图 2-2 Windows Server 2012 桌面

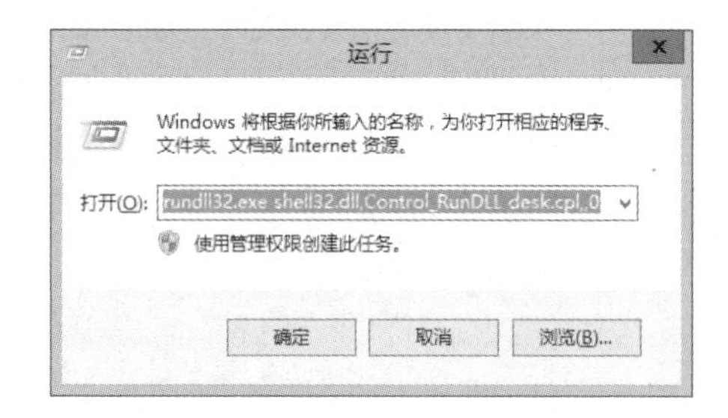

图 2-3 【运行】对话框

(2) 在【桌面图标设置】对话框中，选中需要放在桌面上的图标相应的复选框，单击【确定】按钮，如图 2-4 所示。

(3) 此时，就可以在桌面上看到这些图标了，如图 2-5 所示。

图 2-4 桌面图标设置

图 2-5 设置后的 Windows Server 2012 桌面

提示：单击任务栏上的 Windows PowerShell 图标，在其中输入 cmd 并回车，当得到返回信息后，再输入 rundll32.exe shell32.dll,Control_RunDLL desk.cpl,,0 回车后，也可以打开【桌面图标设置】对话框。

2. 【开始】屏幕

Windows Server 2012 系统去掉了用户熟悉的【开始】按钮和【开始】菜单，增加了更加方便的【开始】屏幕，当把鼠标指针移动到左下角的边缘时，会有一个小浮窗，如图 2-6 所示。单击浮窗就能进入【开始】屏幕，如图 2-7 所示。单击鼠标右键，在下面浮出的层中单击【所有应用】，展开的一层即为【应用】屏幕。

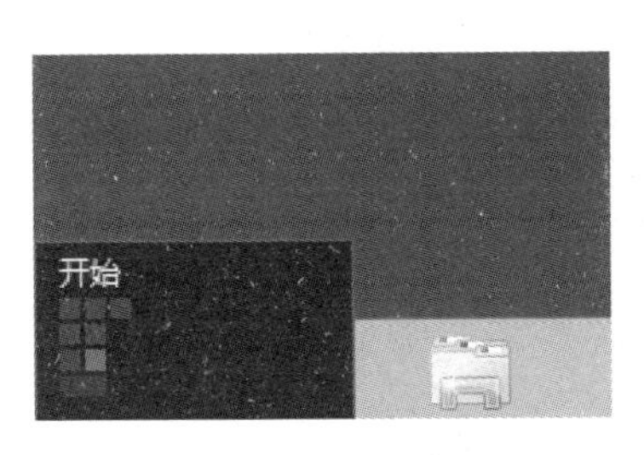

图 2-6　小浮窗

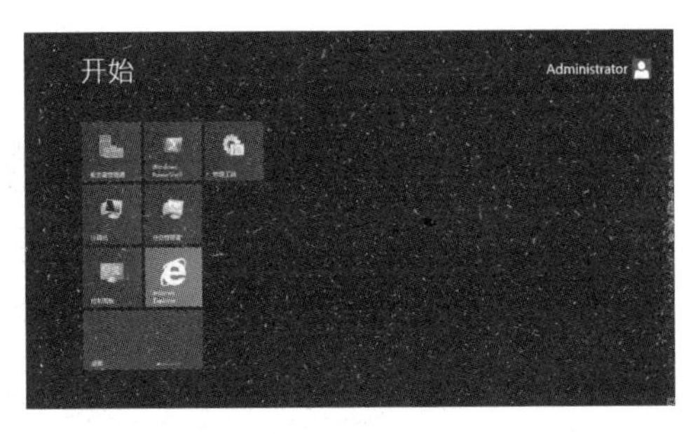

图 2-7　【开始】屏幕

【开始】屏幕虽然更加灵活，但对于习惯使用传统【开始】菜单的用户来说，显然不太方便。用户可以用如下方法来设置【开始】菜单。

方法一：在任务栏的空白区域单击鼠标右键，选择【工具栏】→【新建工具栏】命令，在打开的【新工具栏-选择文件夹】窗口的地址栏中输入 C:\Users\All Users\Microsoft\Windows\，按 Enter 键。选择【「开始」菜单】，单击【选择文件夹】按钮，如图 2-8 所示。在任务栏上即可出现【开始】菜单。

方法二：使用第三方扩展软件，例如 Classic Shell，既可显示传统的【开始】菜单，又保留了 Metro 界面。

提示：右击开始浮窗，可以打开【开始】快捷菜单，如图 2-9 所示。

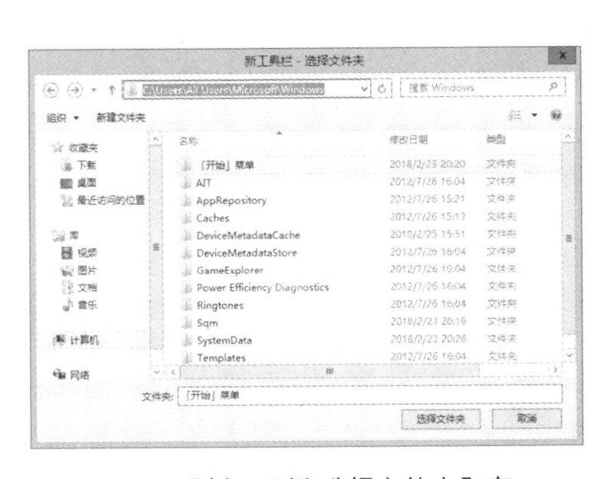

图 2-8　【新工具栏-选择文件夹】窗口

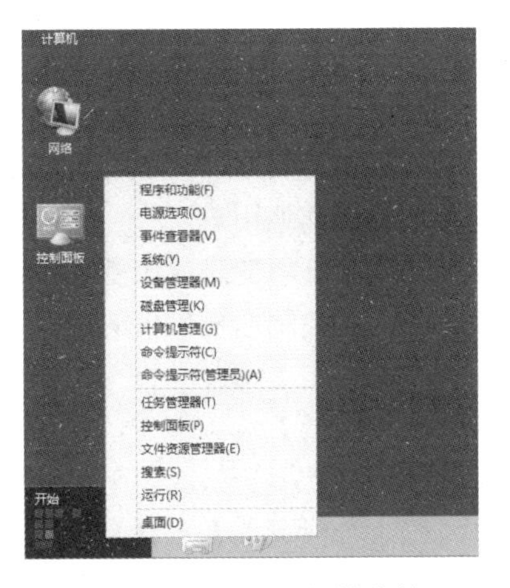

图 2-9　【开始】快捷菜单

2.2.3 管理环境变量

在安装了 Windows Server 2012 的计算机中，环境变量会影响计算机如何运行程序、如何查找程序、如何分配内存等。

1. 查看现有环境变量

在【管理员：命令提示符】窗口中，执行 set 命令即可检查计算机中现有的环境变量，如图 2-10 所示。图 2-10 中的每一行都代表一个环境变量，等号(=)左边为环境变量的名称，右边为环境变量的值，例如，环境变量 COMPUTERNAME 的值为 WIN-PJKQE11VNF7。

图 2-10 环境变量

又如，环境变量 PATH 用于指定查找程序的路径，当执行一个程序时，若没有找到当前工作文件夹，则可以按照环境变量 PATH 对应的路径，依次到相应的文件夹中进行查找。

2. 更改环境变量

环境变量分为系统环境变量和用户环境变量两种，其中，系统环境变量适用于每个在此台计算机登录的用户，也就是每个登录用户的环境都会有这些变量。只有具备 Administrator 权限的用户，才可以添加或修改系统环境变量。但是建议最好不要随便修改环境变量，以免造成系统不能正常工作。每个用户也可以自定义用户环境变量，这个变量只适用于该用户，不会影响到其他用户。

添加、修改环境变量的步骤如下。

(1) 双击【控制面板】中的【系统】图标，打开【系统属性】对话框，切换到【高级】选项卡，如图 2-11 所示。

(2) 在【高级】选项卡中，单击【环境变量】按钮，打开【环境变量】对话框，其中上半部分为用户环境变量区，下半部分为系统环境变量区，如图 2-12 所示。

(3) 在【环境变量】对话框中，可以通过【新建】、【编辑】和【删除】按钮，对系统环境变量和用户环境变量进行设置。

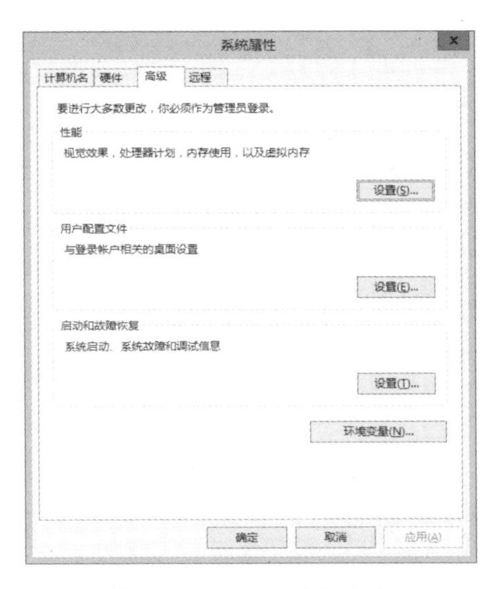

图 2-11　【高级】选项卡

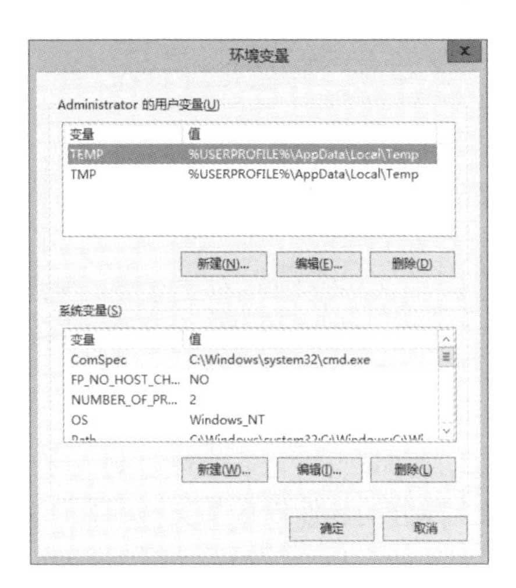

图 2-12　【环境变量】对话框

需要说明的是，除了系统环境变量与用户环境变量之外，位于系统分区根文件夹中的 AUTOEXEC.BAT 文件内的环境变量也会影响该计算机的环境变量设置。如果这 3 处的环境变量设置发生冲突，其设置原则如下。

① 如果是环境变量 PATH，则系统配置的顺序是：系统环境变量→用户环境变量→AUTOEXEC.BAT，也就是先设置系统环境变量，然后设置用户环境变量，最后设置 AUTOEXEC.BAT，并且是后设置的变量附加在先设置的变量之后。

② 如果不是环境变量 PATH，则系统配置的顺序是：AUTOEXEC.BAT→系统环境变量→用户环境变量，也就是先设置 AUTOEXEC.BAT，然后设置系统环境变量，最后设置用户环境变量，并且后设置的变量会覆盖先设置的变量。

③ 系统只有在启动时才会读取 AUTOEXEC.BAT 文件，因此，如果在 AUTOEXEC.BAT 文件内添加、修改了环境变量，必须重新启动计算机，才能使这些变量发挥作用。

3. 使用环境变量

使用环境变量时，必须在环境变量的前后加上%，例如，%username%表示要读取用户账户名称，%windir%表示要读取 Windows 系统文件目录，如图 2-13 所示。

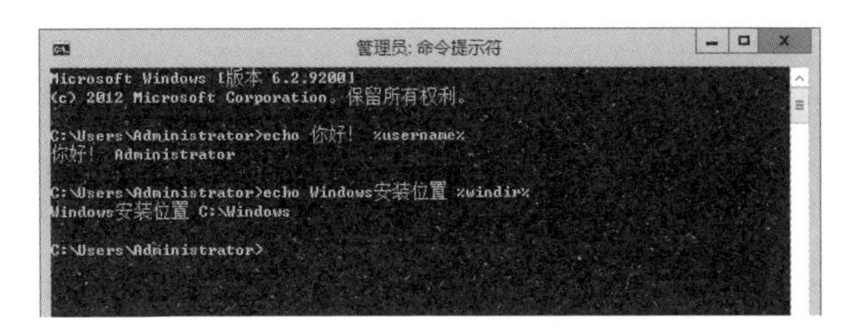

图 2-13　使用环境变量

对于特定的计算机来说，它的各个用户的环境变量各不相同，都是各自配置文件的组成部分。

2.3 管理硬件设备

硬件设备是指连接到计算机并由计算机控制的所有设备，例如打印机、游戏杆、网络适配器或调制解调器，以及任意其他外围设备。不但包括制造和生产时连接到计算机上的设备，还包括后来添加的外围设备。某些设备(例如网络适配器和声卡)连接到计算机内部的扩展槽中，另一些设备连接到计算机外部的端口上(例如打印机和扫描仪)。

1. 安装新硬件

在大部分情况下，安装硬件设备是非常简单的，只要将设备安装到计算机即可，因为现在绝大部分的硬件设备都支持即插即用(Plug and Play，PnP)，而 Windows Server 2012 的即插即用功能会自动地检测到所安装的即插即用硬件设备，并且自动安装该设备所需要的驱动程序。如果 Windows Server 2012 检测到某个设备，却无法找到合适的驱动程序，则系统会显示画面要求提供驱动程序。

如果所安装的是最新的硬件设备，而 Windows Server 2012 也检测不到这个尚未被支持的硬件设备，或者硬件设备不支持即插即用，则可以双击【控制面板】中的【设备和打印机】图标，在【设备和打印机】窗口中单击【添加设备】，再根据提示一步一步操作即可。

2. 查看已安装的硬件设备

通常，设备管理器用于检查硬件状态并更新计算机上的设备驱动程序。精通计算机硬件的高级用户也可以使用设备管理器的诊断功能来解决设备冲突或更改资源设置，但执行此操作时应非常谨慎。用户可以利用设备管理器查看、禁用、启用计算机内已经安装的硬件设备，也可以用它针对硬件设备执行调试、更新驱动程序、回滚驱动程序等工作。

启动设备管理器最简单的方法是双击【控制面板】中的【设备管理器】图标，也可以通过在【系统】窗口中单击【设备管理器】来打开，设备管理器如图 2-14 所示。

若要查看隐藏的硬件设备，可以在【设备管理器】窗口中，执行【查看】菜单中的【显示隐藏的设备】命令，如图 2-15 所示。

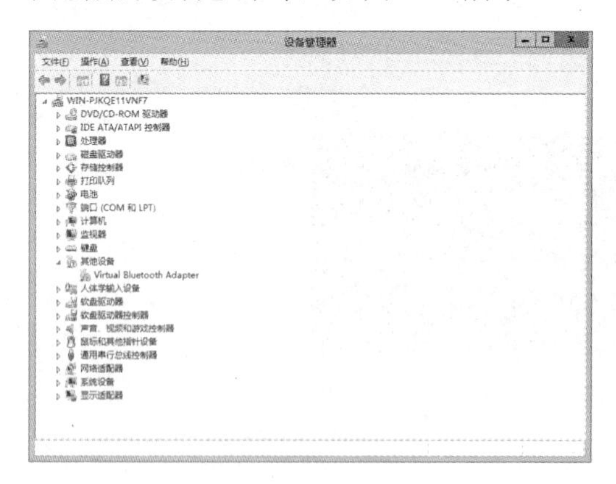

图 2-14 设备管理器

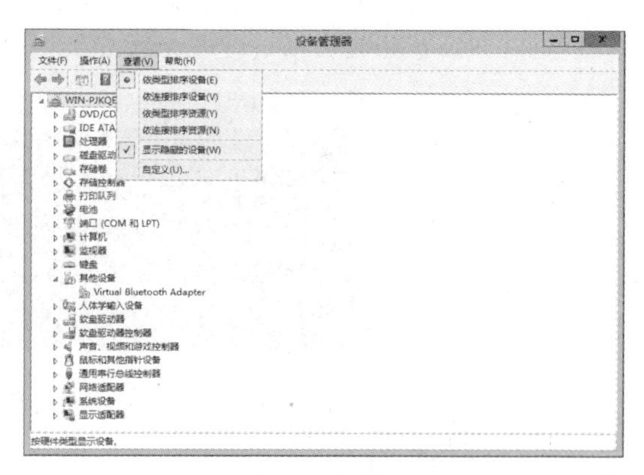

图 2-15 显示隐藏的设备

3．禁用、卸载与扫描检测新设备

右击某个设备，在弹出的快捷菜单中，选择相应命令即可禁用该设备、卸载该设备或者扫描是否有新的设备，如图 2-16 所示。

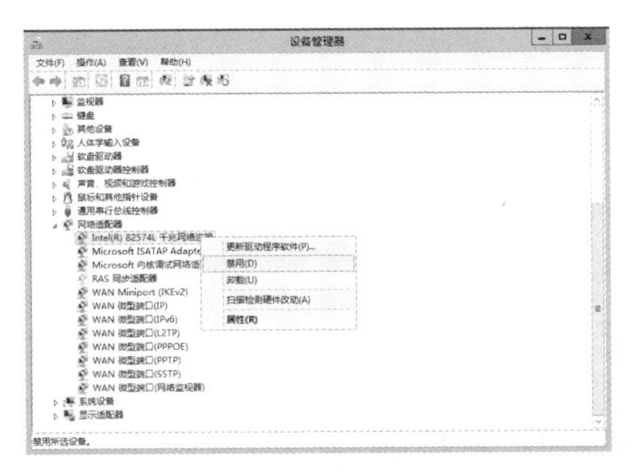

图 2-16　禁用、卸载与扫描检测新设备

2.4　配置 Windows Server 2012 网络

2.4.1　更改计算机名与工作组名

在安装 Windows Server 2012 系统的整个过程中，不需要用户设置计算机名，系统使用一长串随机字符串作为计算机名。为了更好地标识和识别计算机，在 Windows Server 2012 系统安装完毕后，最好还是将计算机名修改为易于记忆或具有一定意义的名称。

(1) 双击【控制面板】中的【系统】图标，打开【系统】窗口，单击【更改设置】按钮。

(2) 在【系统属性】对话框中，切换到【计算机名】选项卡，单击【更改】按钮，如图 2-17 所示。

(3) 在【计算机名/域更改】对话框中，在【计算机名】文本框中输入新的计算机名，在【工作组】文本框中输入计算机所处的工作组，单击【确定】按钮，如图 2-18 所示。

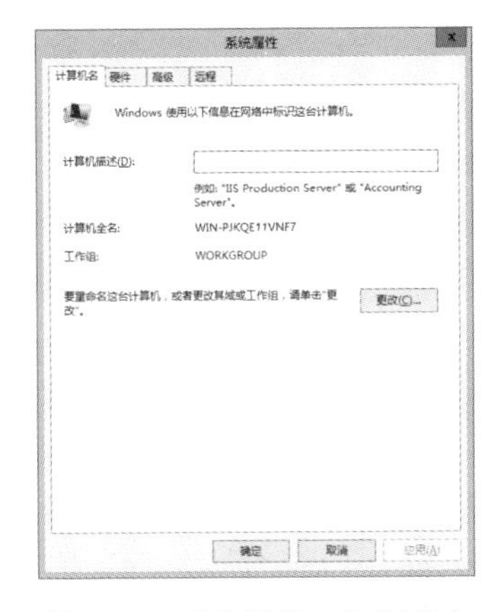

图 2-17　【计算机名】选项卡

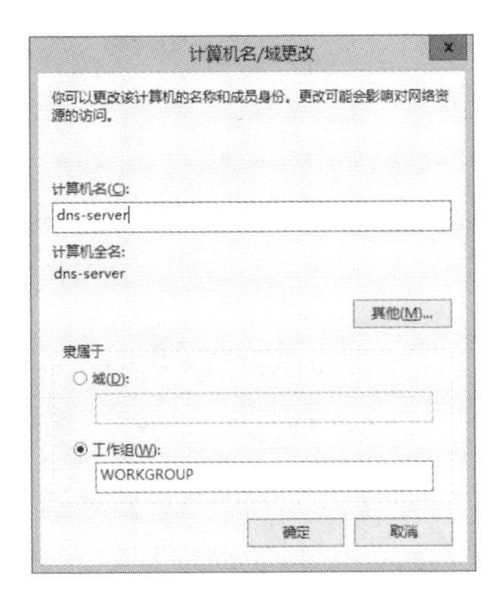

图 2-18　【计算机名/域更改】对话框

(4) 系统提示必须重新启动计算机才能使新的计算机名和工作组名生效。

(5) 返回到【系统属性】对话框后，单击【确定】按钮，系统再次提示必须重新启动计算机以应用更改。若单击【立即重新启动】按钮，即可重新启动系统并应用新的计算机名和工作组名称。

2.4.2 设置 TCP/IP 属性

正确设置 TCP/IP 属性，是一台主机能否接入网络的关键。对 Windows Server 2012 系统设置 TCP/IP 属性的步骤如下。

(1) 单击任务栏上的【服务器管理器】图标，打开【服务器管理器】窗口，单击左侧的【本地服务器】，在【属性】区域中单击【以太网】链接，如图 2-19 所示。

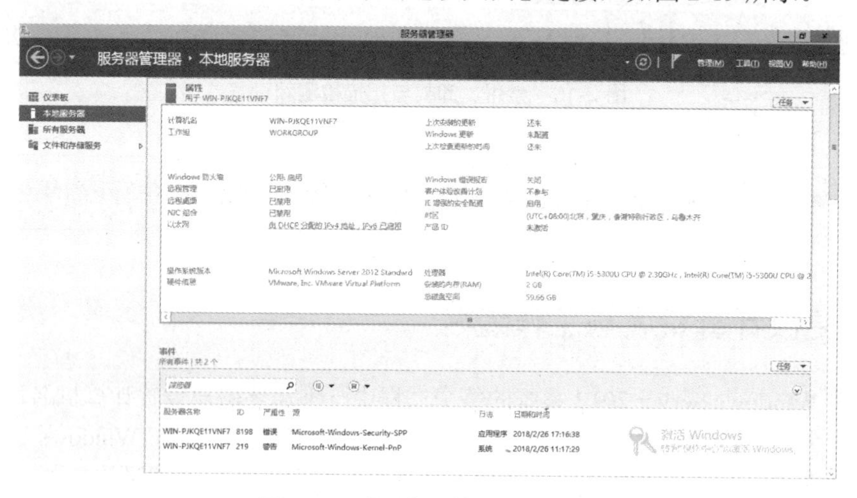

图 2-19 【服务器管理器】窗口

(2) 在【网络连接】窗口中双击【以太网】图标，如图 2-20 所示。

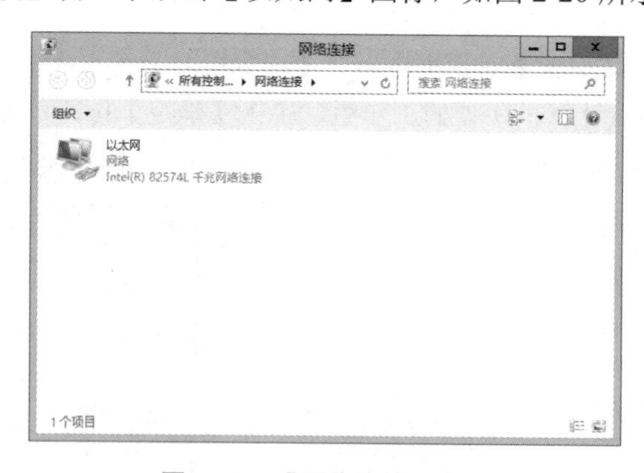

图 2-20 【网络连接】窗口

(3) 打开【以太网 状态】对话框，单击【属性】按钮，打开【以太网 属性】对话框，这里显示系统已安装的网络程序和协议。在 Windows Server 2012 系统中，默认情况下已安装了 IPv4 和 IPv6 两个版本的 Internet 协议，并且默认都已启用。由于 IPv6 尚未广泛应用，网络中主要还是使用 IPv4，为了提高网络连接速度，建议取消 IPv6 功能。取消 IPv6 功能的方法是在列表框中取消选中【Internet 协议版本 6(TCP/IPv6)】复选框，然后单击【确定】按钮。若要设置 IPv4 的相关属性，可以选中【Internet 协议版本 4(TCP/IPv4)】，然后单击【属性】按钮，如图 2-21 所示。

点评与拓展： 使用过 Windows Server 2012 的用户可能会感觉到，该系统环境下上网访问和共享访问速度都比较慢。这是因为 Windows Server 2012 系统在默认情况下会优先使用 TCP/IPv6 通信协议进行网络连接，若网络连接失败，才会使用 TCP/IPv4 通信协议进行网络连接。

(4) 在 Internet 网络中，每台主机都要分配一个 IP 地址。IP 地址可以动态获得，也可手动静态配置(注：关于这方面内容，将在第 8 章详细介绍)。在【Internet 协议版本 4(TCP/IPv4)属性】对话框中，若要通过 DHCP 获得 IP 地址，则保留默认选中的【自动获得 IP 地址】单选按钮。但对于一台服务器来说，通常需要设置静态 IP 地址，此时可选中【使用下面的 IP 地址】单选按钮，并在相应的文本框中输入 IP 地址、子网掩码、默认网关和 DNS 服务器的 IP 地址，然后单击【确定】按钮，如图 2-22 所示。

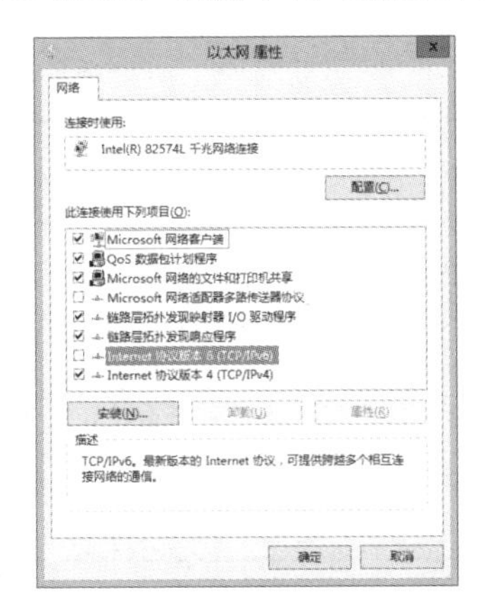

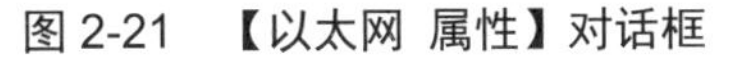
图 2-21 【以太网 属性】对话框

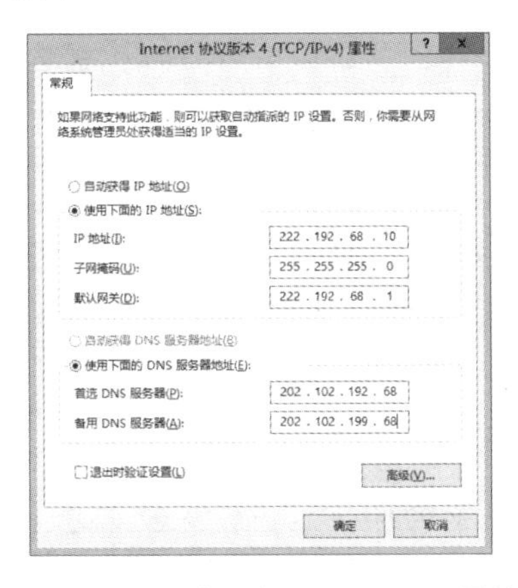

图 2-22 【Internet 协议版本 4(TCP/IPv4)属性】对话框

2.4.3 常用的网络排错工具

1. 使用 ipconfig 确认 IP 地址配置

ipconfig 命令的作用是显示所有当前的 TCP/IP 网络配置值、刷新动态主机配置协议(DHCP)和域名系统(DNS)设置。使用不带参数的 ipconfig 可以显示所有适配器的 IP 地址、子网掩码、默认网关。若加上参数/all，可以显示所有适配器的完整 TCP/IP 配置信息，如图 2-23 所示。

2. 使用 ping 测试网络连通性

ping 命令通过发送“Internet 控制消息协议(ICMP)”回响请求数据包来验证与另一台 TCP/IP 计算机的 IP 级连接。回响应答消息的接收情况将和往返过程的次数一起显示出来。

ping 是用于检测网络连接性、可到达性和名称解析疑难问题的主要 TCP/IP 命令，ping 命令的格式：

```
ping  [<命令选项>]  <目标 IP 地址或域名>
```

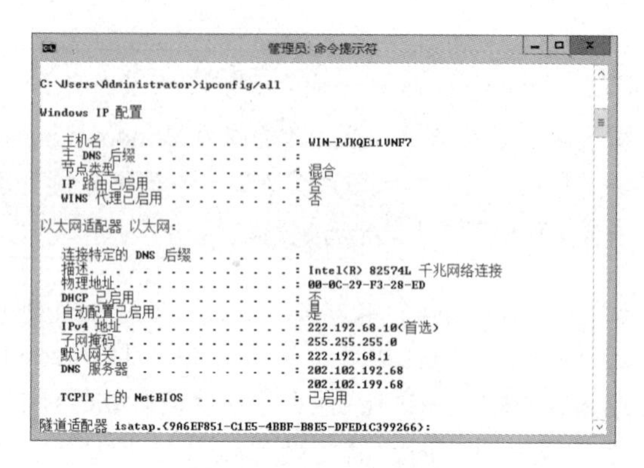

图 2-23　ipconfig 命令

表 2-1 列出了一些常用的 ping 命令选项。

表 2-1　ping 命令选项

选　项	功　能
-t	指定在中断前 ping 可以持续发送回响请求消息到目的地。要中断并显示统计消息，按 Ctrl+Break 组合键，要中断并退出 ping，按 Ctrl+C 组合键
-a	指定对目的地 IP 地址进行反向名称解析。如果解析成功，ping 将显示相应的主机名
-n count	指定发送回响请求消息的次数，具体次数由 count 来指定。若不指定次数，则默认值为 4
-w timeout	调整超时(毫秒)。默认值是 1000(1 秒的超时)
-l size	指定发送的回响请求消息中“数据”字段的长度(以字节表示)。默认值为 32，最大值是 65527
-f	指定发送的回响请求消息带有“不要拆分”标志(所在的 IP 标题设为 1)。回响请求消息不能由目的地路径上的路由器进行拆分。该参数可用于检测并解决“路径最大传输单位(PMTU)”的故障

ping 是最常用的网络故障排除工具，ping 结束后，会显示统计信息。如图 2-24 所示，测试本机与 www.ah.edu.cn 主机的连接性，ping 出 4 个 32 字节数据包，丢失了 0 个。

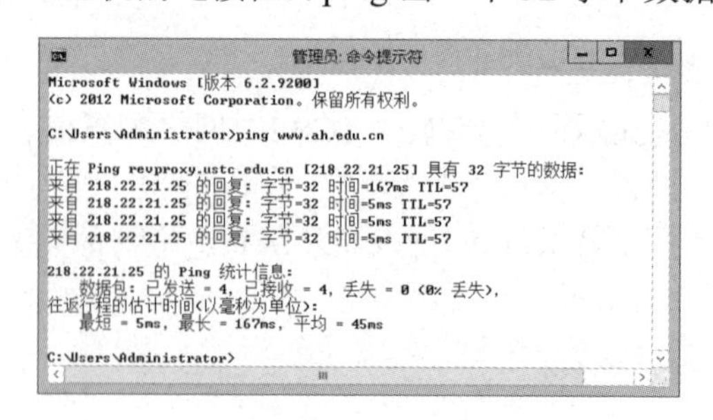

图 2-24　执行 ping 命令后的统计信息

如果执行 ping 命令不成功，可能是出现以下故障：网线故障、网络适配器配置不正确、

IP 地址配置不正确，等等。如果执行 ping 命令成功而网络仍无法使用，那么可以证明从源点到目标之间的所有物理层、数据链路层和网络层的功能都运行正常，问题很可能出在网络系统的软件配置方面。使用 ping 命令可以排除简单网络故障，其步骤如下。

(1) ping 回环地址(127.0.0.1)，以验证本地计算机是否正确配置了 TCP/IP，如果 ping 命令执行失败，说明 TCP/IP 协议安装不正确。

(2) ping 本地计算机的 IP 地址，以验证其是否已正确地添加到网络中。如果 ping 命令执行失败，说明 IP 地址配置不正确，或没有连接到网络中。

(3) ping 默认网关的 IP 地址，以验证默认网关是否正常工作以及是否可以与本地网络上的本地主机进行通信。如果 ping 命令执行失败，需要验证默认网关 IP 地址是否正确以及网关(路由器)是否运行。

(4) ping 远程主机的 IP 地址，以验证到远程主机(不同子网上的主机)IP 地址的连通性。如果 ping 命令失败，需要验证远程主机的 IP 地址是否正确，远程主机是否运行，以及该计算机和远程主机之间的所有网关(路由器)是否运行。

(5) ping 远程主机的计算机名。如果 ping IP 地址成功，但 ping 命令失败，可能是由于名称解析问题所致，需要验证 DNS 服务器的 IP 地址是否正确、DNS 服务器是否运行，以及该计算机和 DNS 服务器之间的网关(路由器)是否运行。

3．使用 tracert 跟踪网络连接

tracert 是路由跟踪实用程序，用于确定 IP 数据报访问目标所采取的路径。tracert 命令用 IP 生存时间(TTL)字段和 ICMP 错误消息来确定从一个主机到网络上其他主机的路由。

在 TCP/IP 网络中，要求路径上的每个路由器在转发数据包之前至少将数据包上的 TTL 递减 1。Tracert 的工作原理是通过向目标发送不同 IP 生存时间(TTL)值的“Internet 控制消息协议(ICMP)”回响请求数据包，确定到目标所采取的路由。当数据包上的 TTL 减为 0 时，路由器应该将“ICMP Time Exceeded”的消息发回源主机。tracert 首先发送 TTL 为 1 的回响数据包，并在随后的每次发送过程将 TTL 递增 1，直到目标响应或 TTL 达到最大值，从而确定路由。

tracert 命令的格式：

```
tracert [<命令选项>] <目标主机的名称或 IP 地址>
```

表 2-2 列出了一些常用的 tracert 命令选项。

表 2-2　tracert 命令选项

选　项	功　能
-d	指定不将 IP 地址解析到主机名称
-h maximum_hops	指定在跟踪到目标主机的路由中所允许的跃点数
-j host-list	指定数据包所采用路径中的路由器接口列表
-w timeout	等待 timeout 为每次回复所指定的毫秒数

如图 2-25 所示，数据包必须通过 8 个路由器才能到达主机 119.97.155.2，其中，中间 3 列时间表示发送 3 个数据包返回的时间，*表示这个包丢失了。

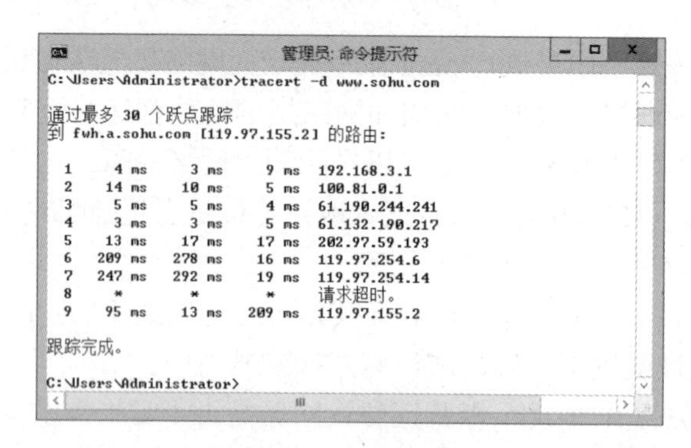

图 2-25 tracert 命令

tracert 命令对于解决大型网络问题非常有用，可以确定数据包在网络上的停止位置、路由环路等问题。

4. 使用 pathping 跟踪数据包的路径

pathping 命令是一个路由跟踪工具，它可以将 ping 和 tracert 命令的功能及这两个命令不能提供的其他信息结合起来。pathping 命令在一段时间内将数据包发送到最终目标的路径上的每个路由器，然后根据从每个跃点返回的数据包来计算结果。由于 pathping 命令会显示数据包在任何给定路由器或链接上丢失的程度，因此可以很容易地确定导致网络问题的路由器或链接。

pathping 命令的格式：

```
pathping [<命令选项>]  <目标主机的名称或 IP 地址>
```

表 2-3 列出了一些常用的 pathping 命令选项。

表 2-3 pathping 命令选项

选 项	功 能
-n	不将地址解析成主机名
-h maximum_hops	搜索目标的最大跃点数
-g host-list	沿着主机列表释放源路由
-p period	在 ping 之间等待的毫秒数
-q num_queries	每个跃点的查询数
-wtimeout	每次等待回复的毫秒数
-i address	使用指定的源地址
-4	强制 pathping 使用 IPv4
-6	强制 pathping 使用 IPv6

如图 2-26 所示的是典型的 pathping 报告，跃点列表后所编辑的统计信息表明在每个独立路由器上丢失数据包的情况。

当运行 pathping 测试问题时首先查看路由的结果。此路径与 tracert 命令所显示的路径相同。然后 pathping 命令对下一个 125 秒显示繁忙消息(此时间根据跃点数变化)。在此期间，pathping 从以前列出的所有路由器和它们之间的链接收集信息，结束后显示测试结果。

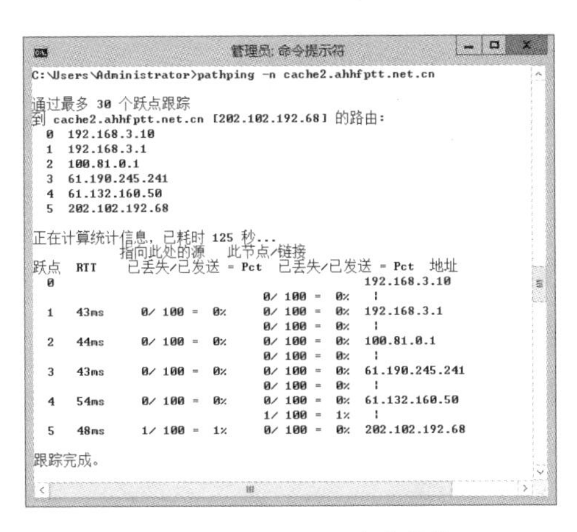

图 2-26　pathping 命令报告

【此节点/链接 已丢失/已发送=Pct】和【地址】两栏说明了数据包的丢失率。本例中，61.132.160.50(跃点 4)和 202.102.192.68(跃点 5)之间的链接正在丢失 1% 的数据包，其他链接工作正常。假如跃点 5 之后仍有跃点，则之后的跃点处的路由器也丢失转送到它们的数据包(【指向此处的源】栏中所示)，但是该丢失不会影响转发路径。

对链接显示的丢失率(在最右边的栏中标记为“|”)表明沿路径转发丢失的数据包。该丢失表明链接阻塞。对路由器显示的丢失率(通过最右边栏中的 IP 地址显示)表明这些路由器的 CPU 可能超负荷运行。这些阻塞的路由器可能也是导致端对端问题的一个因素，尤其是在软件路由器转发数据包时。

5. 使用 netstat 显示连接统计

netstat 命令提供了有关网络连接状态的实时信息，以及网络统计数据和路由信息。netstat 命令的格式：

```
netstat [选项]
```

表 2-4 列出了一些常用的 netstat 命令选项。不带选项的 netstat 命令将显示系统上的所有网络连接，首先是活动的 TCP 连接，之后是活动的域套接字。

表 2-4　netstat 命令选项

选　项	功　能
- a	显示所有的 Internet 套接字信息，包括正在监听的套接字
- i	显示所有网络设备的统计信息
- c	在程序中断前，连接显示网络状况，间隔为 1 秒
–e	显示以太网(Ethernet)统计信息
- n	以网络 IP 地址代替名称，显示网络连接情形
- o	显示定时器状态、截止时间和网络连接的以往状态
- r	显示内核路由表，输出与 route 命令的输出相同
- s	显示每个协议的统计信息
- t	只显示 TCP 套接字信息，包括那些正在监听的 TCP 套接字
- u	只显示 UDP 套接字信息

6. 使用 arp 显示和修改地址解析协议缓存

arp 命令用于显示和修改“地址解析协议 (ARP)”缓存中的项目。ARP 缓存中包含一个或多个表，它们用于存储 IP 地址及其经过解析的以太网或令牌环物理地址。计算机上安装的每一个以太网或令牌环网络适配器都有自己单独的表。如果在没有参数的情况下使用，arp 命令将显示帮助信息，arp 命令的格式：

```
arp 选项
```

表 2-5 列出了一些常用的 arp 命令选项。

表 2-5　arp 命令选项

选　项	功　能
-a	显示所有接口的当前 ARP 缓存表
-d inet_addr	删除指定的 IP 地址项，此处的 inet_addr 代表 IP 地址
-s inet_addr eth_addr	向 ARP 缓存添加可将 IP 地址 inet_addr 解析成物理地址 eth_addr 的静态项

在表 2-5 中，IP 地址 inet_addr 使用点分十进制表示，物理地址 eth_addr 由 6 个字节组成，这些字节用十六进制记数法表示并且用连字符隔开，如 00-AA-00-4F-2A-9C。

例如，要显示所有接口的 ARP 缓存表，可输入：

```
arp -a
```

再如，要添加将 IP 地址 10.0.0.80 解析成物理地址 00-AA-00-4F-2A-9C 的静态 ARP 缓存项，可输入：

```
arp -s 10.0.0.80 00-AA-00-4F-2A-9C
```

通过-s 参数添加的项属于静态项，它们在 ARP 缓存中不会超时，但终止 TCP/IP 协议后再启动，这些项会被删除。如果要创建永久的静态 ARP 缓存项，管理员需要在批处理文件中使用适当的 arp 命令并设置在计算机启动时通过“计划任务程序”运行该批处理文件。

2.4.4　启用远程桌面功能

远程桌面是微软公司为了方便管理员管理、维护服务器而推出的一项服务。通过远程桌面，管理员可以对网络中的每台 Windows Server 2012 计算机进行远程管理，不但可以管理文件和打印共享，还可以编辑注册表，甚至进行任何一项操作，就好像操作本地计算机。

远程桌面管理终端服务是 Windows Server 2012 默认安装的功能，但在默认情况下，该功能并没有启用。启用该服务的过程非常简单。

(1) 双击【控制面板】窗口中的【系统】图标，打开【系统】窗口。

(2) 单击【更改设置】按钮，打开【系统属性】对话框，切换到【远程】选项卡，选中【远程桌面】选项组中的【允许远程连接到此计算机】单选按钮，系统会默认选中【仅允许运行使用网络级别身份验证的远程桌面的计算机连接(建议)】复选框，如图 2-27 所示。

(3) 启用远程桌面管理终端服务后，计算机的系统管理员(Administrator)已具有远程访问权限，若希望其他用户也具有这种权限，可单击【选择用户】按钮，打开【远程桌面用户】对话框，单击【添加】按钮以增加新用户，如图 2-28 所示。

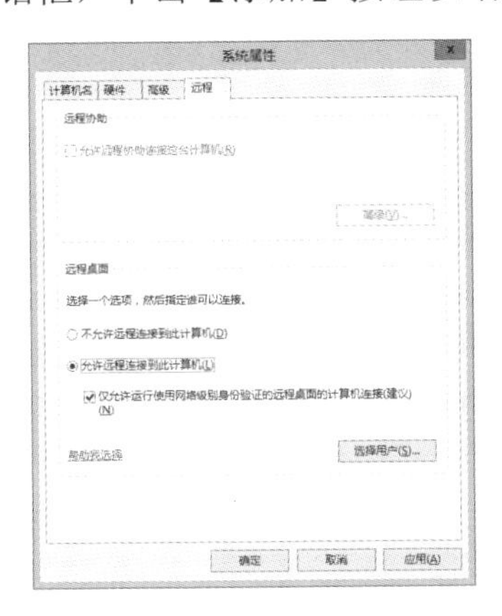

图 2-27　【远程】选项卡

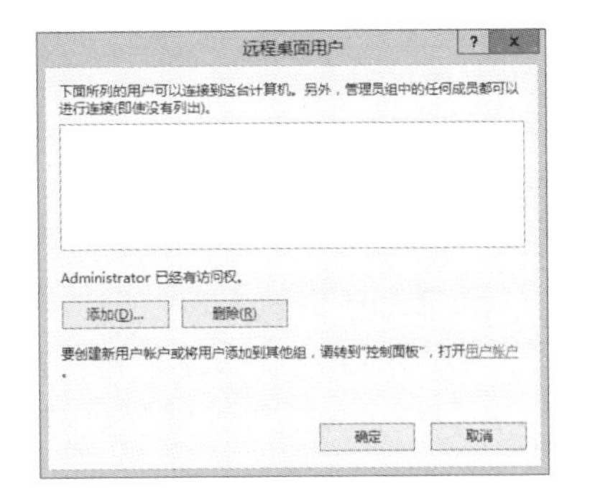

图 2-28　【远程桌面用户】对话框

(4)　启用远程桌面管理后，远程计算机就可以使用远程桌面连接到该服务器。此时，服务器的 3389 端口被打开，用户可以通过 netstat -a 命令来查看，如 2-29 所示。

(5)　在远程计算机(以 Windows 7 为例)中，通过执行【开始】→【所有程序】→【附件】→【通信】→【远程桌面连接】命令，打开【远程桌面连接】对话框。在【计算机】下拉列表框中输入远程终端服务器的计算机名称或 IP 地址，单击【连接】按钮，如图 2-30 所示。

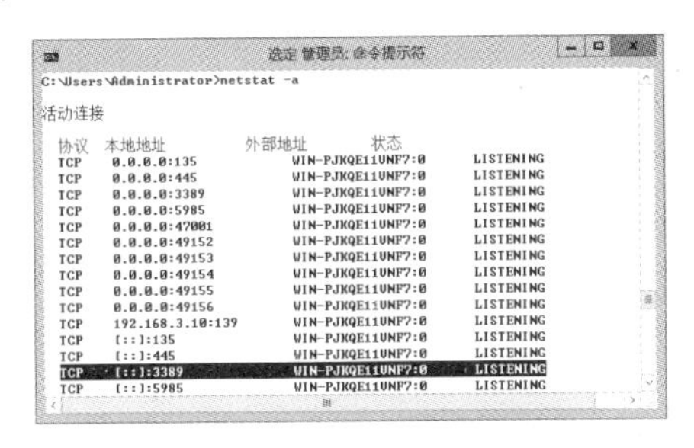

图 2-29　查看侦听端口

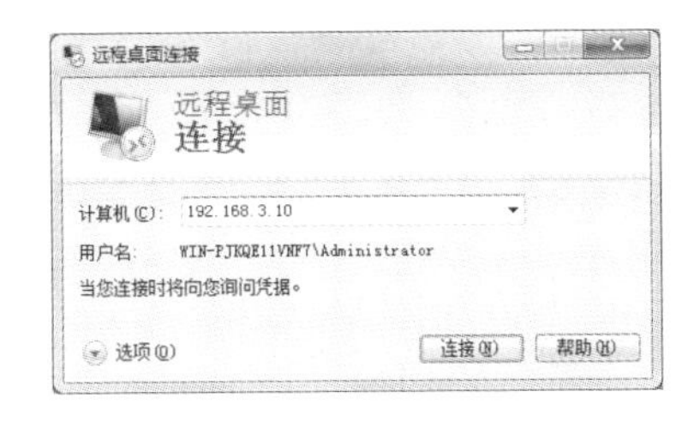

图 2-30　【远程桌面连接】对话框

(6)　在打开的【Windows 安全】对话框中输入服务器的用户名及密码，通过用户验证后，即可连接远程终端服务器，如图 2-31 所示。

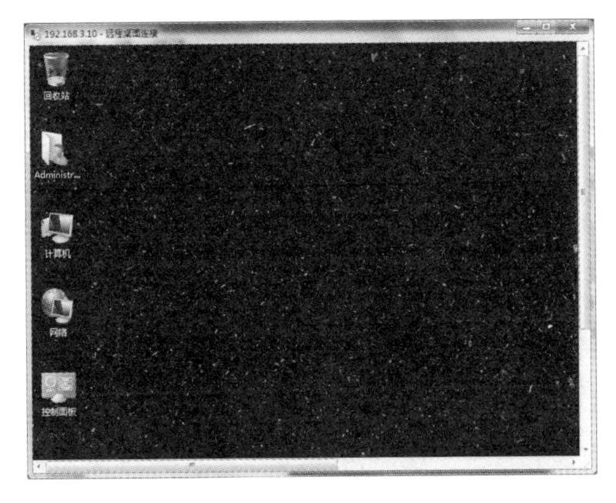

图 2-31　远程桌面

需要注意的是，启用远程桌面管理后，最多只允许两个管理员同时登录服务器。

2.4.5 配置 Windows 防火墙

防火墙有助于防止黑客或恶意软件(如蠕虫)通过网络或 Internet 访问计算机，以及有助于阻止本地计算机向其他计算机发送恶意软件。防火墙可以是软件，也可以是硬件，它能够检查来自 Internet 或网络的信息，然后根据设置来阻止或允许这些信息通过计算机。

(1) 双击【控制面板】窗口中的【Windows 防火墙】图标，或者在【网络和共享中心】窗口中单击【Windows 防火墙】链接，如图 2-32 所示。

(2) 在【Windows 防火墙】窗口中，单击【启用或关闭 Windows 防火墙】链接，启用防火墙。若要进行详细设置，可单击【高级设置】链接，如图 2-33 所示。

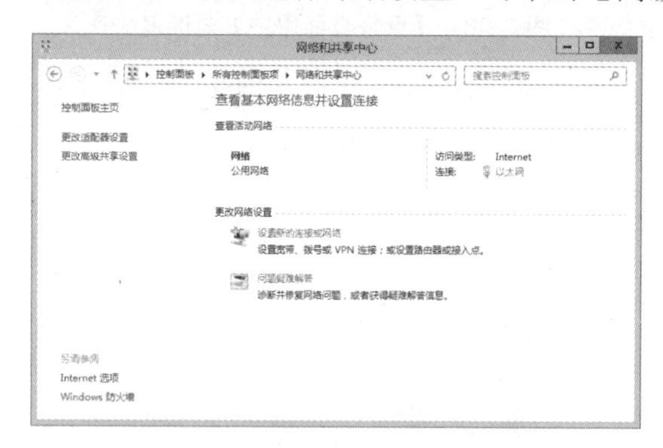

图 2-32 【网络和共享中心】窗口

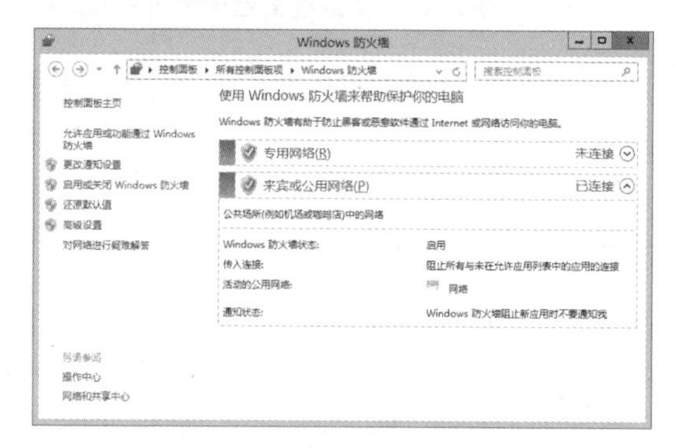

图 2-33 【Windows 防火墙】窗口

(3) 在【自定义设置】窗口中，可以修改各种类型的网络的防火墙设置，例如启用或关闭防火墙，如图 2-34 所示。

(4) 返回【Windows 防火墙】窗口，单击【高级设置】链接，在打开的【高级安全 Windows 防火墙】窗口中选择左侧的【入站规则】，可以看到服务器允许连接的程序以及端口规则的详细列表信息，如图 2-35 所示。

图 2-34 【自定义设置】窗口

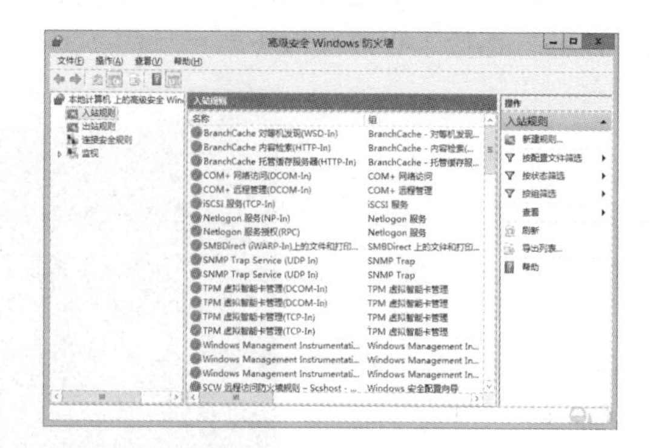

图 2-35 【高级安全 Windows 防火墙】窗口

(5) 可以开放或关闭一些端口，控制 TCP 或 UDP 端口连接的规则。单击【新建规则】链接，在【新建入站规则向导】对话框的【规则类型】中选择【端口】，单击【下一步】

按钮，弹出【协议和端口】向导，如图 2-36 所示。

(6) 如果允许一些程序侦听网络请求，比如计算机对外提供 Web 服务，或是不知道应用程序用的是什么端口，在【新建入站规则向导】对话框中，在【规则类型】中选择【程序】，弹出【程序】向导，选择【所有程序】或【此程序路径】，如图 2-37 所示。

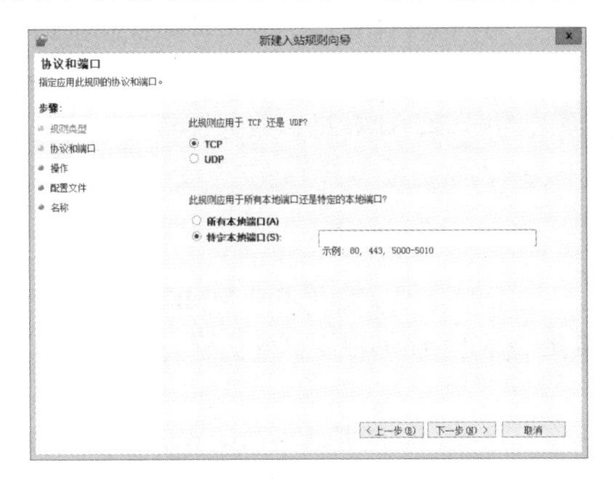

图 2-36　【协议和端口】向导

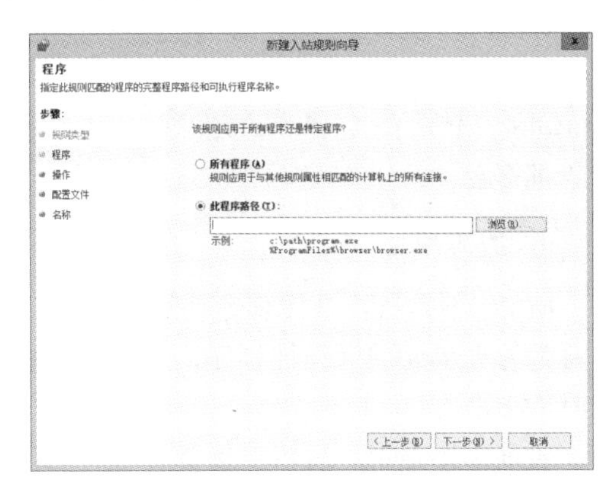

图 2-37　【程序】向导

2.4.6　配置 Windows Update 与自动更新

自动更新是 Windows 系统必不可少的功能，Windows Server 2012 也是如此。为了增强系统功能，避免因系统漏洞而引起安全问题，必须及时更新补丁程序，补丁程序在 Microsoft Update 网站获取。若计算机已连接到 Internet，还可通过 Windows 内置自动更新功能来获取更新，其配置过程大致如下。

(1) 双击【控制面板】窗口中的【Windows 更新】图标。

(2) 在【Windows 更新】窗口中，选择是否启用自动更新，这里选择【让我选择设置】选项，如图 2-38 所示。

(3) 在【更新设置】窗口中的【重要更新】下拉列表中，选择一种自动安装更新的方法，单击【确定】按钮，如图 2-39 所示。

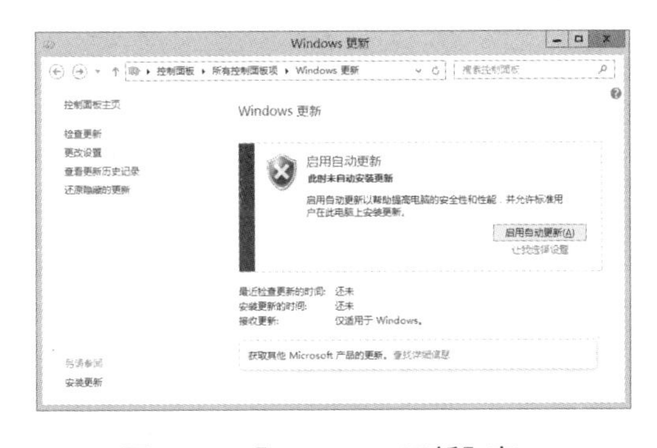

图 2-38　【Windows 更新】窗口

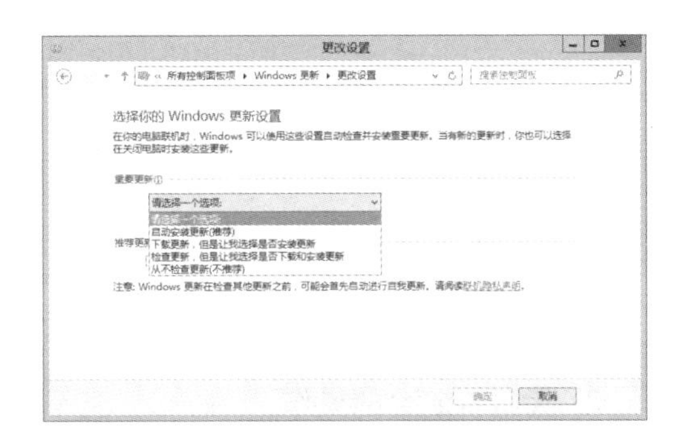

图 2-39　选择 Windows 安装更新的方法

此后，Windows Server 2012 会根据更新设置自动从 Microsoft Update 网站检测并下载更新。

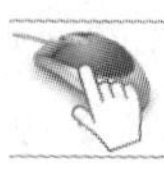

2.5 Windows Server 2012 管理控制台

Windows Server 2012 具有完善的集成管理特性，这种特性允许管理员为本地和远程计算机创建自定义的管理工具。这个管理工具就是微软系统管理控制台(Microsoft Management Console，MMC)，它是一个用来管理 Windows 系统的网络、计算机、服务及其他系统组件的管理平台。

1. 管理单元

MMC 不是执行具体管理功能的程序，而是一个集成管理平台工具。MMC 集成了一些被称为管理单元的管理性程序，这些管理单元就是 MMC 提供用于创建、保存和打开管理工具的标准方法。

管理单元是用户直接执行管理任务的应用程序，是 MMC 的基本组件。Windows Server 2012 在 MMC 中有两种类型的管理单元：独立管理单元和扩展管理单元。其中，独立管理单元(常称为管理单元)，可以直接添加到控制台根节点下，每个独立管理单元提供一个相关功能；扩展管理单元，是为独立管理单元提供额外管理功能的管理单元，一般是添加到已经有了独立管理单元的节点下，用来丰富其管理功能。系统管理员可以通过添加或删除一些特定的管理单元，使不同的用户执行特定的管理任务。

MMC 窗口由两个窗格组成：左边显示的是控制台根节点，即包含多个管理单元的树状体系，显示了控制台中可以使用的项目；右边窗格为节点的详细资料内容，列出这些项目的信息和有关功能。单击控制台树中的不同项目，详细信息窗格中的信息将会变化。这些信息包括网页、图形、图表、表格和列。每个控制台都有自己的菜单和工具栏，与主 MMC 窗口的菜单和工具栏分开，这有利于用户执行任务，如图 2-40 所示。

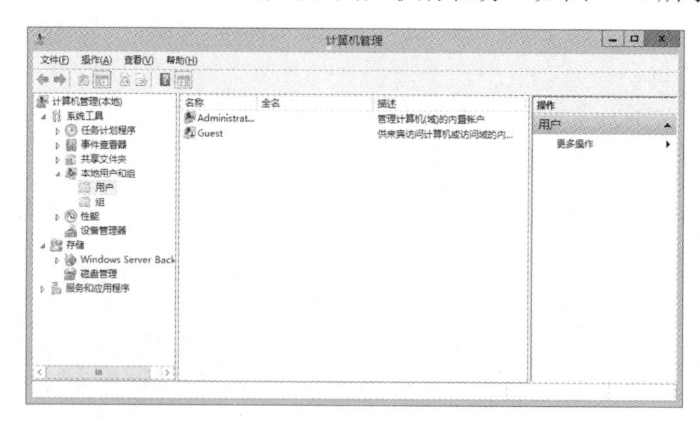

图 2-40 计算机管理控制台

2. 管理控制台的操作

管理控制台的操作主要包括打开 MMC、添加/删除管理单元。

1) 打开 MMC

执行以下任一操作均可以打开 MMC。

◆ 右击【开始】浮窗，执行【运行】命令，打开【运行】对话框，在【打开】文本框中输入 mmc 命令，单击【确定】按钮，如图 2-41 所示。

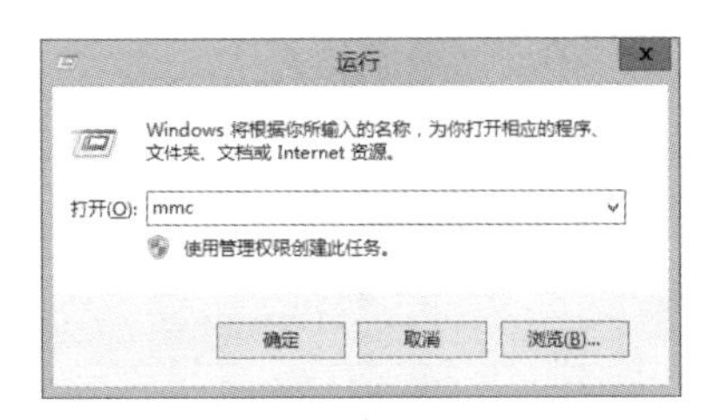

图 2-41　【运行】对话框

◆ 右击【开始】浮窗，执行【搜索】命令，在【应用】屏幕右侧【搜索】层【应用】文本框中输入 mmc 命令。

◆ 在命令提示符窗口中输入 mmc 命令，按 Enter 键。

2) 添加/删除管理单元

系统管理员通过创建自定义的 MMC 可以把完成单个任务的多个管理单元组合在一起，用一个统一的管理界面来完成适合自身企业应用环境的大多数管理任务。

下面介绍创建自定义 MMC 的具体步骤。

(1) 打开 MMC 窗口。

(2) MMC 的初始窗口是空白的，如图 2-42 所示，执行【文件】→【添加/删除管理单元】命令，向控制台添加新的管理单元(或删除已有的管理单元)。

(3) 打开【添加或删除管理单元】对话框，从【可用的管理单元】列表框中选择要添加的管理单元，单击【添加】按钮，将其添加到【所选管理单元】列表框中，添加完毕后，单击【确定】按钮，如图 2-43 所示。

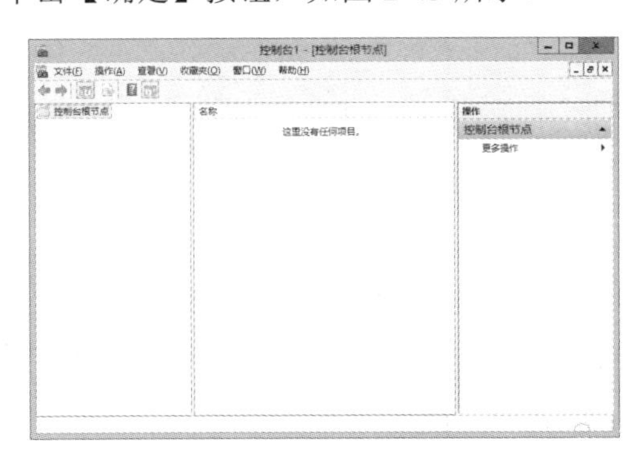

图 2-42　空白的管理控制台

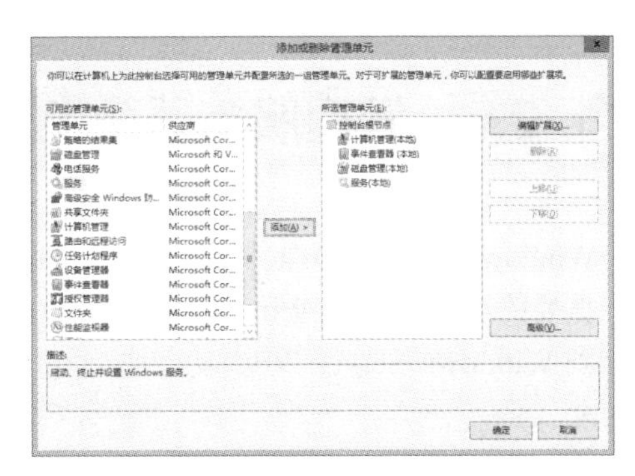

图 2-43　添加或删除管理单元

(4) MMC 不但可以管理本地计算机，也可以管理远程计算机。在添加“计算机管理”管理单元时，会打开【计算机管理】对话框，如图 2-44 所示，提示用户选择管理本地计算机还是远程计算机，若要管理远程计算机，需要选中【另一台计算机】单选按钮，输入欲管理的计算机的 IP 地址或计算机名。

(5) 如图 2-45 所示为一个新创建的管理控制台。在该控制台下，可以对这些管理单元进行管理。

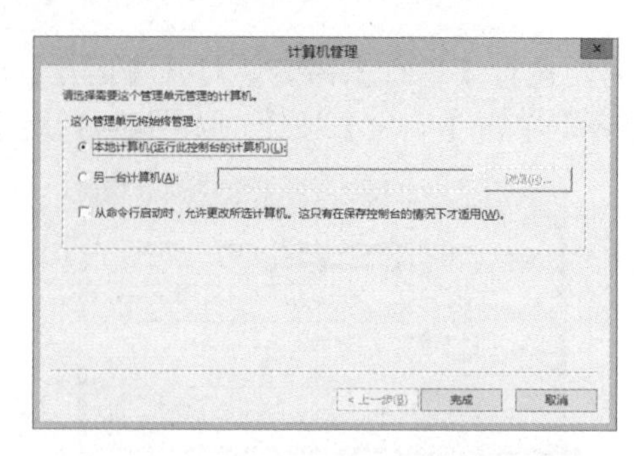

图 2-44　选择本地计算机或远程计算机

(6) 为了便于下次打开该管理单元，可以将新创建的 MMC 控制台进行保存。执行【文件】→【保存】命令，在【保存为】对话框的【文件名】文本框中输入控制台文件的名称，单击【保存】按钮，将新创建的控制台用“.msc”的扩展名进行存储，如图 2-46 所示。

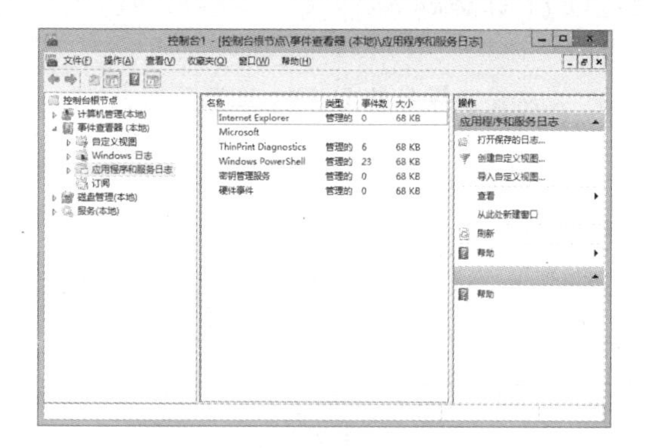

图 2-45　新创建的管理控制台

图 2-46　保存控制台

2.6　管理服务器角色和功能

Windows Server 2012 中的角色和功能，相当于 Windows Server 2003 中的 Windows 组件，重要的组件划分到 Windows Server 2012 角色中，不太重要的服务和增加服务器的功能划分到 Windows Server 2012 功能中。在 Windows Server 2012 中，内置了 19 个角色和 53 个功能。

2.6.1　服务器角色、角色服务和功能简介

Windows Server 2012 系统的管理员用户通过服务器管理器里的“添加角色和功能”或“删除角色和功能”，就可以实现所有的服务器任务。DNS 服务器、文件服务器、打印服务等被视为一种“角色”，而故障转移集群、组策略管理等这样的任务则被视为“功能”。

那么，在 Windows Server 2012 中，服务器的角色与功能到底有什么不同呢？服务器角色指的是服务器的主要功能，管理员可以让整个计算机专用于一个服务器角色，或在单台计算机上安装多个服务器角色，每个角色可以包括一个或多个角色服务。而功能则提供对

服务器的辅助或支持。通常，管理员添加功能不会增加服务器的主要功能，但可以增强安装的角色的功能。如故障转移群集，是管理员可以在安装了特定的服务器角色(如文件服务)后安装的功能，以将冗余特性添加到文件服务并缩短可能的灾难恢复时间。

1. 角色

角色(Roles)是出现在 Windows Server 2008 中的一个新概念，Windows Server 2012 延续了这一管理特性。如何理解角色呢？服务器角色是程序的集合，在安装并正确配置之后，允许计算机为网络内的多个用户或其他计算机执行特定功能。当一台服务器安装了某个服务后，其实就是赋予了这台服务器一个角色，这个角色的任务就是为应用程序、计算机或者整个网络环境提供该项服务。一般来说，角色具有下列共同特征。

- 角色描述计算机的主要功能、用途或使用。一台特定计算机可以专用于执行企业中常用的单个角色。如果多个角色在企业中均很少使用，则可以由一台特定计算机执行。
- 角色允许整个组织中的用户访问由其他计算机管理的资源，比如网站、打印机或存储在不同计算机上的文件。
- 角色通常包括自己的数据库，这些数据库可以对用户或计算机请求进行排队，或记录与角色相关的网络用户和计算机的信息。例如，Active Directory 域服务包括一个用于存储网络中所有计算机名称和层次结构关系的数据库。

2. 角色服务

角色服务是提供角色功能的程序。安装角色时，可以为其选择将为企业中的其他用户和计算机提供的角色服务。一些角色(例如 DNS 服务器)只有一个功能，因此没有可用的角色服务。其他角色(比如终端服务)可以安装多个角色服务，这取决于企业的应用需求。

3. 功能

功能虽然不直接构成角色，但可以支持或增强一个或多个角色的功能，或增强整个服务器的功能，而不管安装了哪些角色。例如，“故障转移群集”功能可以增强其他角色(比如文件服务和 DHCP 服务器)的功能，方法是使它们可以针对已增加的冗余和改进的性能加入服务器群集；“Telnet 客户端”功能允许网络连接与 Telnet 服务器远程通信，从而全面增强服务器的通信功能。

2.6.2　服务器管理器简介

服务器管理器是 Windows Server 2012 中的管理控制台，提供了一个服务器的综合视图，包括有关服务器配置、已安装角色的状态、添加和删除角色命令及功能的信息，可以使系统管理员配置和管理基于 Windows 的本地和远程服务器，而无须物理访问这些服务器，也无须启用与各服务器的远程桌面协议(RDP)连接，从而更高效地管理服务器。如图 2-47 所示为服务器管理器主窗口。

Windows Server 2012 启动后可以看到完整的服务器管理器界面，相比 Windows Server 2008 R2，感觉更加专业和简洁，界面更容易让使用者将焦点放在服务器需要完成的任务上。

图 2-47　服务器管理器

1. 服务器管理器主窗口

1)　服务器管理器的板块

服务器管理器主窗口左侧有四个板块，分别是仪表板、本地服务器、所有服务器以及文件和存储服务。

(1)　仪表板。

完成安装时会自动启动服务器管理器的【仪表板】面板，显示服务器管理器的欢迎界面和一些重要信息，包括快速开始、新功能、了解详细信息三个模块。

(2)　本地服务器。

显示了全部的本地服务器信息，首先就是旧版本 Server 里的【初始配置任务】面板所显示的内容，此外还显示了更多的内容，比如硬件信息等。拖动右侧的滚动条可以看到更多内容，比如服务、详细的日志、服务器角色等概览，还有用于性能评估和分析的工具，基本上和服务器有关的都能够在这里找到。

(3)　所有服务器。

在 Windows Server 2012 中，可以使用服务器管理器管理那些运行 Windows Server 2008 和 Windows Server 2008 R2 的远程服务器，并在远程服务器上执行管理任务。运行 Windows Server 2012 的服务器会默认启用远程管理。要使用服务器管理器远程管理服务器，需将该服务器添加到服务器管理器服务器池中。

(4)　文件和存储服务。

文件和存储服务又分为三块，分别是服务器、存储池以及卷。服务器主要显示当前所管理的服务器，可以同时管理多个服务器，还可以使用各种筛选设置来选择指定的服务器。存储池允许将服务器中的硬盘添加到存储池中，再在存储池中包含虚拟磁盘和物理磁盘。虚拟磁盘就是虚拟机使用的文件，包括 VHD 和 VHDX。Windows Server 2012 支持一种虚拟磁盘类型，后缀名为 VHDX，能够支持单虚拟磁盘 2TB 以上的容量，并且支持断电、计算机意外停止的检错。

2)　服务器管理器的菜单栏

Windows Server 2012 的顶部非常简洁，只有管理、工具、视图以及帮助四个菜单栏和一个通知图标。

(1)　管理：添加、删除角色和功能，添加服务器及创建服务器组。

(2)　工具：类似旧版本 Server 里的“管理工具”，虽然没有图标，但显得更加简洁。

(3)　视图：调整整个面板的显示大小，可以更加方便地在不同设备上切换，比如平板和高分辨率的显示器之间。

(4)　帮助：主要显示服务器管理器的帮助信息，比如帮助文件、TechCenter、TechNet Forum 等。

(5)　通知图标：菜单栏最左边显示的小旗子。如果有新的通知或提示消息会以非常突出的形式显示。比如添加了一个功能，在安装阶段时直接关闭向导，这时在这个小旗子的地方会突出显示，单击小旗子就可以看到具体任务。

在某些功能安装完毕后若需要配置，就会显示一个感叹号，表示需要进行配置。

如果在安装过程中出现了错误，小旗子就会变成红色，提示发生了错误。

可以关闭向导意味着可以同时安装多个功能或添加多个角色，并且不需要一直停留在安装界面，在完成时或需要配置时会进行提醒。

2. 服务器管理器的主要功能

服务器管理器让管理员通过单个工具即可执行下列所有任务：

- 向可通过服务器管理器进行管理的服务器池中添加远程服务器。
- 创建和编辑自定义服务器组，如位于某个特定地理位置的服务器组，或用于特定用途的服务器组。
- 在运行 Windows Server 2012 的本地或远程服务器上安装或卸载角色、角色服务和功能。
- 查看和更改本地或远程服务器上安装的服务器角色及功能。
- 除了启动用来配置网络设置、用户和组，以及远程桌面连接的工具之外，还可执行与服务器上所安装角色的操作生命期相关的管理任务，如启动或停止服务。对角色进行最佳做法合规性扫描，以及运行角色管理工具。
- 确定服务器状态，标识关键事件，分析并解决配置问题和故障。
- 自定义事件、性能数据、服务和最佳做法分析器结果，以在服务器管理器仪表板中显示相应警报。
- 重新启动服务器。

3. 服务器管理器向导

管理员可以通过服务器管理器向导在单个会话中安装或删除多个角色、角色服务或功能，而不需要使用【添加/删除 Windows 组件】。使用向导的最大好处是简单、易用，不必担心在安装或删除角色和功能期间丢失重要的程序。

服务器管理器向导主要包括添加角色向导、添加角色服务向导、添加功能向导、删除角色向导、删除角色服务向导以及删除功能向导等。

2.6.3 添加服务器角色和功能

服务器管理器中的向导与之前的 Windows Server 版本相比，缩短了配置时间，简化了配置服务器的任务。大部分常见的配置任务，如配置和删除角色、定义多个角色以及角色服务都可以通过服务器管理器向导一次性完成。Windows Server 2012 会在用户使用管理器向导时执行依赖性检查，以确保所选择的角色依赖的服务都得到了设置，同时其他角色或角色服务所需的内容不会被删除。

1. 添加服务器角色

下面以添加 DNS 服务器角色为例，介绍利用服务器管理器向导添加服务器角色的过程。其他角色的添加过程与本例大致相同。

(1) 打开【服务器管理器】窗口，选择【管理】菜单中的【添加角色和功能】命令，启动【添加角色和功能向导】。也可以直接单击【仪表板】中【快速启动】中的【添加角色和功能】链接来启动，如图 2-48 所示。

(2) 在【开始之前】向导页中，提示此向导可以完成的工作，以及操作之前应注意的相关事项，单击【下一步】按钮，如图 2-49 所示。

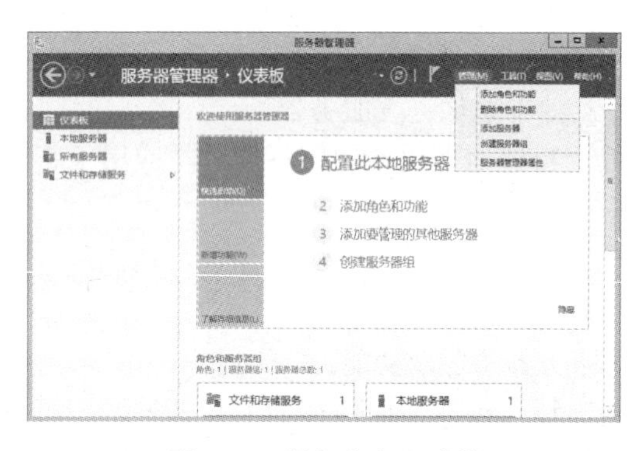

图 2-48 添加角色和功能

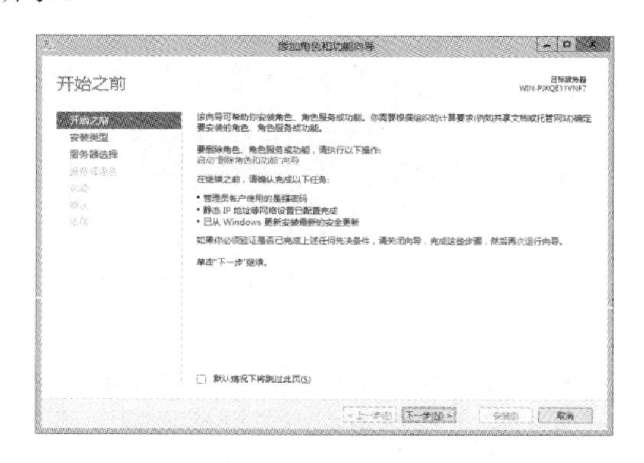

图 2-49 【开始之前】向导页

(3) 在【选择安装类型】向导页中，选择【基于角色或基于功能的安装】，单击【下一步】按钮。

(4) 在【选择目标服务器】向导页中，选择【从服务器池中选择服务器】，单击【下一步】按钮。

(5) 在【选择服务器角色】向导页中，显示了所有可以安装的服务器角色，如果角色前面的复选框没有被选中，表示该网络服务尚未安装，如果已选中，说明该服务已经安装。这里选中【DNS 服务器】复选框，单击【下一步】按钮，如图 2-50 所示。

(6) 在【选择功能】向导页中，选择要安装在服务器上的一个或多个功能，单击【下一步】按钮。

(7) 在【DNS 服务器】向导页中，有 DNS 服务器功能的简要介绍，单击【下一步】按钮，如图 2-51 所示。

(8) 在【确认安装所选内容】向导页中，要求确认所要安装的服务器角色，如果选择错误，可以单击【上一步】按钮返回，这里单击【安装】按钮，开始安装 DNS 服务器角色，如图 2-52 所示。

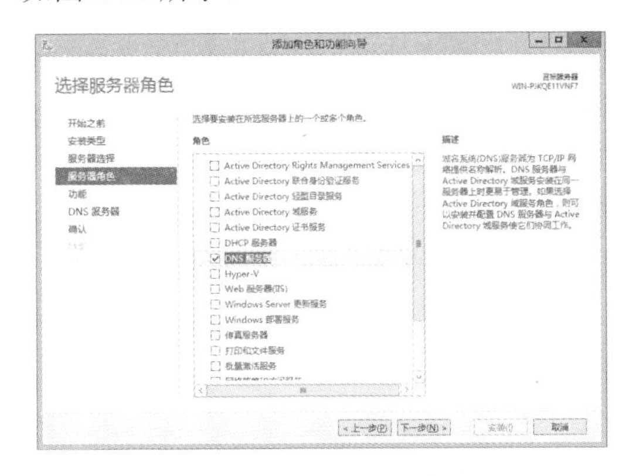

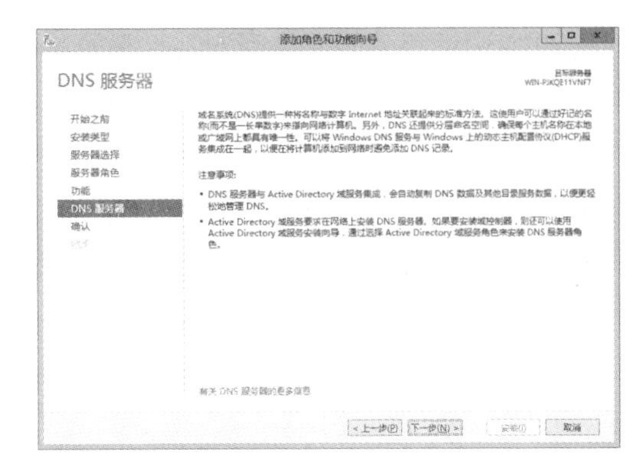

图 2-50　选择服务器角色　　图 2-51　DNS 服务器简介

(9) 在【安装进度】向导页中，显示安装 DNS 服务器角色的进度，如图 2-53 所示。

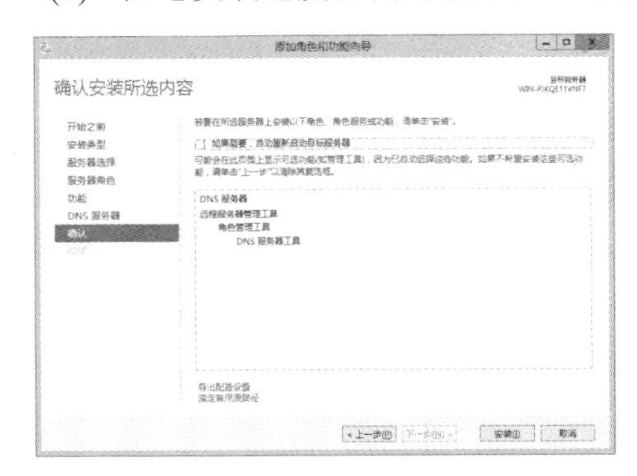

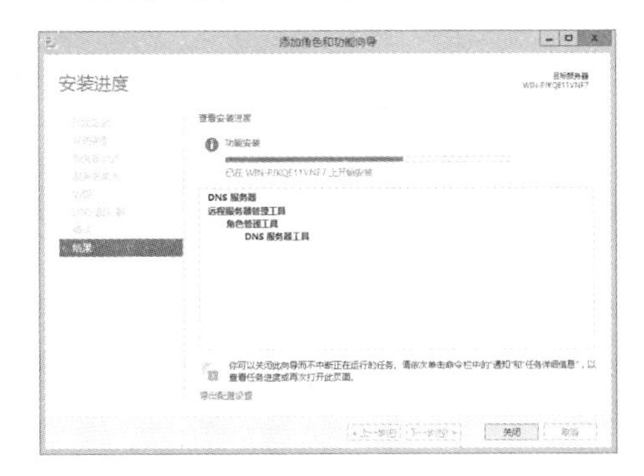

图 2-52　确认安装所选内容　　图 2-53　显示安装进度

(10) 当【安装进度】向导页中显示 DNS 服务器角色已经安装完成，提示用户可以使用 DNS 管理器对 DNS 服务器进行配置，单击【关闭】按钮，完成 DNS 服务的安装，如图 2-54 所示。

此时，在【服务器管理器】窗口中将显示 DNS 服务器角色已经安装及其运行状态，如图 2-55 所示。

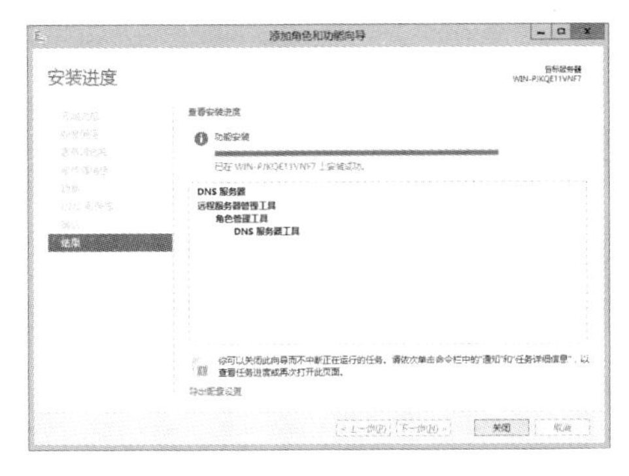

图 2-54　安装结果　　图 2-55　安装 DNS 角色后的服务器管理器

2. 添加服务器功能

在以往的 Windows 操作系统中，Telnet 客户端功能是系统默认安装的，但在 Windows Server 2012 中，该功能并没有安装。例如，用户想在新安装的 Windows Server 2012 系统中管理一台交换机，却发现无法执行 Telnet 命令，如图 2-56 所示。

下面以安装 Telnet 客户端为例，介绍利用服务器管理器向导添加服务器功能的过程。

(1) 启动【添加角色和功能向导】，依次进入【开始之前】向导页、【选择安装类型】向导页、【选择目标服务器】向导页、【选择服务器角色】向导页，确定要添加功能的角色，如图 2-57 所示，然后单击【下一步】按钮。

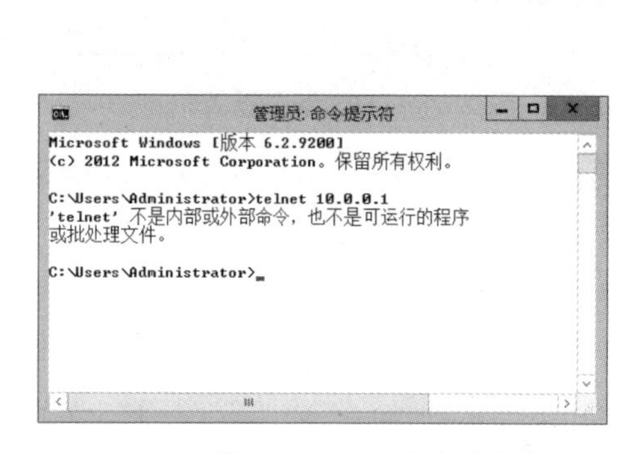

图 2-56　提示无 Telnet 客户端功能

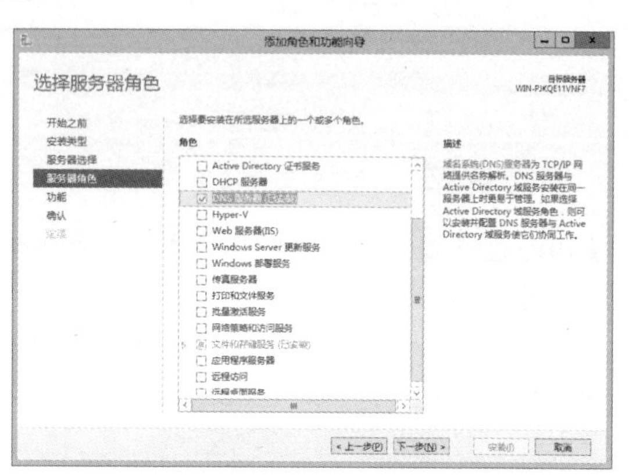

图 2-57　选择服务器角色

(2) 在【选择功能】向导页中，显示所有可以安装的服务器功能，如果功能前面的复选框没有被选中，表示该网络服务尚未安装，如果已选中，说明该功能已经安装。这里选中【Telnet 客户端】复选框，单击【下一步】按钮，如图 2-58 所示。

(3) 在【确认安装所选内容】向导页中，要求确认所要安装的服务器角色，如果选择错误，可以单击【上一步】按钮返回，这里单击【安装】按钮，如图 2-59 所示。

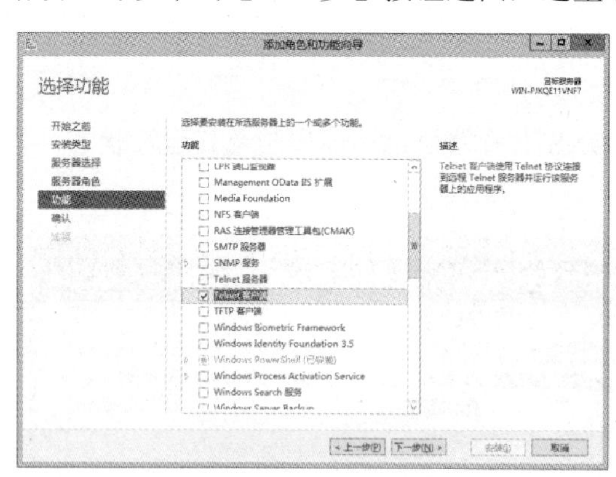

图 2-58　选择功能

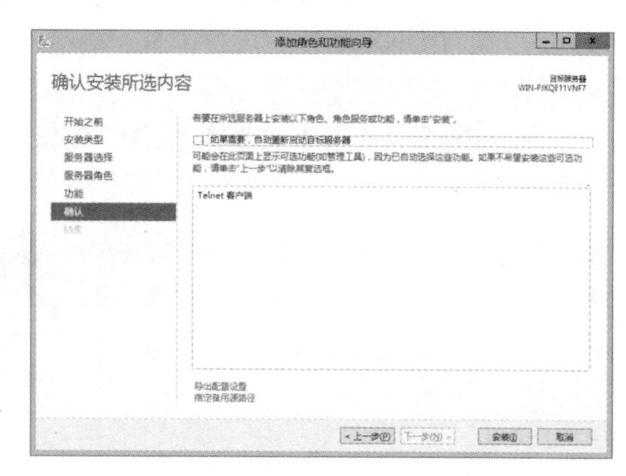

图 2-59　确认安装所选内容

(4) 在【安装进度】向导页中，显示安装 Telnet 客户端功能的进度，如图 2-60 所示。

(5) 在【安装进度】向导页中，显示 Telnet 客户端功能已经安装成功，单击【关闭】按钮，如图 2-61 所示。

Telnet 客户端功能安装完成后，在命令行窗口中再执行如图 2-62 所示的命令，此时就可以管理交换机了。

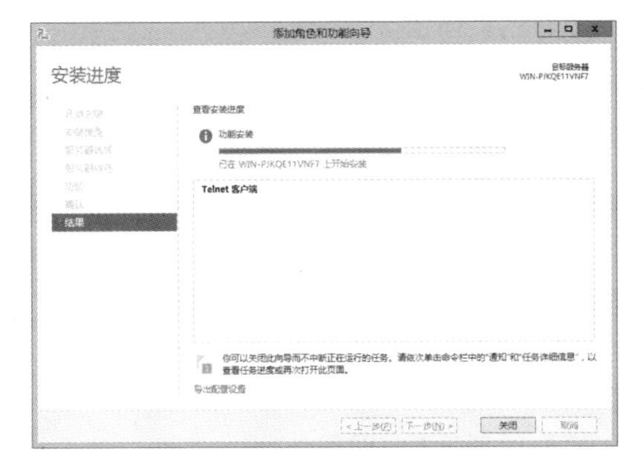

图 2-60　显示安装进度

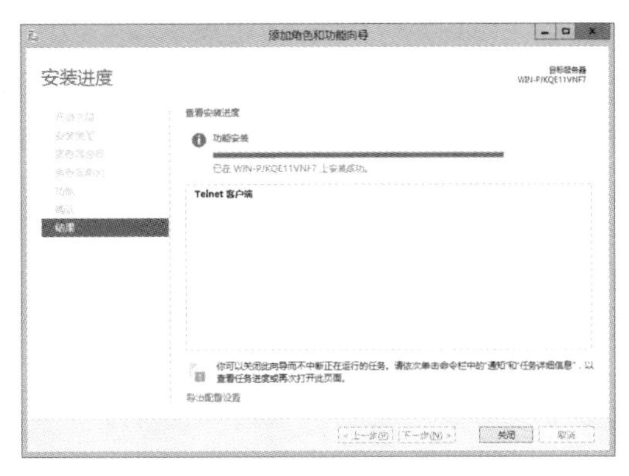

图 2-61　安装结果

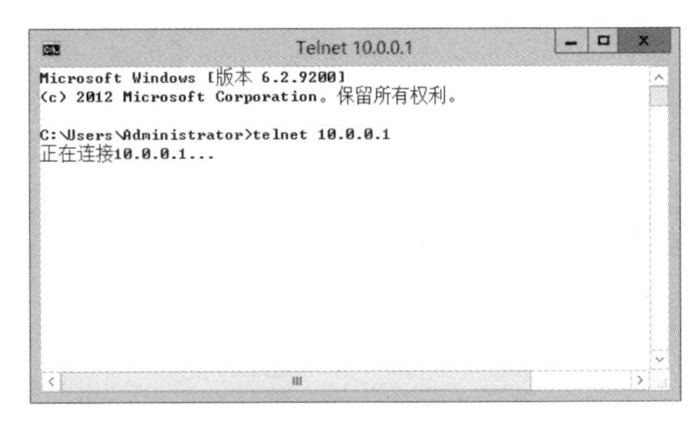

图 2-62　执行命令

2.7　回到工作场景

通过 2.2～2.6 节内容的学习，掌握了设置 Windows Server 2012 桌面环境的方法、更改计算机名和工作组的方法、TCP/IP 属性的配置方法、利用向导添加服务器角色和功能的方法。下面回到 2.1 节介绍的工作场景中，完成工作任务。

【工作过程一】 设置系统桌面

(1)　同时按住键盘上的 Windows+R 组合键，调出【运行】对话框。在对话框中输入“rundll32.exe shell32.dll,Control_RunDLL desk.cpl,,0”(注意大小写)，单击【确定】按钮。

(2)　在【桌面图标设置】对话框中，选中需要放在桌面上的图标的相应复选框，单击【确定】按钮。

【工作过程二】 更改服务器的计算机名

(1)　双击【控制面板】中的【系统】图标，打开【系统】窗口。

(2)　在【系统】窗口中单击【更改设置】按钮，打开【系统属性】对话框，切换到【计算机名】选项卡，单击【更改】按钮。

(3) 在【计算机名/域更改】对话框的【计算机名】文本框中输入新的计算机名，在【工作组】文本框中输入计算机所在的工作组，单击【确定】按钮。

(4) 根据系统提示，重新启动计算机，使新的计算机名和工作组名生效。

【工作过程三】配置服务器网络参数并测试连通性

(1) 单击任务栏上的【服务器管理器】图标，打开【服务器管理器】窗口，单击左侧的【本地服务器】，在【属性】区域中单击【以太网】链接。

(2) 在【网络连接】窗口中双击【以太网】图标，打开【以太网 状态】对话框。

(3) 在【以太网 状态】对话框中单击【属性】按钮，打开【以太网 属性】对话框，选中【Internet 协议版本 4(TCP/IPv4)】，单击【属性】按钮。

(4) 打开【Internet 协议版本 4(TCP/IPv4)属性】对话框后，在相应的文本框中输入 IP 地址、子网掩码、默认网关和 DNS 服务器的 IP 地址，单击【确定】按钮。

(5) 使用 ipconfig 命令确认 IP 地址配置正确。

(6) 使用 ping 命令测试网络连通性。

【工作过程四】启用防火墙和系统更新

(1) 双击【控制面板】中的【Windows 防火墙】图标。

(2) 在【Windows 防火墙】窗口中，单击【启用或关闭 Windows 防火墙】链接。

(3) 在【自定义设置】窗口中，选中【启用 Windows 防火墙】单选按钮，并单击【确定】按钮保存设置。

(4) 双击【控制面板】中的【Windows 更新】图标。

(5) 在【Windows 更新】窗口中，选择【让我选择设置】选项。

(6) 在【更改设置】窗口中选择一种自动安装更新的方法，并单击【确定】按钮保存设置。

【工作过程五】开启远程桌面

(1) 双击【控制面板】中的【系统】图标，打开【系统属性】对话框。

(2) 在【系统属性】对话框中，切换到【远程】选项卡，选中【远程桌面】选项组中的【允许远程连接到此计算机】，系统会默认选择【仅允许运行使用网络级别身份验证的远程桌面的计算机连接(建议)】。

(3) 单击【选择用户】按钮，打开【远程桌面用户】对话框，单击【添加】按钮，增加新用户。

【工作过程六】安装 Telnet 客户端

(1) 打开【服务器管理器】窗口，选择【管理】菜单中的【添加角色和功能】选项，启动【添加角色和功能向导】，单击【下一步】按钮，依次进入【开始之前】向导页、【选择安装类型】向导页、【选择目标服务器】向导页、【选择服务器角色】向导页，确定要添加功能的角色。

(2) 在【选择功能】向导页中，选中【Telnet 客户端】复选框，单击【下一步】按钮。

(3) 在【确认安装选择】向导页中，单击【安装】按钮。

2.8 工作实训营

【实训环境和条件】

(1) 网络环境或 VMware Workstation 9.0 虚拟机软件。
(2) 安装有 Windows Server 2012 的物理计算机或虚拟机。
(3) 安装有 Windows 7 或 Windows 10 的物理计算机或虚拟机。

【实训目的】

通过上机实训，掌握利用【控制面板】配置 Windows Server 2012 基本环境的方法，熟悉服务器管理器的使用方法，并可以利用服务器管理器来添加、删除和管理服务器角色和功能，掌握常用网络排错工具的使用方法及应用场合。

【实训内容】

(1) 设置用户工作环境。
(2) 查看和管理环境变量。
(3) 更改计算机名与工作组名。
(4) 配置 TCP/IP 属性，启用防火墙，启用远程桌面。
(5) 使用常用的网络排错工具。
(6) 使用 MMC 管理控制台。
(7) 添加服务器角色和功能。

【实训过程】

(1) 设置用户工作环境。

① 单击【控制面板】中的【个性化】图标。

② 在【个性化】窗口中单击【更改桌面图标】链接。

③ 在【桌面图标设置】对话框中，选中作为桌面图标的相应复选框，单击【确定】按钮。

(2) 查看和管理环境变量。

① 在【命令提示符】窗口中，执行 set 命令，检查计算机中现有的环境变量。

② 单击【控制面板】中的【系统】图标，打开【系统属性】对话框，切换到【高级】选项卡，单击【环境变量】按钮。

③ 在【环境变量】对话框中，单击【新建】、【编辑】和【删除】按钮，对系统环境变量和用户环境变量进行设置。

④ 在【命令提示符】窗口中，执行 echo 命令，测试环境变量的使用。

(3) 更改计算机名与工作组名。

① 单击【控制面板】中的【系统】图标，打开【系统属性】对话框。

② 在【系统属性】对话框中，切换到【计算机名】选项卡，单击【更改】按钮。

③ 在【计算机名/域更改】对话框中，在【计算机名】文本框中输入新的计算机名，在【工作组】文本框中输入计算机所在的工作组，单击【确定】按钮。

④ 根据系统提示，重新启动计算机，使新的计算机名和工作组名生效。

(4) 配置 TCP/IP 属性，启用防火墙，启用远程桌面。

① 执行【开始】→【服务器管理器】命令，打开【服务器管理器】窗口，在【计算机信息】区域中，单击【查看网络连接】链接。

② 在【网络连接】窗口中，双击【本地连接】图标。在【本地连接 属性】对话框中，选中【Internet 协议版本 4(TCP/IPv4)】，单击【属性】按钮。

③ 打开【Internet 协议版本 4(TCP/IPv4)属性】对话框后，在相应的文本框中输入 IP 地址、子网掩码、默认网关和 DNS 服务器的 IP 地址，单击【确定】按钮。

④ 单击【控制面板】中的【Windows 防火墙】图标，在【Windows 防火墙】窗口中，单击【更改通知设置】链接，在【自定义设置】窗口中选中【启用 Windows 防火墙】单选按钮，单击【确定】按钮。

⑤ 单击【控制面板】中的【系统】图标，打开【系统属性】对话框，切换到【远程】选项卡，选中【远程桌面】中的【允许运行任意版本远程桌面的计算机连接(较不安全)】单选按钮，单击【选择远程用户】按钮，打开【远程桌面用户】对话框，单击【添加】按钮，增加新用户。

⑥ 在远程计算机中，启动【远程桌面连接】应用程序。在【计算机】文本框中输入远程终端服务器的计算机名称或 IP 地址，单击【连接】按钮，测试是否能连接到远程服务器。

(5) 使用常用的网络排错工具。

① 在命令行窗口中，执行 ipconfig/all 命令，查看计算机的 IP 地址配置等信息。

② 在命令行窗口中，依次执行 ping 回环地址(127.0.0.1)、ping 本地计算机的 IP 地址、ping 默认网关的 IP 地址、ping 远程主机的 IP 地址、ping 远程主机的计算机名，查看运行结果。

③ 在命令行窗口中，执行 tracert -d www.sohu.com 命令，跟踪本地到搜狐的网络连接。

④ 在命令行窗口中，执行 pathping -d www.sohu.com 命令，跟踪本地到搜狐的数据包路径。

⑤ 在命令行窗口中，依次执行 netstat -a 显示所有当前连接、netstat -r 显示路由表和活动连接、netstat -e 显示 Ethernet 统计信息、netstatt -s 显示每个协议的统计信息。

⑥ 在命令行窗口中，执行 arp -a 命令，显示所有接口的 ARP 缓存表。

(6) 使用 MMC 管理控制台。

① 在【运行】对话框中输入 MMC 命令，打开 MMC 管理控制台。

② 执行【文件】→【添加/删除管理单元】命令，打开【添加/删除管理单元】对话框。

③ 单击【添加】按钮，选中一个单元，即可将其添加到 MMC 控制台中。

④ 添加完毕后，新添加的管理单元将出现在控制台树中。

⑤ 执行【文件】→【保存】或者【另存为】命令保存控制台。

(7) 添加服务器角色和功能。

① 打开【服务器管理器】窗口，选择【管理】菜单中的【添加角色和功能】选项，启动【添加角色和功能向导】。

② 依次点击【下一步】按钮，进入到【开始之前】向导页、【选择安装类型】向导页、【选择目标服务器】向导页、【选择服务器角色】向导页、【选择功能】向导页。

③ 在【选择功能】向导页中选中【Telnet 客户端】复选框，单击【下一步】按钮。

④ 在【确认安装选择】向导页中，单击【安装】按钮。

⑤ 在【安装进度】向导页中，显示安装 Telnet 客户端功能的进度，成功安装后单击【关闭】按钮。

⑥ 在命令提示符窗口中，执行 telnet 命令，尝试登录到一个交换机上。

2.9 习题

一、填空题

1. 在 Windows Server 2012 环境下，执行________命令可以打开系统配置实用程序，执行________命令可以查看缓存中的 ARP 信息地址，执行_______命令可以查看网络当前连接状态。

2. 要启动管理控制台，可以执行【开始】→【运行】命令，在【运行】对话框中输入________命令并按 Enter 键。

二、选择题

1. 管理员小王发现网络中有计算机重名现象，他找到其中重名的一台运行 Windows Server 2012 的计算机，希望在【控制面板】里重命名计算机，那么他可以在________位置更改计算机名。

A. 系统　　B. 显示　　C. 网络连接　　D. 管理工具

2. 如果想显示计算机 IP 地址的详细信息，用________命令。

A. ipconfig　　B. ipconfig/all　　C. show ip info　　D. show ip info/all

3. 如果让 ping 命令一直 ping 某一个主机，应该使用________参数。

A. -a　　B. -s　　C. -t　　D. -f

4. 在 Windows Server 2012 操作系统中，默认情况下，ping 包的大小为 32B，但是有时为了检测大数据包的通过情况，可以使用参数改变 ping 包的大小。如果要 ping 主机 192.168.1.200 并且将 ping 包设置为 2000B，应该使用命令________。

A. ping -t 2000 192.168.1.200　　B. ping -a 2000 192.168.1.200

C. ping -n 2000 192.168.1.200　　D. ping -l 2000 192.168.1.200

5. 如果要让用户看见 IP 数据报到达目的地经过的路由，应使用________命令。

A. ping　　B. tracert　　C. whoami　　D. ipconfig

6. 在________命令行中，按协议的种类显示统计数据。

A. ipconfig　B. netstat -s　C. netstat -a　D. netstat -e

7. 在 Windows Server 2012 主机的【命令提示符】窗口中执行________命令可以查看本机 ARP 表的内容。

A. arp -s　B. arp -d　C. arp -a　D. arp -1

第 3 章

Windows Server 2012 的账户管理

- 用户账户概述。
- 管理本地用户账户。
- 管理本地组账户。

技能目标

- 理解本地用户账户和域用户账户的区别，熟悉内置本地用户账户及其功能。
- 掌握本地用户账户命名规则、密码要求，能使用服务器管理器、计算机管理器或 net user 命令创建本地用户账户。
- 掌握本地用户账户的属性设置及管理任务。
- 熟悉内置本地组账户及其功能，掌握本地组账户的创建与管理方法。

3.1 工作场景导入

【工作场景】

S 公司设计部文件服务器已成功地安装了 Windows Server 2012，并进行了相关初始化配置。为控制员工对该服务器的访问，需要对各员工进行身份验证。该公司设计部员工分布情况和要求如下：

(1) 设计部有经理、副经理各 1 名，有 5 个设计小组，每个设计小组有设计人员 5～6 人，每个小组设主管 1 名，另外还有归档员、打印员等辅助性人员。

(2) 设计人员访问服务器的权限基本相同；经理、副经理及各组主管对服务器的访问权限较大；各个设计小组都有各自的文档，仅供本组使用。

【引导问题】

(1) Windows Server 2012 有哪些用户账户类型，它们有什么区别？有哪些内置本地用户账户，它们分别有什么功能？

(2) 本地用户账户命名有何规则？对密码有什么要求？如何创建本地用户账户？本地用户账户有哪些属性，如何设置？如何批量创建本地用户账户？

(3) 组账户有什么功能？Windows Server 2012 有哪些内置组账户？如何创建与管理本地组账户？

3.2 用户账户

3.2.1 用户账户简介

用户账户机制是维护计算机操作系统安全的基本且重要的技术手段，操作系统通过用户账户来辨别用户身份，让具有一定使用权限的人登录计算机、访问本地计算机资源或从网络访问计算机的共享资源。系统管理员根据不同用户的具体工作情境，为不同用户分配不同的权限，让用户执行并完成不同功能的管理任务。

运行 Windows Server 2012 系统的计算机，都需要有用户账户才能登录，用户账户是 Windows Server 2012 系统环境中用户唯一的标识符。在 Windows Server 2012 启动后或登录已运行的系统，都要求用户输入指定的用户名和密码。系统比较用户输入的账户标识符和密码与本地安全数据库中的用户相关信息，一致时才允许用户登录到本地计算机或从网络上获取对资源的访问权限。

Windows Server 2012 支持两种用户账户：本地账户和域账户。

(1) 本地账户。本地用户账户是指安装了 Windows Server 2012 的计算机在本地安全目录数据库中建立的账户。使用本地账户只能登录建立该账户的计算机和访问该计算机上的系统资源。此类账户通常在工作组网络中使用，其显著特点是基于本机。当创建本地用户账户时，用户信息保存在位于%Systemroot%\system32\config 文件夹下的安全数据库(SAM)中。

(2) 域账户。域账户是建立在域控制器的活动目录数据库中的账户。此类账户具有全局性，可以登录域网络环境模式中的任何一台计算机，并获得访问该网络的权限。这需要系统管理员在域控制器上为每个登录到域的用户创建一个用户账户。对于域环境中的域用户账户，将在第 4 章介绍。本章主要介绍本地计算机用户和组的管理。

3.2.2　默认本地用户账户

Windows Server 2012 提供了一些内置用户账户，用于执行特定的管理任务或使用户能够访问网络资源。Windows Server 2012 系统最常用的两个内置账户是 Administrator 和 Guest，如图 3-1 所示。

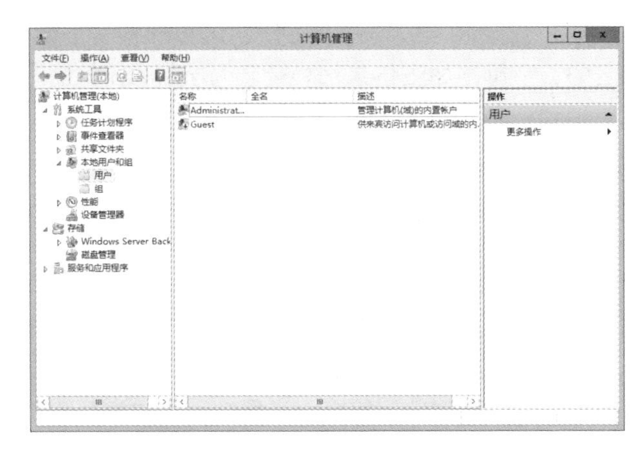

图 3-1　Windows Server 2012 内置账户

(1) Administrator：即系统管理员，拥有最高的使用资源权限，可以对该计算机或域配置进行管理，如创建或修改用户账户和组、管理安全策略、创建打印机、分配允许用户访问资源的权限等。安装 Windows Server 2012 后，在第一次启动过程中，就要求设置系统管理员账户密码。系统管理员账户默认的名称是 Administrator，为了安全起见，用户可以根据需要改变其名称或禁用该账户，但无法删除它。

(2) Guest：即为临时访问计算机的用户提供的账户。Guest 账户也是在系统安装中自动添加的，且不能删除。在默认情况下，为了保证系统的安全，Guest 账户是禁用的，但在安全性要求不高的网络环境中，可以使用该账户，且通常分配给它一个口令。Guest 账户只拥有很少的权限，系统管理员可以改变其使用系统的权限。

3.3　本地用户账户管理

3.3.1　创建本地用户账户

1．规划本地用户账户

在创建账户之前，应先制定用户账户规则或约定，这样可以方便和统一账户的日后管理工作，提供高效、稳定的系统应用环境。

1) 用户账户命名规划

(1) 用户账户命名注意事项。一个好的用户账户命名策略有助于系统用户账户的管理。

① 账户名必须唯一：本地账户必须在本地计算机系统中唯一。

② 账户名不能包含以下字符：?、+、*、/、\、[、]、=、<、>、【。

③ 账户名称识别字符：允许输入超过 20 个字符，但系统只识别前 20 个字符。

④ 用户名不区分大小写。

(2) 用户账户命名推荐策略。为加强用户管理，在企业应用环境中通常采用下列命名规范。

① 用户全名：建议以企业员工的真实姓名命名，以便于管理员查找用户账户。

② 用户登录名：用户登录名一般要符合方便记忆和具有安全性的特点。用户登录名一般采用姓的拼音加名的首字母，如张伍荣，登录名为 zhangwr。

2) 用户账户密码规划

(1) 最短密码。在 Windows Server 2003 以前的系统中，对密码是没有强度要求的，用户可以根据习惯决定是否使用密码，也可以根据习惯设置密码。但随着网络安全越来越受到重视，Windows Server 2012 要求用户账户密码至少包含 6 个字符。

(2) 尽量采用长密码。Windows Server 2012 用户账户密码最长可以包含 127 个字符，理论上来说，用户账户密码越长，安全性就越高。

(3) 采用大小写、数字和特殊字符组合密码。Windows Server 2012 用户账户密码严格区分大小写，采用大小写、数字和特殊字符组合密码会使用户密码更加安全。其要求如下。

① 用户密码中不包含用户的账户名，不包含用户账户名中两个以上连续字符的部分。

② 至少包含以下 4 类字符中的 3 类字符。

- 英文大写字母(A～Z)。
- 英文小写字母(a～z)。
- 10 个阿拉伯数字(0～9)。
- 非字母字符(例如：!、@、#、$、？、…)。

提示： 用户可打开 Windows Server 2012 的【本地组策略编辑器】控制台，展开左侧的【计算机配置】→【Windows 设置】→【安全设置】→【账户策略】→【密码策略】节点，来设置用户账户密码。

2. 使用计算机管理创建用户账户

用户必须拥有管理员权限，才可以创建用户账户。可以用【计算机管理】窗口中的【本地用户和组】管理单元来创建本地用户账户。下面介绍用计算机管理创建用户账户的主要步骤。

(1) 在【服务器管理器】的【工具】菜单中选择【计算机管理】命令，打开【计算机管理】窗口，展开左侧的【系统工具】→【本地用户和组】节点，右击【用户】节点，在弹出的快捷菜单中选择【新用户】命令，如图 3-2 所示。

(2) 在【新用户】对话框中输入用户名、全名、描述和密码，指定用户密码选项，单击【创建】按钮新增用户账户，最后单击【关闭】按钮，如图 3-3 所示。

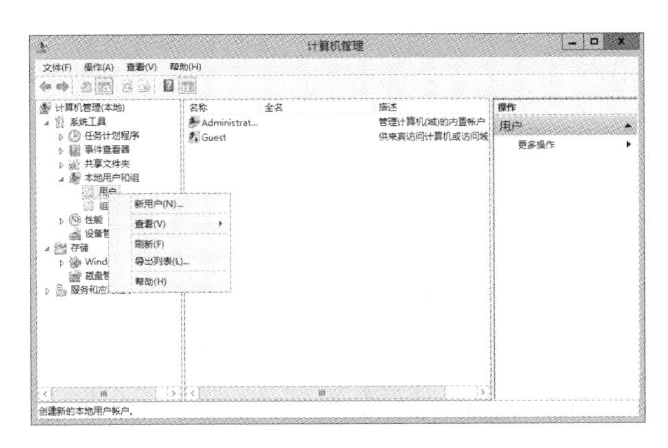

图 3-2 创建用户账户

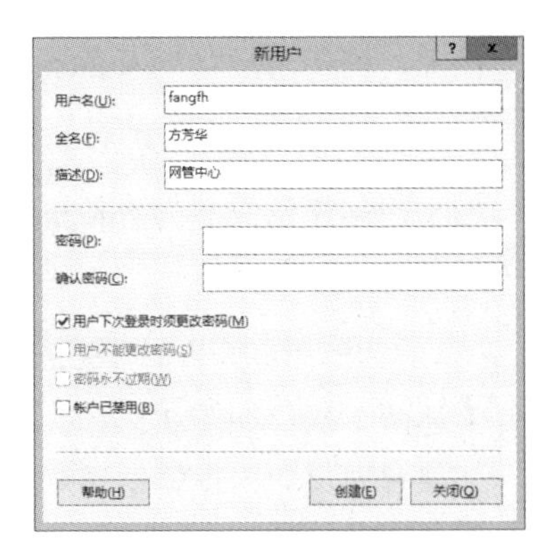

图 3-3 【新用户】对话框

表 3-1 详细说明了各个用户密码选项的作用。

表 3-1 用户账户密码选项说明

选 项	说 明
用户下次登录时须更改密码	用户第一次登录系统会弹出修改密码的对话框，要求用户更改密码
用户不能更改密码	系统不允许用户修改密码，只有管理员能够修改用户密码。通常用于多个用户共用一个用户账户的情况，如 Guest
密码永不过期	默认情况下，Windows Server 2012 操作系统的用户账户密码最长可以使用 42 天，选择该项可以突破此限制。通常用于 Windows Server 2012 的服务账户或应用程序所使用的用户账户
账户已禁用	禁用用户账户，使用户账户不能再登录，用户账户要登录必须取消对该项的选择

提示： 密码选项中的【用户下次登录时须更改密码】、【用户不能更改密码】及【密码永不过期】互相排斥，不能同时选择。

在 Windows Server 2012 中创建的用户账户是不允许相同的，并且系统内部使用安全标识符(Security Identifier，SID)来识别每个用户账户。每个用户账户都对应唯一的安全标识符，这个安全标识符在创建用户账户时由系统自动产生。系统指派权利、授权资源访问权限都需要使用这个安全标识符。用户登录后，可以在命令提示符状态下执行 whoami/logonid 命令，查询当前用户账户的安全标识符，如图 3-4 所示。

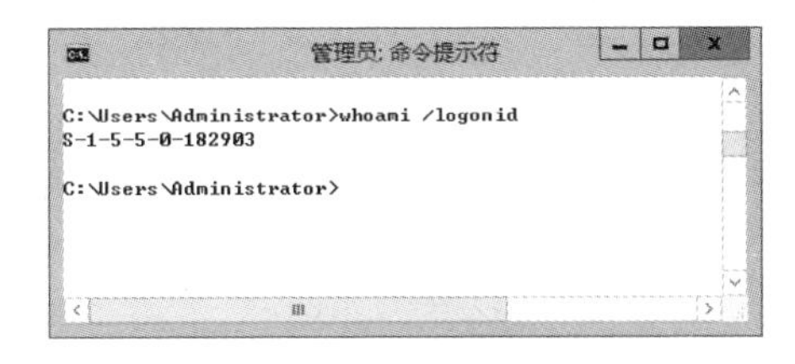

图 3-4 查询当前账户的 SID

3．使用 net user 命令创建用户账户

作为系统管理员，创建用户账户是其基本任务之一。虽然创建用户的步骤很简单，但如果要建几十个、几百个甚至上千个用户，就会非常麻烦。在 Windows Server 2012 系统中，

管理员可以通过 net user 命令来大批量创建用户。

例如，创建用户名为 student01 的账户，可以在命令行中输入：

```
net user student01 /add
```

如果想创建用户名为 student02 的账户，并且设置用户没有密码、用户不能更改密码，则可以在命令行中输入：

```
net user student02 /add /passwordchg:no /passwordreq:no
```

上述两个操作如图 3-5 所示。

如果管理员想大批量创建账户，可以使用记事本写入创建用户的命令，并另存为以.bat为扩展名的批处理文件中：

```
net user student03 /add
net user student04 /add
net user student05 /add
```

然后运行该批处理文件，即可创建大批量账户，如图 3-6 所示。

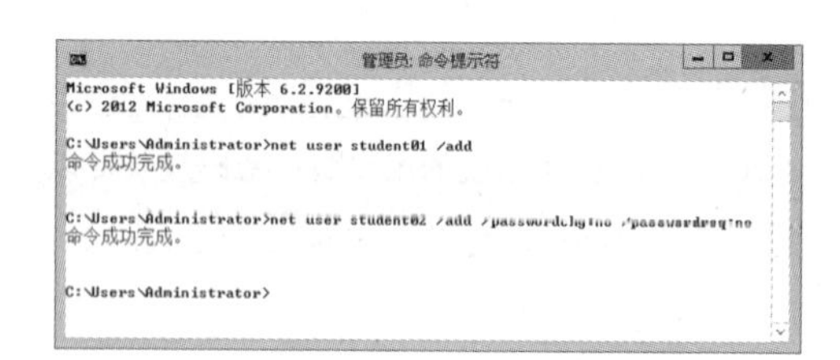

图 3-5　使用 net user 命令创建用户

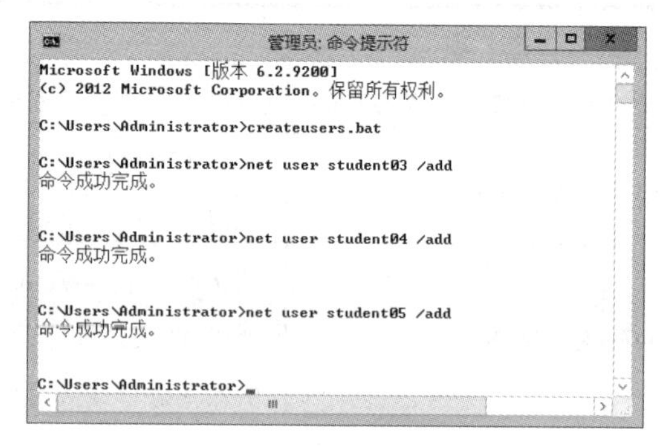

图 3-6　批量创建用户

3.3.2　管理本地用户账户属性

为了方便管理和使用，用户账户不应只包括用户名和密码等信息，还应包括其他一些属性，如用户隶属的用户组、用户配置文件、用户的拨入权限、终端用户设置等。可以根据需要对账户的这些属性进行设置。在【本地用户和组】窗口的右侧栏中，双击一个用户打开其属性对话框，如图 3-7 所示。

下面分别介绍常用的用户账户属性设置。

1.【常规】选项卡

在【常规】选项卡中，可以设置与账户有关的一些描述信息，包括全名、描述、账户及密码选项等。管理员通过设置密码选项，可以禁用账户，如果账户已经被系统锁定，管理员可以解除锁定，如图 3-7 所示。

2.【隶属于】选项卡

在【隶属于】选项卡中，可以设置该账户和组之间的隶属关系，把账户加入到合适的本地组中，或者将用户从组中删除，如图 3-8 所示。

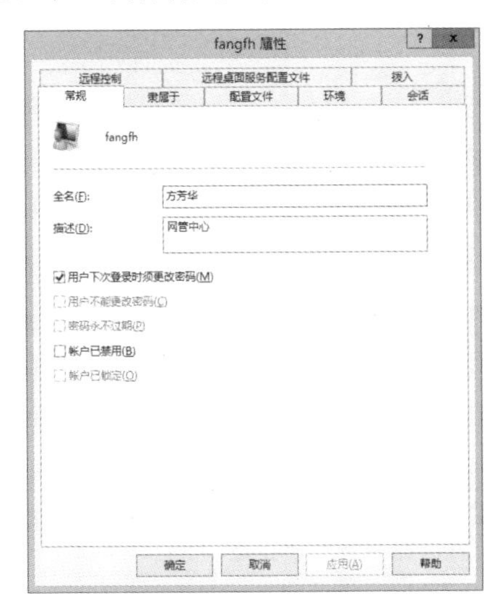

图 3-7　【常规】选项卡

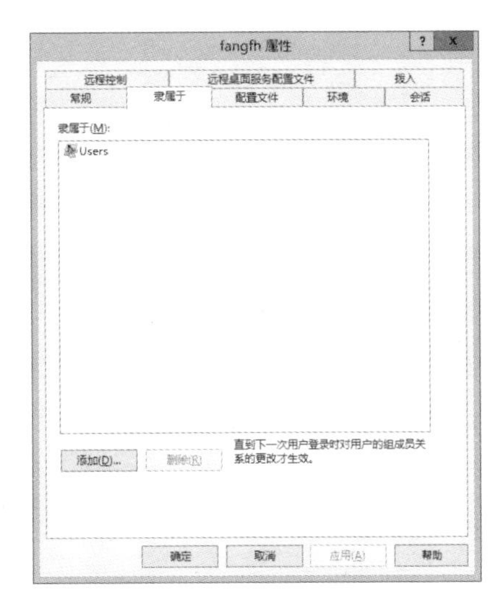

图 3-8　【隶属于】选项卡

为了管理方便，通常把用户加入到组中，根据需要对用户组进行权限的分配与设置，用户属于哪个组，就具有该用户组的权限。新增的用户账户默认加入 Users 组，Users 组的用户一般不具备特殊权限，如安装应用程序、修改系统设置等。如果要给这个用户分配别的权限，可以将该用户账户加入到其他拥有这些权限的组中。如果需要将用户从一个或几个用户组中删除，单击【删除】按钮即可完成。

下面以将 fangfh 用户添加到管理员组为例，介绍添加用户到组的操作步骤。

(1) 在【隶属于】选项卡中，单击【添加】按钮，如图 3-8 所示。

(2) 在【选择组】对话框中，输入需要加入的组的名称。输入组名称后，单击【检查名称】按钮，检查名称是否正确，如果输入了错误的组名称，检查时系统将提示找不到该名称。如果没有错误，名称会改变为“本地计算机名称\组名称”。若不记得组名称，可以单击【高级】按钮，从组列表中选择要加入的组名称，如图 3-9 所示。

(3) 在展开后的【选择组】对话框中，单击【立即查找】按钮，则在【搜索结果】列表框中列出所有用户组，选择希望用户加入的一个和多个用户组，单击【确定】按钮，如图 3-10 所示。

(4) 切换到【隶属于】选项卡后，单击【确定】按钮，如图 3-11 所示。

3. 【配置文件】选项卡

在【配置文件】选项卡中，可以设置用户账户的配置文件路径、登录脚本和主文件夹路径，如图 3-12 所示。用户配置文件是存储当前桌面环境、应用程序设置以及个人数据的文件夹和数据的集合，还包括所有登录到某台计算机上所建立的网络连接。由于用户配置文件提供的桌面环境与用户最近一次登录到该计算机上所用的桌面相同，因此就保持了用户桌面环境及其他设置的一致性。当用户第一次登录到某台计算机上时，Windows Server 2012 自动创建一个用户配置文件并将其保存在该计算机上。本地用户账户的配置文件，都保存在本地磁盘%userprofile%文件夹中。

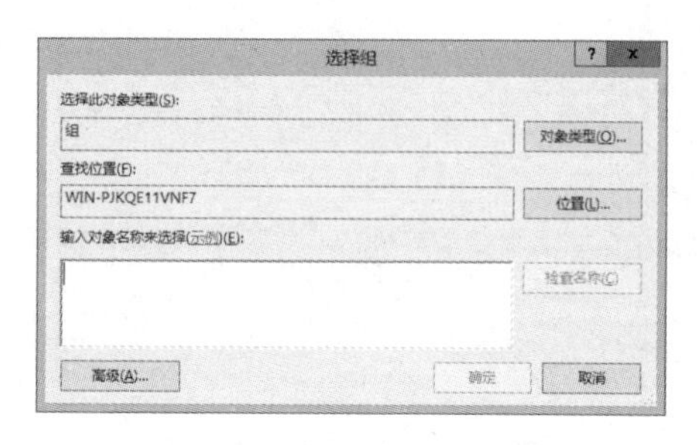

图 3-9 【选择组】对话框

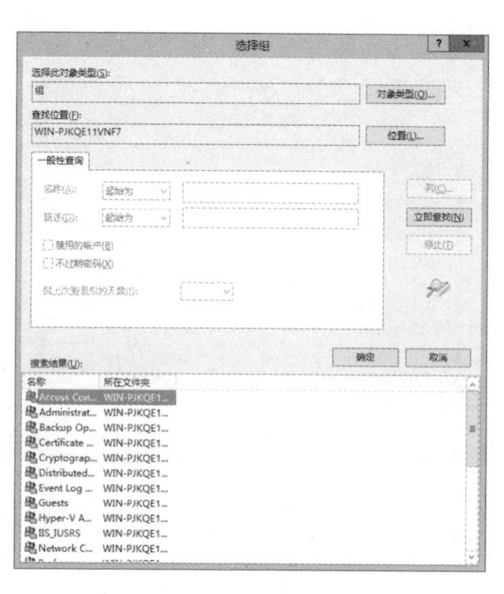

图 3-10 展开后的【选择组】对话框

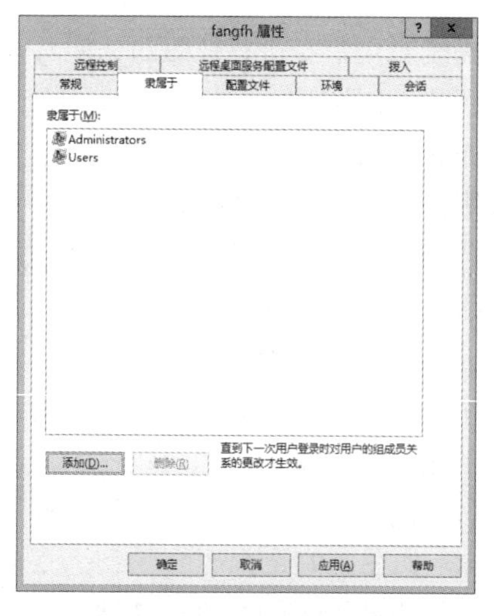

图 3-11 【隶属于】选项卡

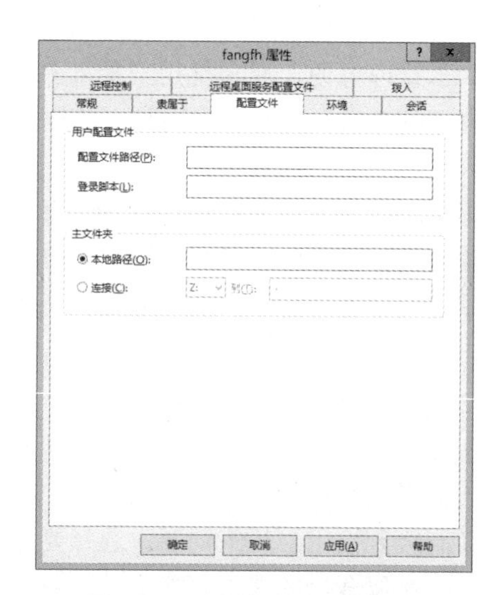

图 3-12 【配置文件】选项卡

3.3.3 本地用户账户的其他管理任务

1. 重设本地用户账户密码

当用户忘记密码无法登录系统时，就需要给用户账户重新设置一个新密码，步骤如下。

(1) 右击需要重新设置密码的用户账户，在弹出的快捷菜单中选择【设置密码】命令。

(2) 在提示对话框中，建议管理员不要重新设置密码，最好由用户自己更改密码，单击【继续】按钮，如图 3-13 所示。

(3) 在设置密码对话框中，输入用户的新密码和确认密码，单击【确定】按钮，如图 3-14 所示。

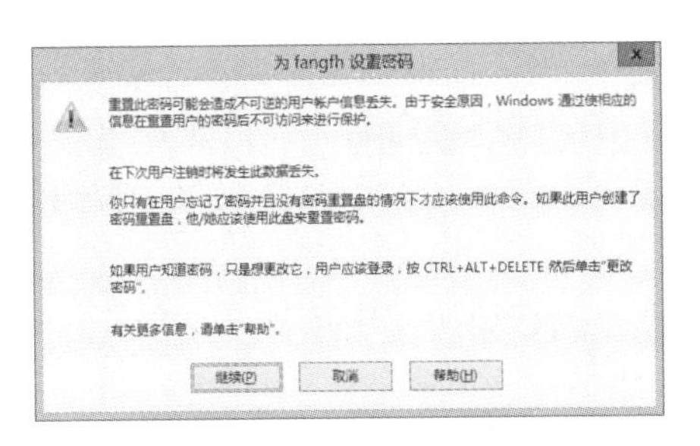

图 3-13　建议不要重设密码而要更改密码

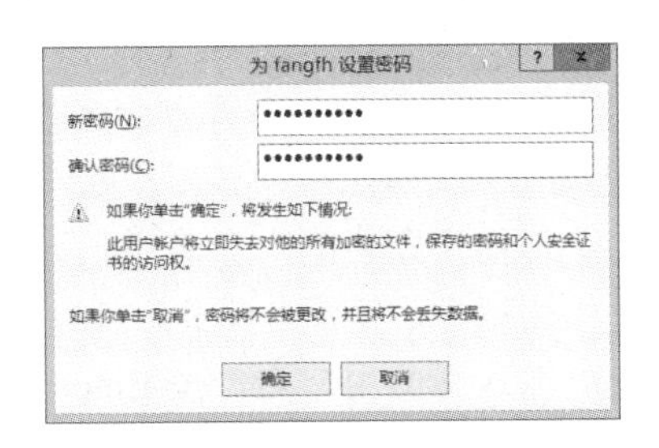

图 3-14　重设密码

2. 删除本地用户账户

对于不再需要的账户可以将其删除，但在执行删除操作时要慎重，因为删除用户账户会导致与该账户有关的所有信息丢失。系统内置账户如 Administrator、Guest 等无法删除。

删除本地用户账户可以在服务器管理器或【计算机管理】控制台中进行。

(1) 用鼠标右键单击需要删除的用户账户，在弹出的快捷菜单中选择【删除】命令。

(2) 在删除用户账户提示对话框中，单击【是】按钮，如图 3-15 所示。

> **提示：** 每个用户都有一个名称之外的唯一的安全标识符(SID)，SID 在新增账户时由系统自动产生。由于系统在设置用户权限、资源访问控制时，内部都使用 SID，所以一旦用户账户被删除，这些信息也就随之消失了。即使重新创建一个名称相同的用户账户，也不能获得原先用户账户的权限。

3. 禁用或激活本地用户账户

如果管理员希望临时阻止某用户访问系统，可以不用删除该用户账号，仅需临时禁用该账户即可。当需要恢复该用户使用时，可以重新激活该用户账号。

(1) 右击需要禁用或激活的用户账户，在弹出的快捷菜单中选择【属性】命令。

(2) 在【常规】选项卡中，执行以下操作。

- 若要禁用所选的用户账户，选中【账户已禁用】复选框，如图 3-16 所示。
- 若要激活所选的用户账户，取消选中【账户已禁用】复选框。

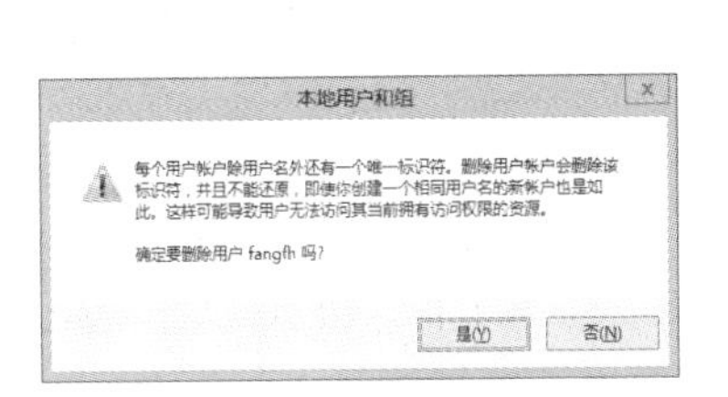

图 3-15　删除本地用户账户

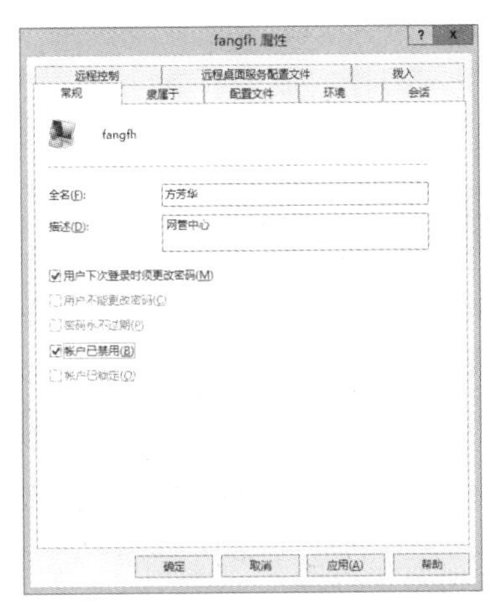

图 3-16　禁用或激活本地用户账户

4. 重命名

若某用户的用户名不符合命名规范，则需要对用户进行重命名。用户账户重命名只是修改登录时系统的标识，其用户账户的 SID 号并没有发生改变，因此其权限、密码都没有改变。本地用户账户的重命名步骤如下。

(1) 用鼠标右键单击要重命名的用户账户，在弹出的快捷菜单中选择【重命名】命令。

(2) 输入新的用户名，按 Enter 键，如图 3-17 所示。

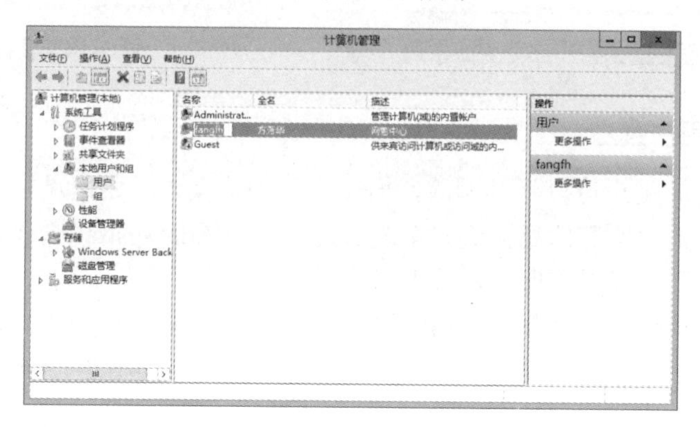

图 3-17　重命名本地用户账户

3.4　组账户

3.4.1　组账户简介

组是多个用户、计算机账户、联系人和其他组的集合，也是操作系统实现其安全管理机制的重要技术手段，属于特定组的用户或计算机称为组的成员。使用组可以同时为多个用户账户或计算机账户指派一组公共的资源访问权限和系统管理权利，而不必单独为每个账户指派权限和权利，从而可以简化管理，提高效率。

组账户不能用于登录计算机操作系统，用户在登录系统时只能使用用户账户，同一个用户账户可以同时成为多个组的成员，这时该用户的权限就是所有组权限的并集。

3.4.2　默认本地组账户

根据创建方式的不同，组可以分为默认组和用户自定义组。默认本地组是在安装 Windows Server 2012 操作系统时自动创建的。如果一个用户属于某个默认本地组，则该用户就具有在本地计算机上执行各种任务的权利和能力。

关于默认组的相关描述，可以参看系统内容。具体查看的操作步骤：打开【计算机管理】控制台，在【本地用户和组】节点中的【组】中，查看本地内置的所有组账户，如图 3-18 所示。

图 3-18　默认组

表 3-2 列出了默认组及其描述。

表 3-2　默认组及其描述

默 认 组	描　述
Administrators	此组的成员具有对计算机的完全控制权限，并且他们可以根据需要向用户分配用户权利和访问控制权限。Administrator 账户是此组的默认成员。当计算机加入域时，Domain Admins 组会自动添加到此组中。因为此组的成员可以完全控制计算机，所以向其中添加用户时要特别谨慎
Backup Operators	此组的成员可以备份和还原计算机上的文件，而无须理会这些文件受哪些权限保护，这是因为执行备份任务的权限要高于所有文件权限。此组的成员无法更改安全设置
Cryptographic Operators	已授权此组的成员执行加密操作
Distributed COM Users	允许此组的成员在计算机上启动、激活和使用 DCOM 对象
Guests	该组的成员拥有一个在登录时创建的临时配置文件，在注销时，此配置文件将被删除。Guests 账户(默认情况下已禁用)也是该组的默认成员
IIS_IUSRS	这是 Internet 信息服务(IIS)使用的默认组
Network Configuration Operators	该组的成员可以更改 TCP/IP 设置，并且可以更新和发布 TCP/IP 地址。该组中没有默认的成员
Performance Log Users	该组的成员可以从本地计算机和远程客户端管理性能计数器、日志和警报
Performance Monitor Users	该组的成员可以从本地计算机和远程客户端监视性能计数器
Power Users	默认情况下，该组的成员拥有不高于标准用户账户的用户权利或权限。在早期版本的 Windows 中，Power Users 组专门为用户提供特定的管理员权利和权限，以执行常见的系统任务。在此版本 Windows 中，标准用户账户具有执行最常见配置任务的能力，例如更改时区。对于需要与早期版本的 Windows 相同的 Power User 权利和权限的旧应用程序，管理员可以应用一个安全模板，此模板可以启用 Power Users 组，以假设具有与早期版本的 Windows 相同的权利和权限

续表

默认组	描　述
Remote Desktop Users	该组的成员可以远程登录计算机
Replicator	允许该组成员只登录到其他计算机上的 Replicator 服务，进行主要文件和目录的复制
Users	该组的成员可以执行一些常见任务，例如运行应用程序、使用本地和网络打印机以及锁定计算机。该组的成员无法共享目录或创建本地打印机。默认情况下，Domain Users、Authenticated Users 以及 Interactive 组是该组的成员。因此，在域中创建的任何用户账户都将成为该组的成员

管理员可以根据自己的需要向默认组添加成员或删除默认组成员，也可以重命名默认组，但不能删除默认组。

3.5　本地组账户管理

3.5.1　创建本地组账户

通常情况下，系统默认的用户组能够满足某些方面的系统管理需要，但无法满足安全性和灵活性的需要，管理员必须根据需要新增一些组，即用户自定义组。这些组创建之后，就可以像管理系统默认组一样，赋予其权限和进行组成员的增加。需要注意的是，只有本地计算机上的 Administrators 组和 Power Users 组成员有权创建本地组。

1．规划本地组账户

本地组名不能与被管理的本地计算机上的任何其他组名或用户名相同。本地组名中不能含有"、/、\、[、]、:、;、|、=、,、+、*、?、<、>、@等字符，而且组名不能只由句点 (.) 和空格组成。

2．使用计算机管理创建本地组账户

使用计算机管理创建本地组账户的步骤如下。

(1) 在【服务器管理器】的【工具】菜单中选择【计算机管理】命令，打开【计算机管理】窗口，展开左侧的【系统工具】→【本地用户和组】节点，右击【组】节点，在弹出的快捷菜单中选择【新建组】命令，如图 3-19 所示。

(2) 在【新建组】对话框中输入组名和描述，单击【创建】按钮，如图 3-20 所示。

3．使用 net localgroup 命令创建本地组账户

与创建本地用户账户一样，也可以使用命令行来创建本地组，步骤如下。

(1) 打开【命令提示符】窗口。

(2) 输入以下命令并按 Enter 键执行。

```
net localgroup 组名 /add
```

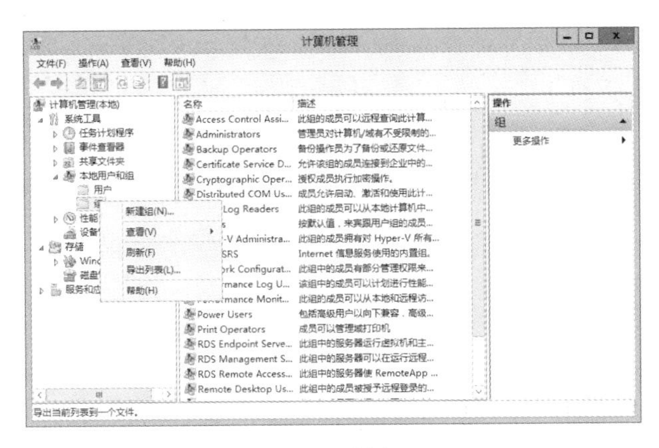

图 3-19 新建组

图 3-20 【新建组】对话框

3.5.2 本地组账户的其他管理任务

1. 修改本地组成员

修改本地组成员通常包括向组中添加成员或从组中删除已有成员。可以在创建用户组的同时向组中添加用户，也可以先创建用户组，再向组中添加用户。

(1) 双击欲添加成员的用户组，打开【学生组 属性】对话框，单击【添加】按钮，如图 3-21 所示。

(2) 在【选择用户】对话框中，在文本框中输入成员名称，或者单击【高级】按钮查找用户，单击【确定】按钮，如图 3-22 所示。

图 3-21 【学生组 属性】对话框

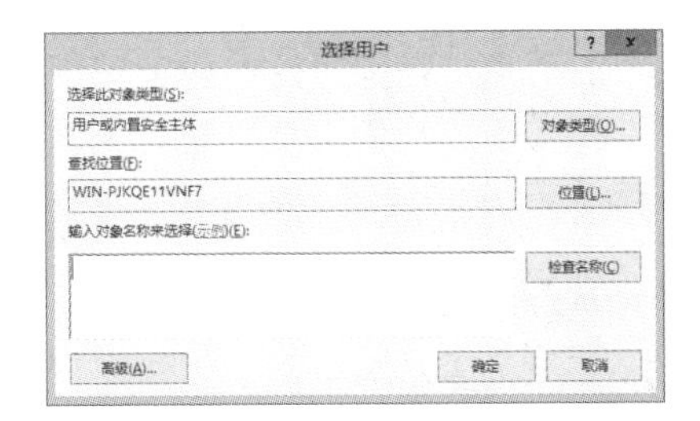

图 3-22 【选择用户】对话框

如果要删除某组的成员，则双击该组名称，选择要删除的成员，单击【删除】按钮。

2. 删除本地组账户

对于系统不再需要的本地组，系统管理员可以将其删除。但是管理员只能删除自己创建的组，而不能删除系统提供的默认组。当管理员删除系统默认组时，系统将拒绝删除操作。删除本地组的步骤如下。

(1) 在服务器管理器或【计算机管理】控制台中，选择要删除的组账户，用鼠标右键单击该组，在弹出的快捷菜单中选择【删除】命令。

(2) 在打开的确认对话框中，单击【是】按钮，如图 3-23 所示。

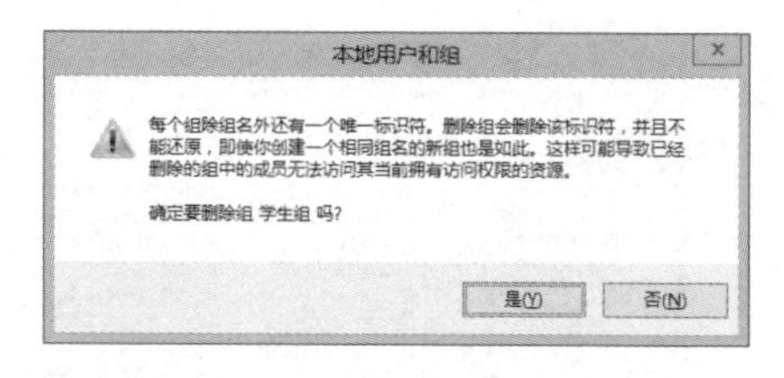

图 3-23 【本地用户和组】对话框

与用户账户一样，每个组都拥有一个唯一的安全标识符(SID)，一旦删除了用户组，就不能重新恢复，即使新建一个与被删除组有相同名字和成员的组，也不会与被删除组有相同的权限。

3. 重命名本地组账户

重命名组的操作与删除组的操作类似，只需要在弹出的快捷菜单中选择【重命名】命令，输入相应的名称即可。

3.6 回到工作场景

通过 3.2～3.4 节内容的学习，理解本地用户账户和本地组账户的概念，了解常用的内置本地用户账户和本地组账户的作用，掌握创建和管理本地用户账户和本地组账户的方法。下面回到 3.1 节介绍的工作场景中，完成工作任务。

【工作过程一】 制订本地用户账户命名规则、密码要求

(1) 要求账户名必须唯一，用户全名以企业员工的真实姓名命名，用户登录名采用姓的拼音加名的首字母。

(2) 要求用户账户密码至少包含 8 个字符，至少包含英文大写字母、英文小写字母、非字母字符、阿拉伯数字中的 3 类字符。

【工作过程二】 创建本地用户账户

(1) 打开【计算机管理】窗口，展开左侧的【系统工具】\【本地用户和组】节点，右击【用户】节点，在弹出的快捷菜单中选择【新用户】命令。

(2) 在【新用户】对话框中，输入用户名、全名、用户描述信息和用户密码，指定用户密码选项，分别创建 zhangsan、lisi、wangwu 三个用户。

【工作过程三】 批量创建本地用户账户

(1) 使用记事本写下如下创建用户的命令。

```
net user student03 /add
net user student04 /add
net user student05 /add
```

(2) 将文件另存为以.bat 为扩展名的批处理文件。

(3) 运行这个批处理文件，批量账户将被创建。

【工作过程四】 创建与管理本地组账户

(1) 打开【计算机管理】窗口，展开左侧的【系统工具】\【本地用户和组】节点，右

击【组】节点，在弹出的快捷菜单中选择【新建组】命令。

(2) 在【新建组】对话框中输入组名和描述，分别创建经理及主管、设计人员、设计一组、设计二组、设计三组、设计四组、设计五组等 7 个本地组账户。

(3) 双击【设计人员】用户组，打开用户组【属性】对话框，然后单击【添加】按钮。

(4) 在【选择用户】对话框中，单击【高级】按钮查找用户，将 zhangsan、lisi、wangwu 三个用户分别加入到【设计人员】用户组中。

3.7 工作实训营

3.7.1 训练实例

【实训环境和条件】

(1) VMware Workstation 9.0 虚拟机软件。

(2) 安装有 Windows Server 2012 的计算机或虚拟机。

【实训目的】

通过上机实习，理解本地用户账户和本地组账户的概念，掌握创建和管理本地用户账户和本地组账户的方法。

【实训内容】

(1) 利用【计算机管理】控制台创建本地用户账户。

(2) 使用 net user 命令批量创建本地用户账户。

(3) 利用【计算机管理】控制台创建本地组账户。

【实训过程】

(1) 利用【计算机管理】控制台创建本地用户账户。

① 打开【计算机管理】控制台，右击控制台树中的【用户】节点，在弹出的快捷菜单中选择【新用户】命令。

② 在【新用户】对话框中，输入用户名、全名、描述和密码。指定用户密码选项，单击【创建】按钮，新增用户账户，然后单击【关闭】按钮。

(2) 使用 net user 命令批量创建本地用户账户。

① 打开可编辑纯文本文件的工具，如记事本，输入用户账户数据，其格式是“net user <新用户名> /add”，保存文本文件。

② 将上述文本文件(*.txt)重命名为批处理文件(*.bat)。

③ 打开命令行窗口，执行上述批处理文件。

(3) 利用【计算机管理】控制台创建本地组账户。

① 打开【计算机管理】控制台，右击控制台树中的【组】节点，在弹出的快捷菜单中选择【新建组】命令。

② 在【新建组】对话框中输入组名和描述。

③ 要向新组添加一个或多个成员，单击【添加】按钮，在【选择用户】对话框中，

选择用户组成员。

④ 单击【创建】按钮。

3.7.2 工作实践常见问题解析

【问题】普通用户登录计算机时，显示用户账户限制而登录失败，如何解决？

【答】可能的原因包括不允许空密码，登录时间限制，或强制的策略限制。改用非空密码的账户试试，或者查看目标机上的本地策略，操作步骤：在【运行】对话框中执行 gpedit.msc 命令，在【计算机配置】→【Windows 设置】→【安全设置】→【本地策略】→【安全选项】下，将默认值【启用】改为【禁用】。

3.8 习题

一、填空题

1. 用户要登录 Windows Server 2012 的计算机，必须拥有一个合法的________。
2. Windows Server 2012 支持两种用户账户：________和________。
3. Windows Server 2012 系统最常用的两个内置账户是________和________。
4. 使用________可以同时为多个用户账户指派一组公共权限。
5. 用户必须拥有________权限，才可以创建用户账户。
6. 用户登录后，可以在【命令提示符】窗口中输入________命令查询当前用户账户的安全标识符。

二、选择题

1. 下列关于账户的说法正确的是________。
   A. 可以用用户账户或组账户中的任意一个登录系统
   B. 一个用户账户删除后，通过重新建立同名的账户可以获得和此账户先前相同的权限
   C. 使用本地账户只能登录到建立该账户的计算机上，使用域用户账户可以在域网络环境模式中的任何一台计算机上登录
   D. Guest 账户不用时可以将其删除
2. 如果将一个用户重命名后，则该账户________。
   A. 成为一个新用户，原来的权限都不存在了
   B. 成为一个新用户，原来的权限部分存在
   C. 还是原来的账户，原来的权限不存在了
   D. 还是原来的账户，原来的权限没有变化
3. 下列________账户名不是合法的账户名。
   A. abc_123　　B. windowsbook　　C. dictionar*　　D. abdkeofFHEKLLOP
4. 下面密码符合复杂性要求的是________。
   A. admin　　B. zhang.123@　　C. !@#$12345　　D. Li1#

第 4 章 Windows Server 2012 域服务的配置与管理

- Active Directory 与域。
- 创建 Active Directory 域。
- 将 Windows 计算机加入域。
- 管理 Active Directory 内的组织单位和用户账户。
- 管理 Active Directory 中的组账户。

技能目标

- 理解域和工作组的区别，熟悉活动目录的相关概念。
- 掌握 Active Directory 域的创建条件、安装与配置方法。
- 掌握将 Windows 计算机加入域和登录域的方法，能够使用活动目录中的资源。
- 掌握 Active Directory 内的组织单位的创建和管理方法，用户账户创建和管理方法。
- 理解域内组账户的类型和作用域，掌握 Active Directory 内的组账户的创建和管理方法。

4.1 工作场景导入

【工作场景】

XYZ 公司是一家大型制造企业，公司有许多内设部门、车间和分厂，在全国各地有许多分公司。该公司总部信息中心有各类服务器 30 余台，各车间、分厂和分公司都有自己的服务器，客户机近千台。目前，该公司的各类应用大多基于 Windows 平台开发，网络环境是工作组模式。随着企业的信息化发展，为方便用户快捷查找各类资源，需要将网络环境更改为域模式，将各类共享资源发布在 Active Directory 中。假设该公司的域名是 xyz.com。

【引导问题】

(1) 如何创建 Active Directory？创建时对服务器有什么要求？创建完成后如何管理？
(2) 如何将一台 Windows 客户机添加到域中？如何使用 Active Directory 中的资源？
(3) 组织单位是什么？如何创建和管理？
(4) 域用户账户与本地用户账户有何区别？如何创建和管理域用户账户？
(5) 域组账户与本地组账户有何区别？如何创建和管理域组账户？

4.2 Active Directory 与域

在 Windows Server 2012 系统中，Active Directory 及其服务占有非常重要的地位，是 Windows Server 2012 系统的精髓。系统管理员若想管理好 Windows Server 2012 系统，为用户提供良好的网络环境，就应很好地理解 Active Directory 的工作方式、结构特点以及基本操作技能。

4.2.1 活动目录服务概述

目录服务用于存储网络中各种对象(如用户账户、组、计算机、打印机和共享资源等)的有关信息，并按照层次结构方式进行信息的组织，以方便用户的查找和使用，Active Directory(活动目录)是 Windows Server 2012 域环境中提供目录服务的组件。在微软平台上，目录服务从 Windows Server 2000 就开始引入，所以可以把 Active Directory 理解为目录服务在微软平台的一种实现方式，当然目录服务在非微软平台上也有相应的实现方式。

1. 工作组和域

Windows 有两种网络环境：工作组和域，默认是工作组网络环境，如图 4-1 所示。

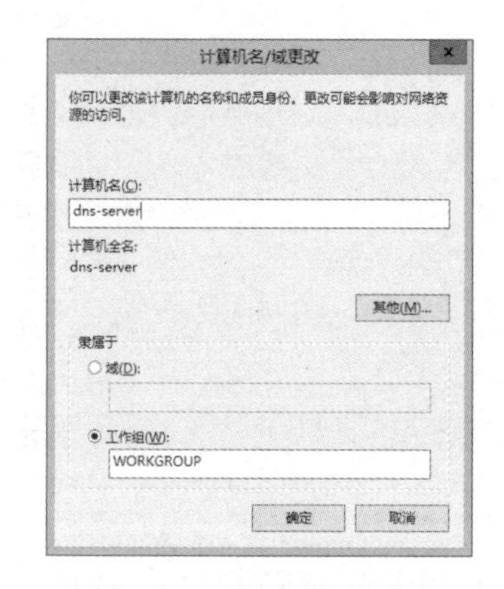

图 4-1 设置网络环境

工作组网络也称为“对等式”网络，因为网络中每台计算机的地位都是平等的，它们的资源以及管理分散在每台计算机上，所以工作组环境的特点就是分散管理。工作组环境中的每台计算机都有自己的“本机安全账户数据库”，称为 SAM 数据库。这个 SAM 数据库有何用处呢？平时在登录系统时，输入账户和密码后，系统就会检查这个 SAM 数据库，如果输入的账户存在于 SAM 数据库中，同时密码也正确，系统就允许用户登录。而这个 SAM 数据库默认存储在%Systemroot%\system32\config 文件夹中，这就是工作组环境中的登录验证过程。

例如，一家公司有 200 台计算机，希望某台计算机上的账户 Bob 可以访问每台计算机资源或者可以在每台计算机上登录。在工作组环境中，必须要在这 200 台计算机的各个 SAM 数据库中创建 Bob 这个账户。一旦 Bob 更换密码，就必须更改 200 次。如果这家公司有 5000 台计算机或者上万台计算机，则更改密码的次数更多。那能否只需要改动一次呢，这时就要用到域环境了。

域环境与工作组环境最大的不同是，域内所有的计算机共享一个集中式的目录数据库(又称为活动目录数据库)，它包含整个域内的对象(用户账户、计算机账户、打印机、共享文件等)和安全信息等，而活动目录负责目录数据库的添加、修改、更新和删除。所以要在 Windows Server 2012 上实现域环境，就要安装活动目录。活动目录实现了目录服务，提供对企业网络环境的集中式管理。比如前面那个例子，在域环境中，只需要在活动目录中创建一次 Bob 账户，就可以在任意一台计算机上以 Bob 身份登录，如果要为 Bob 账户更改密码，只需要在活动目录中更改一次即可。

2. 活动目录的特性

活动目录服务是一个完全可扩展、可伸缩的目录服务，系统管理员可在统一的系统环境下管理整个网络中的各种资源，与以往的应用相比较，Windows Server 2012 有了更加突出的新特性。

1) 服务的集成性

活动目录的集成性包括的内容更丰富，主要体现在 3 个方面：用户及资源的管理、基于目录的网络服务、网络应用管理。Windows Server 2012 活动目录服务采用 Internet 标准协议，用户账户可以使用“用户名@域名”命名，以进行网络登录。单个域树中所有的域共享一个等级命名结构，与 Internet 的域名空间结构一致。一个子域的域名就是将该子域的名称添加到父域的名称中，例如，hf.xyz.com 就是 xyz.com 域的子域。DNS 是 Internet 的标准服务，主要用于将用户的主机名翻译成数字式的 IP 地址。活动目录使用 DNS 为域完成命名和定位服务，域名同时也是 DNS 名。

2) 信息的安全性

Windows Server 2012 系统支持多种网络安全协议，使用这些协议能够获得更强大、更有效的安全性。在活动目录数据库中存储了域安全策略的相关信息，如域用户口令的限制策略和系统访问权限等，由此可实施基于对象的安全模型和访问控制机制。在活动目录中的每个对象都有一个独有的安全性描述，主要是定义了浏览或更新对象属性所需要的访问权限。

3) 管理的简易性

活动目录是以层次结构组织域中的资源。每个域中可有一台或多台域控制器，为了简

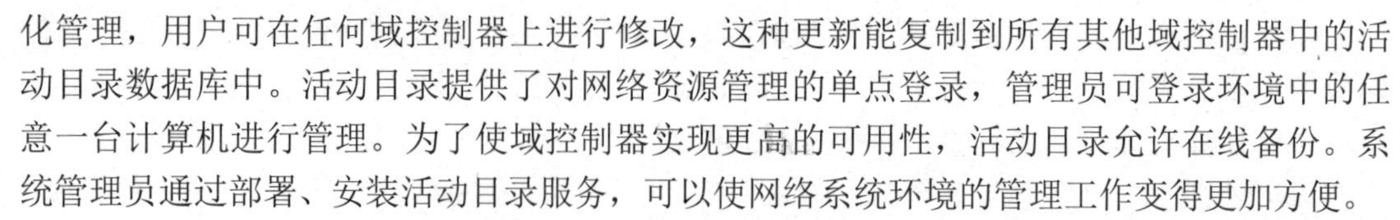

化管理，用户可在任何域控制器上进行修改，这种更新能复制到所有其他域控制器中的活动目录数据库中。活动目录提供了对网络资源管理的单点登录，管理员可登录环境中的任意一台计算机进行管理。为了使域控制器实现更高的可用性，活动目录允许在线备份。系统管理员通过部署、安装活动目录服务，可以使网络系统环境的管理工作变得更加方便。

4) 应用的灵活性

活动目录具有较强的、自动的可扩展性。系统管理员可以将新的对象添加到应用框架中，并将新的属性添加到现有对象上。活动目录中可实现一个域或多个域，每个域中有一个或多个域控制器，多个域可合并为域树，多个域树又可合并为域林。

Windows Server 2012 中的活动目录不仅可以应用到局域网计算机系统环境中，还可以应用于跨地区的广域网系统环境中。

4.2.2 与活动目录相关的概念

活动目录是一个分布式的目录服务，其管理的信息可以分散在多台计算机上，保证各个用户迅速访问这些信息，在用户访问处理信息数据时，为用户提供统一的视图，以便于理解和掌握。

1. 命名空间(Namespace)

命名空间是一个界定好的区域，比如把电话簿看成一个“命名空间”，那么就可以通过电话簿这个界定好的区域，找到与有关人名相关的电话、地址以及其公司名称等信息。而 Windows Server 2012 的活动目录就提供了一个这样的命名空间，通过活动目录里的对象名称就可以找到与这个对象相关的信息。活动目录的“命名空间”采用 DNS 的架构，所以活动目录的域名采用 DNS 的格式来命名。如把域名命名为 contoso.com、xyz.com 等。

2. 对象(Object)与属性(Attribute)

对象，是对某具体主题事物的命名，如用户、打印机或应用程序等。对象的相关属性，是用来识别对象的描述性数据。例如，一个用户的属性可能包括用户的 Name、E-mail 和 Phone 等。

3. 容器(Container)

容器，是活动目录命名空间的一部分，其代表存放对象的空间，不代表有形的实体，仅限于对象本身所能提供的信息空间。

4. 域、域树、域林和组织单位

活动目录的逻辑结构包括：域(Domain)、域树(Domain Tree)、域林(Forest)和组织单位(Organizational Unit，OU)，如图 4-2 所示。

(1) 域。域(Domain)是 Windows Server 2012 活动目录的核心逻辑单元，是共享同一活动目录的一组计算机集合。从安全管理角度讲，域是安全的边界，在默认情况下，一个域的管理员只能管理自己的域。一个域的管理员要管理其他的域需要专门的授权。同时域也是复制单位，一个域可包含多个域控制器。当某个域控制器的活动目录数据库被修改以后，其他所有域控制器中的活动目录数据库也将自动更新。

(2) 域树。域树(Domain Tree)是由一组具有连续命名空间的域组成的。如图 4-3 所示，最上层的域名为 xyz.com，这个域是这棵域树的根域(root domain)，根域下面有两个子域，分别是 sales.xyz.com 和 training.xyz.com。从图中可以看出它们的命名空间具有连续性。例如，域 sales.xyz.com 的后缀名包含上一层父域的域名 xyz.com。

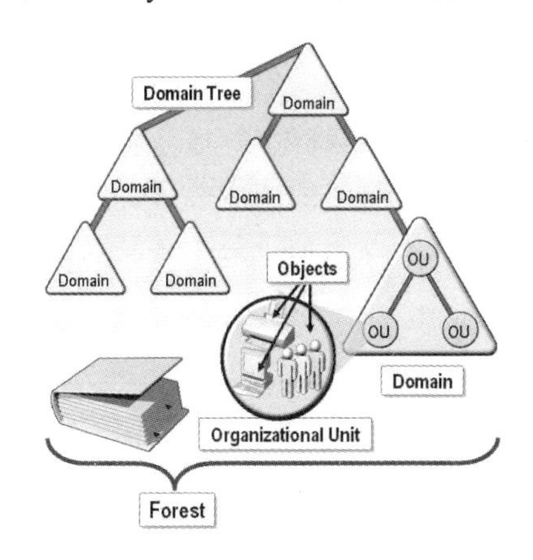

图 4-2 活动目录的逻辑结构

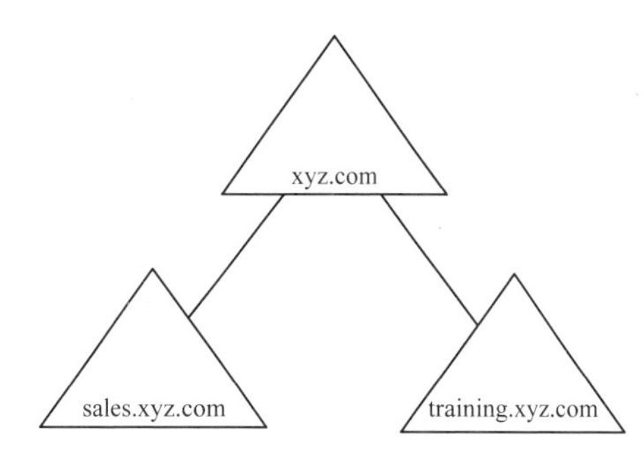

图 4-3 域树

如果多个域之间建立了关系，那么这些域就可以构成域树。域树由若干具有共同模式、配置的域构成，形成了一个相近的名字空间。树中的域通过自动建立的信任关系连接起来。域树可以通过两种途径表示，一种是域之间的关系，另一种是域树的名字空间。

(3) 域林。域林(Forest)是由一棵或多棵域树组成的，每棵域树独享连续的命名空间，不同域树之间没有命名空间的连续性。域林中第一个创建的域称为域林根域，它不能被删除、更改或重命名。

(4) 组织单位。组织单位(OU)是组织、管理一个域内对象的容器，它能包容用户账户、用户组、计算机、打印机和其他组织单位。组织单位具有很清楚的层次结构，系统管理员根据自身环境需求，可以定义不同的组织单位，帮助管理员将网络所需的域数量降到最低，可以创建任意规模的、具有伸缩性的管理模型。使用组织单位，可以根据实际组织模型来管理账户和资源的配置与使用，并在域中反映企业的组织结构，同时进行委派任务与授权等系统管理。

5. 域控制器、站点和成员服务器

域是逻辑组织形式，它能够对网络中的资源进行统一管理。但在规划 Windows Server 2012 域模式的网络环境时，需要具体部署各种角色计算机来组织，这称为活动目录的物理结构。活动目录的物理结构由域控制器、站点和成员服务器组成。

(1) 域控制器。域控制器(Domain Controller)是安装、运行活动目录的 Windows Server 2012 服务器。在域控制器上，活动目录存储域范围内的所有账户和策略信息(如系统的安全策略、用户身份验证数据和目录搜索)。账户信息可以是用户、服务器或计算机账户。

一个域中可以有一个或多个域控制器。通常单个域网络的用户只需要一个域就能够满足要求。而在具有多个网络位置的大型网络或组织中，为了获得高可用性和较强的容错能

力，可能在每个部分都需要增加一个或多个域控制器。当一台域控制器的活动目录数据库发生改动时，其他域控制器的活动目录数据库也将自动更新。

(2) 站点。站点(Site)在概念上不同于 Windows Server 2012 的域，站点代表网络的物理结构，而域代表组织的逻辑结构。站点是一个或多个 IP 子网地址的计算机集合，往往用来描述域环境网络的物理结构或拓扑。为了确保域内目录信息的有效交换，需要连接域中的计算机，尤其是不同子网内的计算机，站点可以简化 Active Directory 内的多种活动，如复制、身份验证等，提高工作效率。

(3) 成员服务器。一个成员服务器就是一台在 Windows Server 2012 域环境中实现一定功能或提供某项服务的服务器，如通常使用的文件服务器、FTP 应用服务器、数据库服务器或者 Web 服务器。成员服务器不是域控制器，不执行用户身份验证且不存储安全策略信息，对网络中的其他服务具有更强的处理能力。

4.3 创建 Active Directory 域

4.3.1 创建域的必要条件

Windows Server 2012 初始默认安装是没有安装活动目录的，而只有安装了活动目录，用户才能搭建域环境。在安装活动目录服务之前，应当明确一些必备的安装条件。

1. 一个 NTFS 硬盘分区

域控制器需要一个能够提供安全设置的硬盘分区来存储 SYSVOL 文件夹，而只有 NTFS 硬盘分区才具备安全设置的功能。SYSVOL 文件夹主要用于存储组策略对象和脚本，默认情况下，该文件夹位于%windir%目录中。

2. 合适的域控制器计算机名称

如果计划安装 Active Directory 域服务(AD DS)的服务器名称不符合域名系统(DNS)规范，则 Active Directory 域服务安装向导将进行警告，要求重命名服务器，或者使用 Microsoft DNS 服务器。

3. 配置 TCP/IP 和 DNS 客户端设置

Active Directory 域服务依赖于正确配置 TCP/IP 协议参数和域名(DNS)客户端，而这些配置都是通过修改域控制器的所有物理网络适配器的 IP 属性完成的。Active Directory 域服务安装向导将检测是否有任何 TCP/IP 或 DNS 客户端的设置不正确，检测无误后，该向导才会继续进行安装。

对于 TCP/IP 协议参数，意味着必须为域控制器的每个物理网络适配器分配一个有效的 IP 地址。如果动态主机配置协议(DHCP)服务器或 DHCP 服务不可用，或者 DHCP 服务器为域控制器指定不同的 IP 地址，则每个网络适配器应使用静态的 IP 地址，以使客户端可以继续查找域控制器。

4．有一台具有允许动态更新 DC 定位器记录的 DNS 服务器

为了使域成员和其他域控制器能发现和使用正要安装的域控制器，必须在 DNS 服务器中添加允许动态更新的 DC 定位器记录。DNS 服务器管理员可以手动添加 DC 定位器记录，但对于初学者来说，最方便的方法是在安装第一台域控制器时同时安装 DNS 服务器，安装程序会自动配置 DNS 服务器，并在 DNS 服务器中添加 DC 定位器记录。

4.3.2　创建网络中的第一台域控制器

用户可通过系统提供的活动目录安装向导来安装、配置服务器。如果网络中没有域控制器，可新建域树或者新建子域，并将服务器配置为域控制器。

1．安装 Active Directory 域服务

(1)　打开【服务器管理器】窗口，选择【管理】菜单中的【添加角色和功能】命令，如图 4-4 所示，启动【添加角色和功能向导】。

图 4-4　【服务器管理器】窗口

(2)　在【开始之前】向导页中，会提示此向导可以完成的工作，以及操作之前应注意的相关事项，单击【下一步】按钮，如图 4-5 所示。

(3)　在【选择安装类型】向导页中，选择【基于角色或基于功能的安装】，单击【下一步】按钮。

(4)　在【选择目标服务器】向导页中，选择【从服务器池中选择服务器】，单击【下一步】按钮。若系统未启用 Windows 自动更新，会提醒用户设置 Windows 自动更新。

(5)　在【选择服务器角色】向导页中，显示所有可以安装的服务器角色，如果角色前面的复选框没有被选中，表示该网络服务尚未安装，如果已选中，说明该服务已经安装。这里选中【Active Directory 域服务】复选框，单击【下一步】按钮，如图 4-6 所示。勾选【Active Directory 域服务】时会弹出【Active Directory 域服务所需的功能？】对话框，单击【添加功能】关闭对话框。

(6)　在【选择功能】向导页中，选择要安装在服务器上的一个或多个功能，单击【下一步】按钮。

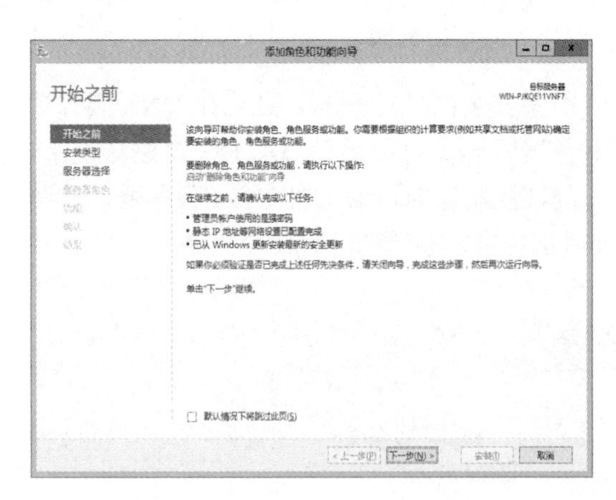

图 4-5 【开始之前】向导页

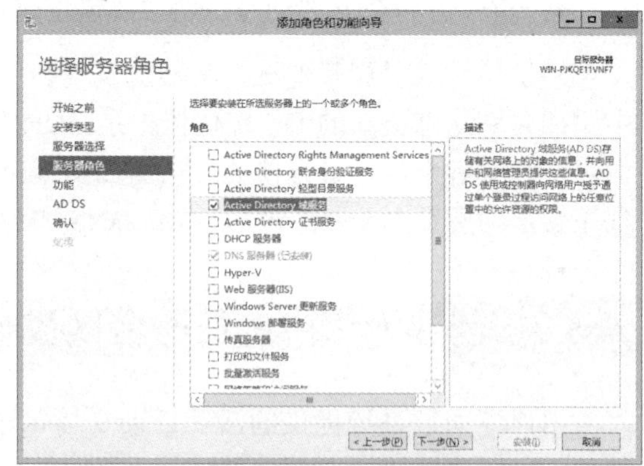

图 4-6 【选择服务器角色】向导页

(7) 在【Active Directory 域服务】向导页中，简要介绍了 Active Directory 域服务的功能，单击【下一步】按钮，如图 4-7 所示。

(8) 在【确认安装所选内容】向导页中，要求确认所要安装的角色服务，如果选择错误，可以单击【上一步】按钮返回，这里单击【安装】按钮，如图 4-8 所示。

图 4-7 【Active Directory 域服务】向导页

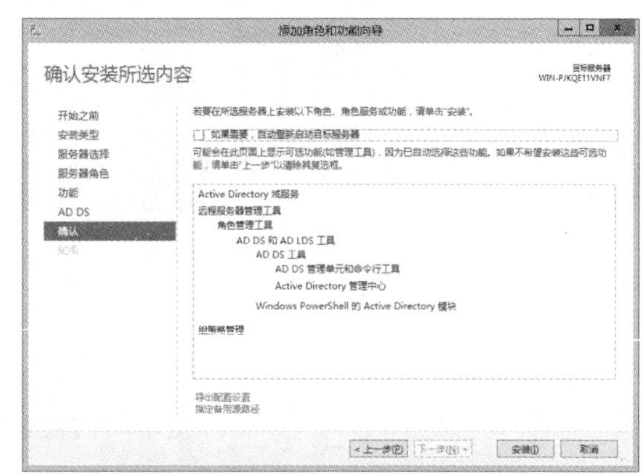

图 4-8 【确认安装所选内容】向导页

(9) 在【安装进度】向导页中，显示安装 Active Directory 域服务的进度，如图 4-9 所示。

(10) 在【安装进度】向导页中，显示 Active Directory 域服务已经安装完成。单击【关闭】按钮，如图 4-10 所示。

2. 配置域控制器

(1) 打开【服务器管理器】窗口，通知图标右下角显示一个感叹号，表示服务器需要配置。单击该图标，在弹出的浮层中选择【将此服务器提升为域控制器】链接。或者运行 dcpromo 命令，即可启动 Active Directory 域服务配置向导，如图 4-11 所示。

(2) 在【Active Directory 域服务配置向导】的【部署配置】向导页中，选择部署操作。如果网络中已经存储了其他域控制器或林，则选择【将域控制器添加到现有域】单选按钮或者【将新域添加到现有林】单选按钮；若要创建一台全新的域控制器，则选择【添加新林】单选按钮，在【根域名】文本框中输入根域名(必须使用允许的 DNS 域命名约定)，单击【下一步】按钮，如图 4-12 所示。

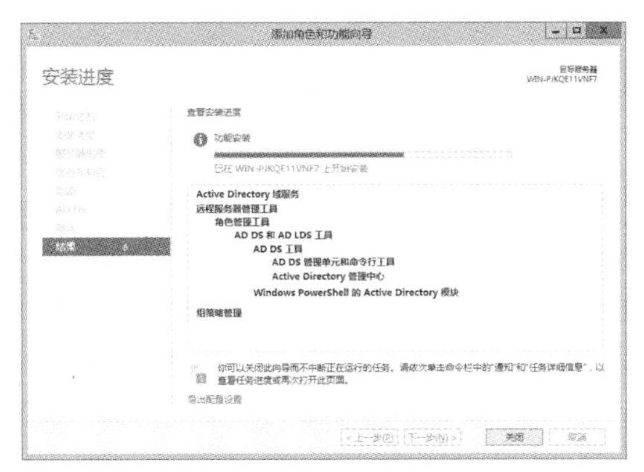

图 4-9　【安装进度】向导页

图 4-10　【安装进度】向导页(安装成功)

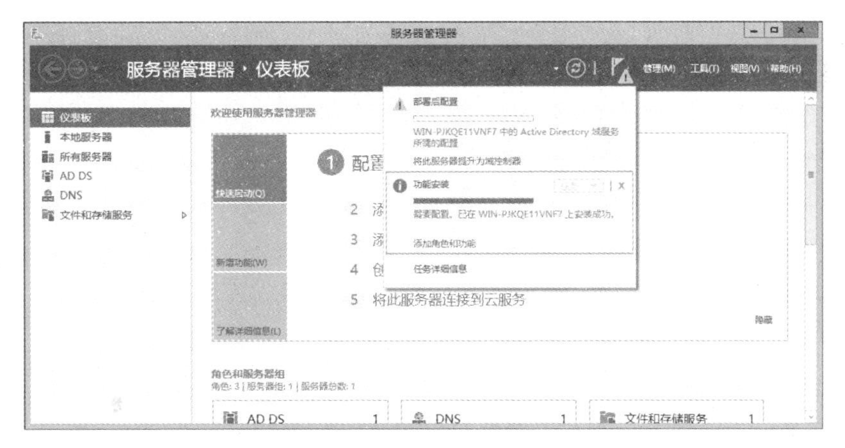

图 4-11　【服务器管理器】窗口

点评与拓展：如果域中已有一个域控制器，则可以向该域添加其他域控制器，以提高网络服务的可用性和可靠性。通过添加其他域控制器，有助于提供容错，平衡现有域控制器的负载，以及向站点提供其他基础结构支持。当域中有多个域控制器时，如果某个域控制器出现故障或必须断开连接，该域可继续正常工作。此外，多个域控制器使客户端在登录网络时可以更方便地连接到域控制器，从而提高性能。

(3) 在【域控制器选项】向导页中，选择林功能级别和域功能级别。安装新的林时，系统会提示设置林功能级别，然后设置域功能级别。功能级别确定了在域或林中启用的 Active Directory 域服务的功能，以限制可以在域或林中的域控制器上运行的 Windows Server 操作系统。例如，选择 Windows 2000 林功能级别，将提供在 Windows Server 2000 中可用的所有 Active Directory 域服务功能。如果域控制器运行的是更高版本的 Windows Server，则当该林位于 Windows 2000 功能级别时，某些高级功能在这些域控制器上将不可用。一般情况下，创建新域或新林时，将域和林功能级别设置为环境可以支持的最高值。这样就可以尽可能充分利用更多的 Active Directory 域服务功能。设置后单击【下一步】按钮，如图 4-13 所示。

需要注意的是，不能将域功能级别设置为低于林功能级别。例如，若将林功能级别设置为 Windows Server 2012，则只能将域功能级别设置为 Windows Server 2012，Windows 2000 Server 和 Windows Server 2003 域功能级别在【设置域功能级别】向导页中不可用。此外，默认情况下向该林添加的所有域都将具备 Windows Server 2012 域功能级别。

如果某台服务器是林中的第一个域控制器，则必须是全局编录服务器且不能是只读域控制器(RODC)。同时，建议将 DNS 服务器安装在第一个域控制器上。

在【键入目录服务还原模式(DSRM)密码】选项中，设置为在目录服务还原模式(DSRM)下启动此域控制器的密码。当 Active Directory 域服务未运行时，该密码是登录域控制器所必需的密码。管理员务必保管好 DSRM 密码，默认情况下，必须设置包含大写和小写字母组合、数字和符号的强密码。

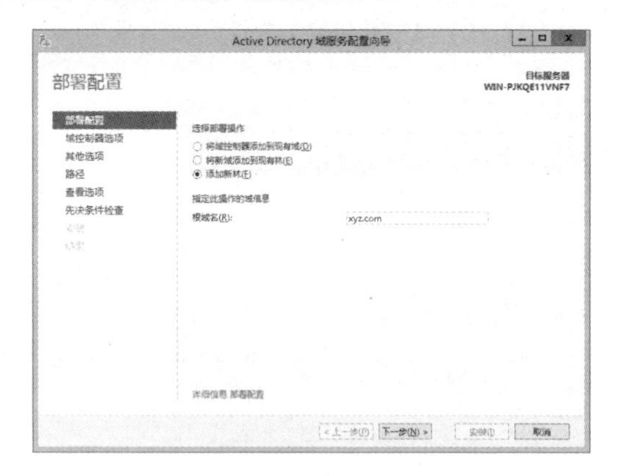

图 4-12　选择部署配置和命名林根域

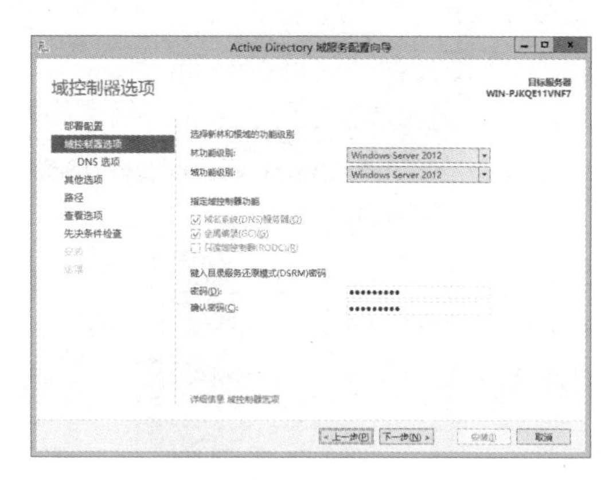

图 4-13　【域控制器选项】向导页

(4) 在【DNS 选项】向导页中，检查 DNS 配置，在【Active Directory 域服务安装向导】警告框中，提示无法创建 DNS 服务器的委派。由于本机父域指向的是自己，无法进行 DNS 服务器的委派，所以不用创建 DNS 委派，单击【下一步】按钮，如图 4-14 所示。

(5) 在【其他选项】向导页中，确保为域分配了 NetBIOS 名称，单击【下一步】按钮，如图 4-15 所示。

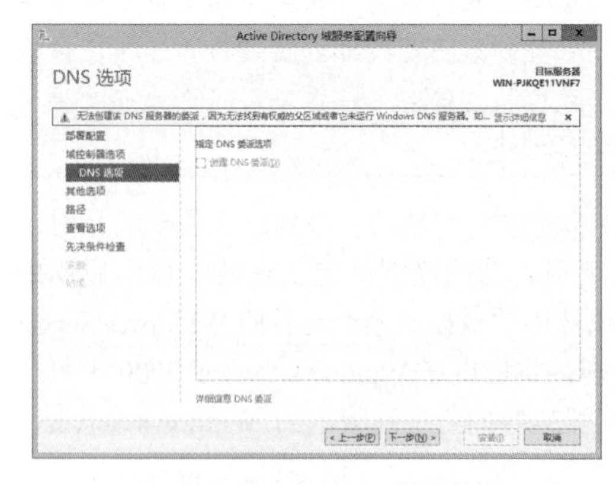

图 4-14　【DNS 选项】向导页

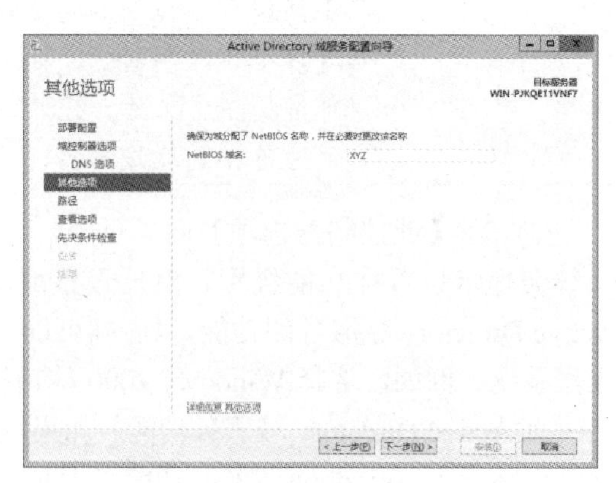

图 4-15　【其他选项】向导页

(6) 在【路径】向导页，指定数据库文件夹、日志文件文件夹和 SYSVOL 文件夹在服务器中的存储位置。安装 Active Directory 域服务(AD DS)时，需要数据库存储有关用户、计算机和网络中其他对象的信息。日志文件记录与 Active Directory 域服务有关的活动，例如，有关当前更新对象的信息。SYSVOL 存储组策略对象和脚本。默认情况下，SYSVOL 是位于%windir%目录中的操作系统文件的一部分。单击【下一步】按钮，如图 4-16 所示。

(7) 在【查看选项】向导页，显示前面所做的设置。若设置不合适，可单击【上一步】按钮返回进行修改。管理员还可单击【查看脚本】按钮，将在该向导中指定的设置保存到应答文件中，然后使用该应答文件自动执行 Active Directory 域服务的后续安装，单击【下一步】按钮，如图 4-17 所示。

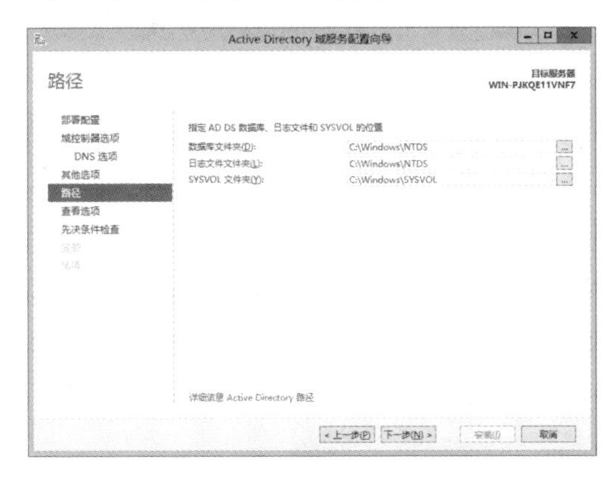

图 4-16 【路径】向导页

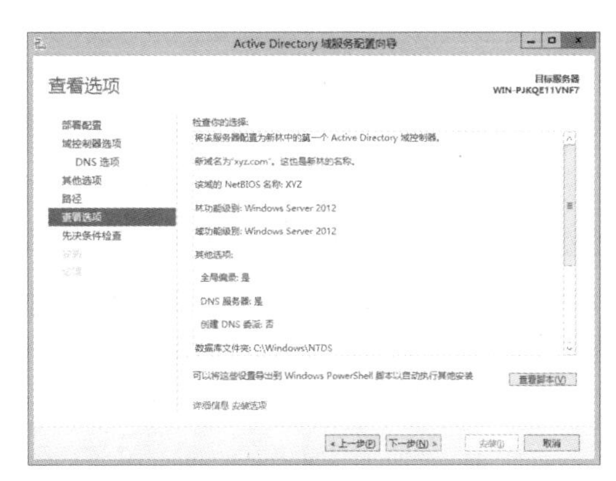

图 4-17 【查看选项】向导页

(8) 在【先决条件检查】向导页，所有先决条件检查都成功通过，单击【安装】按钮，如图 4-18 所示。

(9) 在【安装】向导页，显示安装的进度。在【查看详细操作结果】框中，提示正在根据所设置的选项配置 Active Directory，这个过程一般需要较长时间，如图 4-19 所示。

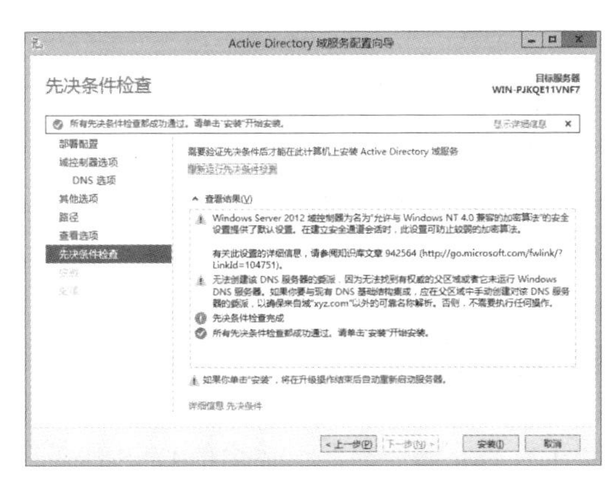

图 4-18 【先决条件检查】向导页

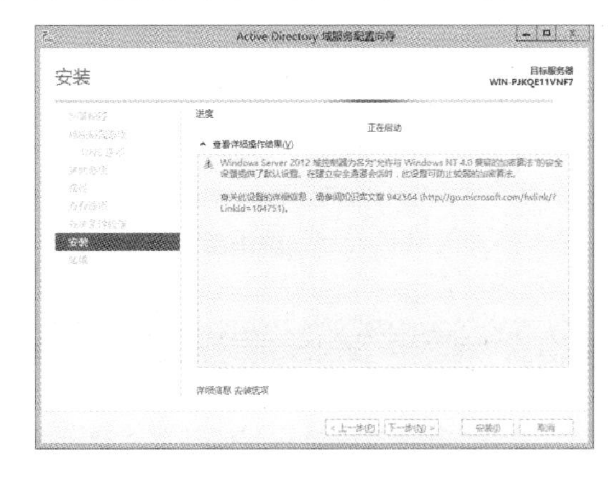

图 4-19 【安装】向导页

(10) 在【结果】向导页，若成功安装，则显示为：此服务器已成功配置为域控制器，单击【完成】按钮，如图 4-20 所示。

(11) 重新启动计算机后，系统升级为 Active Directory 域控制器，此时必须使用域用户账户登录，其格式是“域名\用户账户”，如图 4-21 所示。

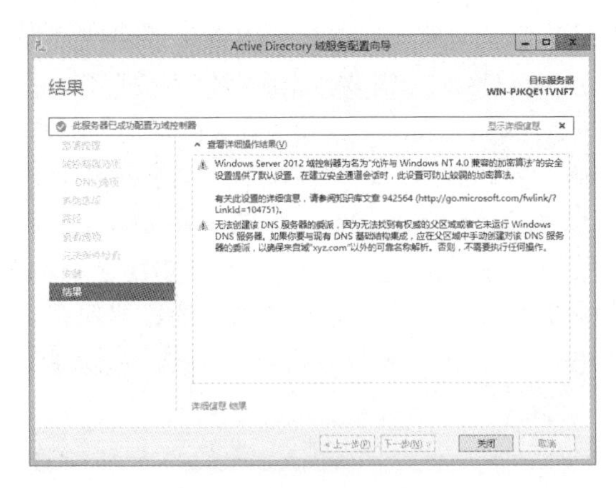

图 4-20 【结果】向导页

图 4-21 登录域控制器界面

> 提示：活动目录安装后，服务器的本地用户和组就被禁用，同时创建一个域管理员账号 Administrator，其密码与本地 Administrator 账号的密码相同。

(12) 登录系统后，在【服务器管理器】窗口的【工具】菜单中，选择【Active Directory 用户和计算机】命令，打开【Active Directory 用户和计算机】窗口，便可对域控制器进行管理了，如图 4-22 所示。

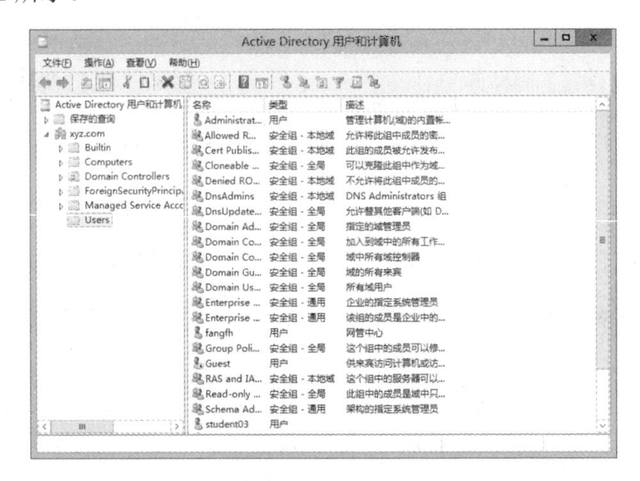

图 4-22 【Active Directory 用户和计算机】窗口

4.3.3 检查 DNS 服务器内 SRV 记录的完整性

为了使其他域成员和域控制器能通过 SRV 记录发现此域控制器，必须在 DNS 服务器中检查域控制器注册的 SRV 记录是否完整。

(1) 在安装活动目录的同时安装 DNS 服务，系统会将首选的 DNS 指定为 127.0.0.1，并改成指向自己的 IP 地址，如图 4-23 所示。

(2) 在【服务器管理器】窗口的【工具】菜单中，选择 DNS 命令，打开【DNS 管理器】窗口，检查 DNS 服务器内的 SRV 记录是否完整，如图 4-24 所示。注意正向查找区域中第

1 个区域内有 4 项，第 2 个区域内有 6 项。

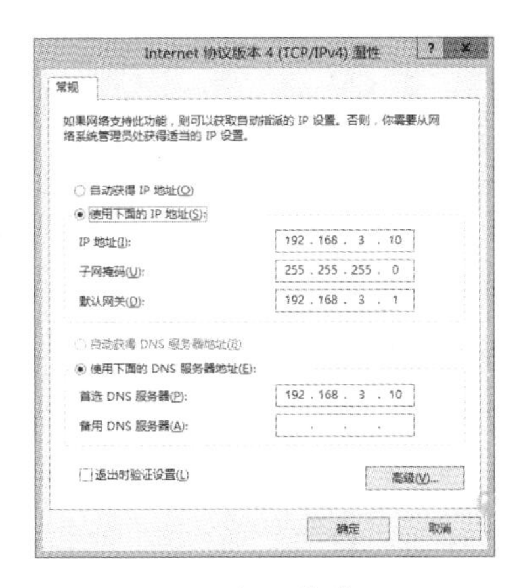

图 4-23　设置首选 DNS

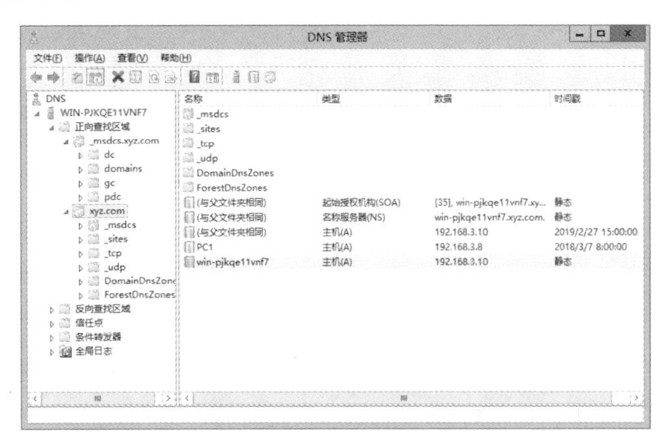

图 4-24　检查 DNS 服务器内 SRV 记录的完整性

4.4　Windows 计算机加入域和登录域

4.4.1　将 Windows 计算机加入域

客户端计算机必须加入域，才能接受域的统一管理，使用域中的资源。在目前主流的 Windows 操作系统中，除 Home 版外都能添加到域中。

下面以 Windows 7 系统为例，介绍将计算机添加到域的操作步骤。

(1) 在【Internet 协议版本 4(TCP/IPv4)属性】对话框中，指定 DNS 服务器的地址，如图 4-25 所示。如果域控制器采用默认的安装过程，则域控制器也是 DNS 服务器。

(2) 通过【控制面板】或桌面上的【计算机】图标，打开【系统】窗口，在窗口中单击【更改设置】，打开【系统属性】对话框，在【计算机名】选项卡中，单击【更改】按钮，如图 4-26 所示。

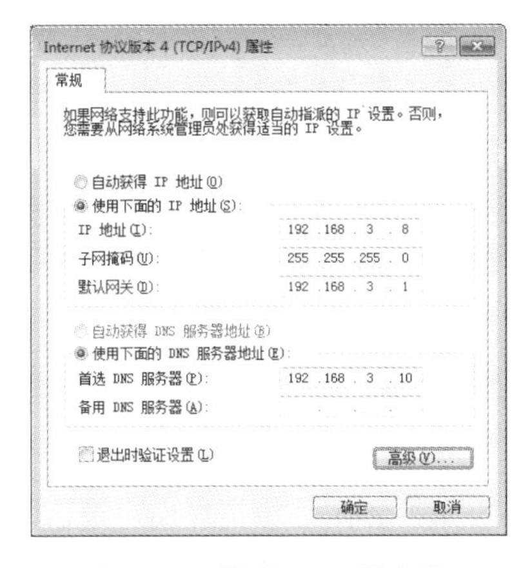

图 4-25　配置 DNS 服务器

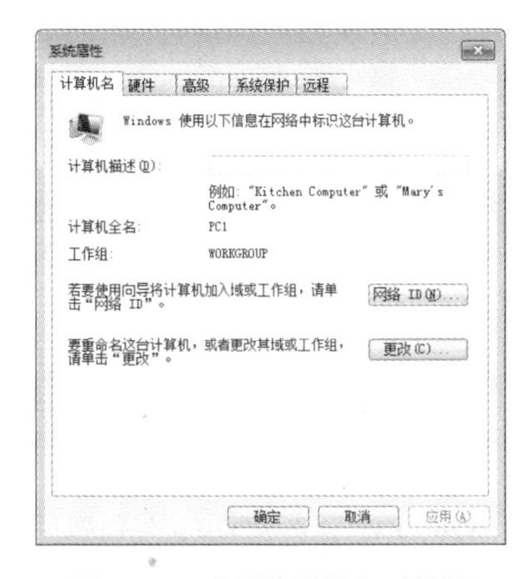

图 4-26　【系统属性】对话框

(3) 在【计算机名/域更改】对话框中，选中【隶属于】选项组中的【域】单选按钮，并在文本框中输入要加入的域的名称，单击【确定】按钮，如图 4-27 所示。

(4) 系统提示请输入有权限加入该域的账户的名称和密码，如图 4-28 所示。域控制器的系统管理员具有该权限，或者被委派将计算机添加到域权限的用户也具有该权限。

(5) 若验证通过，则提示欢迎加入域，单击【确定】按钮，如图 4-29 所示。

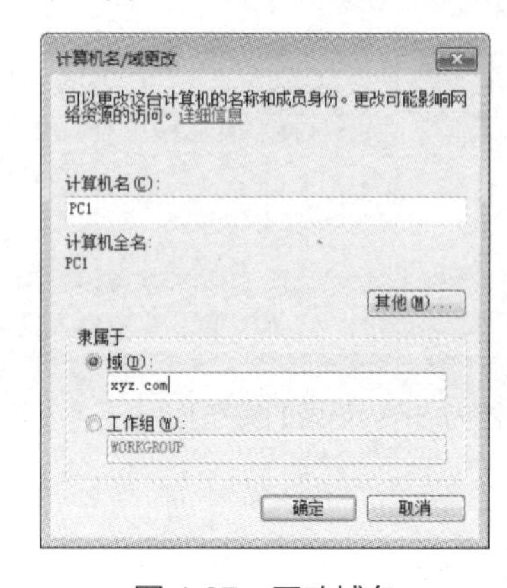

图 4-27 更改域名　　图 4-28 加入域认证　　图 4-29 加入域成功

(6) 关闭【系统属性】对话框，系统提示重新启动计算机以进行更新。

(7) 重启后，打开【Active Directory 用户和计算机】窗口，选择控制台树中的 Computers 节点，就可以看到新加入域的客户机了，如图 4-30 所示。

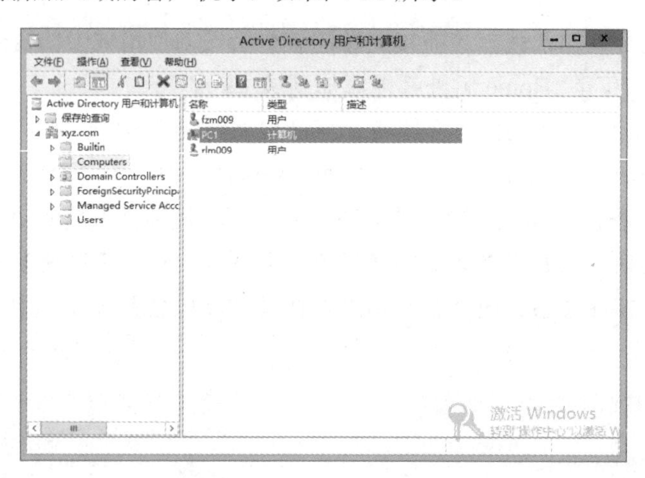

图 4-30 新加入的客户机

对于 Windows 10、Windows Server 2012 操作系统的客户机，添加到域的操作步骤基本上与 Windows 7 类似，在此不再赘述。

4.4.2 使用已加入域的计算机登录

当 Windows 7 客户端加入到域并重新启动后，会显示选择用户登录界面，单击【其他用户】按钮，打开 Windows 7 登录域界面。在【用户名】文本框中输入欲使用的域用户账户，其格式是：“用户名@域名”或“域名\用户名”，例如 Administrator@xyz.com、xyz.com\Administrator，此时提示信息会显示要登录到的域。在【密码】文本框中输入密码，单击【登录】按钮或按 Enter 键即可登录到域，如图 4-31 所示。

图 4-31　Windows 7 登录域

对于 Windows 10、Windows Server 2012 客户端，登录到域的方法与 Windows 7 类似。

4.4.3　使用活动目录中的资源

将 Windows 计算机加入域的目的，一方面是为了将本机的资源发布到活动目录中，另一方面是为了方便用户在活动目录中查找资源。下面介绍在客户机查询活动目录资源的方法。

(1) 在 Windows 7 中双击桌面上的【网络】图标，打开【网络】窗口，单击菜单栏下方的【搜索 Active Directory】链接，如图 4-32 所示。

(2) 打开【查找用户、联系人及组】对话框，在【查找】下拉列表框中选择需要查询的内容，有【用户、联系人及组】、【计算机】、【打印机】、【共享文件夹】、【组织单位】等选项，单击【开始查找】按钮。也可以在【名称】文本框中输入查找名称，如图 4-33 所示。

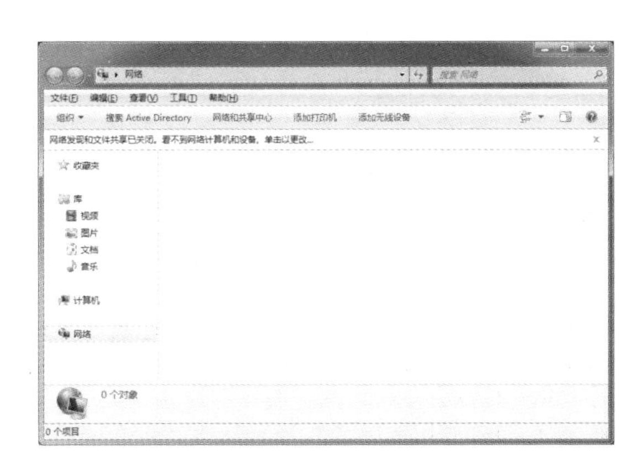

图 4-32　【网络】窗口

图 4-33　查找资源

4.5 管理 Active Directory 内的组织单位和用户账户

4.5.1 管理组织单位

组织单位是组织、管理一个域内对象的容器，可以包括用户账户、用户组、计算机、打印机和其他组织单位。为了管理方便，通常可以按照公司或企业的组织结构创建组织单位，如图 4-34 所示为一个公司组织单位的结构。组织单位应当设置有意义的名称，如“财务部”“生产部”等，而且不要经常改变名称。

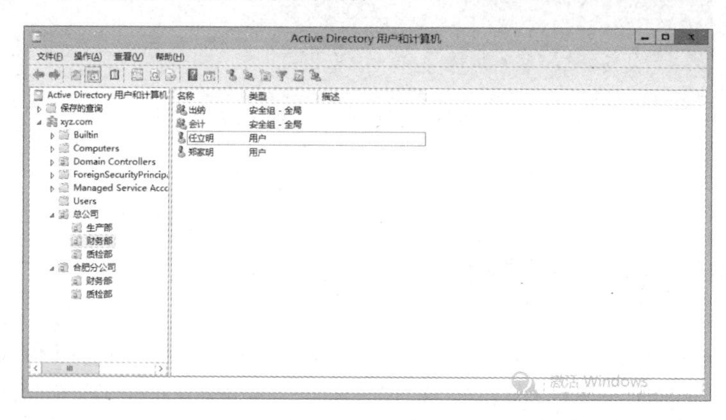

图 4-34 组织单位

1. 新建组织单位

(1) 打开【Active Directory 用户和计算机】窗口，在控制台目录树中，展开域根节点。右击要创建的组织单位或容器，从弹出的快捷菜单中选择【新建】→【组织单位】命令，打开【新建对象-组织单位】对话框，如图 4-35 所示。

(2) 在【新建对象-组织单位】对话框中，输入组织单位的名称，单击【确定】按钮。默认情况下，【防止容器被意外删除】复选框为选中状态，其目的是防止管理员的误操作造成组织单元内所有对象被删除。

2. 设置组织单位属性

组织单位除了有利于网络扩展外，另一大优点是它在管理方面的方便性和安全性，但是，如果不根据组织单位的实际情况设置其属性，是很难发挥这一优点的。所以，用户在创建组织单位之后，必须根据需要设置组织单位属性。步骤如下。

(1) 打开【Active Directory 用户和计算机】窗口，右击要设置属性的组织单位，选择【属性】命令，打开该组织单位的属性对话框，如图 4-36 所示。

(2) 在【常规】选项卡的【描述】文本框中为组织单位输入一段描述，在【省/自治区】、【市/县】等文本框中输入组织单位所在的位置。

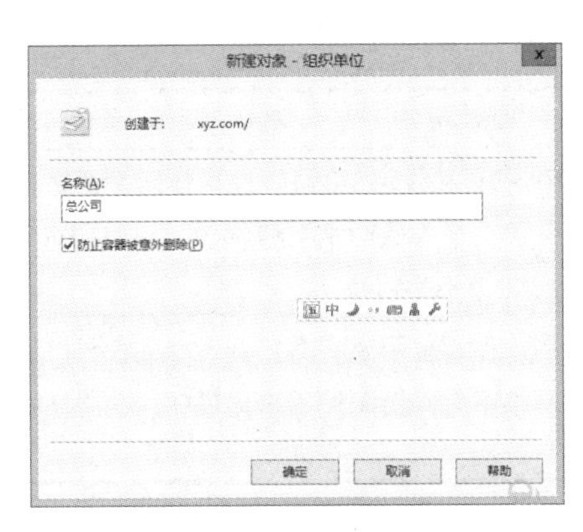

图 4-35 新建组织单位

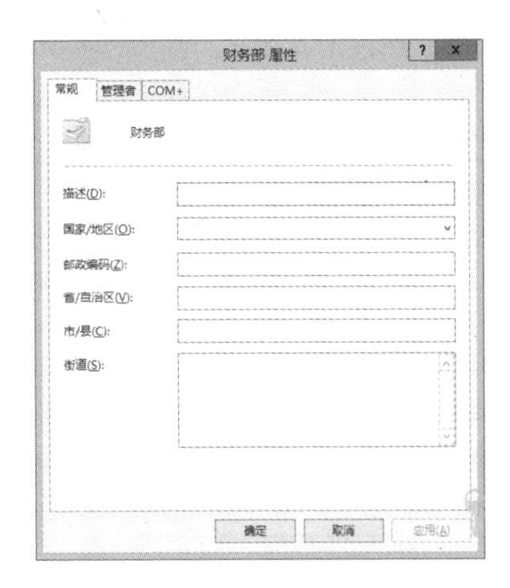

图 4-36 组织单位的属性

(3) 切换到【管理者】选项卡，单击【更改】按钮，在【选择用户或联系人】对话框中选择一个用户作为管理者。更改管理者之后，单击【查看】按钮，即可打开所更改的管理者的属性对话框，管理员可对管理者的属性进行修改，如果要清除管理者，则单击【清除】按钮。

(4) 单击【确定】按钮，保存设置并关闭属性对话框。

4.5.2 域用户账户概述

登录域的用户账户是建立在域控制器上的，也是活动目录中的使用者账户。下面讲解域模式下的用户账户。

1. 用户登录账户

用户账户是用“用户名”和“口令”来标识的。域控制器建好之后，每个网络用户在登录域之前，都会向域申请一个用户账户。用户在计算机上登录时，应当输入域活动目录数据库中有效的用户名和口令，通过域控制器的验证和授权后，就能以所登录的身份和权限对域和计算机资源进行访问。

用户登录名称格式有两种。

(1) 用户登录名(User Principal Name，UPN)。它的格式与电子邮件账户相同，如图 4-37 所示的 rlm@xyz.com，这个名称只能在 Windows 2000 以上计算机上登录域时使用。在整个域林中，这个名称必须是唯一的，而且不会随着账户转移而改变。

(2) 用户登录名(Windows 2000 以前版本)。如图 4-37 所示，XYZ\rlm 就是旧格式的用户登录账户。Windows 2000 以前版本的用户必须使用这个格式的名称来登录域。其他版本的 Windows 也可以采用这种格式来登录。但是，在同一个域内，这个名称必须是唯一的。

2. 内置用户账户

活动目录安装完成后有两个主要的内置用户账户：Administrator 和 Guest。Administrator 账户对域具有最高级的权限和权利，是内置的管理账户，而 Guest 账户只有极其有限的权利和权限。表 4-1 列出了 Windows Server 2012 域控制器内置的用户账户。

表 4-1　Windows Server 2012 域控制器内置的用户账户

内置用户账户	特　性
Administrator(管理员)	Administrator 账户具有域内最多权利和权限，系统管理员使用这个账户可以管理域或者计算机上的所有资源、所有账户信息数据库。例如，创建用户账户、组账户，设置用户权限和安全策略等
Guest(客户)	Guest 账户的默认状态是禁用的，如需使用要将其打开。Guest 账户是为临时登录域网络环境，并使用网络中有限资源的用户提供的，它的权限非常有限

4.5.3　创建域用户账户

1. 新建域用户账户

当有新的用户需要使用网络上的资源时，管理员必须在域控制器中为其添加一个相应的用户账户，否则该用户无法访问域中的资源。需要注意的是，具有新建等管理域用户账户权限的账户是 Administrator，或者是 Administrators、Account Operators、Domain Admins、Power Users 组的成员账户。建立和管理域用户的操作步骤如下。

(1) 打开【Active Directory 用户和计算机】窗口，右击要添加用户的组织单位或容器，在弹出的快捷菜单中选择【新建】→【用户】命令，打开【新建对象-用户】对话框。

(2) 在【姓】和【名】文本框中分别输入姓和名，并在【用户登录名】文本框中输入用户登录时使用的名字，单击【下一步】按钮，如图 4-37 所示。

(3) 在【密码】和【确认密码】文本框中输入用户密码。密码和确认密码最多为 128 个字符，且区分大小写，还要符合密码复杂度的策略。如果希望用户下次登录时更改密码，可选中【用户下次登录时须更改密码】复选框；【用户不能更改密码】复选框的作用是确定用户能否自行修改自己的密码；如果希望密码永远不过期，可选中【密码永不过期】复选框；如果暂停该用户账户，可选中【账户已禁用】复选框，设置后单击【下一步】按钮，如图 4-38 所示。

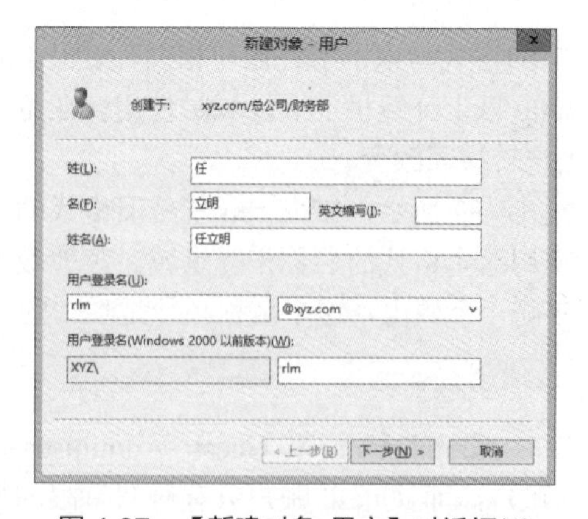

图 4-37　【新建对象-用户】对话框(1)

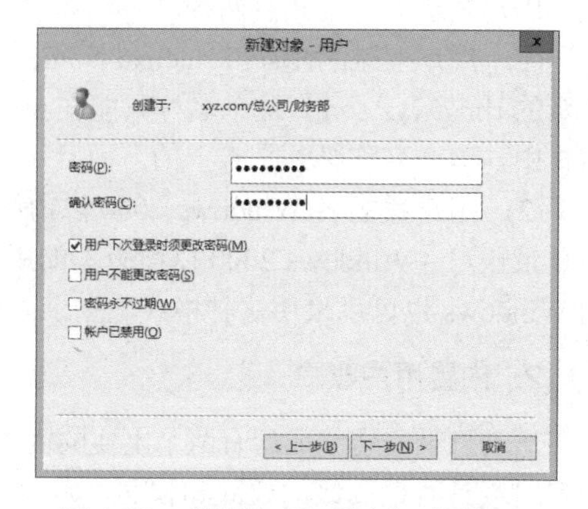

图 4-38　【新建对象-用户】对话框(2)

(4) 在【新建对象-用户】对话框中，显示账户设置摘要，如果需要对账户信息进行修改，单击【上一步】按钮返回。确认无误后，单击【完成】按钮，如图 4-39 所示。

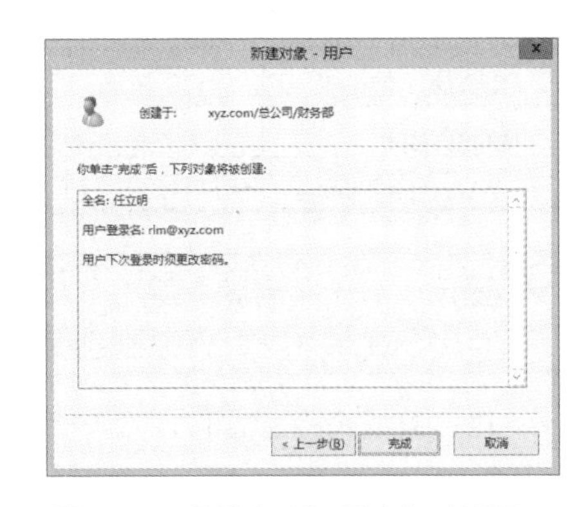

图 4-39 【新建对象-用户】对话框(3)

2. 用户账户的复制和修改

如果企业组织内拥有许多属性相同的账户，就可以先建立一个有代表性的用户账户，然后使用“复制”功能来建立这些用户账户。操作步骤是，先选中建好的用户账户，单击鼠标右键，在弹出的快捷菜单中选择【复制】命令，然后操作类似新建用户的步骤，就可快速建立多个相同性质的用户账户。

3. 批量创建域用户账户

如果需要建立大量的用户账户(或其他类型的对象)，可以事先利用文字编辑程序将这些用户账户属性编写到纯文本文件内，然后利用 Windows Server 2012 所提供的工具，从该纯文本文件内将这些用户账户一次性输入到 Active Directory 数据库中。这样做的好处是不需利用【Active Directory 用户和计算机】窗口的图形界面来分别建立这些账户，可以提高工作效率。

(1) 利用可编辑纯文本文件工具(如记事本)，将用户账户数据输入到文件内并保存为 useradd.txt，如图 4-40 所示。

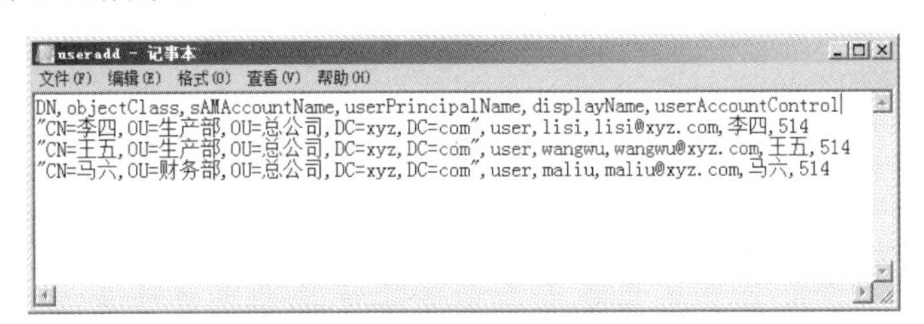

图 4-40 编辑账户数据

在图 4-40 中，第 1 行用于定义第 2 行起相对应的每一个属性，从第 2 行开始都是建立用户账户的属性数据，各属性数据之间用英文的逗号(,)隔开。例如，第 1 行的第 1 个字段 DN(Distinguished Name)，表示第 2 行开始每行的第 1 字段代表对象的存储路径；第 1 行的第 2 个字段 object Class，表示第 2 行开始每行的第 2 字段代表对象的对象类型。表 4-2 是以图 4-40 为例进行说明的。

表 4-2 批量创建域用户账户

属　性	说明与值
DN	对象的存储路径，如 CN=李四，OU=生产部，OU=总公司，DC=xyz，DC=com
objectClass	对象类型，如，user 表示用户，organizationalUnit 表示组织单位，group 表示组
sAMAccountName	用户登录名称(Windows 2000 以前版本)，如 lisi
userPrincipalName	用户登录名称(UPN)，如 lisi@xyz.com

续表

属 性	说明与值
displayName	显示名称，如李四
userAccountControl	用户账户控制，例如，514 表示禁用此账户，512 表示启用此账户

提示：由于受到服务器规定的密码长度、复杂性或历史要求的限制，当用户账户控制使用 512 时，可能创建账户不成功。

(2) 打开命令行窗口，输入“csvde -i -f useradd.txt”命令，如图 4-41 所示。

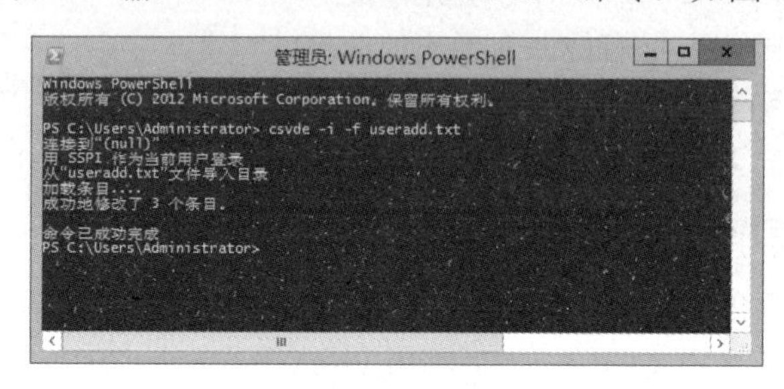

图 4-41 创建账户

(3) 此时，在【总公司】\【生产部】组织单位内创建了两个用户账户，在【总公司】\【财务部】组织单位内创建了一个用户账户，如图 4-42 所示。

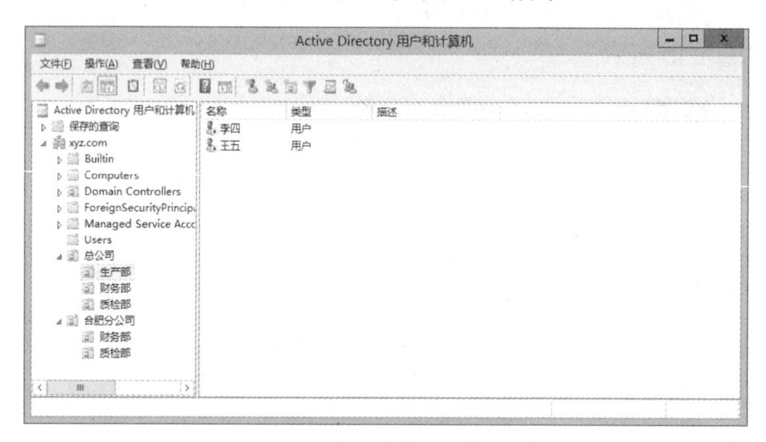

图 4-42 批量创建域用户账户

4.5.4 管理域用户账户

管理域用户账户的常见工作包括修改域用户账户属性、禁用和启用用户账户、删除用户账户、重新设置用户账户密码、解除被锁定的账户、移动账户等。

1. 修改域用户账户属性

(1) 打开【Active Directory 用户和计算机】窗口，右击需要修改的用户账户，在弹出的快捷菜单中选择【属性】命令，打开用户的属性对话框，如图 4-43 所示。

(2) 在用户属性对话框中，可以选择并修改该账户的各项内容。例如，在【账户】选项卡中修改用户的登录时间，可以设定该用户许可的登录时间段，单击【确定】按钮，即可完成该属性的修改任务，如图 4-44 所示。

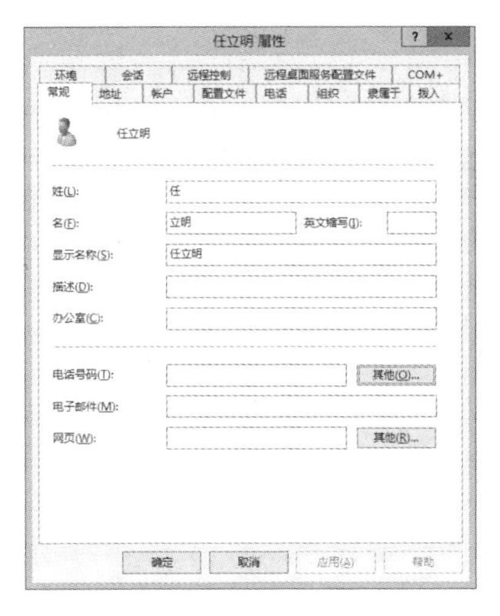

图 4-43　用户属性设置对话框

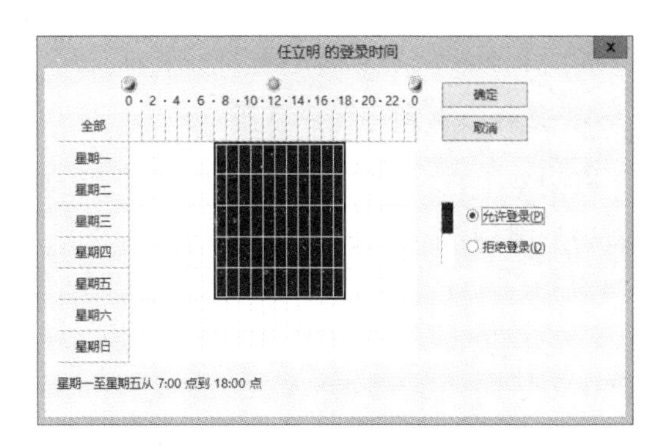

图 4-44　登录时间

提示：如果对多个相同性质的用户账户进行某项相同属性参数的修改，也可以使用多用户账户的修改方法。具体操作：在【Active Directory 用户和计算机】窗口的容器中选择多个用户账户名称，选中后单击鼠标右键，在弹出的快捷菜单中选择【属性】命令，在【多个项目属性】对话框中进行相应修改，如图 4-45 所示。

2. 禁用和启用用户账户

管理员可禁用暂时不用的用户账户。要禁用某用户账户，可进行如下操作：打开【Active Directory 用户和计算机】窗口，右击要禁用的用户账户，选择【禁用账户】命令，出现提示信息后随即禁用该账户。禁用后的用户或计算机账户上会显示一个向下箭头图标，如图 4-46 所示。

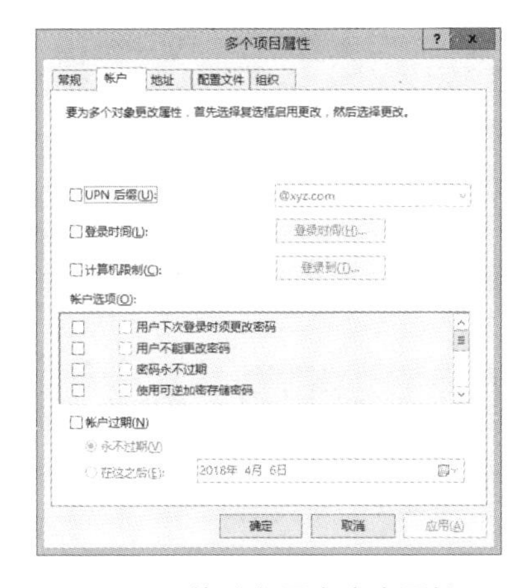

图 4-45　修改多用户账户属性

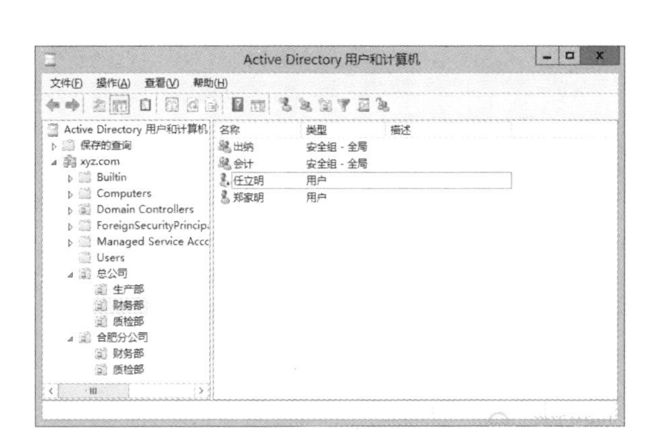

图 4-46　禁用账户

如果要重新启用已禁用的用户或计算机账户，则再次右击该账户，在弹出的快捷菜单中选择【启用账户】命令。

3．删除用户账户

当系统中的某一个用户账户不再被使用，或者管理员不希望某个用户账户存在于安全域中，则可删除该用户账户以便更新系统的用户信息。要删除某个用户或计算机账户，可进行如下操作：打开【Active Directory 用户和计算机】窗口，右击要删除的用户账户，选择【删除】命令，系统提示是否要删除，单击【是】按钮。

4．重新设置用户账户密码

密码是用户在进行网络登录时所采用的最重要的安全措施，所以当用户忘记密码、密码使用期限到期，或者密码被泄露时，系统管理员可以重新替用户设置一个新密码。操作步骤如下。

(1) 打开【Active Directory 用户和计算机】窗口，右击要重新设置密码的用户账户，从弹出的快捷菜单中选择【重设密码】命令，打开【重置密码】对话框，如图 4-47 所示。

(2) 在【新密码】和【确认密码】文本框中输入要设置的新密码，单击【确定】按钮保存设置，同时系统会提示确认信息，再次单击【确定】按钮完成设置。

5．解除被锁定的账户

如果域管理员在账户策略内设定了用户锁定策略，当用户输入密码失败多次后，系统将自动锁定该账户登录，以保证安全。系统管理员解除被锁定账户的操作步骤如下。

(1) 打开【Active Directory 用户和计算机】窗口，从容器中选择需要解除被锁定的账户，右击要解除锁定的用户账户，在弹出的快捷菜单中选择【属性】命令，切换到【账户】选项卡，如图 4-48 所示。

(2) 选中【解锁账户】复选框，单击【确定】按钮。

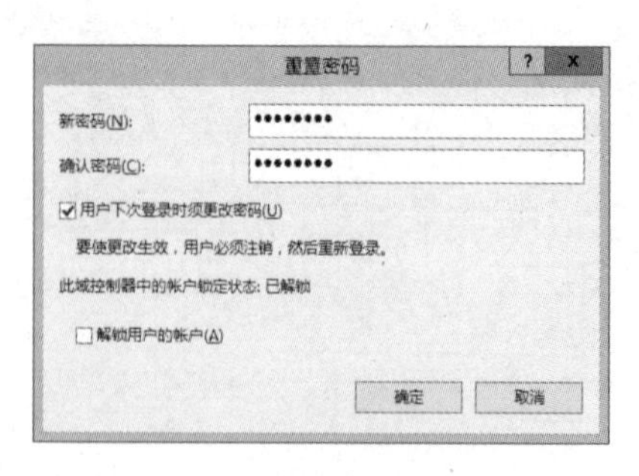

图 4-47 【重置密码】对话框

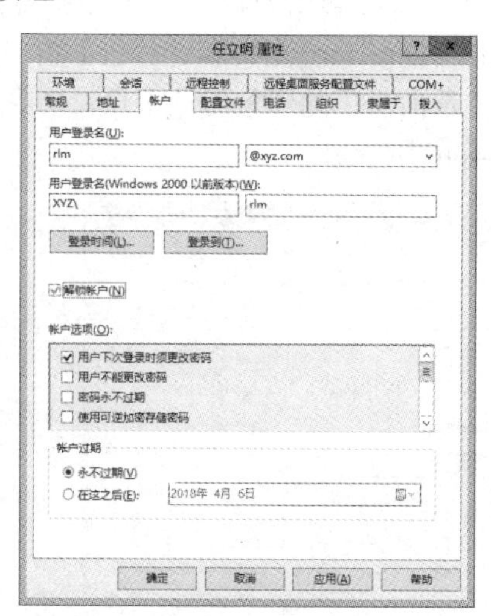

图 4-48 解锁账户

6. 移动账户

在大型网络，特别是企业网络中，为了便于管理，管理员经常需要将用户或计算机账户移到新的组织单位或容器中。例如，公司某职员从技术部调到培训部，则应将其账户从技术部的组织单位中移动到培训部的组织单位中。账户被移动之后，用户或计算机仍可使用它们进行网络登录，不需要重新创建。但用户或计算机账户的管理人和组策略将随着组织单位的改变而改变。

要移动用户或计算机账户，可进行以下操作：打开【Active Directory 用户和计算机】窗口，右击要移动的用户账户，从弹出的快捷菜单中选择【移动】命令，打开【移动】对话框，如图 4-49 所示。在【将对象移到容器】列表框中选择目标组织单位，单击【确定】按钮。此外，管理员还可以像在资源管理器中移动文件一样，使用鼠标拖曳的方法，在【Active Directory 用户和计算机】窗口中移动用户或计算机账户。

图 4-49　【移动】对话框

4.6　管理 Active Directory 中的组账户

4.6.1　域模式的组账户概述

1. 域模式下组账户的作用

Windows Server 2012 作为多任务多用户的操作系统，是从安全和高效的角度来管理系统资源和信息的。使用组可同时为多个账户指派一组公共的权限和权利，而不用单独为每个账户指派权限和权利，这样可简化管理。在 Windows Server 2012 的活动目录中，组是驻留在域控制器中的对象。活动目录自动安装了系统默认的内置组，以后根据实际需要还可以创建组，以便管理员灵活地控制域中的组和成员。通过对活动目录中的组进行管理，可以实现如下功能。

(1) 资源权限的管理，即为组而不是个别用户账户指派资源权限。这样可将相同的资源访问权限指派给该组的所有成员。

(2) 对用户集中管理，可以创建一个应用组，指定组成员的操作权限，然后向该组中添加需要拥有与该组相同权限的成员。

2. 组类型

在 Windows Server 2012 中，按照组的安全性质可划分为安全组和分布式组两种类型。

(1) 安全组。安全组主要用于控制和管理资源的安全性。如果某个组是安全组，则可以在共享资源的【属性】窗口中，切换到【共享】选项卡，为该组的成员分配访问控制权限。

(2) 分布式组。通常使用分布式组来管理与安全性质无关的任务。例如，可以将信使所发送的信息发送给某个分布式组。但是，不能为其设置资源权限，即不能在某个文件夹的【共享】选项卡中为该组的成员分配访问控制权限。

需要说明的一点是，用户建立的组和系统内置的组大多数都是安全组。

3．组作用域

组都有一个作用域，用来确定在域树或林中该组的应用范围。按组的作用域可以将组划分为 3 种：全局组、本地域组和通用组。

(1) 全局组。全局组主要是用来组织用户，面向域用户的，即全局组中只包含所属域的域用户账户。为了管理方便，系统管理员通常将多个具有相同权限的用户账户加入一个全局组中。全局组之所以被称为全局组，是因为全局组不仅能够在创建它的计算机上使用，而且还能在域中的任何一台计算机上使用。只有在 Windows Server 2012 域控制器上能够创建全局组。

(2) 本地域组。本地域组主要用来管理域的资源。通过本地域组，可以快速地为本地域和其他信任域的用户账户和全局组的成员指定访问本地资源的权限。本地域组由该组所属域的用户账户、通用组和全局组组成，它不包含非本地域的本地域组。为了管理方便，管理员通常在本地域内建立本地域组，并根据资源访问的需要将适合的全局组和通用组加入到该组，最后为该组分配本地资源的访问控制权限。本地域组的成员仅限于本地域的资源，而无法访问其他域内的资源。

(3) 通用组。通用组可以用来管理所有域内的资源。通用组可以包含任何一个域内的用户账户、通用组和全局组，但不包含本地域组。一般在大型企业应用环境中，管理员常常先建立通用组，并为该组的成员分配各域内的访问控制权限。通用组的成员可以使用所有域的资源。

4．Active Directory 域内置的组

Windows Server 2012 创建活动目录域时自动生成了一些默认的内置安全组。使用这些预定义的组可以方便管理员控制对共享资源的访问，并委托特定域范围的管理角色。例如，Backup Operators 组的成员有权对域中的所有域控制器执行备份操作，当管理员将用户添加到该组中时，用户将接受指派给该组所有用户的权限以及共享资源的所有权限。

4.6.2 组的创建与管理

1．创建组

虽然系统提供了许多内置组用于权限和安全设置，但是它们不能满足特殊安全和灵活性的需要。所以，用户要想更好地管理用户或计算机账户，必须根据网络情况创建一些新组。新组创建之后，就可以像使用内置组一样，赋予权限和进行组成员的添加。创建新组的操作步骤如下。

(1) 打开【Active Directory 用户和计算机】窗口，在控制台目录树中，展开域根节点。右击要创建组的组织单位或容器，从弹出的快捷菜单中选择【新建】→【组】命令，打开【新建对象-组】对话框，如图 4-50 所示。

(2) 在【组名】文本框中输入要创建的组的名称，在【组作用域】选项组中选择组的作用范围；在【组类型】选项组中选择组类型，然后单击【确定】按钮，完成组的创建。

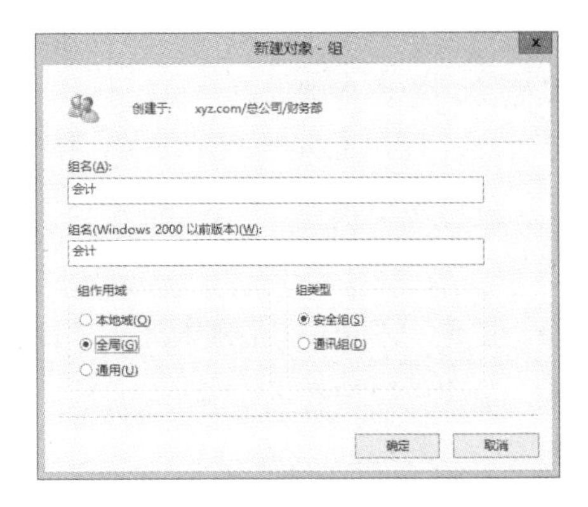

图 4-50　【新建对象-组】对话框

2. 设置组属性

一个新组创建好之后，系统并没有为该组设置常规属性和权限，也没有为其指定组成员和管理员，该组不发挥任何作用。如果要充分发挥组对用户和计算机账户的管理作用，必须为该组设置属性和权限。操作步骤如下。

(1) 打开【Active Directory 用户和计算机】窗口，右击要添加成员的组，选择【属性】命令，打开该组的属性对话框，如图 4-51 所示。

(2) 在【描述】文本框和【注释】列表框中输入有关该组的注释信息；在【电子邮件】文本框中输入组管理员的电子邮件地址；还可以修改组的作用域和组的类型。

(3) 切换到【成员】选项卡，要添加成员，单击【添加】按钮，打开【选择用户、联系人或计算机】对话框，选择要添加的成员。如要删除组成员，在【成员】列表框中选择要删除的组成员，单击【删除】按钮，如图 4-52 所示。

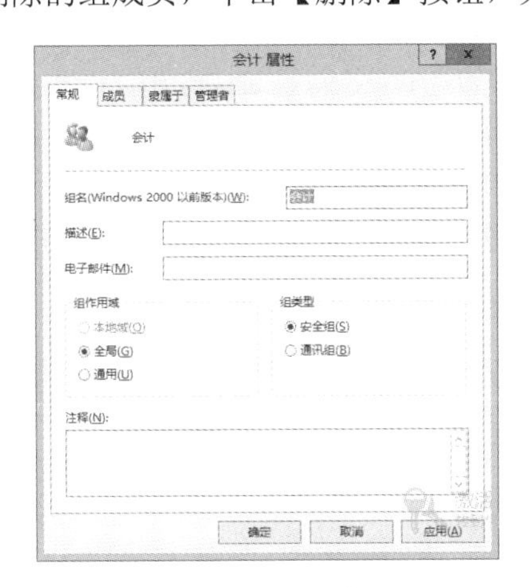

图 4-51　组属性

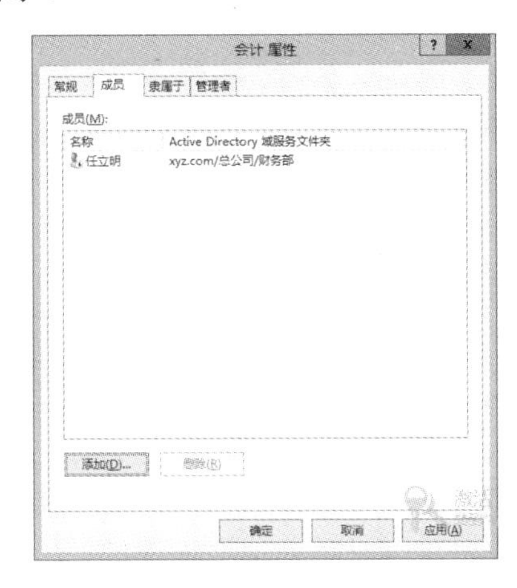

图 4-52　【成员】选项卡

(4) 用户主要是通过向新组添加内置组来设置权限。切换到【隶属于】选项卡，单击【添加】按钮，打开【选择组】对话框，为创建的组选择内置组。如要删除某个组权限，在【隶属于】选项卡中选择该组，单击【删除】按钮。

(5) 切换到【管理者】选项卡，单击【更改】按钮，打开【选择用户或联系人】对话框为该组选择管理者；要查看管理者的属性，单击【查看】按钮；要清除管理者对组的管理，单击【清除】按钮。

(6) 属性设置完毕，单击【确定】按钮。

3. 删除组

Active Directory 中的组和组织单位因太多而影响对用户和计算机账户的管理时，管理员可对其进行清理。例如，当目录中有长期不使用的组或者不符合网络安全的组时，可将其删除，操作步骤如下。

(1) 打开【Active Directory 用户和计算机】窗口，在控制台目录树中，展开域节点。

(2) 右击要删除的组或组织单位，从弹出的快捷菜单中选择【删除】命令，系统提示是否要删除，单击【确定】按钮。

提示：管理员只能删除自己创建的组和组织单位，而不能删除系统提供的内置组和组织单位。

4.7 回到工作场景

通过 4.2～4.6 节内容的学习，应掌握 Active Directory 域的创建条件，安装与配置方法；掌握将 Windows 计算机加入和登录域的方法，能够使用活动目录中的资源；掌握 Active Directory 内的组织单位的创建和管理方法，用户账户创建和管理方法；理解域内组账户的类型和作用域；掌握 Active Directory 内的组账户的创建和管理方法。下面回到 4.1 节介绍的工作场景中，完成工作任务。

【工作过程一】安装 Active Directory 域服务器

(1) 规划与安装操作系统。划分服务器的空间，安装 Windows Server 2012 操作系统，并进行初始化设置，包括计算机名、IP 地址、防火墙、自动更新、防病毒软件等，并测试服务器的连接性。

(2) 打开【服务器管理器】窗口后，选择【管理】菜单中的【添加角色和功能】命令，利用【添加角色和功能向导】安装 Active Directory 域服务。

(3) 在【服务器管理器】窗口中单击通知图标，在弹出的浮层中单击【将此服务器提升为域控制器】链接，或者执行 dcpromo 命令，启动 Active Directory 域服务配置向导，安装活动目录。

(4) 检查 DNS 服务器内 SRV 记录的完整性。

【工作过程二】将客户机加入域

(1) 用客户机打开【Internet 协议(TCP/IP)属性】对话框，指定 DNS 服务器的地址。

(2) 打开【系统属性】对话框，在【计算机名】选项卡中单击【更改】按钮，在【计算机名称更改】对话框中选中【隶属于】选择组中的【域】单选按钮，并在文本框中输入要加入的域的名称，单击【确定】按钮。

(3) 按照系统提示，输入具有加入到域权限的账户名称和密码。

(4) 重新启动客户机，选择登录到域选项，输入域用户名和密码。

【工作过程三】创建组织单位

(1) 打开【Active Directory 用户和计算机】窗口，右击要进行创建的组织单位或容器，从弹出的快捷菜单中选择【新建】→【组织单位】命令。

(2) 在【新建对象-组织单位】对话框中，输入组织单位的名称。

(3) 重复上述步骤，创建符合 XYZ 公司组织架构的组织单位。

【工作过程四】 创建域用户账户

(1) 制订 XYZ 公司用户账户命名规则、密码要求。

(2) 打开【Active Directory 用户和计算机】窗口，右击要添加用户的组织单位或容器，在弹出的快捷菜单中选择【新建】→【用户】命令。

(3) 在【新建对象-用户】对话框中，设置用户名称、登录名称、密码等选项。

(4) 重复上述步骤，为 XYZ 公司所有员工创建域账号。

【工作过程五】 创建域组账户

(1) 对 XYZ 公司用户使用网络资源的情况进行分类，规范用户组。

(2) 打开【Active Directory 用户和计算机】窗口，右击要创建组的组织单位或容器，从弹出的快捷菜单中选择【新建】→【组】命令。

(3) 在【新建对象-组】对话框中，输入要创建的组的名称，选择组的作用范围，确定组类型，单击【确定】按钮，完成组的创建。

(4) 设置组的属性，向组中添加域用户账户。

4.8　工作实训营

4.8.1　训练实例

【实训环境和条件】

(1) 网络环境或 VMware Workstation 9.0 虚拟机软件。

(2) 安装有 Windows Server 2012 的物理计算机或虚拟机(充当域控制器)。

(3) 安装有 Windows 7 或 Windows 10 的物理计算机或虚拟机(充当域客户端)。

【实训目的】

通过上机实习，学会通过安装 Active Directory 来创建 Windows 域，以及通过【Active Directory 用户和计算机】窗口来组织和管理域对象。

【实训内容】

(1) Active Directory 域控制器的安装与配置。

(2) 将 Windows 计算机加入和登录域中，使用活动目录中的资源。

(3) 创建和管理组织单位。

(4) 创建和管理域用户账户。

(5) 创建和管理域组账户。

【实训过程】

(1) Active Directory 域控制器的安装与配置。

① 打开【服务器管理器】窗口后，选择【管理】菜单中的【添加角色和功能】命令，利用【添加角色和功能向导】安装 Active Directory 域服务。

② 在【服务器管理器】窗口中单击通知图标，在弹出的浮层中单击【将此服务器提升为域控制器】链接，或者执行 dcpromo 命令，启动 Active Directory 域服务配置向导，安装活动目录。

③ 检查 DNS 服务器内 SRV 记录的完整性。

(2) 将 Windows 计算机加入和登录域中，使用活动目录中的资源。

① 用客户机打开【Internet 协议(TCP/IP)属性】对话框，指定 DNS 服务器的地址。

② 打开【系统属性】对话框，在【计算机名】选项卡中单击【更改】按钮；在【计算机名称更改】对话框中选中【隶属于】选择组中的【域】单选按钮，在文本框中输入要加入的域的名称，单击【确定】按钮。

③ 重新启动客户机，选择登录到域选项，输入域用户名和密码。

④ 打开【网络】窗口，单击菜单栏下方的【搜索 Active Directory】链接。在打开的【查找资源】对话框中查找活动目录中的资源。

(3) 创建和管理组织单位。

① 打开【Active Directory 用户和计算机】窗口，右击要进行创建的组织单位或容器，在弹出的快捷菜单中选择【新建】→【组织单位】命令。

② 在【新建对象-组织单位】对话框中，输入组织单位的名称。

(4) 创建和管理域用户账户。

① 打开【Active Directory 用户和计算机】窗口，右击要添加用户的组织单位或容器，在弹出的快捷菜单中选择【新建】→【用户】命令。

② 在【新建对象-用户】对话框中，设置用户名称、登录名称、密码等选项。

③ 尝试完成修改域用户账户属性、禁用和启用用户账户、删除用户账户、重新设置用户账户密码、解除被锁定的账户、移动账户等域用户常用的管理任务。

(5) 创建和管理域组账户。

① 打开【Active Directory 用户和计算机】窗口，右击要创建组的组织单位或容器，在弹出的快捷菜单中选择【新建】→【组】命令。

② 在【新建对象-组】对话框中，输入要创建的组的名称，选择组的作用范围，确定组类型，单击【确定】按钮。

③ 设置组的属性，向组中添加域用户账户。

4.8.2 工作实践常见问题解析

【问题 1】创建 AD 域时，由于没有 NTFS 分区，是否会导致 AD 安装失败？

【答】在 Windows Server 2012 成员或独立服务上安装 AD 时，其上必须有一个 NTFS 5.0 分区，用来保存 AD 的 SYSVOL 文件夹。如果 C 是引导分区，即系统文件 Windows 所在的分区，采用 FAT32 分区，系统会自动查找下一个可用的 NTFS 分区来存放系统卷，如 D:\SYSVOL。如果找不到 NTFS 分区，就会出错，导致 AD 安装失败。这时可利用 convert 命令将某个 FAT32 分区转换成 NTFS 分区，这种转换不会损失数据。但要注意这个转换是单向不可逆的，要恢复到 FAT 分区，除非重新格式化该分区。

【问题 2】建立 AD 域，需要有什么样的权限？

【答】若是创建林内的第一个域，即林根域，只要有目标计算机上的本地管理员权限即可。作为已有域的附加 DC，需要该域的域管理员(Domain Admins)权限。安装子域的 DC，或新树的 DC，都涉及林结构的改变，需要林管理员(Enterprise Admins)权限。

【问题 3】为什么客户机加入到域时，显示没有加入域的权限？

【答】要想把一台计算机加入到域，必须以这台计算机上的本地管理员(默认为 administrator)身份登录，保证对这台计算机有管理控制权限。并按照提示输入一个域用户账户或域管理员账户，保证能在域内为这台计算机创建一个计算机账户。

【问题 4】客户机加入到域时，显示“域×××不是 AD 域，或用于域的 AD 域控制器无法联系上。”错误，如何解决？

【答】在 Windows 2000/2003/2008/2012 域中，Windows 2000 及以上客户机主要靠 DNS 来查找域控制器(DC)，获得 DC 的 IP 地址，然后开始进行网络身份验证。DNS 不可用时，也可以利用浏览服务，但会比较慢。Windows 2000 以下版本的计算机，不能利用 DNS 来定位 DC，只能利用浏览服务、WINS、lmhosts 文件来定位。所以加入域时，为了能找到 DC，应设置客户机 TCP/IP 配置中的 DNS 服务器为指向 DC 所用的服务器。加入域时，如果输入的域名为 FQDN 格式，如 xyz.com，必须利用 DNS 中的 SRV 记录来找到 DC，如果客户机的 DNS 指向不对，就无法加入到域，出错提示为“域×××不是 AD 域，或用于域的 AD 域控制器无法联系上”。Windows 2000 及以上版本的计算机跨子网(路由)加入域时，也就是说，加入域的计算机是 Windows 2000 及以上版本，且与 DC 不在同一子网时，应使用此方法。如果输入的域名为 NetBIOS 格式，如 xyz，也可以利用浏览服务(广播方式)直接找到 DC，但浏览服务不是一个完善的服务，虽然可以把计算机加入到域，但在加入域和以后登录时，需要等待较长时间，所以不推荐。其次，由于客户机的 DNS 指得不对，因此无法利用 Windows 2000 DNS 的动态更新功能，也就是说无法在 DNS 区域中自动生成关于这台计算机的 A 记录和 PTR 记录。那么同一域另一子网的 Windows 2000 及以上计算机就无法利用 DNS 找到它，这本应该是可以的。若客户机的 DNS 配置没问题，可使用 nslookup 命令确认客户机能否通过 DNS 查找到 DC，再 ping 一下 DC，查看是否能通过。

【问题 5】用同一个普通域账户将计算机加入到域，有时没问题，有时却出现“拒绝访问”提示，如何解决？

【答】这个问题的产生是由于 AD 已有同名计算机账户，这通常是由于非正常脱离域，计算机账户没有被自动禁用或手动删除，而普通域账户无权覆盖而产生的。解决办法：①手动在 AD 中删除该计算机账户；②改用管理员账户将计算机加入到域；③在最初预建账户时就指明可加入域的用户。

【问题 6】用户无法登录到域是怎么回事？

【答】当用户无法登录到域时，若网络正常，则可能是由以下几个方面原因造成：一是用户名、口令、域出现问题。应当确保输入正确的用户名和口令，注意用户名不区分大小写，而口令是区分大小写的。查看欲登录的域是否还存在(比如子域被非正常删除了，域中唯一的 DC 未联机)。二是客户机的 DNS 配置问题，客户机所配的 DNS 是否指向 DC 所用的 DNS 服务器，解决方法参见问题 4。三是计算机账户问题，基于安全性考虑，管理员会将暂时不用的计算机账户禁用(如财务主管度假去了)，出错提示为“无法与域连接……，域控制器不可用……，找不到计算机账户……”，而不是直接提示“计算机账户已被禁用”。到 AD 用户和计算机中，将计算机账户启用即可。对于 Windows 7/ Server 2012，默认计算机账户密码的更换周期为 30 天。如果由于某种原因该计算机账户的密码与 LSA 机密码不同步，登录时就会出现出错提示：“计算机账户丢失……”或“此工作站和主域间的信任关系失败”。解决办法：重设计算机账户，或将该计算机重新加入到域。

【问题 7】 用户登录到域时，显示用户账户限制而登录失败，是何原因？

【答】 可能的原因包括不允许空密码登录，登录时间限制，或强制的策略限制。

【问题 8】 在 AD 域中，如何批量添加域用户账户？

【答】 作为网管，有时需要批量地向 AD 域中添加用户账户，这些用户账户既有一些相同的属性，又有一些不同的属性。如果逐个添加、设置，会很麻烦。一般来说，如果不超过 10 个账户，可利用 AD 用户账户复制来实现。如果账户过多，应该考虑使用 csvde 命令。

4.9 习题

一、填空题

1. 活动目录服务是 Windows Server 2012 中的一种目录服务，可以存储、管理网络中的各种资源对象，如__________、组、计算机和共享资源等相关信息。

2. 活动目录服务的集成性主要体现在三个方面：__________、基于目录的网络服务和网络应用管理。

3. 活动目录可以实现一个域或多个域，多个域可合并为域树，多个域树又可合并为__________。

4. 在域环境中，计算机的主要角色有__________、成员服务器和工作站等。

5. 活动目录中的站点是一个或多个__________的计算机集合，往往用来描述域环境网络的物理结构或拓扑。

6. 活动目录对象只能够针对__________和__________设置权限，而无法针对组织单位设置。

7. 添加域成员计算机，在获得相应权限的情况下，首先要设置客户机的__________。

二、选择题

1. 以下__________不是域的工作特点。

   A. 集中管理　　　　B. 便捷的网络资源访问

   C. 一个账户只能登录到一台计算机　　　　D. 可扩展性

2. 下面关于工作组的说法错误的是__________。

A. 每台计算机的地位是平等的　　　B. 网络模型管理分散
C. 安全性高　　　D. 适合于小型的网络环境

3. 从活动目录的组成结构来看，域是活动目录中的__________。
A. 物理结构　　B. 拓扑结构　　C. 逻辑结构　　D. 系统架构

4. 活动目录的物理结构包括__________。(选两项)
A. 域　　B. 组织单位　　C. 站点　　D. 域控制器

5. 活动目录是由组织单元、域、__________和域林构成的层次结构。
A. 超域　　B. 域树　　C. 域控制器　　D. 团体

6. 下面关于域、域控制器和活动目录说法不正确的是__________。
A. 活动目录是一个数据库，域控制器是一台计算机，它们无关系
B. 域是活动目录中逻辑结构的核心单元
C. 要实现域的管理必须要有一个计算机安装活动目录
D. 安装了活动目录的计算机叫域控制器

7. 组织单位是活动目录服务的一个称为__________的管理对象。
A. 容器　　B. 用户账户　　C. 组账户　　D. 计算机

8. 下面__________不是安装活动目录时必需的条件。
A. 安装者必须具有本地管理员权限
B. 操作系统版本必须满足条件
C. 计算机上每个分区必须为 NTFS 文件系统的分区
D. 有相应的 DNS 服务器的支持

9. 某公司有一个 Windows Server 2012 域 Benet.com，管理员小明想要将一台计算机加入该域，加入时出现“无法找到该域”的错误提示，小明使用 ping 命令可以 ping 通 DC 的 IP 地址，该计算机无法加入域的原因可能是__________。
A. 网络出现物理故障
B. 加入域时所使用的用户没有权限
C. 客户机没有配置正确的 DNS 地址
D. 客户机使用了与 DC 不同网段的 IP 地址

10. 向域中批量添加用户的命令是__________。
A. csvde　-i　-p　users1.txt　　B. csvde　-i　-f　users1.txt
C. net user　/add　-I -f users1.txt　　D. net group　/add　-i -a　users1.txt

11. 在域中建立组时可以设置的组类型包括__________。(选两项)
A. 安全组　　B. 全局组　　C. 分布式组　　D. 通用组

12. __________是专门用来发送电子邮件的。
A. 本地组　　B. 全局组　　C. 通用组　　D. 安全组

13. 在设置域账户属性时，__________项目不能被设置。
A. 账户登录时间　　B. 账户的个人信息
C. 账户的权限　　D. 指定账户登录域的计算机

第 5 章

Windows Server 2012 的磁盘管理

- FAT、FAT32 和 NTFS 文件系统。
- 设置 NTFS 权限。
- NTFS 文件系统的压缩和加密。
- 磁盘配额。

技能目标

- 了解文件系统的基本概念，以及 NTFS 文件系统与 FAT/FAT32 文件系统的区别。
- 理解 NTFS 文件系统在安全方面的特性，掌握 NTFS 文件系统的权限设置。
- 掌握 NTFS 文件系统的压缩和加密方法。
- 掌握磁盘配额的设置方法。

5.1 工作场景导入

【工作场景】

S 公司是一家建筑设计企业，为保证设计数据的可靠性，公司设计部购置了一台文件服务器用于存放员工提交的标书、开发图纸和文档，以及员工个人文档的备份。服务器有 3 个逻辑盘(C、D、E 盘)，分别用于系统、公用文档和员工个人文档。该公司设计部经理打算实现如下功能。

(1) 在 C 盘中创建一个“研发图纸”文件夹，用于存放员工设计并提交的图纸。为了保证这些图纸的安全，员工一旦将图纸提交到服务器后，就只能查看而不允许修改，处理这些图纸的工作都由归档员 Lily 来完成；同时，为保证数据的机密性，需要将这个文件夹进行加密。

(2) 在 D 盘中创建一个“公用”文件夹，用于存放一些设计标准、经典设计案例等文件，各设计人员都可以查看、增加新文件，但不能删除。同时，为了提高磁盘空间的利用率，需要将这个文件夹进行压缩。

(3) 在 E 盘中为每个员工创建一个文件夹，用于员工备份正在设计的数据和常用资料。但为了防止员工私自将网上下载的电影、音乐都放到服务器上，限定每个员工最多能存放 1GB 的数据。

假设这台服务器已为所有设计人员和归档员 Lily 创建了账户，并创建了一个“研发人员”用户组，还将所有设计人员账户都加入到了该组中。

【引导问题】

(1) Windows Server 2012 支持哪些文件系统？它们之间有何区别？如何转换？

(2) 文件和文件夹的权限有哪些？如何设置文件和文件夹的权限？

(3) 如何实现文件和文件夹的压缩？如何实现文件和文件夹的加密？

(4) 如何利用磁盘配额功能限制用户使用磁盘空间？

5.2 FAT、FAT32 和 NTFS 文件系统

文件系统是操作系统在存储设备上按照一定原则组织、管理数据所用的结构和机制。文件系统规定了计算机对文件和文件夹进行操作处理的各种标准和机制，用户对于所有的文件和文件夹的操作都是通过文件系统来完成的。

磁盘或分区和操作系统所包括的文件系统是不同的，在所有的计算机系统中，都存在一个相应的文件系统。FAT、FAT32 格式的文件系统是随着计算机各种软、硬件的发展而完善的文件系统，它们所能管理的磁盘簇大小、文件的最大尺寸以及磁盘空间总量都有一定的局限性。从 Windows NT 开始，采用了一种新的文件系统格式——NTFS，它比 FAT、FAT32 功能更加强大，在文件大小、磁盘空间、安全可靠等方面都有了较大的改善。在日常工作中，我们常会听到这种说法，“我的硬盘是 FAT 格式的”“C 盘是 NTFS 格式的”，这是不恰当的，NTFS 或是 FAT 并不是格式，而是管理文件的系统类型。一般刚出厂的硬盘是没有任何类型文件系统的，在使用之前必须首先利用相应的磁盘分区工具对其进行分区，并进一步格式化后才会有一定类型的文件系统，方可正常操作使用。由此可见，无论硬盘有一个分区，还是有多个分区，文件系统都是对应分区，而不是对应硬盘。Windows Server 2012 的磁盘分区一般支持 3 种格式的文件系统：FAT、FAT32 和 NTFS。

用户在安装 Windows Server 2012 之前，应该先决定选择哪种文件系统。Windows Server 2012 支持使用 NTFS、FAT 或 FAT32 文件系统。

5.2.1　FAT

FAT(File Allocation Table)是“文件分配表”的意思，是用来记录文件所在位置的表格。FAT 文件系统最初用于小型磁盘和简单文件结构的简单文件系统。FAT 文件系统得名于它的组织方法，被放置在分区起始位置的文件分配表中。为确保正确装卸启动系统所必需的文件，文件分配表和根文件夹必须存放在磁盘分区的固定位置。文件分配表对于硬盘的使用是非常重要的，假若丢失文件分配表，那么硬盘上的数据就会因为无法定位而不能使用。

FAT 通常使用 16 位的空间来表示每个扇区(Sector)配置文件的情形，FAT 由于受到先天的限制，因此每超过一定容量的分区之后，它所使用的簇(Cluster)大小就必须扩增，以适应更大的磁盘空间。所谓簇就是磁盘空间的配置单位，就像图书馆内一格一格的书架。每个要存到磁盘的文件都必须配置足够数量的簇，才能存放到磁盘中。通过使用命令提示符下的 Format 命令，用户可以指定簇的大小。一个簇存放一个文件后，剩余的空间不能再被其他文件使用。所以在使用磁盘时，无形中都会或多或少损失一些磁盘空间。

在运行 MS-DOS、OS/2、Windows 95/98 以前版本的计算机上，FAT 文件系统格式是最佳的选择。不过需要注意的是，在不考虑簇大小的情况下，使用 FAT 文件系统的分区不能大于 2GB，因此 FAT 文件系统最好用在较小的分区上。由于 FAT 的额外开销，在大于 512MB 的分区内不推荐使用 FAT 文件系统。

5.2.2　FAT32

FAT32 使用了 32 位的空间来表示每个扇区配置文件的情形。使用 FAT32 系统的分区最大可达到 2TB(2048GB)，而且各种大小的分区所能用到的簇的大小也更恰如其分，这些优点让使用 FAT32 的系统在硬盘的使用上有更高效率。例如，两个分区容量都为 2GB，一个分区采用了 FAT 文件系统，另一个分区采用了 FAT32 文件系统。采用 FAT 分区的簇大小为 32KB，而 FAT32 分区的簇只有 4KB，那么 FAT32 就比 FAT 的存储效率要高很多，通常情况下可以提高 15%。

FAT32 文件系统可以重新定位根目录，另外，FAT32 分区的启动记录包含在一个含有关键数据的结构中，降低了计算机系统崩溃的可能性。

5.2.3 NTFS

NTFS(New Technology File System)是 Windows Server 2012 推荐使用的高性能的文件系统，支持许多新的文件安全、存储和容错功能，这些功能正是 FAT/FAT32 所缺少的，它支持文件系统大容量的存储媒体、长文件名。NTFS 文件系统的设计目标就是用来在很大的硬盘上很快地执行，如读写、搜索文件等标准操作。NTFS 还支持文件系统恢复这样的高级操作。

NTFS 是以卷为基础的，卷建立在磁盘分区之上。分区是磁盘的基本组成部分，是一个能够被格式化和单独使用的逻辑单元。当以 NTFS 格式来格式化磁盘分区时就创建了 NTFS 卷。一个磁盘可以有多个卷，一个卷也可以由多个磁盘组成。Windows Server 2003、Windows Server 2008、Windows Server 2012 和 Windows 2000/XP 常使用 FAT 分区和 NTFS 卷。需要注意的是，当用户从 NTFS 卷移动或复制文件到 FAT 分区时，NTTS 文件系统权限和其他特有属性将会丢失。

Windows Server 2012 采用的是新版本的 NTFS 文件系统。NTFS 不但可以让用户方便、快捷地操作和管理计算机，同时也可享受到 NTFS 所带来的系统安全性。NTFS 的特点主要体现在以下 5 个方面。

(1) NTFS 是一个日志文件系统，这意味着除了向磁盘中写入信息，该文件系统还会为所发生的所有改变保留一份日志。这一功能让 NTFS 文件系统在发生错误时(如系统崩溃或电源断开)更容易恢复，也让系统更加强壮。在 NTFS 卷上，用户很少需要运行磁盘修复程序，NTFS 通过使用标准的事务处理日志和恢复技术来保证卷的一致性。当发生系统失败事件时，NTFS 使用日志文件和检查点信息自动恢复文件系统的一致性。

(2) 良好的安全性是 NTFS 另一个引人注目的特点，也是 NTFS 成为 Windows 网络中常用文件系统的最主要原因。NTFS 的安全系统非常强大，可以对文件系统的对象访问权限(允许或禁止)进行非常精细的设置。在 NTFS 分区上，可以为共享资源、文件夹以及文件设置访问许可权限。许可权限的设置包括两方面内容：一是允许哪些组或用户对文件夹、文件和共享资源进行访问；二是获得访问许可的组或用户可以进行什么级别的访问。访问许可权限的设置不但适用于本地计算机用户，同样也适用于通过网络的共享文件夹对文件进行访问的网络用户。与 FAT32 文件系统对文件夹或文件进行的访问相比，其安全性更高。另外，在采用 NTFS 文件系统的 Windows Server 2012 中，用审核策略可以对文件夹、文件以及活动目录对象进行审核，审核结果记录在安全日志中。通过安全日志就可以查看组或用户对文件夹、文件或活动目录对象进行了什么级别的操作，从而发现系统可能面临的非法访问，并通过采取相应的措施，将这种安全隐患降到最低。这些在 FAT32 文件系统是不能实现的。

(3) NTFS 文件系统支持对卷、文件夹和文件的压缩。任何基于 Windows 的应用程序对 NTFS 卷上的压缩文件进行读写时不需要事先由其他程序进行解压缩，当对文件进行读取时，文件将自动解压缩，文件关闭或保存时会自动对文件进行压缩。

(4) 在 NTFS 文件系统下可以进行磁盘配额管理。磁盘配额就是管理员为用户所能使用的磁盘空间进行配额限制，每一用户只能使用最大配额范围内的磁盘空间。设置磁盘配额后，可以对每一用户的磁盘使用情况进行跟踪和控制，通过监测可以标识出超过配额报警阈值和配额限制的用户，从而采取相应措施。磁盘配额管理功能使得管理员可以方便、合理地为用户分配存储资源，避免由于磁盘空间使用失控造成的系统崩溃，提高了系统的安全性。

(5) 对大容量的驱动器有良好的扩展性。在磁盘空间的使用上，NTFS 的效率非常高。NTFS 采用了更小的簇，可以更有效地管理磁盘空间。与 FAT32 相比，最大限度地避免了磁盘空间的浪费。NTFS 中最大驱动器的尺寸远远大于 FAT 格式，且 NTFS 的性能和存储效率不会像 FAT 那样随着驱动器尺寸的增大而降低。

5.2.4 将 FAT32 文件系统转换为 NTFS 文件系统

在安装 Windows Server 2012 时，其提供的系统工具可以很轻松地把分区转化为新版本的 NTFS 文件系统，即使以前使用的是 FAT 或 FAT32。安装程序会检测现有的文件系统格式，如果是旧版本 NTFS，则自动转换为新版本；如果是 FAT 或 FAT32，会提示是否转换为 NTFS。用户也可以在安装完毕之后使用 convert.exe 来把 FAT 或 FAT32 的分区转化为 NTFS 分区。无论是在运行安装程序进行中还是在运行安装程序之后，这种转换都不会使用户的文件受到损坏。

例如，某台 Windows Server 2012 服务器的 D 卷是 FAT32 分区，需要转换成 NTFS 分区，如图 5-1 所示。

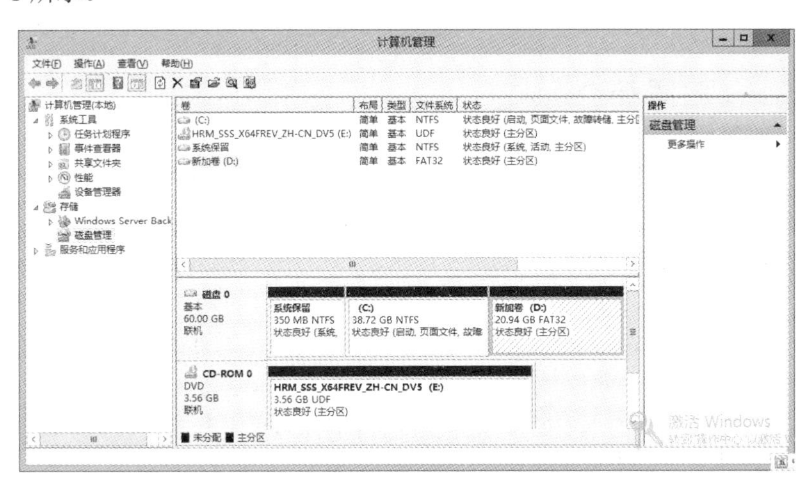

图 5-1　磁盘管理

打开命令行窗口，输入 convert d:/fs:ntfs 命令，如果要转换的 FAT32 分区设置有卷标，则需要输入卷标，如图 5-2 所示。

点评与拓展： 若转换的卷是系统卷，或卷内有虚拟内存文件，则需要重新启动计算机，系统会在启动时转换。另外，这种转换是单向的，用户不能把 NTFS 转换成 FAT32。

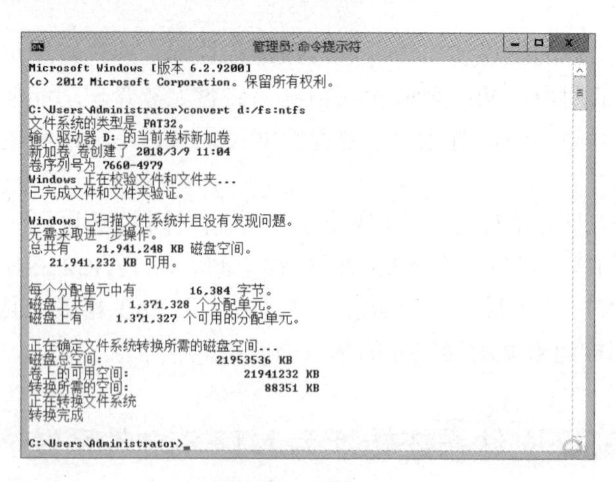

图 5-2　转换

5.3　设置 NTFS 权限

Windows Server 2012 在 NTFS 格式的卷上提供了 NTFS 权限，允许为每个用户或者组指定 NTFS 权限，以保护文件和文件夹资源的安全。通过允许、禁止或是限制访问某些文件和文件夹，NTFS 权限提供了对资源的保护。不论用户是访问本地计算机上的文件、文件夹资源，还是通过网络访问，NTFS 权限都是有效的。

5.3.1　NTFS 权限简介

NTFS 权限可以实现高度的本地安全性，通过对用户赋予 NTFS 权限可以有效地控制用户对文件和文件夹的访问。NTFS 卷上的每一个文件和文件夹都有一个列表，称为访问控制列表(Access Control List，ACL)，该列表记录了每一用户和组对该资源的访问权限。当用户要访问某一文件资源时，ACL 必须包含该用户账户或组的入口，入口所允许的访问类型和所请求的访问类型一致时，才允许用户访问该文件资源。如果在 ACL 中没有一个合适的入口，那么该用户就无法访问该项文件资源。

Windows Server 2012 的 NTFS 许可权限包括了普通权限和特殊权限。

1．NTFS 的普通权限

NTFS 的普通权限有读取、列出文件夹内容、写入、读并且执行、修改、完全控制等。

(1) 读取：允许用户查看文件或文件夹所有权、权限和属性，可以读取文件内容，但不能修改文件内容。

(2) 列出文件夹内容：仅文件夹有此权限，允许用户查看文件夹下子文件和文件夹属性与权限，读取文件夹下子文件内容。

(3) 写入：允许授权用户可以对一个文件进行写操作。

(4) 读并且执行：用户可以运行可执行文件，包括脚本。

(5) 修改：用户可以查看并修改文件或者文件属性，包括在文件夹下增加或删除文件，以及修改文件属性。

(6) 完全控制：用户可以修改、增加、移动或删除文件，能够修改所有文件和文件夹的权限。

2. NTFS 的特殊权限

NTFS 的普通权限均由更小的特殊权限元素组成。管理员可以根据需要利用 NTFS 特殊权限进一步控制用户对 NTFS 文件或文件夹的访问。

(1) 遍历文件夹/运行文件：对于文件夹，“遍历文件夹”允许或拒绝通过文件夹移动，以到达其他文件或文件夹，对于文件，“运行文件”允许或拒绝运行程序文件。设置文件夹的“遍历文件夹”权限不会自动设置该文件夹中所有文件的“运行文件”权限。

(2) 列出文件夹/读取数据：允许或拒绝用户查看文件夹内容列表或数据文件。

(3) 读取属性：允许或拒绝用户查看文件或文件夹的属性，如只读或者隐藏，属性由 NTFS 定义。

(4) 读取扩展属性：允许或拒绝用户查看文件或文件夹的扩展属性。扩展属性由程序定义，可能因程序而变化。

(5) 创建文件/写入数据：“创建文件”权限允许或拒绝用户在文件夹内创建文件(仅适用于文件夹)。“写入数据”允许或拒绝用户修改文件(仅适用于文件)。

(6) 创建文件夹/附加数据：“创建文件夹”允许或拒绝用户在文件夹内创建文件夹(仅适用于文件夹)。“附加数据”允许或拒绝用户在文件的末尾进行修改，但是不允许用户修改、删除或者改写现有的内容(仅适用于文件)。

(7) 写入属性：允许或拒绝用户修改文件或者文件夹的属性，如只读或者是隐藏，属性由 NTFS 定义。“写入属性”权限不表示可以创建或删除文件或文件夹，它只包括更改文件或文件夹属性的权限。允许(或者拒绝)创建或删除操作，请参阅“创建文件/写入数据”“创建文件夹/附加数据”“删除子文件夹及文件”和“删除”。

(8) 写入扩展属性：允许或拒绝用户修改文件或文件夹的扩展属性。扩展属性由程序定义，可能因程序而变化。“写入扩展属性”权限不表示可以创建或删除文件或文件夹，它只包括更改文件或文件夹属性的权限。

(9) 删除子文件夹及文件：允许或拒绝用户删除子文件夹和文件。

(10) 删除：允许或拒绝用户删除子文件夹和文件(如果用户对于某个文件或文件夹没有删除权限，但是拥有删除子文件夹和文件权限，仍然可以删除文件或文件夹)。

(11) 读取权限：允许或拒绝用户对文件或文件夹的读权限，如完全控制、读或写权限。

(12) 修改权限：允许或拒绝用户修改文件或文件夹的权限分配，如完全控制、读或写权限。

(13) 获得所有权：允许或拒绝用户获得对该文件或文件夹的所有权。无论当前文件或文件夹的权限分配状况如何，文件或文件夹的拥有者总是可以改变他的权限。

(14) 同步：允许或拒绝不同的线程等待文件或文件夹的句柄，并与另一个可能向它发信号的线程同步。该权限只能用于多线程、多进程程序。

上述权限设置中，比较重要的是修改权限和获得所有权，通常情况下，这两个特殊权限要慎重使用，一旦赋予了某个用户修改权限，该用户就可以改变相应文件或者文件夹的

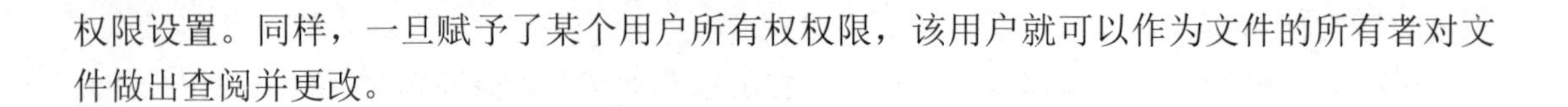

权限设置。同样，一旦赋予了某个用户所有权权限，该用户就可以作为文件的所有者对文件做出查阅并更改。

5.3.2 设置标准权限

只有 Administrators 组内的成员、文件和文件夹的所有者、具备完全控制权限的用户，才有权更改文件或文件夹的 NTFS 权限。下面以文件夹对象为例，说明设置标准权限的操作方法，对于文件对象，操作方法大致相同，只不过权限种类要少一些。

1. 添加/删除用户组

要控制某个用户或用户组对一个文件夹(或文件)的访问权限，首先要把这个用户或用户组加入文件夹(或文件)访问控制列表(ACL)中，或者是从 ACL 中删除。

(1) 打开【计算机】窗口，找到一个 NTFS 卷上要设置 NTFS 权限的文件夹或文件，单击鼠标右键，在弹出的快捷菜单中选择【属性】命令。

(2) 在【属性】对话框中，切换到【安全】选项卡，在该选项卡中显示各用户/用户组对该文件夹或文件的 NTFS 权限，若要修改、删除或更改 NTFS 权限，可单击【编辑】按钮，如图 5-3 所示。

(3) 进行 NTFS 权限设置实际上就是设置“谁”有“什么”权限。权限对话框上端的列表框和按钮用于选取用户和组账户，解决“谁”的问题，下端列表框用于为上面选中的用户或组设置相应的权限，解决“什么”的问题。单击【添加】按钮，如图 5-4 所示。

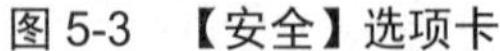
图 5-3 【安全】选项卡

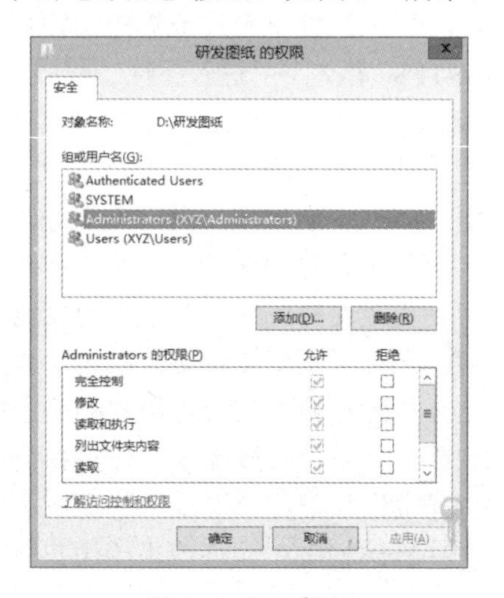

图 5-4 设置权限

(4) 打开【选择用户或组】对话框，在文本框中输入账户名称或用户组名称，单击【检查名称】按钮，对该名称进行核实。如果输入错误，检查时系统将提示找不到对象，如果没有错误，名称会改变为“本地计算机名称\账户名”或“本地计算机名称\组名称”。若管理员不记得用户或组名称，单击【高级】按钮，如图 5-5 所示。

(5) 在展开的【选择用户或组】对话框中，单击【立即查找】按钮，在【搜索结果】列表框中会列出所有用户和用户组账号。选取需要的用户或组账户，选取账户时可以按住

Shift 键连续选取或者按住 Ctrl 键间隔选取多个账户，单击【确定】按钮，如图 5-6 所示。返回后，再次单击【确定】按钮，完成账户选取操作。

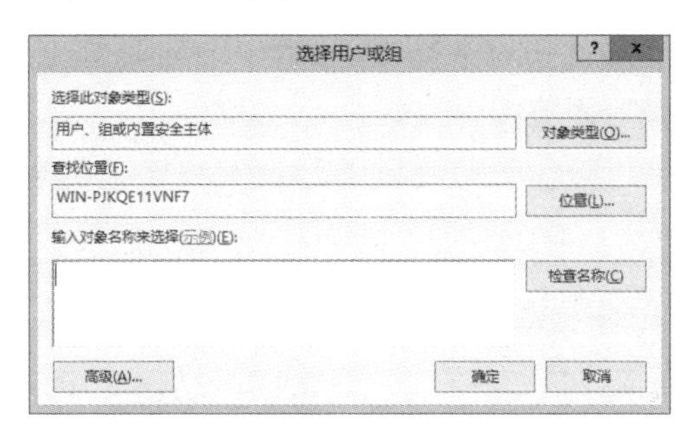

图 5-5　【选择用户或组】对话框

(6) 在【组或用户名】列表框中可以看到新添加的用户和组，若要删除权限用户，在【组或用户名】列表框中选择相应用户，单击【删除】按钮，如图 5-7 所示。

图 5-6　选择用户或组

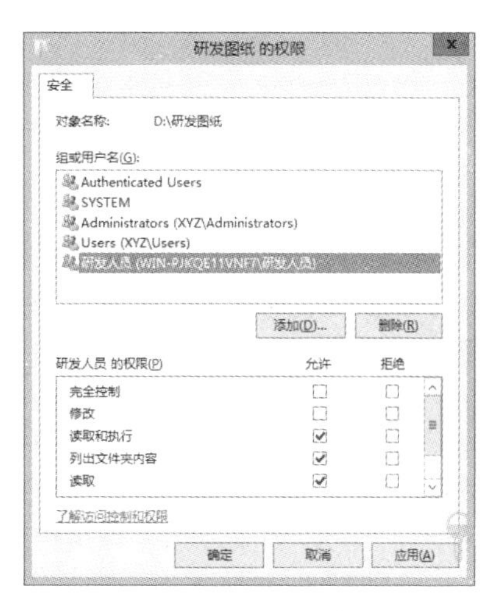

图 5-7　设置标准权限

2. 为用户和组设置标准权限

若要设置一个账户的标准权限，在图 5-7 所示的对话框上端选取该账户，就可在下端列表框中对其设置标准权限。对于每一种标准权限，都可以根据实际情况勾选相应的【允许】或【拒绝】复选框，设置完毕后单击【确定】按钮。

另外，如果有的权限前已经用灰色的对钩选中，这种默认的权限设置是从父对象继承的，即表明选项继承了该用户或组对该文件或文件夹所在上一级文件夹的 NTFS 权限。

5.3.3 设置特殊权限

1. 添加/删除用户组

向 ACL 中添加、删除用户或用户组账户，方法与设置标准权限相同，在此不再赘述。

2. 为用户和组设置特殊权限

在如图 5-3 所示的属性对话框的【安全】选项卡中，单击【高级】按钮，打开高级安全设置窗口，如图 5-8 所示。在高级安全设置窗口中，详细地列出所有用户/用户组对该资源对象的权限、权限来源以及应用范围。

图 5-8 高级安全设置

选择需要设置特殊权限的用户或用户组，单击【编辑】按钮，打开权限项目对话框，单击【显示高级权限】，可以看到所有 NTFS 特殊权限。根据需要选中相应的复选框，单击【确定】按钮，如图 5-9 所示。

3. 阻止应用继承权限

在【高级安全设置】窗口中，可以发现许多权限不是用户设置的，而是从上级文件夹中继承过来的，如果要阻止应用继承权限，则需单击【禁用继承】按钮，打开【阻止继承】对话框，如图 5-10 所示。

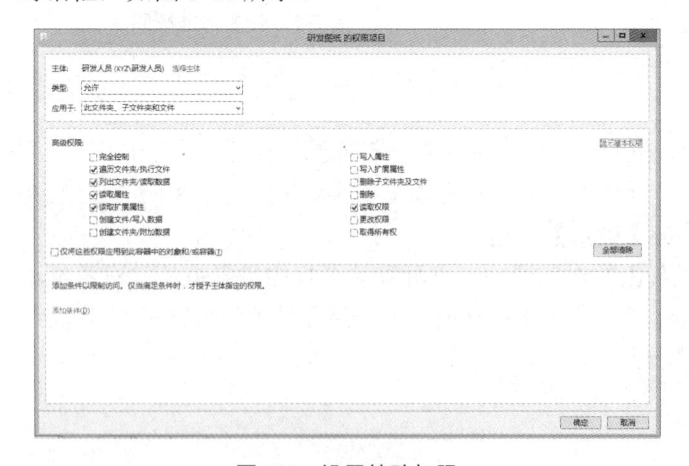

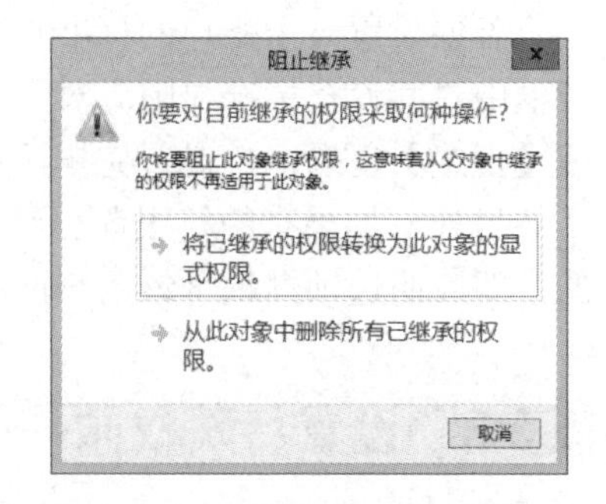

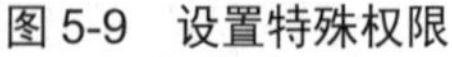

图 5-9 设置特殊权限　　　　图 5-10 【阻止继承】对话框

在【阻止继承】对话框中，若选择【将已继承的权限转换为此对象的显式权限】选项，将保留所有继承的权限，用户可以编辑这些权限，若选择【从此对象中删除所有已继承的权限】选项，将删除所有继承的权限，此时需要添加用户或用户组重新授权。

4．重置文件夹的安全性

若某文件夹内的文件或子文件夹的继承权限被修改，不能满足用户需求，管理员还可以重置其内部的文件和子文件夹的安全设置。在高级安全设置窗口中，选中【使用可从此对象继承的权限项目替换所有子对象的权限项目】复选框，单击【应用】按钮，打开【Windows 安全】对话框，等待管理员的确认，如图 5-11 所示。

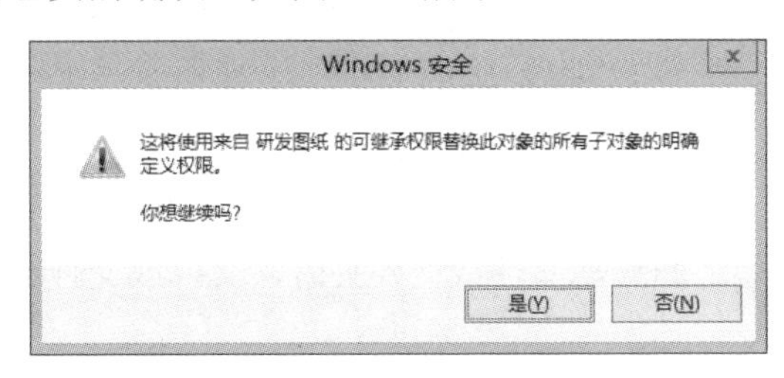

图 5-11 【Windows 安全】对话框

5.3.4 有效权限

1．有效权限简介

管理员可以根据需要赋予用户访问 NTFS 文件或文件夹的权限，同时管理员也可以赋予用户所属组访问 NTFS 文件或文件夹的权限。用户访问 NTFS 文件或文件夹时，其有效权限必须通过相应的应用原则来确定。NTFS 权限应用遵循以下原则。

(1) NTFS 权限是累积的。用户对某个 NTFS 文件或文件夹的有效权限，是用户对该文件或文件夹的 NTFS 权限和用户所属组对该文件或文件夹 NTFS 权限的组合。如果一个用户同时属于两个组或者多个组，而各个组对同一个文件资源有不同的权限，这个用户会得到各个组的累加权限。假设有一个用户 Henry，属于 A 和 B 两个组，A 组对某文件有读取权限，B 组对此文件有写入权限，Henry 对此文件有修改权限，那么 Henry 对此文件的最终权限为“读取+写入+修改”。

(2) 文件权限超越文件夹权限。当一个用户对某个文件及其父文件夹都拥有 NTFS 权限时，如果用户对其父文件夹的权限小于文件的权限，那么该用户对该文件的有效权限是以文件权限为准。例如，folder 文件夹包含 file 文件，用户 Henry 对 folder 文件夹有列出文件夹内容的权限，对 file 有写的权限，那么 Henry 访问 file 时的有效权限则为写入。

(3) 拒绝权限优先于其他权限。管理员可以根据需要拒绝指定用户访问指定文件或文件夹，当系统拒绝用户访问某文件或文件夹时，不管用户所属组对该文件或文件夹拥有什么权限，用户都无法访问文件。假设用户 Henry 属于 A 组，管理员赋予 Henry 对一文件有拒绝写的权限，赋予 A 组对该文件完全控制的权限，那么 Henry 访问该文件时，其有效权限则为读。

再比如 Henry 属于 A 和 B 两个组，Henry 对文件有写入权限，A 组对文件有读取权限，但是 B 组对此文件有拒绝读取权限，那么 Henry 对此文件只有写入权限。

(4) 文件权限的继承。当用户对文件夹设置权限后，在该文件夹中创建的新文件和子文件夹将自动默认继承这些权限。从上一级继承下来的权限是不能直接修改的，只能在此基础上添加其他权限。也就是说不能把权限上的钩去掉，只能添加新的钩。灰色的框为继承权限，是不能直接修改的，白色的框是可以添加的权限。

如果不希望它们继承权限，在为父文件夹、子文件夹或文件设置权限时，设置为不继承父文件夹的权限，这样子文件夹或文件的权限将改为用户直接设置的权限，避免了由于疏忽或者没有注意到传播反应，导致后门大开，让一些人有机可乘。

(5) 复制或移动文件或文件夹时权限的变化。文件和文件夹资源的移动、复制操作对权限继承的影响主要体现在以下方面。

① 在同一个卷内移动文件或文件夹时，此文件和文件夹会保留在原位置的一切 NTFS 权限；在不同的 NTFS 卷之间移动文件或文件夹时，文件或文件夹会继承目的卷中文件夹的权限。

② 当复制文件或文件夹时，无论是否复制到同一卷内还是不同卷内，将继承目的卷中文件夹的权限。

③ 当从 NTFS 卷向 FAT/FAT32 分区中复制或移动文件和文件夹都将导致文件和文件夹的权限丢失。

2. 查看有效权限

要查看某个对象的有效权限，操作步骤如下。

(1) 打开【计算机】，找到要修改 NTFS 权限的文件或文件夹。

(2) 右击文件或文件夹，选择【属性】，切换到【安全】选项卡，单击【高级】按钮，如图 5-3 所示。

(3) 在高级安全设置窗口中，选择【有效访问】选项卡，单击【选择】按钮。

(4) 在打开的高级安全设置窗口中选择要查询的用户或用户组，单击【查看有效访问】，此时将在列表框中显示该用户或用户组的有效权限，每一行前面有对钩的均表示有这个权限，如图 5-12 所示。

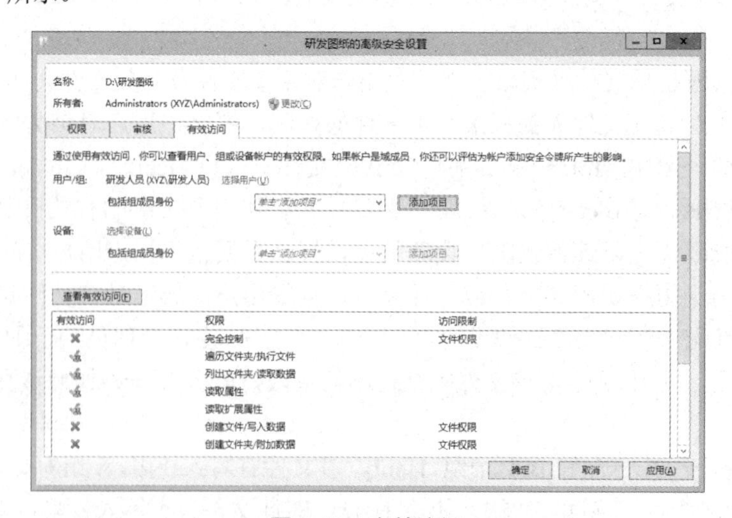

图 5-12 有效访问

5.3.5 所有权

1. 所有权简介

在 Windows Server 2012 的 NTFS 卷上，每个文件和文件夹都有其“所有者”，称之为“NTFS 所有权”，当用户对某个文件或文件夹具有所有权时，就具备了更改该文件或文件夹权限设置的能力。默认情况下，创建文件或文件夹的用户就是该文件或文件夹的所有者。

更改所有权的前提条件是进行此操作的用户必须具备“所有权”的权限，或者具备获得“取得所有权”这一权限的能力。Administrators 组的成员拥有“取得所有权”的权限，可以修改所有文件和文件夹的所有权设置。对于某个文件夹具有读取权限和更改权限的用户，就可以为自身添加“取得所有权”权限，也就是具备获得“取得所有权”权限的能力。

2. 更改文件夹的所有权

要获得或更改对象的所有权，操作步骤如下。

(1) 打开【计算机】窗口，找到要修改 NTFS 权限的文件或文件夹。

(2) 右击文件或文件夹，在弹出的快捷菜单中选择【属性】命令，打开属性对话框并切换到【安全】选项卡。单击【高级】按钮。

(3) 在高级安全设置窗口中显示了该对象的所有者，如图 5-13 所示。

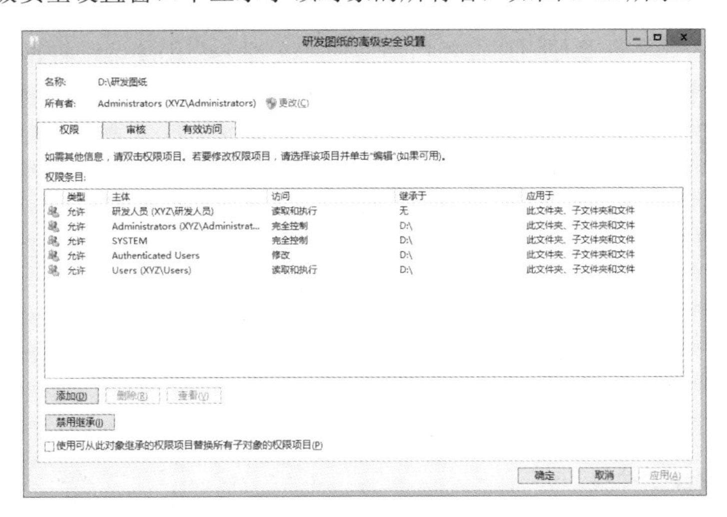

图 5-13 查看所有者

(4) 如果要将所有权转移给其他用户或组，可以单击【更改】按钮，在打开的【选择用户、计算机、服务账户或组】对话框中选择将获得所有权的用户或组的账户名称，返回到高级安全设置窗口，所有权的名称会发生变化，如图 5-14 所示。如果还需要同时修改文件夹中所包含的文件和子文件夹的所有权，选中【替换子容器和对象的所有者】复选框，单击【确定】按钮。

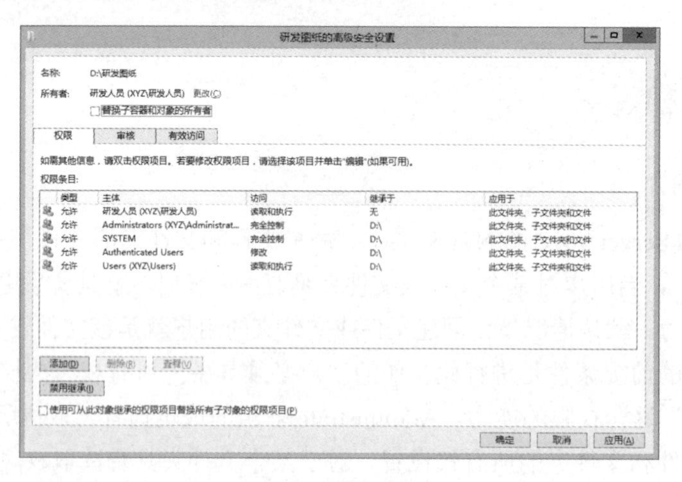

图 5-14 更改所有者

5.4 NTFS 文件系统的压缩和加密

5.4.1 压缩

1. NTFS 压缩简介

优化磁盘的一种方法是使用压缩，压缩文件、文件夹和程序可以将其缩小，并减少它们在驱动器或可移动存储设备中占用的空间。Windows Server 2012 的数据压缩功能是 NTFS 文件系统的内置功能，该功能可以对单个文件、整个目录或卷上的整个目录树进行压缩。

NTFS 压缩只能在用户数据文件上执行，而不能在文件系统元数据上执行。NTFS 文件系统的压缩过程和解压缩过程对于用户而言是完全透明的(与第三方的压缩软件无关)，用户只要将文件数据应用压缩功能即可。当用户或应用程序使用压缩过的数据文件时，操作系统会自动在后台对数据文件进行解压缩，无须用户干预。利用这项功能，可以节省硬盘使用空间。

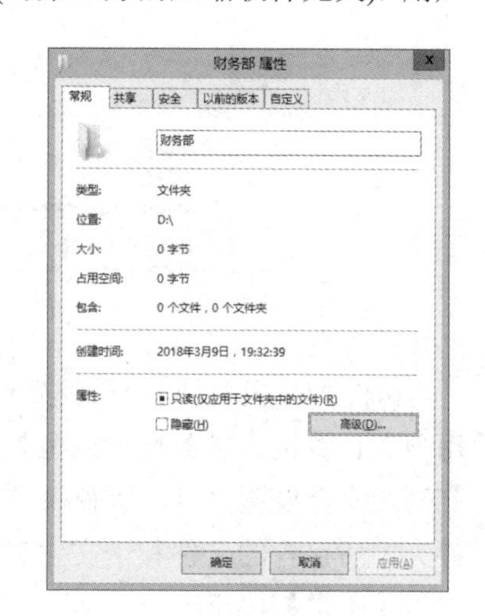

图 5-15 【常规】选项卡

2. 压缩文件或文件夹

使用 Windows Server 2012 NTFS 压缩文件或文件夹的操作步骤如下。

(1) 打开【计算机】窗口，找到要压缩的文件或文件夹。用鼠标右键单击文件或文件夹，在弹出的快捷菜单中选择【属性】命令。

(2) 在属性对话框中，切换到【常规】选项卡，单击【高级】按钮，如图 5-15 所示。如果没有出现【高级】按钮，说明所选文件或文件夹不在 NTFS 驱动器上。

(3) 在【高级属性】对话框中，选中【压缩内容以便节省磁盘空间】复选框，单击【确定】按钮，如图 5-16 所示。

点评与拓展：NTFS 的压缩和下一小节介绍的加密属性是互斥的，也就是说文件加密后就不能再压缩，压缩后就不能再加密。

(4) 返回属性对话框后，单击【确定】或【应用】按钮，将打开【确认属性更改】对话框，如图 5-17 所示。选中【仅将更改应用于此文件夹】单选按钮，系统将只对文件夹压缩，里面的内容并没有被压缩，但是在其中创建的文件或文件夹将被压缩。选中【将更改应用于此文件夹、子文件夹和文件】单选按钮，则文件夹内部的所有内容将被压缩。

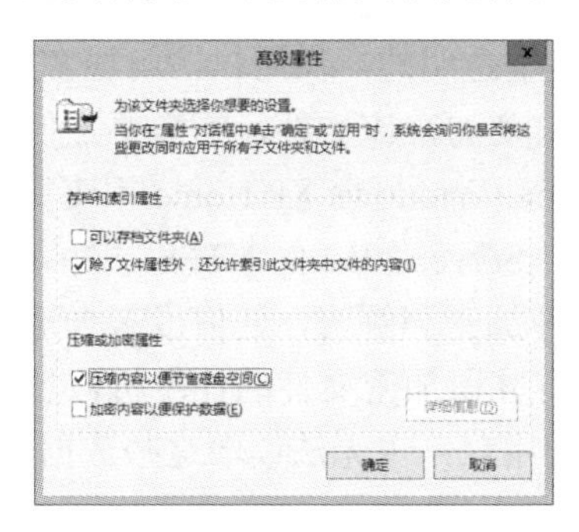

图 5-16　压缩

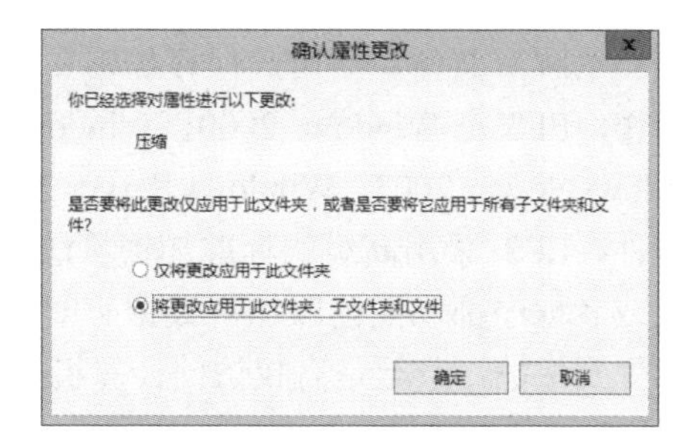

图 5-17　【确认属性更改】对话框

(5) 在默认情况下，被压缩后的文件或文件夹将使用蓝色字体标识，如图 5-18 所示。

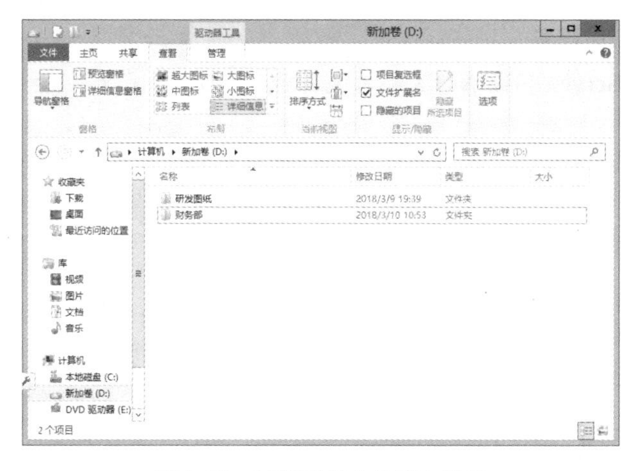

图 5-18　压缩后的文件或文件夹

3．复制或移动压缩文件或文件夹

在 Windows Server 2012 操作系统的 NTFS 卷内或卷间复制、移动 NTFS 卷或文件夹时，文件或文件夹的 NTFS 压缩属性会发生相应变化。

(1) 不管是在 NTFS 卷内或卷间复制文件或文件夹，系统都将目标文件作为新文件对待，文件将继承目的地文件夹的压缩属性。

(2) 在同一磁盘分区内移动文件或文件夹时，文件或文件夹不会发生任何变化，系统只更改磁盘分区表中指向文件或文件夹的头指针位置，保留压缩属性。

(3) 在 NTFS 卷间移动 NTFS 文件或文件夹时，系统将目标文件作为新文件对待。文件将继承目标文件夹的压缩属性。

(4) 任何被压缩的 NTFS 文件移动或复制到 FAT/FAT32 分区时将自动解压，不再保留压缩属性。

5.4.2 加密

1. 加密文件系统简介

加密文件系统(Encrypting File System，EFS)提供一种核心文件加密技术。EFS 仅用于 NTFS 卷上的文件和文件夹加密。EFS 加密对用户是完全透明的，当用户访问加密文件时，系统自动解密文件，当用户保存加密文件时，系统会自动加密该文件，不需要任何手动交互动作。EFS 是 Windows 2000、Windows XP Professional(Windows XP Home 不支持 EFS)、Windows Server 2003、Windows Server 2008 和 Windows Server 2012 的 NTFS 文件系统的一个组件。EFS 采用高级的标准加密算法实现透明的文件加密和解密，任何没有合适密钥的个人或者程序都不能读取加密数据。即使是物理上拥有驻留加密文件的计算机，加密文件仍然受到保护，甚至是有权访问计算机及其文件系统的用户，也无法读取这些数据。

2. 实现 EFS 服务

用户可以使用 EFS 进行加密、解密、访问、复制文件或文件夹。下面介绍如何实现文件的加密服务。

1) 加密文件或文件夹

使用 Windows Server 2012 NTFS 加密文件或文件夹的操作步骤如下。

(1) 打开【计算机】窗口，找到要加密的文件或文件夹。用鼠标右键单击文件或文件夹，在弹出的快捷菜单中选择【属性】命令。

(2) 在属性对话框中，切换到【常规】选项卡，单击【高级】按钮，如图 5-19 所示。

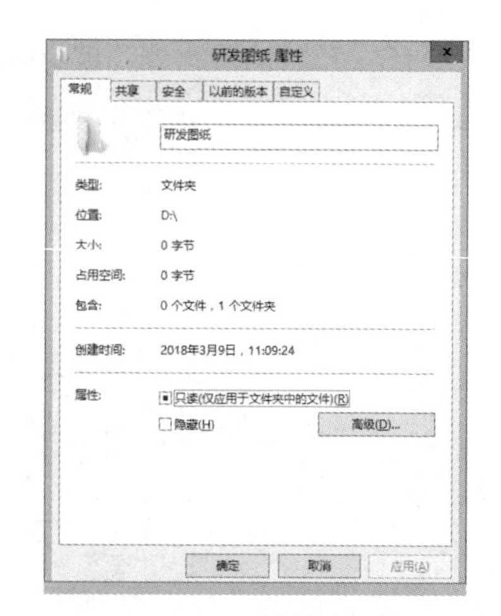

图 5-19 【常规】选项卡

(3) 在【高级属性】对话框中，选中【加密内容以便保护数据】复选框，单击【确定】按钮，如图 5-20 所示。

(4) 返回属性对话框，单击【确定】或【应用】按钮，打开【确认属性更改】对话框，选中【仅将更改应用于此文件夹】单选按钮，系统将只对文件夹加密，里面的内容并没有加密，但是在其中创建的文件或文件夹将被加密。选中【将更改应用于此文件夹、子文件夹和文件】单选按钮，则文件夹内部的所有内容将被加密，如图 5-21 所示。

(5) 在默认情况下，被加密后的文件或文件夹将使用绿色字体标识，如图 5-22 所示。

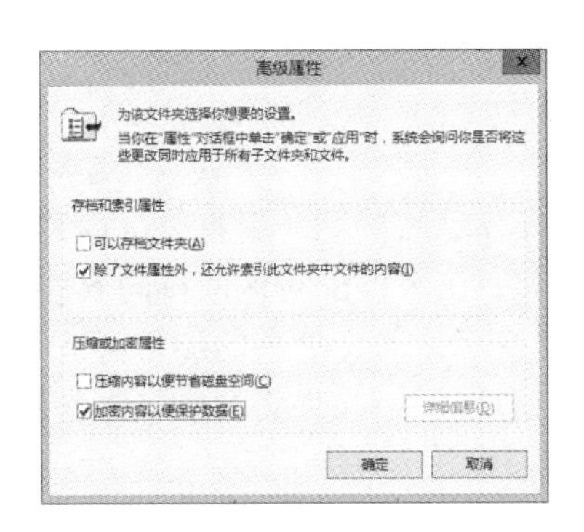

图 5-20　加密

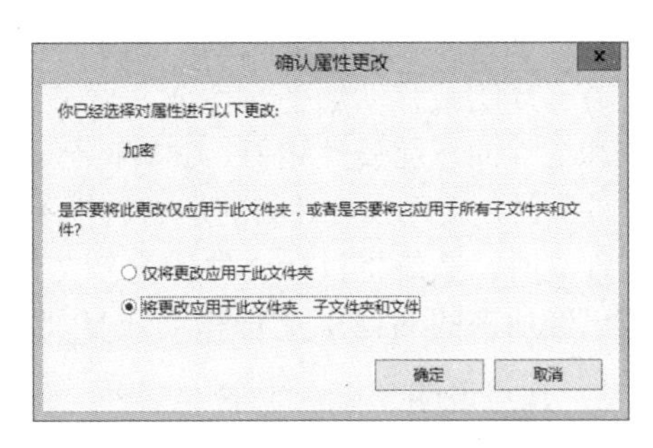

图 5-21　【确认属性更改】对话框

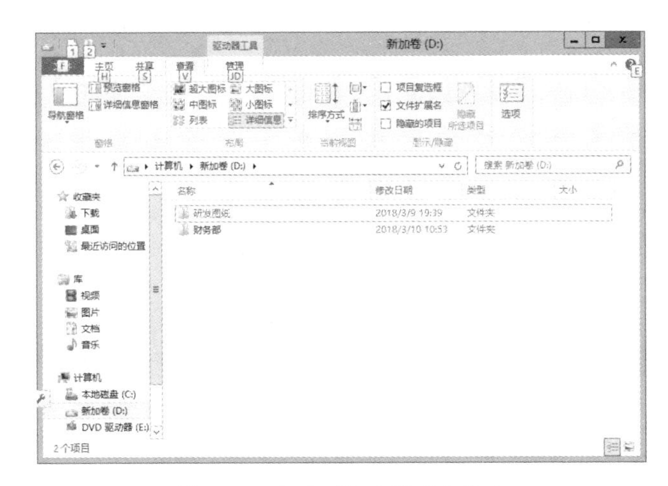

图 5-22　加密后的文件或文件夹

2)　解密文件或文件夹

用户也可以使用和加密相似的方法对文件夹进行解密，但一般无须解密即可打开文件进行编辑——EFS 在用户面前是透明的。如果正式解密一个文件，可以让其他用户随意访问该文件。解密文件或文件夹的操作步骤如下。

(1)　打开【计算机】窗口，找到要解密的文件或文件夹。右击文件或文件夹，在弹出的快捷菜单中选择【属性】命令。

(2)　在属性对话框中，切换到【常规】选项卡，单击【高级】按钮。

(3)　在【高级属性】对话框中，取消选中【加密内容以便保护数据】复选框，单击【确定】按钮。

(4)　返回属性对话框，单击【确定】或【应用】按钮，打开【确认属性更改】对话框。选择对文件夹及其所有内容进行解密，或者只解密文件夹本身。默认情况下是对文件夹进行解密，单击【确定】按钮。

3)　使用加密文件或文件夹

作为当初加密文件的用户，不需要解密就可以使用它，EFS 会在后台透明地为用户执行任务。用户可正常地打开、编辑、复制和重命名。但用户不是加密文件的创建者或不具备一定的访问权限，则在试图访问文件时将会看到一条访问被拒绝的消息。

对于一个加密文件夹而言，如果在它加密前访问过它，仍可以打开它。如果一个文件夹的属性设置为“加密”，它只是指出文件夹中所有文件会在创建时进行加密。另外，子文件夹在创建时也会被标记为“加密”。

4) 复制或移动加密文件或文件夹

和文件的压缩属性相似，在 Windows Server 2012 操作系统的同一磁盘分区内移动文件或文件夹时，文件或文件夹的加密属性不会发生任何变化；在 NTFS 分区间移动 NTFS 文件或文件夹时，系统将目标文件作为新文件对待。文件将继承目的文件夹的加密属性。另外，任何已经加密的 NTFS 文件移动或复制到 FAT/FAT32 分区时，文件将会丢失加密属性。

3. 几点说明

用户在使用 EFS 加密文件(文件夹)时，需要注意以下几点。

(1) 加密功能主要用于个人文件夹，不要加密系统文件夹和临时目录，否则会影响系统的正常运行。

(2) 使用 EFS 加密后应尽量避免重新安装系统，重新安装系统前应先将文件解密。为了防止因突发事件造成系统崩溃，重装系统后无法打开 EFS 文件，需要及时备份 EFS 证书。备份可通过 IE 属性对话框来完成，也可以利用【控制面板】→【用户账户】→【管理您的文件加密证书】来完成，限于篇幅，这里不再赘述。

(3) 只在文件系统中加密，文件在传输过程中不加密。

5.5 磁盘配额

5.5.1 磁盘配额简介

Windows Server 2012 会对不同用户使用的磁盘空间进行容量限制，这就是磁盘配额。管理员通过磁盘配额功能为各个用户分配合适的磁盘空间，可以避免个别用户滥用磁盘空间，以便合理利用服务器磁盘空间。另外，磁盘配额还可以实现其他功能。例如，Windows Server 2012 内置的 FTP 服务器，无法设置用户可用的上传空间大小，但通过磁盘配额限制，能限定用户上传到 FTP 服务器的数据量；能限制 Web 网站中个人网页可使用的磁盘空间等。

利用磁盘配额，可以根据用户所拥有的文件和文件夹来分配磁盘使用空间；可以设置磁盘配额、配额上限，以及对所有用户或者单个用户的配额限制；还可以监视用户已经占用的磁盘空间和它们的配额剩余量。当用户将安装应用程序的文件指定存放到启用配额限制的磁盘中时，应用程序检测到的可用容量不是磁盘的最大可用容量，而是用户还可以访问的最大磁盘空间，这就是磁盘配额限制后的结果。

Windows Server 2012 的磁盘配额功能在每个磁盘驱动器上都是独立的。也就是说，用户在一个磁盘分区上使用了多少磁盘空间，对于另外一个磁盘分区上的配额限制并无影响。

5.5.2 设置磁盘配额

1. 启用配额管理

在进行磁盘配额之前，首先启用磁盘配额，操作步骤如下。

(1) 用鼠标右键单击要分配磁盘空间的驱动器盘符，在弹出的快捷菜单中选择【属性】命令，在打开的对话框中，切换到【配额】选项卡，选中【启用配额管理】复选框，如图 5-23 所示。

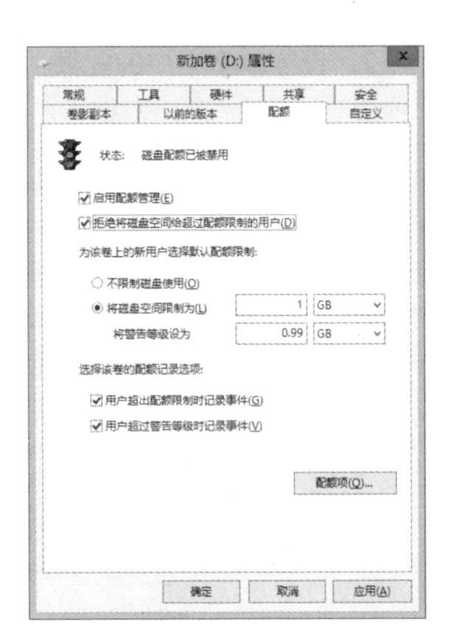

图 5-23　【配额】选项卡

在【配额】选项卡中，通过检查交通信号灯图标并读取图标右边的状态信息，可以对配额的状态进行判断。交通信号灯的颜色和对应的状态如下。

- 红灯表示磁盘配额已被禁用。
- 黄灯表示 Windows Server 2012 正在重建磁盘配额的信息。
- 绿灯表明磁盘配额系统已经激活。

(2) 在【配额】选项卡中，选中【启用配额管理】后可对其中的选项进行设置。图中各个选项的含义如下。

- 【拒绝将磁盘空间给超过配额限制的用户】：如果选中此复选框，超过其配额限制的用户将收到系统的“磁盘空间不足”错误信息，并且不能再往磁盘写入数据，除非删除原有的部分数据。如果取消选中该复选框，则用户可以超过其配额限制，此时不拒绝用户对卷的访问，同时跟踪每个用户的磁盘空间使用情况。
- 【将磁盘空间限制为】：设置允许用户使用的磁盘空间容量。
- 【将警告等级设为】：设置磁盘预警，当用户使用的空间将要达到设置值时，将提示用户磁盘不足的信息。
- 【用户超出配额限制时记录事件】：如果选中此复选框，当用户使用磁盘空间达到磁盘配额限制时，会将这一事件记录在系统日志中。
- 【用户超过警告等级时记录事件】：如果选中此复选框，当用户使用磁盘空间达到警告等级时，会将这一事件记录在系统日志中。

(3) 设置完成后，单击【确定】按钮，如图 5-24 所示。

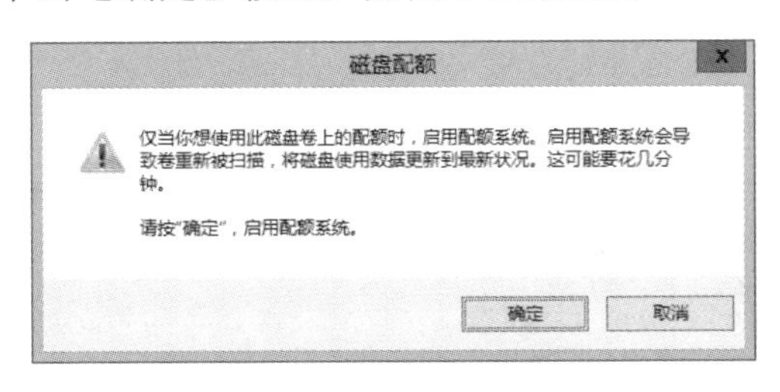

图 5-24　确认磁盘配额

启用磁盘配额之后，除了管理员组成员之外，所有用户都会受到这个卷上的默认配额限制。

> **提示：** 用户的已用空间是根据文件的所有者来计算每个用户的已用空间的。如果有某用户的压缩文件或文件夹时，其已用空间是用未压缩状态来计算的。

2. 设置单个用户的配额项

系统管理员也可以为各个用户分别设置磁盘配额，限制其他非经常登录用户的磁盘空间，让经常更新应用程序的用户使用更多磁盘空间；也可以对经常超支磁盘空间的用户设置较低的警告等级，这样更利于用户提高磁盘空间的利用率。

为单个用户设置配额项的操作步骤如下。

(1) 在【配额】选项卡中，单击【配额项】按钮。

(2) 在【新加卷(D:)的配额项】窗口中，将显示在该盘中所有用户的配额项以及使用情况，但管理员组(Administrators)的用户不受磁盘配额的限制。管理员可以利用工具栏中的相应按钮来新建、删除或修改某个用户的配额，使之不受默认的配额限制，如图 5-25 所示。

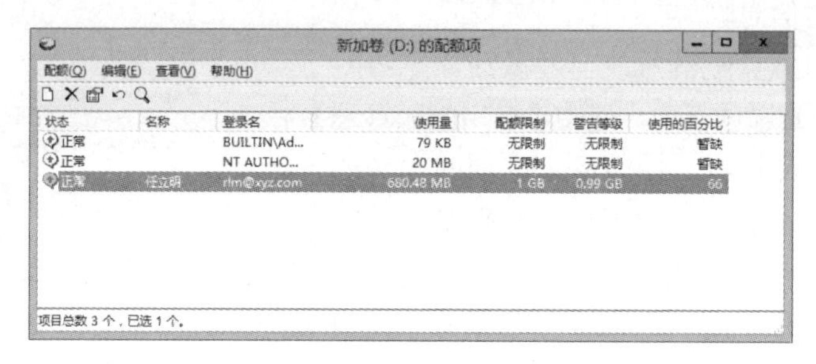

图 5-25 【新加卷(D:)的配额项】窗口

提示：在删除用户的磁盘配额项之前，该用户具有所有权的全部文件都必须删除，或者将所有权移交给其他用户。

(3) 若要设置单个用户的配额项，可双击相应的用户，在打开的配额设置对话框中，选择不限制该用户的磁盘使用空间，也可以重新设置配额大小和警告等级。这样用户的配置限额将被重新设置，而不受默认的配额限制，如图 5-26 所示。

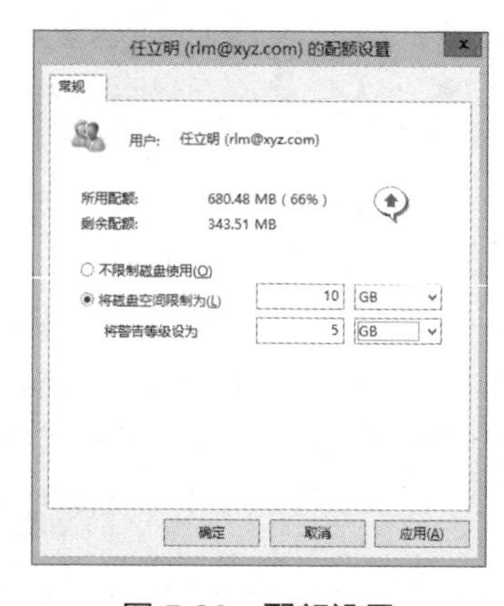

图 5-26 配额设置

5.6 回到工作场景

通过 5.2～5.5 节内容的学习，应掌握 NTFS 文件系统的权限设置方法，在 NTFS 文件系统中对文件夹或文件进行压缩、加密和解密，利用磁盘配额功能限制用户使用磁盘空间。下面回到 5.1 节介绍的工作场景中，完成工作任务。

(1) 检查服务器的 D 盘和 E 盘的分区类型，若不是 NTFS 文件类型，可利用 convert.exe 将它们转换成 NTFS 文件系统。

(2) 在 D 盘中创建一个“研发图纸”文件夹；设置“研发图纸”文件夹的安全性，利用普通权限设置，将“完全控制”的权限赋予归档员 Lily，使得该账户可以处理这些文件夹中的内容；利用特殊权限设置，使“研发人员”用户组具有增加和查看文件权限，但不能删除文件；对“研发图纸”文件夹进行加密，提高数据的机密性。为了防止系统崩溃无法访问该文件夹，加密完成后，还需要保存文件夹的加密密钥。

(3) 在 D 盘中创建一个“公用”文件夹；设置“公用”文件夹的安全性，利用特殊权限设置，使“研发人员”用户组具有限制研发员工只能查看、上传、更新文件，而不能删除文件的权限；对“公用”文件夹进行压缩，提高磁盘空间利用率。

(4) 为 E 盘启用磁盘配额功能，默认情况下每个用户最多可使用 1GB 磁盘空间，当使用率达到 0.99GB 时提醒用户磁盘空间不足；在 E 盘中，先创建“员工个人文档”文件夹，在该文件夹中为每个员工创建一个与其用户名相同的文件夹，利用普通权限设置将“完全控制”的权限赋予该用户。

5.7 工作实训营

5.7.1 训练实例

【实训环境和条件】

(1) VMware Workstation 9.0 虚拟机软件。

(2) 安装有 Windows Server 2012 虚拟机。

【实训目的】

通过上机实训，使学员理解 NTFS 文件系统与 FAT/FAT32 文件系统的区别；掌握将 FAT32 文件系统转换成 NTFS 文件系统的操作过程；理解 NTFS 文件系统在安全方面的特性，掌握 NTFS 文件系统的权限设置；掌握 NTFS 文件系统的压缩和加密方法；掌握磁盘配额的配置方法。

【实训内容】

(1) 将 FAT32 文件系统转换成 NTFS 文件系统。

(2) 在 NTFS 文件系统设置文件和文件夹权限。

(3) 在 NTFS 文件系统压缩文件和文件夹。

(4) 在 NTFS 文件系统加密文件和文件夹。

(5) 设置磁盘配额。

【实训过程】

(1) 将 FAT32 文件系统转换成 NTFS 文件系统。

① 关闭 Windows Server 2012 虚拟机，利用虚拟机设置功能为 Windows Server 2012 虚拟机添加一块新硬盘。打开 Virtual Machine Settings 对话框，单击 Add 按钮，打开 Add Hardware Wizard 对话框，如图 5-27 所示，在列表框中选择 Hard Disk，单击 Next 按钮，在后面的向导页中依次设置创建方式、磁盘类型、磁盘容量以及虚拟磁盘存储的文件名。

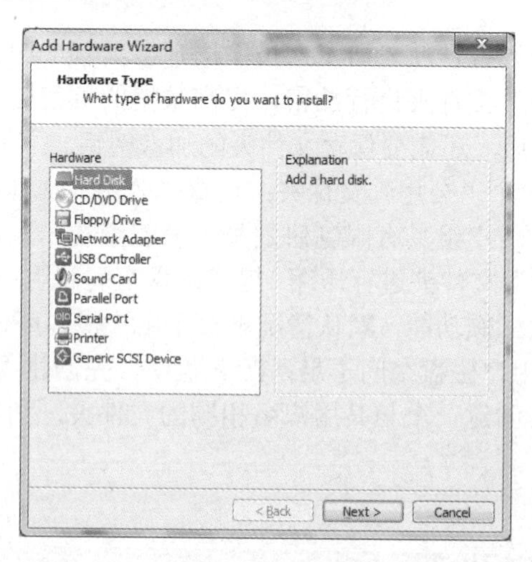

图 5-27 Add Hardware Wizard 对话框

② 重新启动 Windows Server 2012 虚拟机，利用【计算机管理】控制台将新添加的硬盘格式化 FAT32 分区。

③ 利用 convert 命令将 FAT32 文件系统转换成 NTFS 文件系统。

(2) 在 NTFS 文件系统设置文件和文件夹权限。

① 利用【计算机管理】控制台添加几个测试用的用户账户。

② 在 NTFS 卷中创建一个文件夹，并在文件夹中创建若干个文本文件。

③ 设置上述文件夹和文本文件的标准权限，使不同的测试用户有不同的权限。

④ 注销系统管理员，分别用测试账号登录到 Windows Server 2012，对上述文件夹和文本文件实施添加、删除、编辑文件操作，检查第③步的效果。

⑤ 再以系统管理员身份登录到 Windows Server 2012，设置上述文件夹和文本文件的特殊权限，使不同的测试用户有不同的权限。

⑥ 注销系统管理员，分别用测试账号登录到 Windows Server 2012，对上述文件夹和文本文件实施添加、删除、编辑文件操作，检查第⑤步的效果。

⑦ 以系统管理员身份登录到 Windows Server 2012，查看上述文件夹和文件的有效访问权限。

⑧ 以系统管理员身份登录到 Windows Server 2012，修改上述文件夹和文件的所有权，再以测试账号登录 Windows Server 2012，测试效果。

⑨ 分别在 NTFS 内、NTFS 之间、NTFS 与 FAT32 分区之间复制、移动文件夹和文件，观察文件夹和文件的权限变化。

(3) 在 NTFS 文件系统压缩文件和文件夹。

① 在 NTFS 卷中创建一个文件夹，并在文件夹中添加若干文件。

② 在文件夹的【高级属性】对话框中，选中【压缩内容以便节省磁盘空间】复选框，启用文件夹的压缩功能。

③ 观察压缩后文件夹的变化。

④ 分别在 NTFS 内、NTFS 之间、NTFS 与 FAT32 分区之间复制、移动文件夹和文件，观察文件夹和文件是否压缩。

(4) 在 NTFS 文件系统中加密文件和文件夹。

① 在 NTFS 卷中创建一个文件夹，并在文件夹中添加若干文件。

② 在文件夹的【高级属性】对话框中，选中【加密内容以便保护数据】复选框，启用文件夹的加密功能。

③ 观察加密后文件夹的变化。

④ 分别在 NTFS 内、NTFS 之间、NTFS 与 FAT32 分区之间复制、移动文件夹和文件，观察文件夹和文件是否加密。

⑤ 利用 IE 属性对话框，或者利用【控制面板】→【用户账户】→【管理文件加密证书】备份 EFS 证书。

(5) 设置磁盘配额。

① 以系统管理员的身份登录 Windows Server 2012，右击某个 NTFS 卷的驱动器盘符，在弹出的快捷菜单中选择【属性】命令，打开对话框，切换到【配额】选项卡，选中【启用配额管理】复选框。选中【拒绝将磁盘空间给超过配额限制的用户】复选框，将【将磁盘空间限制为】设置为 1GB，【将警告等级设为】设置为 0.9GB，并应用上述设置。

② 注销系统管理员，用普通账户登录 Windows Server 2012，向上述 NTFS 卷中复制 1GB 以上的文件，注意观察系统提示。

③ 以系统管理员身份登录 Windows Server 2012，在【配额】选项卡中单击【配额项】按钮，打开【配额项】窗口，修改测试用户的默认配额项，增大磁盘限制空间，并应用设置。

④ 重复第②步，注意观察系统提示。

5.7.2 工作实践常见问题解析

【问题 1】为什么重新安装系统后，磁盘中有的文件夹系统管理员无法访问，并且会提示“拒绝访问”。

【答】NTFS 文件夹 ACL 记录的是用户或用户组的安全标识符(SID)以及他们的权限，当重新安装系统后，用户的 SID 改变了(尽管用户名一样)，这时就造成无法访问。解决办法是以系统管理员身份登录，并为该文件夹重新设置权限。

【问题 2】为什么有些文件权限不如另一些管用?

【答】有些文件权限不如另一些管用，原因仅仅在于其他默认的系统特权将它们覆盖了。例如，用户具有“还原文件和目录”系统特权，我们就无法拒绝它的“取得所有权”权限，默认情况下 Administrators 和 Backup Operators 用户组成员都属于这类用户，因为他们具有“取得文件或其他对象所有权”这一特权。我们虽然可以剥夺管理员所具有的这一系统特权，但管理员毕竟是管理员，他们也可以把特权重新夺回来。

5.8 习题

一、填空题

1. ________是文件系统分配磁盘的基本单元。

2. FAT 是________的缩写，FAT16 文件系统的分区不能超过________。

3. Windows Server 2012 支持________、________和________等文件系统，Windows Server 2012 的文件夹权限设置、EFS 等功能都是基于________文件系统的。

4. 将 FAT/FAT32 分区转换为 NTFS 分区可以使用____________命令。

5. NTFS 权限有 6 个基本权限，即完全控制、________、________、列出文件夹目录、________和________。

二、选择题

1. 在不丢失磁盘上原有文件夹的前提下，将 NTFS 文件系统转换成 FAT 文件系统的命令为__________。

A. convert　　B. format

C. fdisk　　D. 没有命令可以完成该功能

2. 在 Windows Server 2012 系统中，下列__________功能不是 NTFS 文件系统特有的。

A. 文件加密　　B. 文件压缩

C. 设置共享权限　　D. 磁盘配额

3. 下面不是 NTFS 普通权限的是__________。

A. 读取　　B. 写入　　C. 删除　　D. 完全控制

4. 关于 NTFS 权限应用遵循的原则，描述错误的是__________。

A. 文件夹的权限超越文件权限

B. 拒绝权限优先于其他权限

C. 属于不同组的同一个用户会得到各个组对文件的累加权限

D. 文件权限是继承的

5. 在下列__________情况下，文件或文件夹的 NTFS 权限会保留下来。

A. 复制到同分区的不同目录中　　B. 移动到同分区的不同目录中

C. 复制到不同分区的目录中　　D. 移动到不同分区的目录中

6. 下列说法正确的是__________。

A. 移动文件或文件夹不会影响其 NTFS 权限

B. 在同一个卷内移动文件或文件夹时，此文件和文件夹会保留原来的 NTFS 权限

C. 只有从 NTFS 卷向 FAT 分区移动文件或文件夹才会对其 NTFS 权限造成影响

D. 在不同的卷间移动文件或文件夹时，此文件和文件夹会保留原来的 NTFS 权限

7. 关于权限继承的描述，__________是不正确的。

A. 所有的新建文件夹都继承上级的权限

B. 父文件夹可以强制子文件夹继承它的权限

C. 子文件夹可以取消继承的权限

D. 如果用户对子文件夹没有任何权限，也能够强制其继承父文件夹的权限

8. 下列说法正确的是__________。

A. 可以同时压缩和加密一个文件

B. 移动文件或文件夹不会影响其压缩属性

C. 如果将非加密文件移动到加密文件夹中，则这些文件将在新文件夹中自动加密

D. 移动文件或文件夹不会影响其加密属性

9. 下列不是 Windows Server 2012 操作系统的 EFS 具有的特征的是__________。
   A. 只能加密 NTFS 卷上的文件或文件夹
   B. 如果将加密文件移动到非加密文件夹中，则这些文件将在新文件夹中自动解密
   C. 无法加密标记为“系统”属性的文件
   D. 在允许进行远程加密的远程计算机上可以加密或解密文件及文件夹
10. 要启用磁盘配额管理，Windows Server 2012 驱动器必须使用__________文件系统。
   A. FAT16 或 FAT32
   B. 只使用 NTFS
   C. NTFS 或 FAT 32
   D. 只使用 FAT32
11. 如果启用磁盘配额，下列说法正确的是__________。
   A. 所有用户都会受到配额项的限制
   B. Administrators 组不受限
   C. 可以单独指定某个组的磁盘限制容量
   D. 不可以单独指定某个用户磁盘限制容量

第 6 章

文件服务器的配置

- 共享文件夹概述。
- 新建与管理共享文件夹。
- 文件服务器的安装与管理。
- 分布式文件系统(DFS)简介。

技能目标

- 了解文件共享的方式及其选择方法，理解文件夹共享权限，以及它与 NTFS 权限的组合权限。
- 掌握新建共享文件夹的方法。
- 掌握客户端访问共享文件夹的方法。
- 掌握文件服务器的安装与管理方法，利用文件服务器管理和监视共享资源。
- 了解分布式文件系统(DFS)的基本概念、主要特点和应用场合，以及 DFS 的安装、管理和访问方法。

6.1 工作场景导入

【工作场景】

在前面几章，我们已经为 S 公司设计部的文件服务器安装了 Windows Server 2012 操作系统，进行了相关初始化配置，为各员工创建了用户账户，规划好了数据存储位置并设置了相应的 NTFS 权限。由于大多数员工都不允许直接登录文件服务器，必须通过网络访问共享文件夹来读写文件，因此需要将文件服务器 D 盘的“公用文档”文件夹和 E 盘的“员工个人文档”文件夹设置为共享文件夹。

【引导问题】

(1) 在 Windows Server 2012 操作系统中，有哪些共享文件的方法，应该如何选择？

(2) 如何设置共享文件夹的权限？共享文件夹的权限与 NTFS 权限有什么区别？

(3) 如何设置共享文件夹？有哪些共享方法？如何管理和监视共享文件夹？

(4) 在客户端如何访问共享文件夹？

(5) 对于一台专门用于文件共享的服务器而言，如何安装文件服务器角色？如何利用文件服务器角色来设置和管理共享文件夹？

6.2 共享文件夹概述

共享可以使资源被其他用户使用。共享资源是指可由多个程序或其他设备使用的任何设备、数据或程序。对于 Windows 操作系统而言，共享资源是指网络用户可以使用的任何资源，如文件夹和文件等，也指服务器上网络用户可用的资源。共享文件夹可帮助用户在网络中集中管理文件资源，使用户能够通过网络远程访问需要的文件。通过计算机网络，用户不仅可以访问局域网络中的资源，还可以访问广域网络中的资源。

6.2.1 共享方式及其选择方法

Windows 提供了两种共享文件夹的方法：一是通过公用文件夹，二是通过计算机上的任何文件夹。使用哪种方法取决于要保存共享文件夹的位置、要与哪些用户共享，以及对文件的控制程度。两种方法均可实现与使用的计算机或同一网络中其他计算机的用户共享文件或文件夹。

1. 共享方式

1) 通过公用文件夹共享文件

通过这种共享方法可将文件复制或移动到公用文件夹中，并通过该公用文件夹共享文件。如果将公用文件夹进行了文件共享，那么计算机上具有用户账户和密码的任何人，以及网络中的所有人，都可以看到公用文件夹和其子文件夹中的所有文件。虽然不能限制用户只能查看公用文件夹中的某些文件，但是，可以设置权限以完全限制用户访问公用文件夹，或限制用户更改文件和创建新文件。

如果计算机启用了密码保护，只有计算机用户账户和密码的用户才具有公用文件夹的网络访问权限。在默认情况下，将关闭对公用文件夹的网络访问，除非启用它。

2)　通过任何文件夹共享文件

通过这种共享方法可以决定哪些人可以更改共享文件，以及可以做什么类型的更改(如果有)。可以通过设置共享权限进行操作。可以将共享权限授予同一网络中的单个用户或一组用户。例如，可以允许某些人只能查看共享文件，而允许其他人既可查看又能更改文件。共享用户将只能看到与其所共享的那些文件夹。

当使用其他计算机时，还可以使用此共享方法来访问共享文件，因为用户也可以通过其他计算机查看与其他人共享的任何文件。

2. 共享方式的选择方法

在决定通过任何文件夹共享文件或通过公用文件夹共享文件时，有几个因素需要考虑。以下情况可考虑通过任何文件夹共享文件：

- 倾向于直接从文件的保存位置(一般是 Documents、Pictures 或 Music 文件夹)共享文件夹，且希望避免将其保存到公用文件夹中。
- 希望能够为网络中的单个用户而不是每个人设置共享权限，向某些人授予更多或更少访问权限(或无任何访问权限)。
- 需要共享大量数字图片、音乐或其他大文件，而将这些文件复制到单独的共享文件夹会很麻烦。不希望这些文件在计算机上的两个不同位置占用空间。
- 经常创建新文件或更新文件进行共享，并认为将其复制到公用文件夹会很麻烦。

以下情况可考虑通过公用文件夹共享文件：

- 更喜欢通过计算机的单个位置共享文件和文件夹所带来的便利。
- 希望只通过查看公用文件夹即可快速查看与其他人共享的所有文件。
- 希望将共享的文件与自己的 Documents、Music 和 Pictures 文件夹分开。
- 希望为网络上所有人设置共享权限，而不必为单个用户设置共享权限。

点评与拓展： Windows Server 2012 操作系统只允许共享文件夹，不能共享单个的文件。也就是说，工作组或成员在使用共享文件之前，必须将包含这些文件的文件夹共享，才可以继续访问此文件夹中的文件等。

6.2.2　共享文件夹的权限和 NTFS 权限

1. 共享权限

共享权限有三种：读取、更改和完全控制。

(1)　读取权限。读取权限主要包括查看文件名和子文件夹名、查看文件中的数据、运行程序文件。

(2) 更改权限。更改权限除允许所有的读取权限外，还增加了以下权限：添加文件和子文件夹、更改文件中的数据、删除子文件夹和文件，但是不能删除其他用户添加的数据。

(3) 完全控制权限。完全控制权限除允许全部读取权限外，还具有更改权限。

在早期的 Windows 版本中，设置共享权限时只能设置上述 3 种权限。从 Windows Vista 开始，为了便于使用者理解，根据使用共享文件夹用户身份的不同决定其访问共享文件夹的权限，并且设置了 4 个权限级别，分别是读者、参与者、所有者和共有者。

(1) 读者。读者拥有读取权限，只能查看共享文件的内容，如查看文件名和子文件夹名、查看文件中的数据和运行程序文件。

(2) 参与者。参与者拥有更改权限，可以查看文件、添加文件，以及删除他们自己添加的文件，但是不能删除其他用户添加的数据。

(3) 所有者。所有者拥有完全控制权限，通常指派给本机的 Administrators 组。

(4) 共有者。共有者拥有完全控制权限，可以查看、更改、添加和删除所有的共享文件，具备对文件资源的最高访问权限。默认情况下，指派给具有该文件夹所有权的用户或用户组。

2. NTFS 权限与共享权限的组合权限

NTFS 权限与共享权限都会影响用户访问共享文件夹的能力。共享权限只对共享文件夹的安全性进行控制，只对通过网络访问的用户有效，不但适合 NTFS 文件系统，也适合 FAT 和 FAT32 文件系统。NTFS 权限则对所有文件和文件夹进行安全控制，无论访问来自本地还是网络，它都只适用于 NTFS 文件系统。

当用户通过本地计算机直接访问文件夹时，不受共享权限的约束，只受 NTFS 权限的约束。当用户通过网络访问一个存储在 NTFS 文件系统上的共享文件夹时，会受到两种权限的约束，而有效权限是最严格的权限(也就是两种权限的交集)。同样，这里也要考虑到两个权限的冲突问题。例如，共享权限为读取，NTFS 权限为写入，那么最终权限是拒绝，这是因为这两个权限的组合权限是个空集。

共享权限有时需要和 NTFS 权限配合(如果分区是 FAT/FAT32 文件系统，则不需要考虑)才能严格控制用户的访问。当一个共享文件夹设置了共享权限和 NTFS 权限后，就要受到两种权限的控制。例如，我们希望用户能够完全控制共享文件夹，首先要在共享权限中添加此用户(组)，并设置完全控制的权限，然后在 NTFS 权限设置中添加此用户(组)，并设置完全控制的权限。只有两个地方都设置了完全控制权限，才能最终拥有完全控制权限。

6.3 新建与管理共享文件夹

6.3.1 新建共享文件夹

如果希望服务器上的程序和数据能够被网络上的其他用户所使用，必须创建共享文件夹。创建共享文件夹的方法有多种，下面介绍创建共享文件夹的常用方法。

1. 在资源管理器中创建共享文件夹

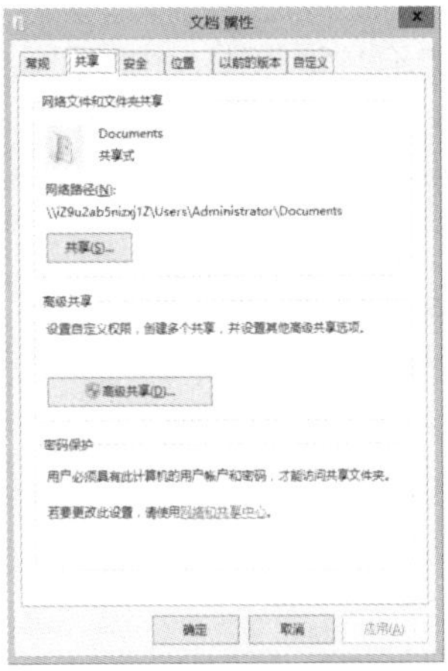

在资源管理器中选择要设置为共享文件夹的驱动器并右击，在弹出的快捷菜单中选择【属性】命令，打开属性对话框，切换到【共享】选项卡。用户可以单击【共享】或【高级共享】按钮进行设置，前者只能简单地设置共享，后者可设置较多参数(如描述、用户数限制、自定义权限等)，还可以设置多个共享。权限设置方法也不同，前者使用读者、参与者、共有者和所有者 4 个权限级别设置，后者使用读取、更改和完全控制 3 个权限设置，如图 6-1 所示。下面分别进行介绍。

图 6-1　【共享】选项卡

1) 共享

(1) 在【共享】选项卡中单击【共享】按钮。

(2) 在【选择要与其共享的用户】向导页中，从下拉列表中选择用户，单击【添加】按钮，将其加入下面的列表框中，设置权限级别，单击【共享】按钮，如图 6-2 所示。

(3) 在【你的文件夹已共享】向导页中显示了文件夹的共享名和访问方法，单击【完成】按钮，如图 6-3 所示。

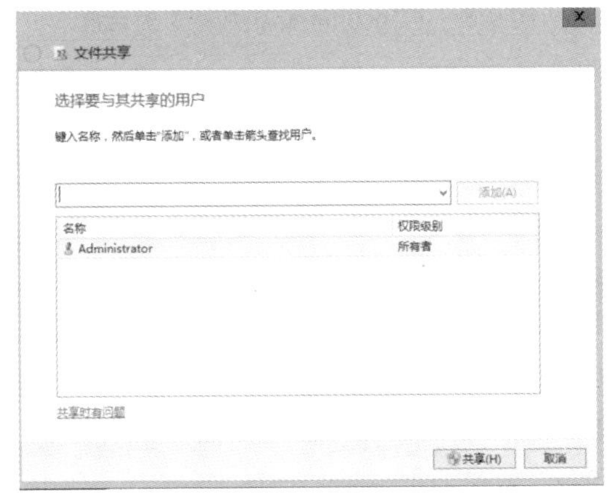

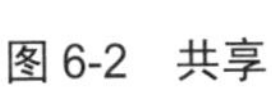
图 6-2　共享

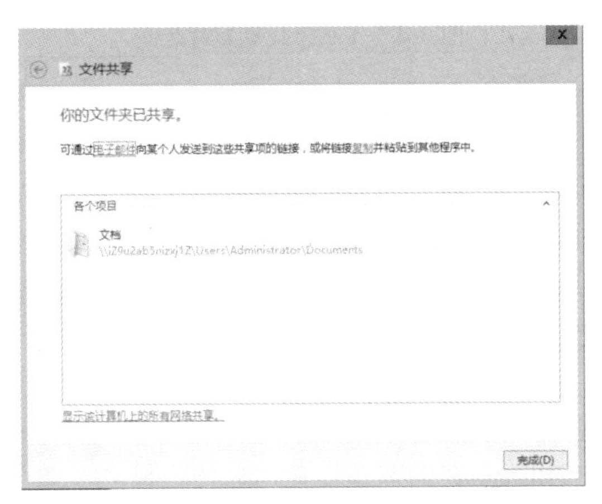

图 6-3　完成共享

2) 高级共享

(1) 在【共享】选项卡中单击【高级共享】按钮。

(2) 在【高级共享】对话框中选中【共享此文件夹】复选框，其他设置选项将由灰色转为可编辑状态，同时该文件夹名作为默认的共享名称自动填写到【共享名】下拉列表框中，如图 6-4 所示。

(3) 在【高级共享】对话框中设置共享名、注释和用户数限制。【共享名】可以设置为希望的共享名称；【注释】可对该共享文件夹进行简单的描述。在默认状态下，并不限制通过网络同时访问共享文件夹的用户数量，因此它是一个非常大的数字，可根据需要设置一个比较小的值加以限制。

(4) 在默认情况下，一个文件夹设置共享属性后，Everyone 组中的用户(即所有用户)都具有读取权限，用户可根据情况设置共享权限。在【高级共享】对话框中单击【权限】按钮，打开【Documents 的权限】对话框，如图 6-5 所示。如果要赋予其他用户权限，单击【添加】按钮，打开【用户和组】对话框，选择允许有权限的用户。如果要删除某用户的权限，则选择相应的用户，单击【删除】按钮。如果要修改用户权限，则选择相应的用户，设置其共享权限。

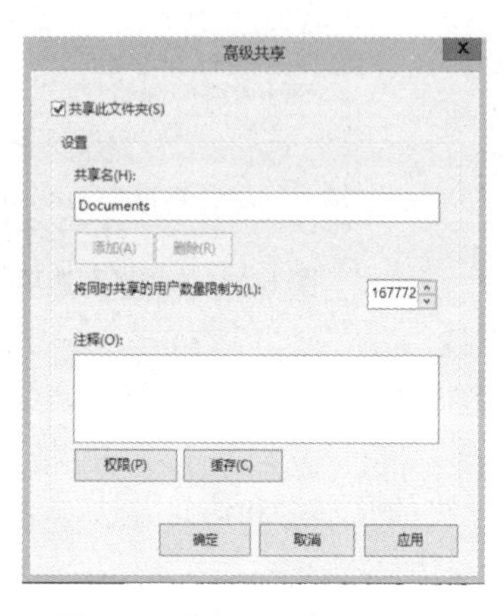

图 6-4 【高级共享】对话框

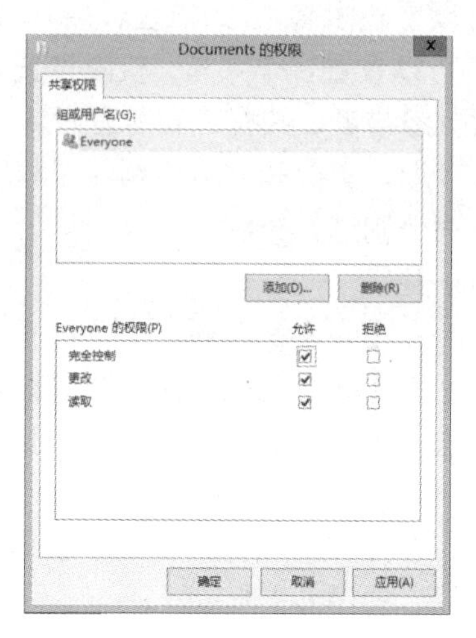

图 6-5 【Documents 的权限】对话框

(5) 单击【确定】按钮。

3) 为一个文件夹创建多个共享

当一个文件夹需要以多个共享文件夹的形式出现在网络中时，可以为共享文件夹添加共享。操作步骤如下。

(1) 在【高级共享】对话框中单击【添加】按钮。

(2) 在【新建共享】对话框中设置新共享的共享名、描述和用户数限制。也可单击【权限】按钮为新建的共享设置用户访问权限，如图 6-6 所示。

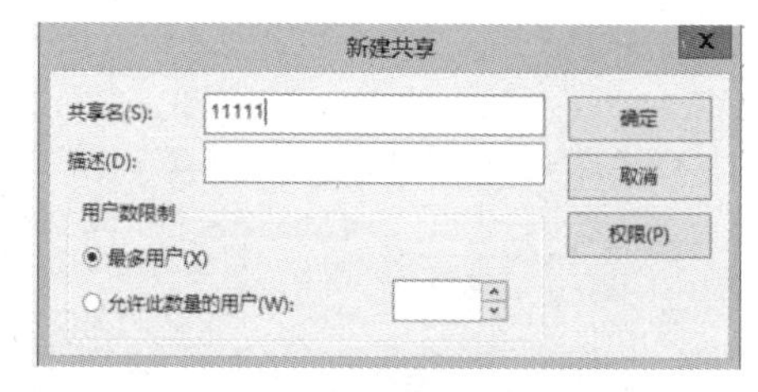

图 6-6 【新建共享】对话框

(3) 单击【确定】按钮。

2．利用计算机管理控制台创建共享文件夹

(1) 选择【开始】→【管理工具】→【计算机管理】命令，打开【计算机管理】窗口，在左窗格中展开【共享文件夹】→【共享】选项，在窗口的右边显示出了计算机中所有共享文件夹的信息，如图 6-7 所示。

(2) 如果要创建新的共享文件夹，可通过选择【操作】→【新建共享】菜单命令，或者右击【共享】选项，在弹出的快捷菜单中选择【新建共享】命令，打开【共享文件夹向导】向导页，单击【下一步】按钮。

(3) 在【文件夹路径】向导页中输入或单击【浏览】按钮选择要共享的文件夹路径，

单击【下一步】按钮，如图 6-8 所示。

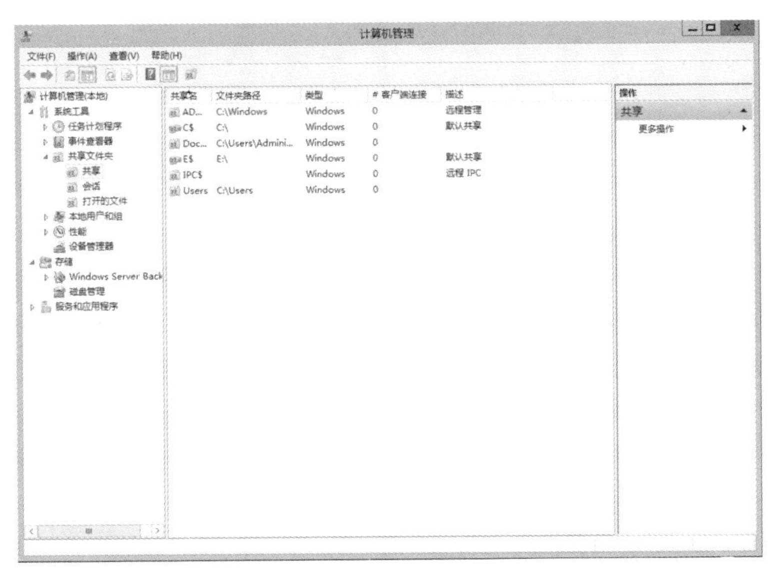

图 6-7　【计算机管理】窗口

(4) 在【名称、描述和设置】向导页中输入共享名和描述等，在【描述】文本框中输入对该资源的描述性信息，单击【下一步】按钮，如图 6-9 所示。

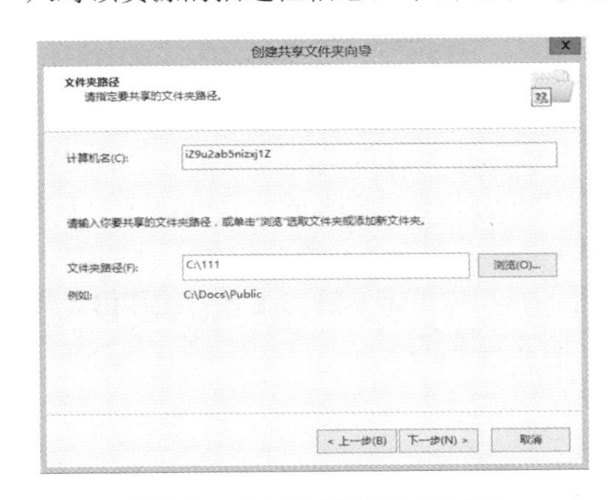

图 6-8　【文件夹路径】向导页

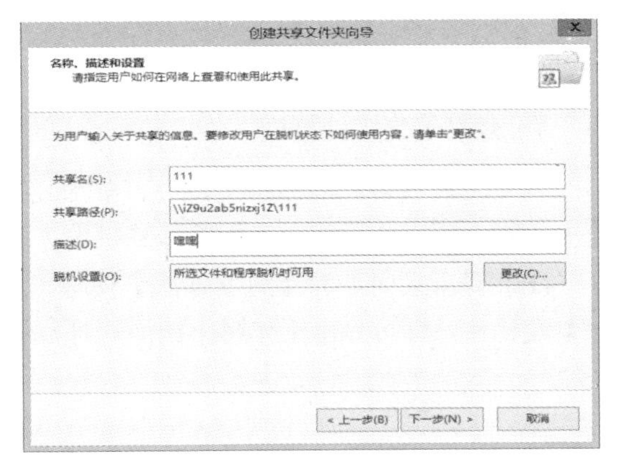

图 6-9　【名称、描述和设置】向导页

(5) 在【共享文件夹的权限】向导页中设置该共享文件夹的共享权限，管理员可以选定预定义的权限，也可以自定义权限。若要自定义权限，则选中【自定义权限】单选按钮，单击【自定义】按钮，打开【权限】对话框进行设置，单击【完成】按钮，如图 6-10 所示。

(6) 在【共享成功】向导页中单击【完成】按钮，如图 6-11 所示。

3. 利用共享和存储管理器创建共享文件夹

如果一台服务器专门用于文件共享，那么可以在服务器中安装文件服务器角色，这样可以更有效地管理和控制共享文件。也可以利用【共享和存储管理】创建共享文件夹，我们将在下一节中详细介绍文件服务器角色的安装与配置过程。

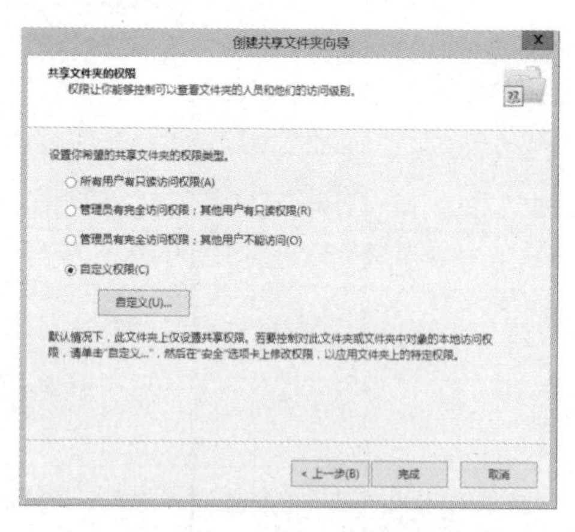

图 6-10 【共享文件夹的权限】向导页

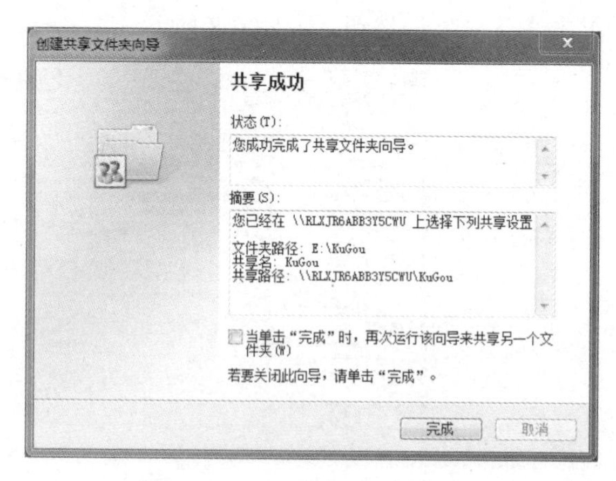

图 6-11 【共享成功】向导页

6.3.2 在客户端访问共享文件夹

共享文件夹创建后，当用户知道网络中的某台计算机上有需要的共享信息时，就可在本地计算机上像使用本地资源一样使用这些共享资源。连接 Windows Server 2012 共享文件夹有多种方法，如查看工作组计算机、搜索计算机、运行窗口、使用资源管理器、映射网络驱动器和创建网络资源的快捷方式等，用户可根据实际需要进行选择。下面以客户端使用 Windows 10 操作系统为例进行介绍。

1. 查看工作组计算机

在定位需要访问的网络资源时，如果用户计算机和有共享文件夹的计算机在同一工作组中，那么可以使用查看工作组计算机的方式来找到共享文件夹。操作步骤如下。

(1) 双击桌面上的【网上邻居】图标，在打开的窗口中单击左侧的【查看工作组计算机】超链接，即可显示工作组中的所有计算机，如图 6-12 所示。

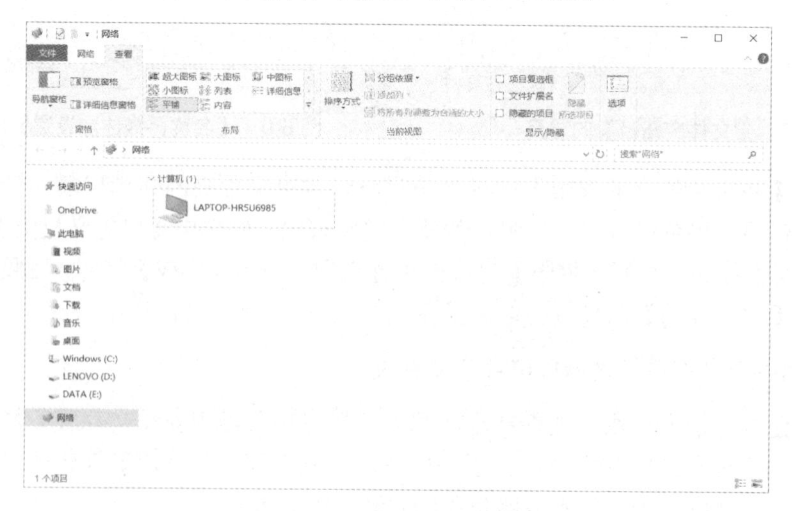

图 6-12 【网上邻居】窗口

(2) 双击有共享文件夹的计算机，即可看到该计算机中的所有共享文件夹。再双击需要的共享文件夹即可看到共享文件夹下的文件和子文件夹，如图 6-13 所示。

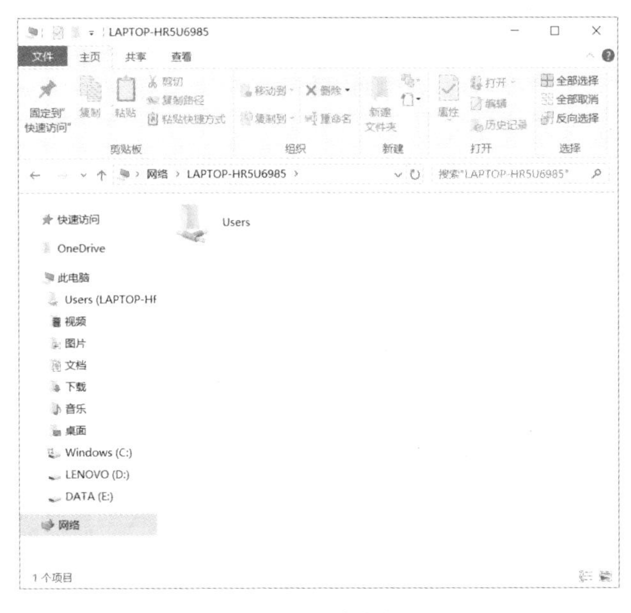

图 6-13　共享文件夹

2. 搜索计算机

当用户要访问某台计算机时，如果知道该计算机的名称，可以利用【网上邻居】的搜索功能在网络中进行搜索，而不必根据它的位置进行查找，这样可以节约对计算机的访问时间。操作步骤如下。

(1) 右击【网上邻居】图标，在弹出的快捷菜单中选择【搜索计算机】命令，打开搜索窗口，在【计算机名】文本框中输入要搜索的计算机名或 IP 地址，如 File-server，单击【搜索】按钮，系统会将搜索到的计算机列在窗口右边的窗格中，如图 6-14 所示。

图 6-14　搜索计算机

(2) 双击搜索到的计算机，即可访问该计算机上的共享资源。

3. 使用运行命令访问共享文件夹

如果用户知道共享文件夹所在服务器的计算机名(或 IP 地址)和文件夹共享名称，可以打开【运行】对话框，输入“\\<计算机名或 IP 地址>\共享名”，如图 6-15 所示。使用这种方法的优点是速度快，且可以访问特殊共享和隐藏的共享文件夹。

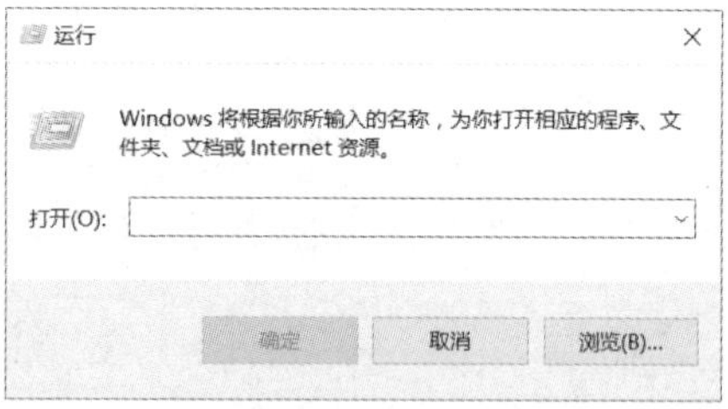

图 6-15 【运行】对话框

4. 使用资源管理器访问共享文件夹

使用资源管理器也可快速地访问共享文件夹，在资源管理器窗口的地址栏中输入“\\<计算机名或 IP 地址>\共享名”，如图 6-16 所示。使用这种方法也可以访问特殊共享和隐藏的共享文件夹。

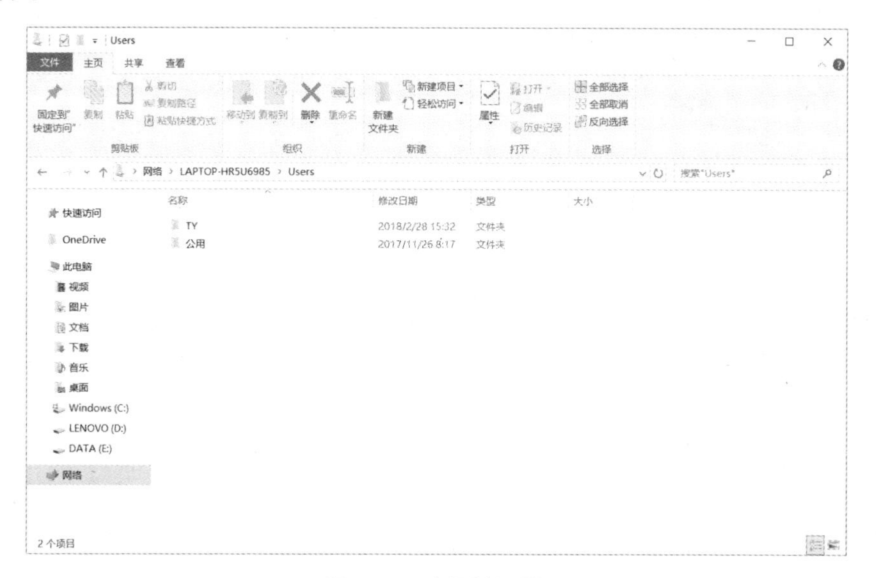

图 6-16 资源管理器

5. 创建网上共享文件夹的直接链接

通过允许用户创建与共享资源的直接链接，以便实现对共享资源的快速访问。对于用户经常需要访问的共享文件或文件夹而言，创建直接链接非常有用。因为创建共享资源的直接链接之后，在【网上邻居】窗口中会出现一个相应的文件夹图标，双击该文件夹图标，即可打开直接链接的这个文件或文件夹，并访问其中的内容，而不必在整个网络中寻找，这就大大地提高了用户访问网络资源的速度和利用网络资源的效率。创建网上资源的直接链接的操作步骤如下。

(1) 在【网上邻居】窗口中单击【添加一个网上邻居】超链接，打开【欢迎使用添加网上邻居向导】对话框，根据向导提示，单击【下一步】按钮。

(2) 打开【正在从 Internet 下载信息】对话框，显示向导正在下载有关服务提供商的信息，请稍候。根据连接速度的快慢，这个过程可能要花几分钟时间。

(3) 在【你想在哪儿创建这个网络位置】向导页中选择一个服务提供商，单击【下一步】按钮，如图 6-17 所示。

(4) 在【指定网站的位置】向导页中输入共享文件夹的 UNC(Universal Naming Convention，通用命名约定)路径，或单击【浏览】按钮打开浏览网络资源对话框，从中选择一个服务器(共享文件夹所在的计算机)，单击【确定】按钮，然后单击【下一步】按钮，如图 6-18 所示。

图 6-17　【你想在哪儿创建这个网络位置】向导页

图 6-18　指定网站的位置

(5) 在【这个网络位置的名称是什么】向导页中可以为这个网上邻居命名，单击【下一步】按钮，如图 6-19 所示。

(6) 在【正在完成添加网上邻居向导】向导页中，单击【完成】按钮即可创建共享文件夹的直接链接。

(7) 打开【网上邻居】窗口，此共享文件夹即显示在窗口中，如图 6-20 所示。

图 6-19　【这个网络位置的名称是什么】向导页

图 6-20　共享文件夹

6．映射和断开网络驱动器

共享文件夹可以被映射为一个驱动器(如 Z:)，映射之后，访问驱动器等于访问相应的共享文件夹。网络驱动器中的内容与共享文件夹的内容是完全一致的，并和其他驱动器一样，可以进行文件的剪切、复制、粘贴和删除。由于映射的网络驱动器可以设置为在每次用户登录时自动进行连接，因此速度比较快。映射网络驱动器与创建共享资源的直接链接的作用相似，不同的是映射的网络驱动器存放在【我的电脑】窗口和资源管理器中，而共享文件或文件夹的直接链接存放在【网上邻居】窗口中。映射网络驱动器的操作步骤如下。

(1) 打开【我的电脑】窗口或资源管理器，选择【工具】→【映射网络驱动器】命令，打开【映射网络驱动器】向导页。

(2) 在【驱动器】下拉列表框中选择一个要映射到共享资源的驱动器，在【文件夹】下拉列表框中输入共享文件夹的路径，格式是“\\共享文件夹的计算机名\要共享的文件夹名”，如\\abc\test，如图 6-21 所示。

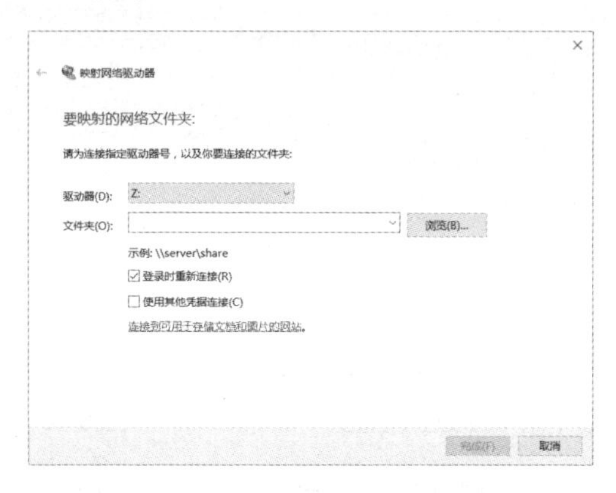

图 6-21 【映射网络驱动器】向导页

(3) 如果每次登录时都需要映射网络驱动器，则选中【登录时重新连接】复选框，单击【完成】按钮。

(4) 在【我的电脑】窗口中双击代表共享文件夹的网络驱动器(如 Z:)的图标，即可直接访问该驱动器下的文件和文件夹，如图 6-22 所示。

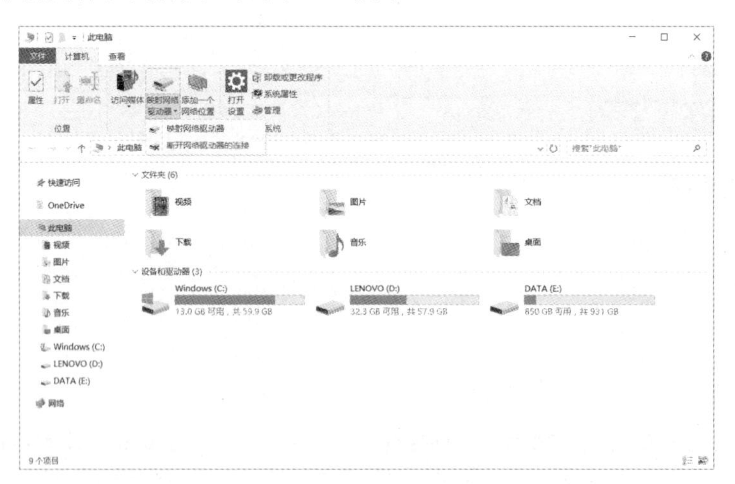

图 6-22 网络驱动器

需要断开网络驱动器时，双击桌面上的【我的电脑】图标，选择【工具】→【断开网络驱动器】命令，选取要断开连接的网络驱动器，单击【确定】按钮，如图 6-23 所示。

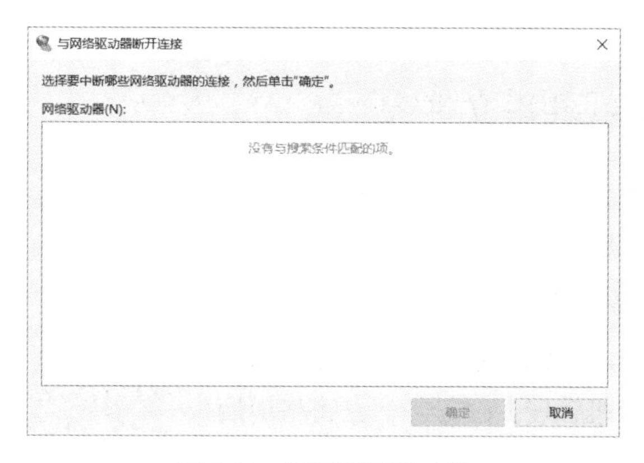

图 6-23　断开网络驱动器

6.3.3　特殊共享和隐藏的共享文件夹

根据计算机配置的不同，系统将自动创建特殊共享资源，以便于管理和系统本身使用。在【我的电脑】窗口里这些共享资源是不可见的，但通过使用【共享文件夹】可查看到。事实上，Windows Server 2012 系统内有许多自动创建的隐藏共享文件夹，例如，每个磁盘分区都被默认设置为隐藏共享文件夹，这些隐藏的磁盘分区共享是 Windows Server 2012 出于管理目的而设置的，不会对系统和文件的安全造成影响，如图 6-24 所示。

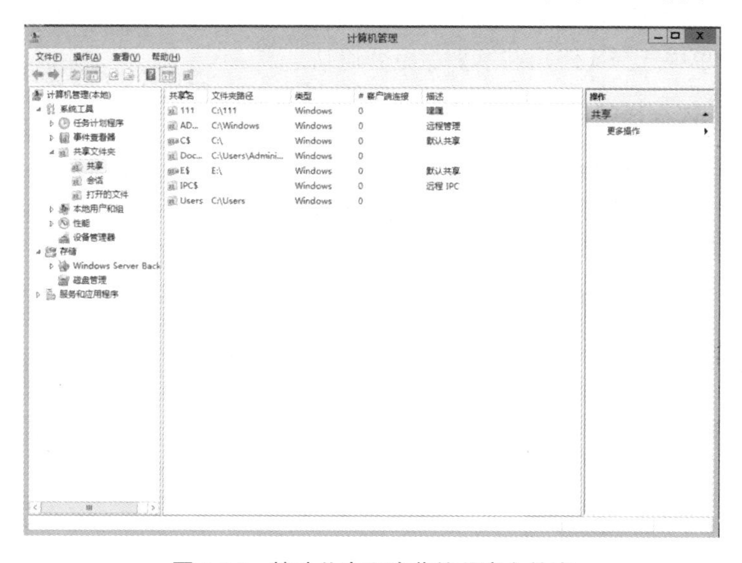

图 6-24　特殊共享和隐藏的共享文件夹

有时候需要将一个文件夹共享于网络中，但是出于安全因素等方面的考虑，又不希望这个文件夹被看到，这就需要以隐藏方式共享文件夹。若要隐藏其他共享资源，可在共享名的最后一位字符中输入$($也成为资源名称的一部分)。同样，这些共享资源在【我的电脑】窗口里是不可见的，但通过使用【共享文件夹】可查看它们。

特殊共享和隐藏的共享文件夹只能通过【运行】对话框或资源管理器访问，通过搜索功能是看不到这些共享文件夹的。

6.3.4 管理和监视共享文件夹

在【计算机管理】窗口中不但可以创建共享文件夹，修改共享文件夹的共享属性，还能监视共享文件夹的使用情况。

1. 查看和管理共享资源

(1) 选择【开始】→【管理工具】→【计算机管理】命令，打开【计算机管理】窗口，在左窗格中展开【共享文件夹】→【共享】选项，在窗口的右边显示了计算机中所有共享文件夹的信息，不但包括管理设置的普通共享文件夹，也包括特殊共享和隐藏的共享文件夹。

(2) 若要修改一个共享文件夹的属性或权限，可双击该共享文件夹，打开属性对话框，在【常规】选项卡中修改描述、用户限制、脱机设置等。在【共享权限】选项卡中设置共享文件夹的访问权限。若共享文件夹在 NTFS 分区中，还可以通过【安全】选项卡设置文件夹的 NTFS 权限，如图 6-25 所示。

(3) 若要停止对文件夹的共享，可右击该文件夹，在弹出的快捷菜单中选择【停止共享】命令并确认。

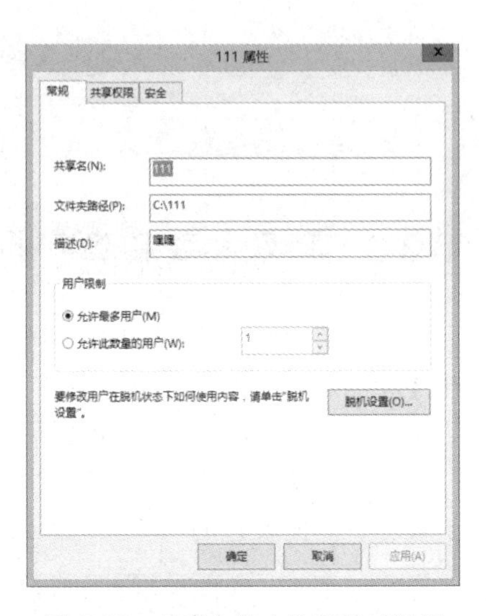

图 6-25 共享文件夹的属性对话框

2. 查看和关闭连接会话

(1) 在【计算机管理】窗口中展开【共享文件夹】→【会话】选项，可以查看哪些用户正在访问该计算机的共享文件夹，以及打开的文件数、连接时间、空闲时间等信息，如图 6-26 所示。

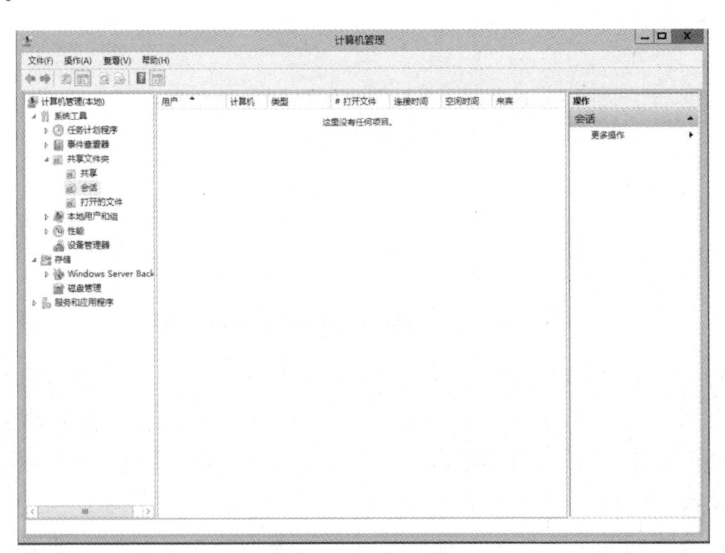

图 6-26 共享会话

(2) 若要断开某用户的访问，则右击该用户，在弹出的快捷菜单中选择【关闭会话】命令并确认。

3. 查看和关闭打开的共享文件

(1) 在【计算机管理】窗口中展开【共享文件夹】→【打开的文件】选项，可以查看哪些文件被打开、被谁打开、是否锁定以及打开方式等信息，如图 6-27 所示。

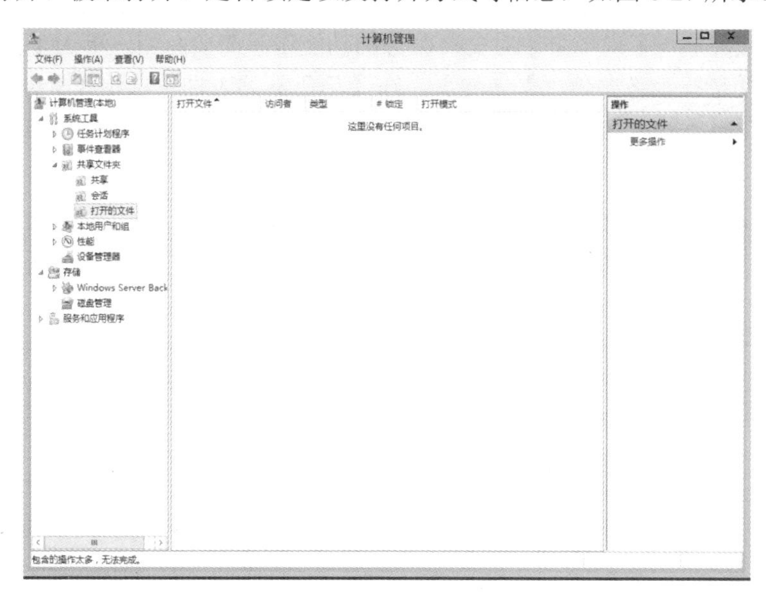

图 6-27　打开的共享文件

(2) 若要强制关闭其他用户对文件的访问，则右击该文件，在弹出的快捷菜单中选择【将打开的文件关闭】命令并确认。

6.4　文件服务器的安装与管理

如果一台服务器专门用于文件共享，那么可以在服务器中安装文件服务器角色，这样不仅可以通过【服务器管理器】窗口对共享文件夹实施更有效的管理和控制，还可以将其发布到基于域的分布式文件系统(DFS)中。

6.4.1　安装文件服务器角色

在 Windows Server 2012 中，文件服务器的安装主要是通过采用完全向导的方式完成的。在安装过程中，用户可以完成服务器的一些基本设置，并选择安装所需的组件，不必要的组件可以不安装，这在很大程度上减小了服务器的安全隐患，从而保证了服务器的安全。文件服务器的安装步骤如下。

(1) 选择【开始】→【管理工具】→【服务器管理器】命令，打开【服务器管理器】窗口，选择左侧的【角色】选项，在右窗格的【角色摘要】区域中单击【添加角色】超链接，启动添加角色向导。

(2) 在【开始之前】向导页中提示了此向导可以完成的工作，以及操作之前应注意的相关事项，单击【下一步】按钮。

(3) 在【选择服务器角色】向导页中显示了所有可以安装的服务器角色，如图 6-28 所示。如果角色前面的复选框没有被选中，则表示该网络服务尚未安装；如果已选中，则说明该服务已经安装。这里选中【文件服务】复选框，单击【下一步】按钮。

(4) 在【文件服务】向导页中对文件服务的功能作了简要介绍，单击【下一步】按钮。

(5) 打开【选择服务器角色】向导页，在【角色】列表框中选中【文件服务器】复选框，只安装文件服务器角色服务，其他角色服务暂不安装，单击【下一步】按钮，如图 6-29 所示。

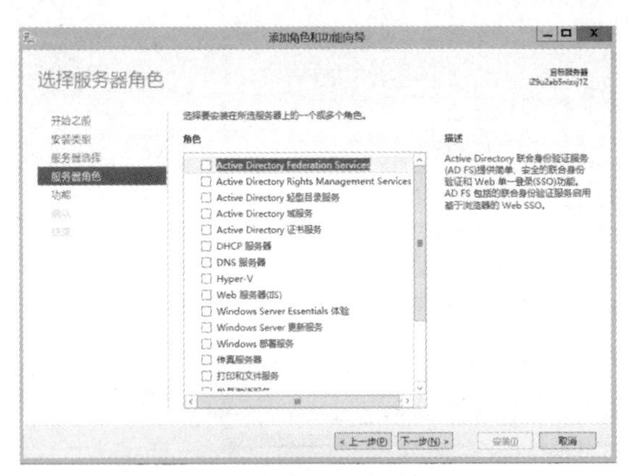

图 6-28 【选择服务器角色】向导页

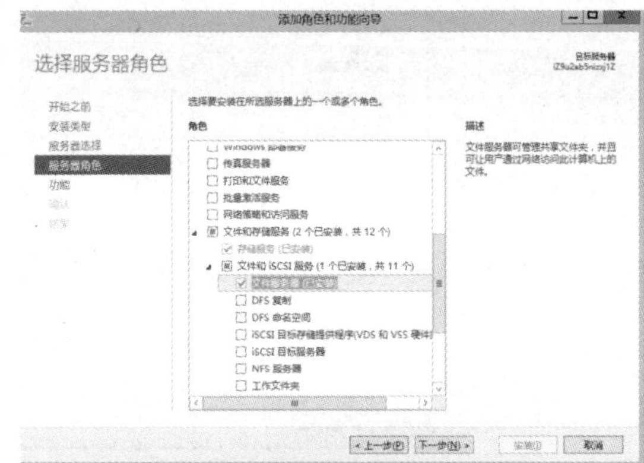

图 6-29 【选择服务器角色】向导页

(6) 在【确认安装选择】向导页中，要求用户确认所要安装的角色服务。如果选择错误，单击【上一步】按钮返回，这里单击【安装】按钮，开始安装文件服务器角色。

(7) 在【安装结果】向导页中显示了文件服务器角色已经安装完成。若系统未启用 Windows 自动更新，则会提醒用户设置 Windows 自动更新，以即时给系统打上补丁，单击【完成】按钮，关闭【添加角色向导】向导页，完成文件服务器的安装。

6.4.2 在文件服务器中设置共享资源

文件服务器角色安装完成后，就可以在文件服务器中设置共享资源了。管理员可以通过【服务器管理器】控制台来管理文件服务器，也可以通过【共享和存储管理】控制台来管理文件服务器，二者的操作方法基本相同，下面以后者为例说明设置共享资源的操作步骤。

(1) 选择【开始】→【管理工具】→【共享和存储管理】命令，打开【文件和存储服务】窗口。该窗口由 3 个窗格组成，中间窗格显示了当前系统所共享的文件夹列表，右窗格列出了共享和存储管理时常用的操作命令。若要新建一个共享文件夹，可在【操作】窗格中单击【新建共享】超链接，启动设置共享文件夹向导，如图 6-30 所示。

(2) 打开【选择服务器和此共享的路径】向导页，在位置文本框中输入设置为共享的文件夹的路径，或单击【浏览】按钮，浏览设置为共享的文件夹的路径。用户也可以根据实际需要新建一个共享文件夹，并将其设置为共享。【可用卷】列表框中列出了当前系统中可用的卷，选择相应的卷即可。如果列表中没有合适的卷，用户可以自己创建一个卷。操作完毕后单击【下一步】按钮，如图 6-31 所示。

图 6-30　【文件和存储服务】窗口

图 6-31　【选择服务器和此共享的路径】向导页

(3) 在【文档的高级安全设置】向导页中，指定 NTFS 权限，以控制具体用户和组如何在本地访问该文件夹，这样当网络中的用户访问该文件夹时，就会以登录的用户的权限来访问该文件夹，如图 6-32 所示。

图 6-32　【文档的高级安全设置】向导页

(4) 在【共享协议】向导页中，根据需要选择可访问该共享文件夹的协议。若系统没有安装网络文件系统(NFS)功能，则 NFS 选项为不可用状态。选中 SMB 复选框，在【共享名】文本框中输入欲让用户看到的文件夹名称。设置完毕后，单击【下一步】按钮，如图 6-33 所示。

(5) 在【SMB 设置】向导页中，指定客户端如何通过 SMB 协议访问此文件夹，用户可以在【描述】中添加如何使用该共享文件夹的信息。在【高级设置】选项组中可以设置用户限制、基于访问权限的枚举和脱机设置。若要进行高级设置，可单击【高级】按钮，如图 6-34 所示。

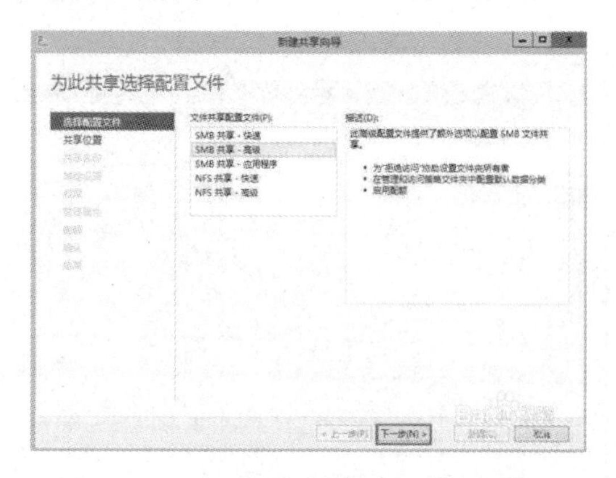

图 6-33 【为此共享选择配置文件】向导页

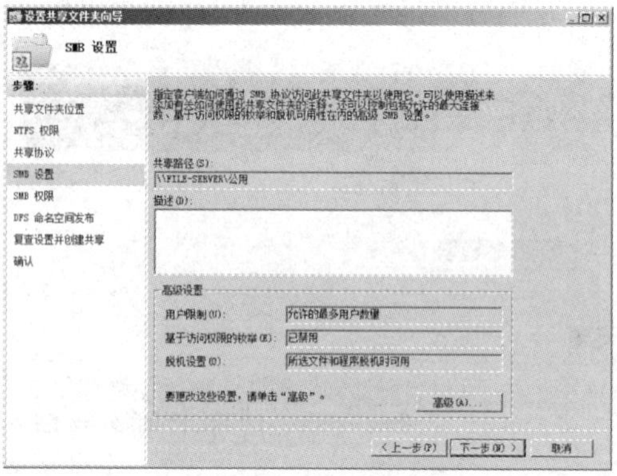

图 6-34 【SMB 设置】向导页

(6) 在【高级】窗口中可以设置用户限制、缓存等参数。如果服务器的性能不是很好，可以在这里限制同时访问该服务器的用户数量，从而达到减小服务器负荷的目的。选中【允许的最多用户数量】单选按钮，并在数值框中输入欲设置的用户数量。选中【启用基于访问权限的枚举】复选框，可以根据具体用户的访问权限筛选用户可以看到的共享文件夹，从而避免显示用户无权访问的文件夹和其他共享资源。若要设置缓存，可切换到【缓存】选项卡进行设置，单击【确定】按钮，如图 6-35 所示。返回【SMB 设置】向导页，单击【下一步】按钮。

(7) 在【SMB 权限】向导页中，可以设置该共享文件夹的共享权限。管理员可以选定预定义的权限，也可以自定义权限。若要自定义权限，选中【用户和组具有自定义共享权限】单选按钮，单击【权限】按钮，如图 6-36 所示。打开【权限】对话框，设置完毕后单击【下一步】按钮。

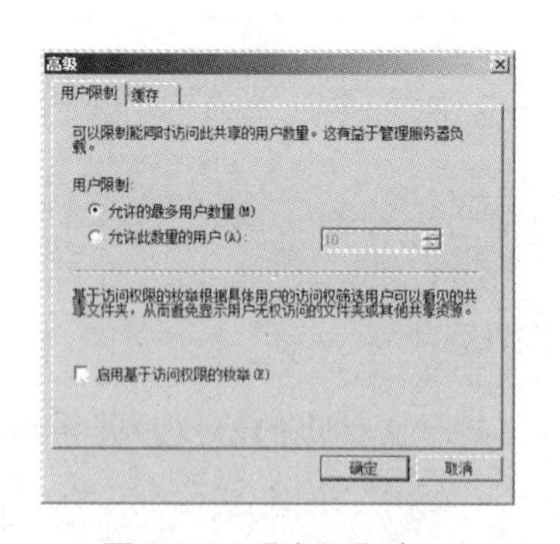

图 6-35 【高级】窗口

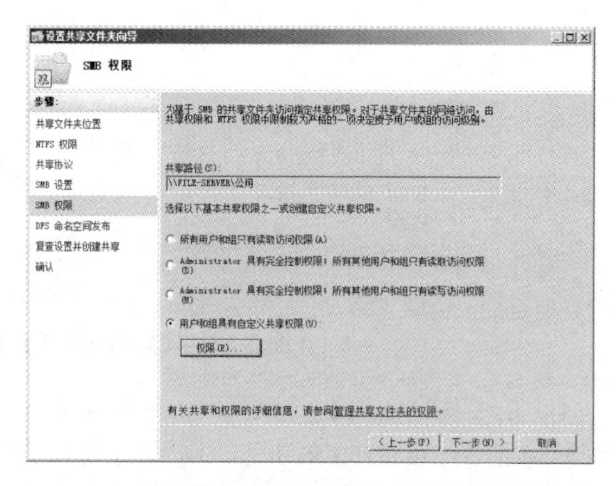

图 6-36 【SMB 权限】向导页

(8) 在【DFS 命名空间发布】向导页中，指定现有的 DFS 命名空间以及欲在该命名空间创建的文件夹，并将该共享文件夹发布到命名空间中。具体关于 DFS 命名空间的内容，将在后面进行介绍，这里保持默认设置，单击【下一步】按钮，如图 6-37 所示。

(9) 打开【复查设置并创建共享】向导页，在共享文件夹设置中检查前面所做的设置是否正确，单击【上一步】按钮，可返回重新设置。单击【创建】按钮，系统将进行创建操作，如图 6-38 所示。

(10) 创建成功后，打开【确认】向导页，单击【关闭】按钮，即可完成在文件服务器中设置共享的操作。此时新建的共享将显示在服务器管理器窗口中。

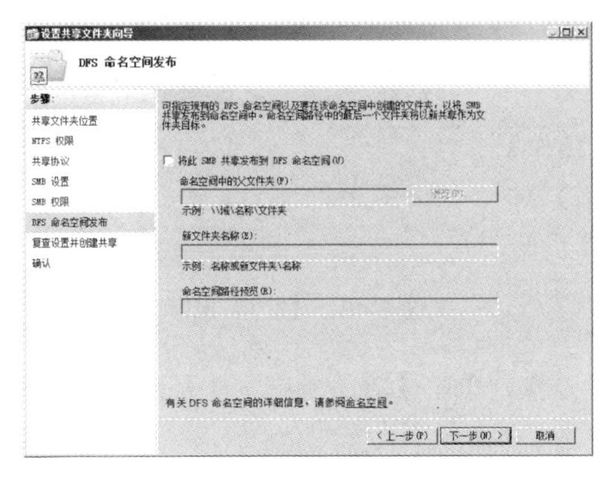

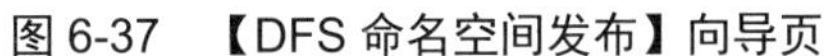
图 6-37　【DFS 命名空间发布】向导页

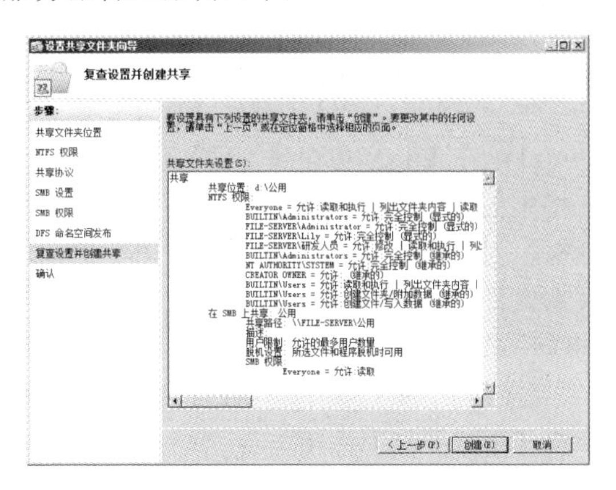

图 6-38　【复查设置并创建共享】向导页

6.4.3　在文件服务器中管理和监视共享资源

同样，管理员也可以使用【共享和存储管理】窗口修改共享文件夹的共享属性，监视共享文件夹的使用情况。

1. 查看和管理共享资源

(1) 选择【开始】→【管理工具】→【共享和存储管理】命令，打开【共享和存储管理】窗口。该窗口由 3 个窗格组成，中间窗格显示了当前系统所共享的文件夹列表，包括管理设置的普通共享文件夹，以及特殊共享和隐藏的共享文件夹。右窗格中列出了共享和存储管理时常用的操作命令，如图 6-39 所示。

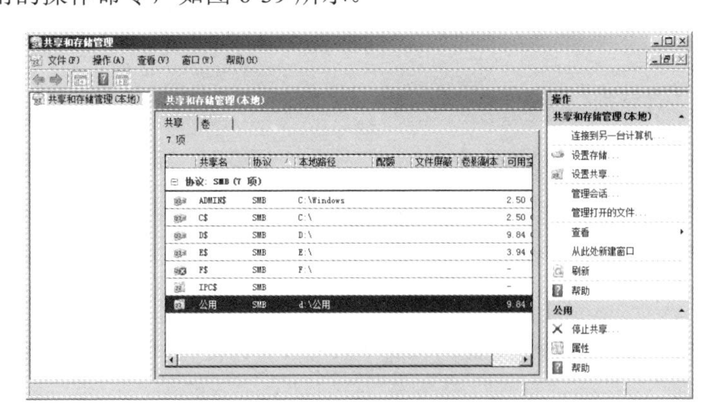

图 6-39　【共享和存储管理】窗口

(2) 若要修改一个共享文件夹的属性或权限，选中该共享文件夹，在【操作】窗格中

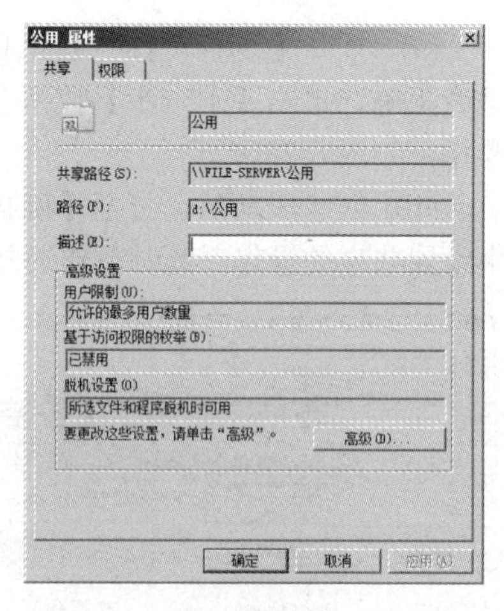

图 6-40 【公用 属性】对话框

单击【属性】超链接，打开【公用 属性】对话框。在【共享】选项卡中修改描述、用户限制、脱机设置等。在【权限】选项卡中可设置共享文件夹的访问权限和NTFS 权限，如图 6-40 所示。

(3) 要停止对文件夹的共享，选中该共享文件夹，在【操作】窗格中单击【停止共享】超链接并确认。

2. 查看和关闭连接会话

(1) 在【共享和存储管理】窗口中，单击【操作】窗格中的【管理会话】超链接，打开【管理会话】对话框，对话框中显示了哪些用户正在访问该计算机的共享文件夹，以及打开的文件数、连接时间和空闲时间等信息，如图 6-41 所示。

(2) 若要断开某个会话连接，可选中该会话连接，单击【关闭所选文件】按钮，也可单击【全部关闭】按钮。

3. 查看和关闭打开的共享文件

(1) 在【共享和存储管理】窗口中，单击【操作】窗格中的【管理打开的文件】超链接，打开【管理打开的文件】对话框，对话框中显示了哪些文件被打开、被谁打开、是否锁定以及打开方式等信息，如图 6-42 所示。

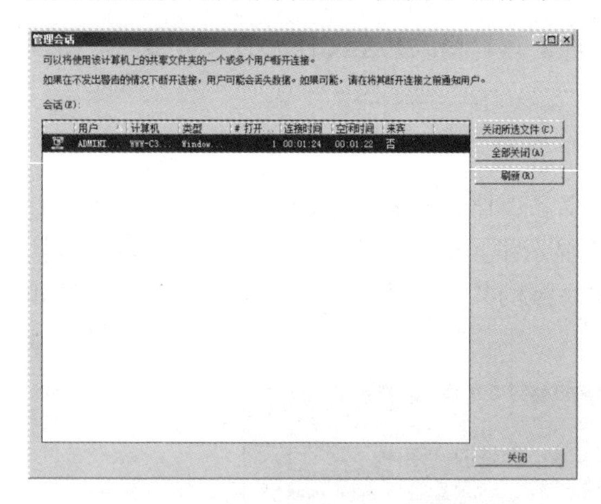

图 6-41 【管理会话】对话框

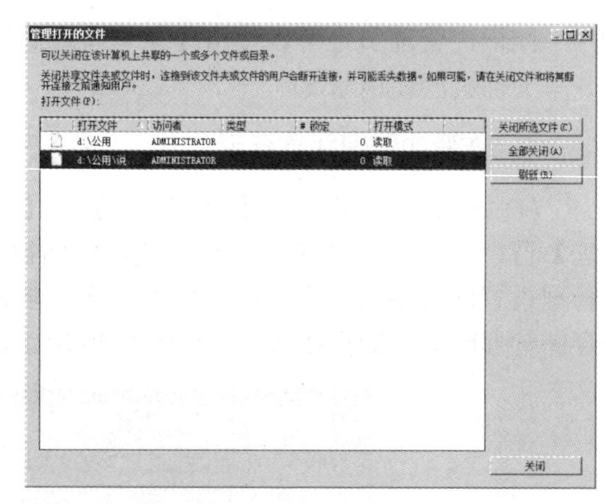

图 6-42 【管理打开的文件】对话框

(2) 若要强制关闭其他用户对文件的访问，则选中该文件，单击【关闭所选文件】按钮，也可单击【全部关闭】按钮。

6.5 分布式文件系统简介

Windows Server 2012 包含一个非常有用的系统，即分布式文件系统(Distributed File System，DFS)，它是系统为用户更好地共享网络资源而提供的一个功能强大的工具。通过

DFS 可以使分布在多个服务器上的文件如同位于网络上的同一位置一样显示在用户面前，用户在访问文件时无须知道文件的实际物理位置。

XYZ 公司有许多共享资源(如技术资料、销售资料和原材料采购资料等)供用户使用，但这些资源分布在不同的服务器中，并由不同部门来维护。为了避免用户为查找所需的信息而访问网络上的多个位置，公司决定使用分布式文件系统(DFS)，为整个企业网络上的共享资源提供一个逻辑树结构，用户只需要从一个入口就能找到他们需要的数据。例如，XYZ 公司的产品标准是员工经常使用的技术资料，它由技术部负责维护。技术部将最新标准及更新上传到技术部服务器(Research-Server)中，并自动复制到公司的文件服务器(File-Server)中，用户都是通过“\\xyz.com\技术资料\标准”这一路径来访问，如图 6-43 所示。这样做的好处有两点：一是实现了负载均衡，当多个用户同时访问时，系统可均匀地定位到这两台服务器上；二是容错，当一台服务器出现故障时并不影响用户使用。

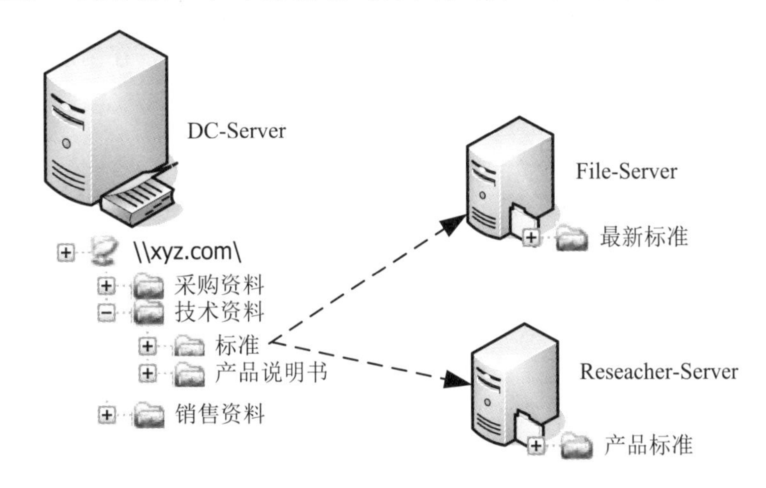

图 6-43　XYZ 公司的共享资源

6.5.1　分布式文件系统概述

分布式文件系统是一种全新的文件系统，使用它可以让用户访问和管理物理上跨网络分布的文件，可以解决分散的共享资源集中管理的问题。用户可以抛开文件的实际物理位置，仅通过一定的逻辑关系就可以查找和访问网络中的共享资源，能够像访问本地文件一样访问分布在网络上的多个服务器上的文件。

1. 分布式文件系统的特性

分布式文件系统主要有以下 3 方面的特性。

1)　访问文件更加容易

分布式文件系统使用户可以更容易地访问文件。共享文件可能在物理上跨越多个服务器，但用户只需要转到网络上的一个位置即可访问文件。当更改共享文件夹的物理位置时不会影响用户访问文件夹。因为文件的位置看起来仍然相同，所以用户仍然可以相同的方式访问文件夹，而不再需要多个驱动器映射。文件服务器的维护、软件升级和其他任务(一般需要服务器脱机的任务)可以在不中断用户访问的情况下完成，这对 Web 服务器特别有用。通过选择 Web 站点的根目录作为 DFS 命名空间，可以在分布式文件系统中移动资源，而不会断开任何 HTML 链接。

2) 可用性

基于域的 DFS 以两种方法确保用户对文件的访问：一是 Windows Server 2012 自动将 DFS 拓扑发布到活动目录 Active Directory 中，这样便确保了 DFS 拓扑对域中所有服务器上的用户总是可见。二是用户可以复制 DFS 命名空间和 DFS 共享文件夹。复制意味着域中的多个服务器可以存在 DFS 命名空间和 DFS 共享文件夹，即使这些文件驻留的一个物理服务器不可用，用户仍然可以访问此文件。

3) 服务器负载平衡

DFS 命名空间支持在物理上分布于网络中的多个 DFS 共享文件夹。例如，当用户频繁访问某一文件时，并非所有的用户都在单个服务器上物理地访问此文件，这将增加服务器的负担，DFS 确保了访问文件的用户分布于多个服务器上。然而，在用户看来，文件驻留在网络上的位置相同。

2．分布式文件系统命名空间

命名空间是组织内共享文件夹的一种虚拟视图，如图 6-44 所示。命名空间的路径与共享文件夹的通用命名约定(UNC)路径类似，例如，\\Server1\Public\Software\Tools。在本示例中，共享文件夹 Public 及其子文件夹 Software 和 Tools 均包含在 Server1 上。

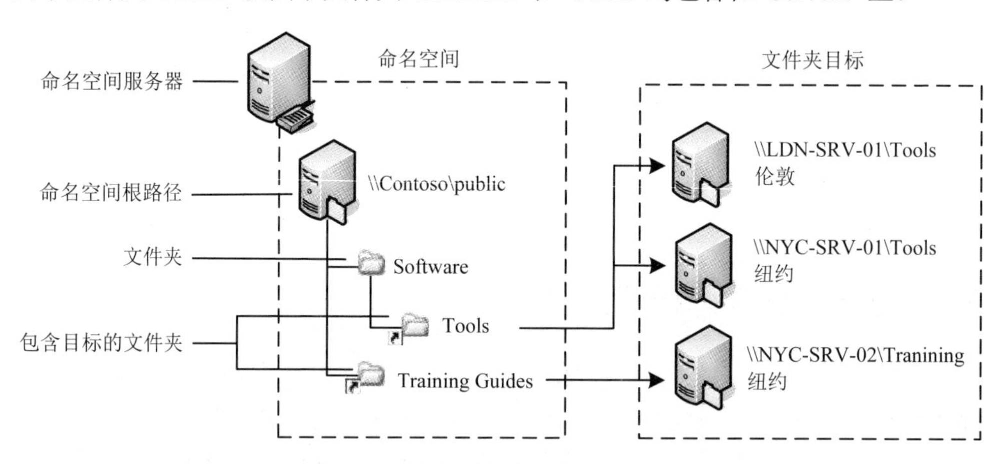

图 6-44 分布式文件系统命名空间

如果希望为用户指定查找数据的单个位置，但出于可用性和性能目的的考虑，希望在其他服务器上承载数据，则可以部署与图 6-44 所示的命名空间类似的命名空间。此命名空间的元素说明如下。

(1) 命名空间服务器。命名空间服务器承载命名空间。命名空间服务器可以是成员服务器或域控制器。

(2) 命名空间根路径。命名空间根路径是命名空间的起点。在图 6-44 中，根路径的名称为 Public，命名空间的路径为\\Contoso\Public。此类型命名空间是基于域的命名空间，因为它以域名开头(如 Contoso)，并且其元数据存储在 Active Directory 域服务(AD DS)中。尽管在图 6-44 中显示了单个命名空间服务器，但是基于域的命名空间可以存放在多个命名空间服务器上，从而提高了命名空间的可用性。

(3) 文件夹。没有文件夹目标的文件夹将结构和层次结构添加到命名空间，具有文件夹目标的文件夹为用户提供实际内容。用户浏览命名空间中包含文件夹目标的文件夹时，客户端计算机将收到透明地将客户端计算机重定向到一个文件夹目标的引用。

(4) 文件夹目标。文件夹目标是共享文件夹或与命名空间中的某个文件夹关联的另一个命名空间的 UNC 路径。文件夹目标是存储数据和内容的位置。在图 6-44 中，名为 Tools 的文件夹包含两个文件夹目标，一个位于伦敦，一个位于纽约，名为 Training Guides 的文件夹包含一个文件夹目标，位于纽约。浏览到\\Contoso\Public\Software\Tools 的用户透明地重定向到共享文件夹\\LDN-SVR-01\Tools 或\\NYC-SVR-01\Tools(取决于用户当前所处的位置)。

3．命名空间的类型

创建命名空间时，必须选择两种命名类型之一，即独立命名空间或基于域的命名空间。此外，如果选择基于域的命名空间，必须选择命名空间模式——Windows 2000 Server 模式或 Windows Server 2012 模式。

1) 独立命名空间

独立命名空间的实施方法是在网络中的一台计算机上以一个共享文件夹为基础，创建一个 DFS 命名空间，通过这个命名空间将分布于网络中的许多共享资源组织起来，构成虚拟共享文件夹。如果一个组织未使用 Active Directory 域服务(AD DS)，那么只能选择独立命名空间。如果希望使用故障转移群集提高命名空间的可用性，也可使用独立命名空间。

2) 域命名空间

域命名空间不仅可以提供 DFS 文件夹的容错，而且可以提供命名空间服务器的容错。若 DFS 命名空间创建在一台计算机上，当这台计算机出现问题时，则难以达到共享资源被访问的要求。域命名空间可以提供命名空间服务器的同步和容错功能，但要求存储命名空间服务器的计算机必须是域成员。

如果选择基于域的命名空间，则必须选择使用 Windows 2000 Server 模式或是 Windows Server 2012 模式。Windows Server 2012 模式包括对基于访问权限的枚举的支持以及增强的可伸缩性。Windows 2000 Server 中引入的基于域的命名空间目前被称为“基于域的命名空间(Windows 2000 Server 模式)”。若要使用 Windows Server 2012 模式，则域和命名空间必须满足下列两个要求：一是域使用 Windows Server 2012 域功能级别；二是所有命名空间服务器运行的均是 Windows Server 2012。创建新的基于域的命名空间时，如果环境支持，则选择 Windows Server 2012 模式。此模式提供附加功能和可伸缩性，同时消除需要从 Windows 2000 Server 模式迁移命名空间的可能性。

4．分布式文件系统(DFS)的安全性

除了创建必要的管理员权限之外，分布式文件系统(DFS)服务不实施任何超出 Windows Server 2012 系统所提供的其他安全措施。指派到 DFS 命名空间或 DFS 文件夹的权限可以决定添加新 DFS 文件夹的指定用户。

共享文件的权限与 DFS 拓扑无关。例如，有一个名为 Link 的 DFS 文件夹，并且有适

当的权限可以访问该链接所指定的 DFS 共享文件夹。在这种情况下，就可以访问该 DFS 文件夹组中所有的 DFS 共享文件夹，而不考虑是否有访问其他共享文件夹的权限。然而，访问这些共享文件夹的权限决定了用户是否可以访问文件夹中的信息，此访问标准由 Windows Server 2012 安全控制台决定。

总之，当用户尝试访问 DFS 共享文件夹和它的内容时，FAT/FAT32 格式文件系统提供文件上的共享级安全，而 NTFS 格式文件系统则提供完整的 Windows Server 2012 安全。

6.5.2 安装分布式文件系统

分布式文件系统涉及多个服务器，包括命名空间服务器和 DFS 成员服务器，每台服务器都需要安装文件服务角色。在如图 6-42 所示的例子中，命名空间服务器使用的是 XYZ 公司的域控制器(DC-Server)，在该服务器中需要文件服务器、DFS 命名空间和 DFS 复制等角色服务；XYZ 公司的文件服务器(File-Server)和开发部服务器(Research-Server)都包含了 DFS 的文件夹目标，因此这两台服务器上也需要安装文件服务器和 DFS 复制等角色服务。

1．安装命名空间服务器

在安装命名空间服务器时，可以在安装过程中创建一个命名空间，并向命名空间添加文件夹，也可在安装完成后再创建命名。

(1) 打开【服务器管理器】窗口，展开【仪表板】节点，选中【快速启动】节点，在右窗格中单击【添加角色和功能】超链接，启动添加角色服务向导，如图 6-45 所示。

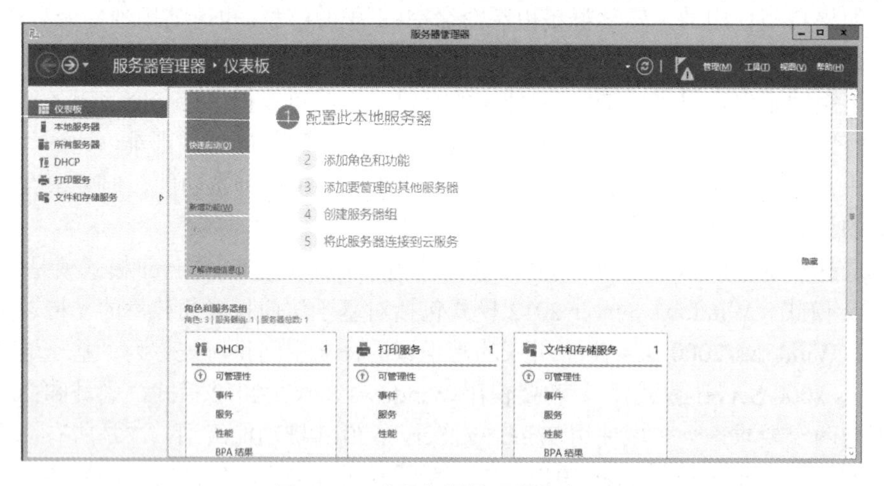

图 6-45 【服务器管理器】窗口

(2) 打开【选择服务器角色】向导页，在【服务器角色】列表框中选择要安装在所选服务器上的一个或多个角色，选中【文件和 iSCSI 服务】复选框，如图 6-46 所示。

(3) 在【选择服务器角色】向导页中，展开【文件和 iSCSI 服务】选项，选中【DFS 命名空间】复选框，如图 6-47 所示，单击【下一步】按钮，创建 DFS 命名空间。

(4) 在【命名空间类型】向导页中，确定是使用【基于域的命名空间】还是使用【独立命名空间】，单击【下一步】按钮继续，如图 6-48 所示。

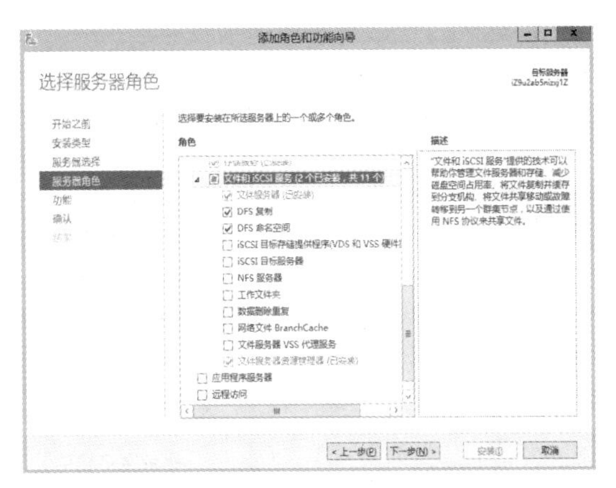

图 6-46　【选择服务器角色】向导页

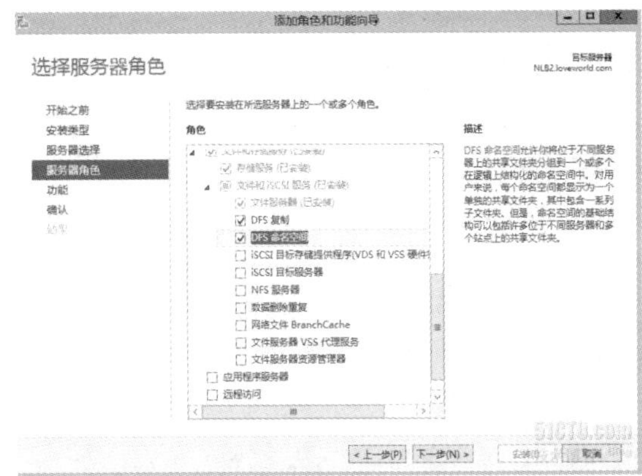

图 6-47　选中【DFS 命名空间】复选框

(5) 若上一步选择的是【基于域的命名空间】，输入域管理员的用户名和密码，单击【下一步】按钮，则打开【复查设置并创建命名空间】向导页，如图 6-49 所示。

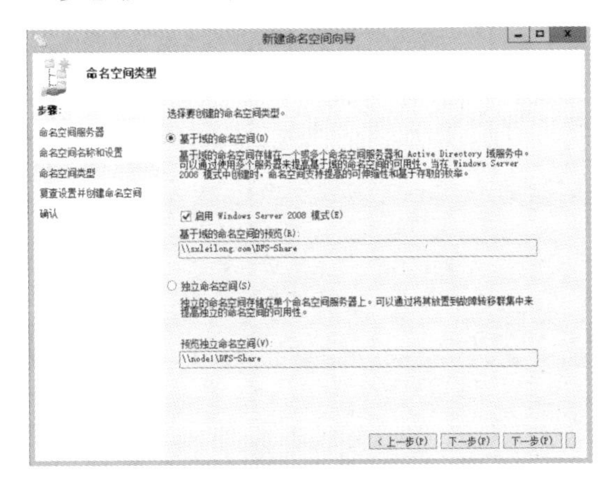

图 6-48　【命名空间类型】向导页

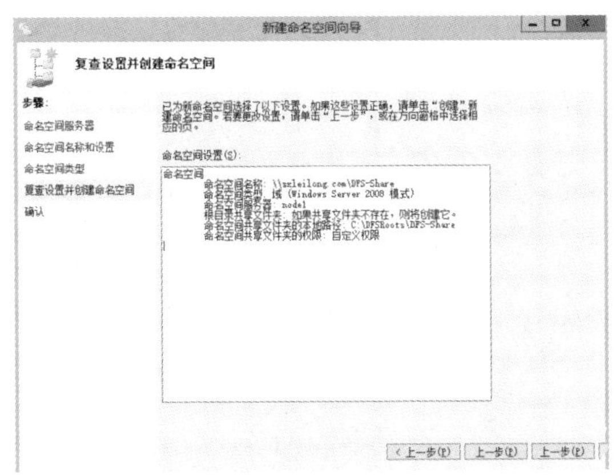

图 6-49　【复查设置并创建命名空间】向导页

(6) 在【配置命名空间】向导页，可以向命名空间中添加位置不同的服务器上的共享文件夹，单击【添加】按钮。这里保持默认设置，在 DFS 安装完成后再进行详细设置。单击【下一步】按钮，如图 6-50 所示。

(7) 在【确认安装选择】向导页中显示了前面的步骤中所做的设置，然后检查设置是否正确。若不正确，单击【上一步】按钮返回前面的对话框中进行修改。检查无误后，单击【安装】按钮，如图 6-51 所示。

(8) 打开【安装进度】向导页，单击【关闭】按钮，如图 6-52 所示。

2. 安装 DFS 成员服务器

包含 DFS 的文件夹目标的服务器需要安装相应的角色服务才能使 DFS 正常工作。例如，XYZ 公司的文件服务器(File-Server)和开发部服务器(Research-Server)，这两台服务器上需要安装文件服务器和 DFS 复制等角色服务，但 DFS 命名空间角色服务可以不安装。安装过程非常简单，不再赘述。

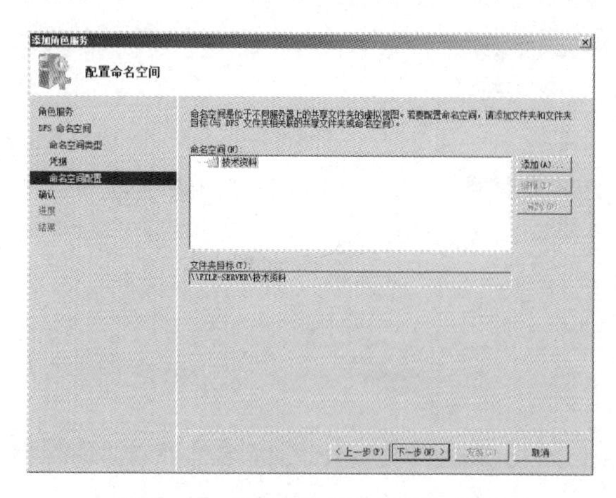

图 6-50　【配置命名空间】向导页

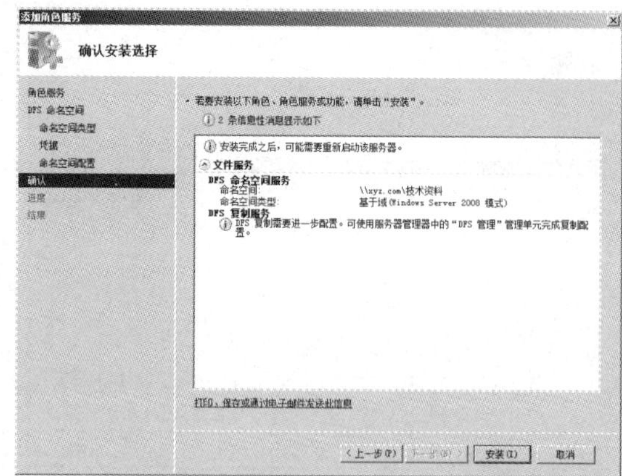

图 6-51　【确认安装选择】向导页

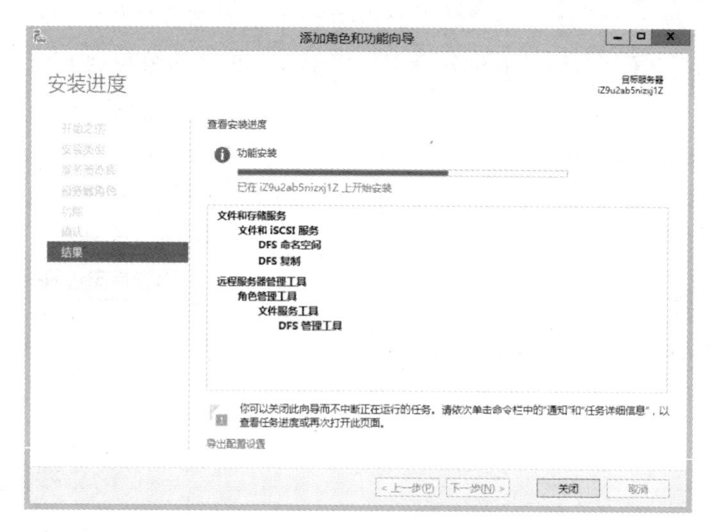

图 6-52　【安装进度】向导页

6.5.3　管理分布式文件系统

要在 Windows Server 2012 中使用 DFS，首先需要创建 DFS 命名空间，根据 DFS 类型的不同，需要创建不同类型的命名空间。域 DFS 需创建域的命名空间，独立 DFS 需创建独立的命名空间。

1. 添加多个命名空间

在一个 DFS 中可以有多个命名空间，上一小节中，在安装分布式文件系统时已创建了一个命名空间，用户还可以使用 DFS 管理工具创建和管理 DFS 命名空间。添加命名空间的操作步骤如下。

(1)　如果文件服务器已加入了域，则以域管理员身份登录；若文件服务器是独立服务器，则以本地系统管理员身份登录。

(2) 选择【开始】→【管理工具】→DFS Management 命令，打开【DFS 管理】窗口，如图 6-53 所示。

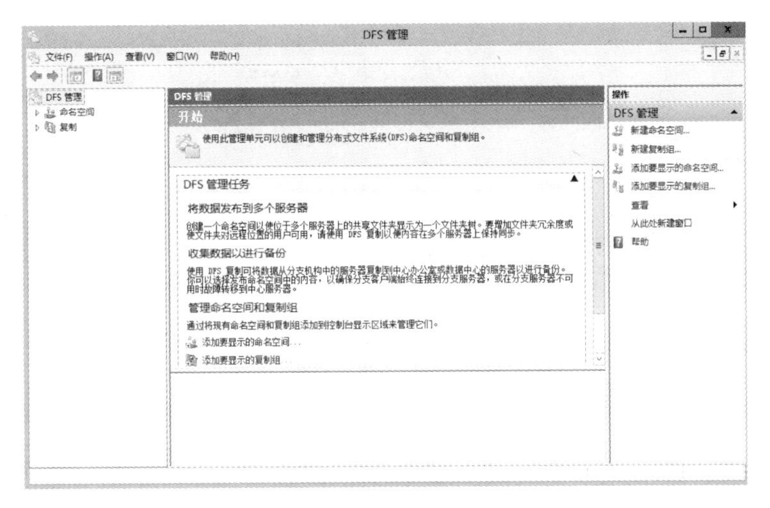

图 6-53　【DFS 管理】窗口

(3) 在【DFS 管理】窗口中单击【操作】窗格中的【新建命名空间】超链接，打开创建命名空间向导。

(4) 在【命名空间服务器】向导页，输入承载命名空间的服务器名称，也可单击【浏览】按钮。操作完成后单击【下一步】按钮，如图 6-54 所示。

(5) 在【命名空间名称和设置】向导页，输入命名空间的名称。这个名称将显示在命名空间路径中的服务器名或域名之后，单击【编辑设置】按钮，设置共享文件夹的位置以及权限等，如图 6-55 所示。

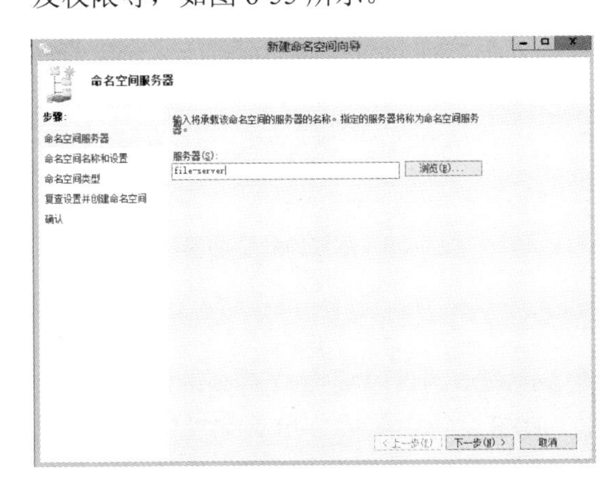

图 6-54　【命名空间服务器】向导页

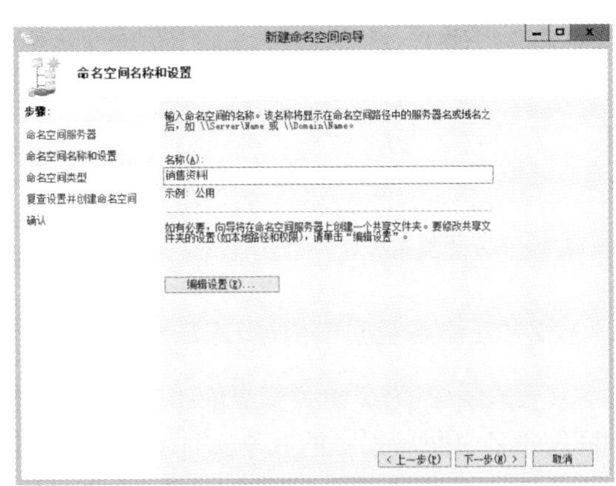

图 6-55　【命名空间名称和设置】向导页

(6) 打开【编辑设置】对话框，设置共享文件夹的位置以及共享文件夹权限，单击【确定】按钮，如图 6-56 所示。回到【命名空间名称和设置】向导页，单击【下一步】按钮。

(7) 在【命名空间类型】向导页中选择域的命名空间类型，单击【下一步】按钮，如图 6-57 所示。

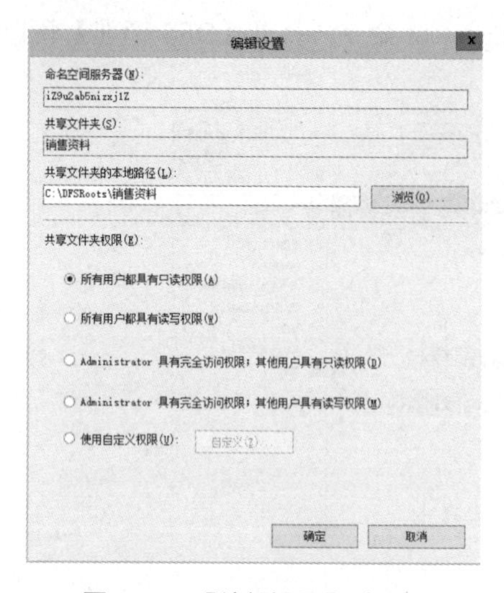

图 6-56 【编辑设置】对话框

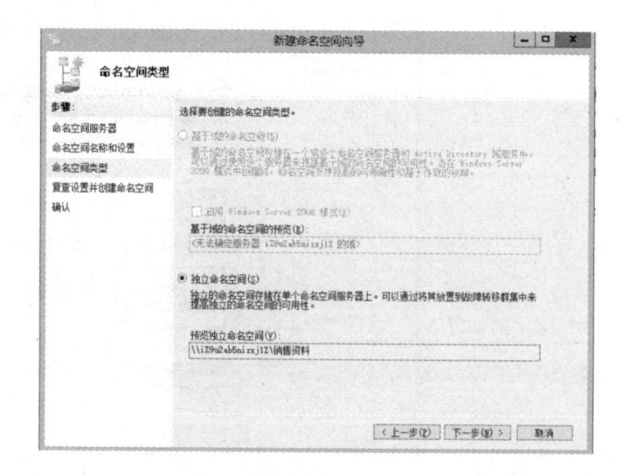

图 6-57 【命名空间类型】向导页

(8) 打开【复查设置并创建命名空间】向导页，如果设置正确，单击【创建】按钮。若要更改设置，单击【上一步】按钮返回进行修改，如图 6-58 所示。

(9) 在【确认】向导页，显示创建命名空间成功，单击【关闭】按钮，如图 6-59 所示。

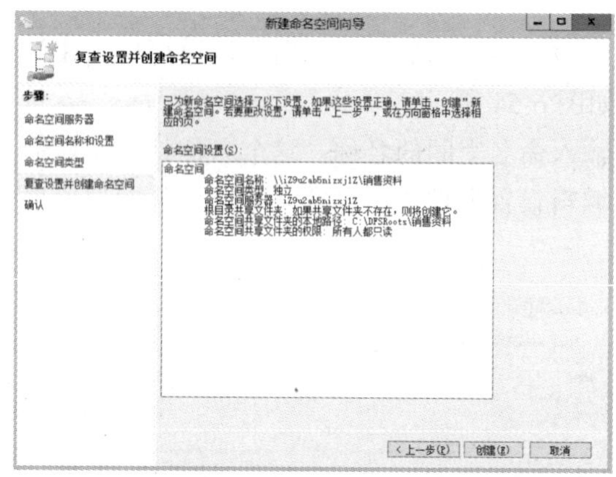

图 6-58 【复查设置并创建命名空间】向导页

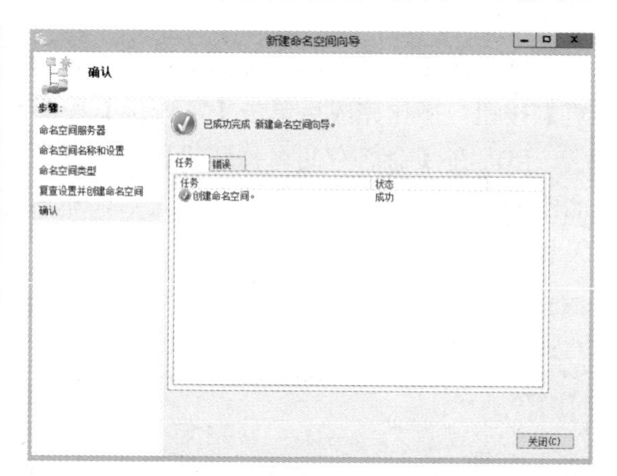

图 6-59 创建命名空间成功

2. 在命名空间中创建 DFS 文件夹

完成创建 DFS 命名空间的工作以后，可以在 DFS 命名空间中添加文件夹，其目的是使 DFS 命名空间与指定的共享文件夹之间建立联系。DFS 文件夹是从 DFS 命名空间到一个或多个 DFS 共享文件夹、其他 DFS 命名空间或者是基于域的卷连接。将网络中的其他共享文件夹添加到 DFS 文件夹中，通过 DFS 文件夹，用户可以访问网络中指定的共享文件夹，这些资源可以位于网络中的任何位置。这样，用户无须知道共享资源的网络路径，通过一个 DFS 命名空间即可访问多个共享资源。

添加 DFS 文件夹的操作步骤如下。

(1) 打开【DFS 管理】窗口，在左侧控制树中选中需要创建文件夹的命名空间，单击【操作】窗格中的【新建文件夹】超链接，如图 6-60 所示。

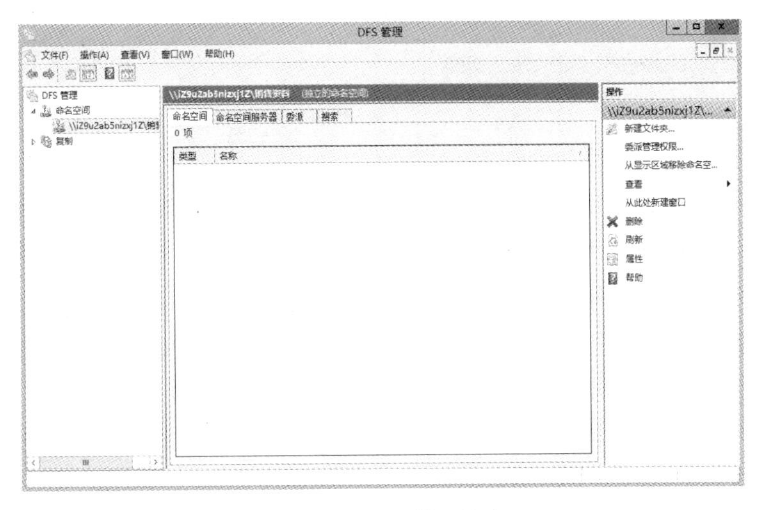

图 6-60　【DFS 管理】窗口

(2) 打开【新建文件夹】对话框，在【名称】文本框中输入文件夹名称，单击【添加】按钮，如图 6-61 所示。

(3) 打开【添加文件夹目标】对话框。如果已经知道共享文件夹的 UNC，可按照示例输入，若不清楚，可单击【浏览】按钮进行选择。这里单击【浏览】按钮，如图 6-62 所示。

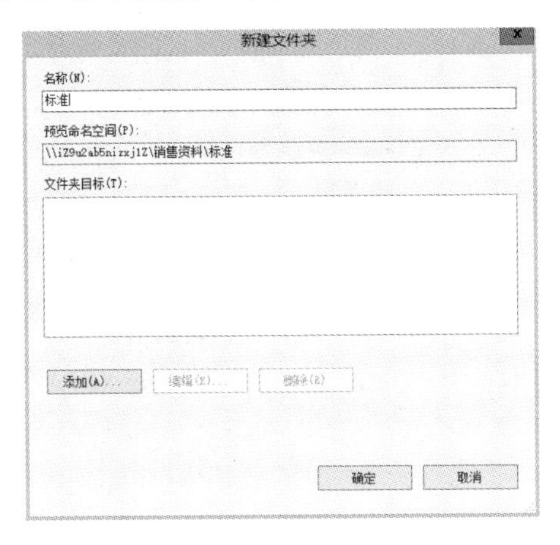

图 6-61　【新建文件夹】对话框

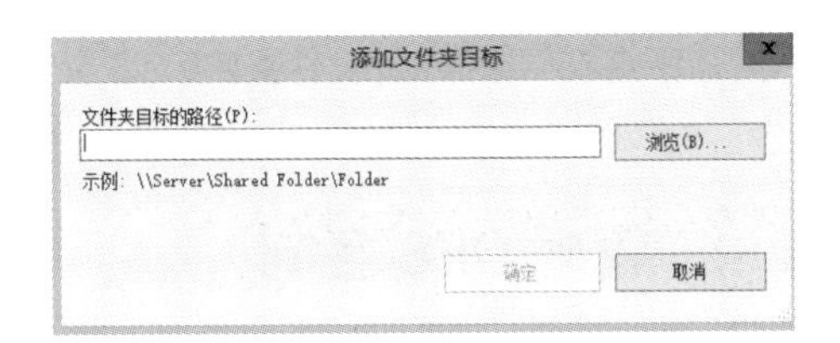

图 6-62　【添加文件夹目标】对话框

(4) 打开【浏览共享文件夹】对话框，在【服务器】文本框中输入共享文件夹所在服务器的名称，或者单击【浏览】按钮选择服务器。确定服务器后，将显示这台服务器中所有共享文件夹，选择某个共享文件夹，单击【确定】按钮，如图 6-63 所示。

(5) 在【添加文件夹目录】对话框中显示了添加的目标路径，单击【确定】按钮，此时目录文件夹显示在【新建文件夹】对话框的列表框中，如图 6-64 所示。

(6) 如果新建文件夹的目标在其他服务器上还有副本，可重复上述步骤，再添加多个文件夹目标，如图 6-65 所示。

(7) 如果添加了多个文件夹目标，单击【确定】按钮，打开【复制】对话框，询问是否同步上述目标文件夹的内容。单击【是】按钮，打开【复制文件夹向导】对话框，如图 6-66 所示。对于创建复制组的操作，则参见后面的介绍。

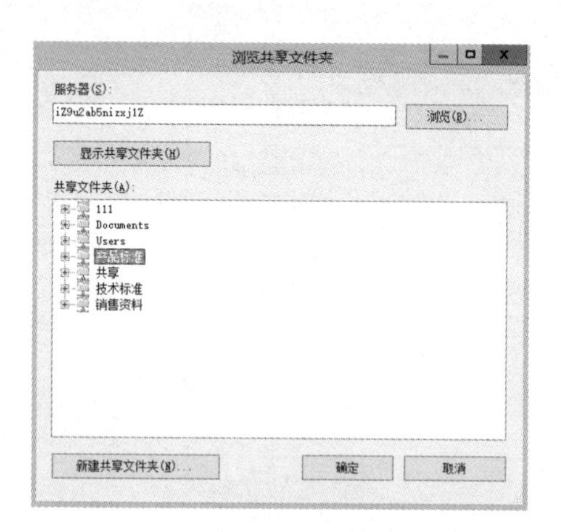

图 6-63 【浏览共享文件夹】对话框

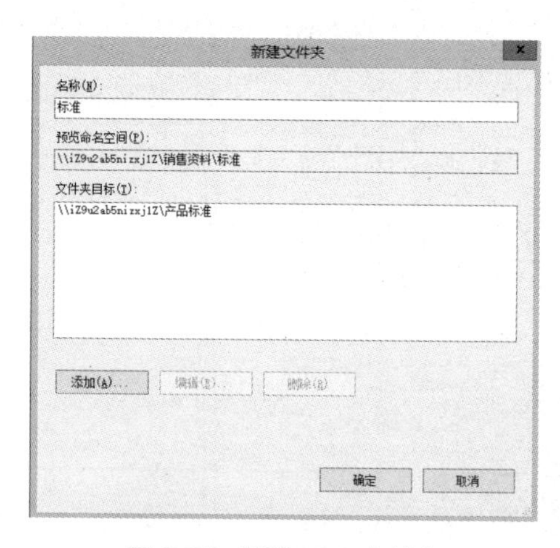

图 6-64 新建 DFS 文件夹

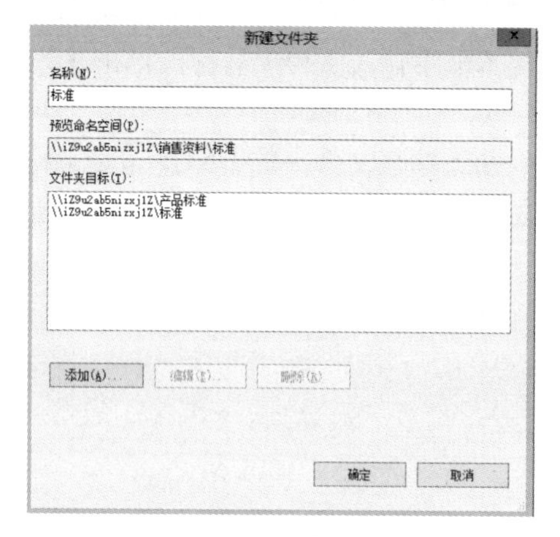

图 6-65 添加多个文件夹目标

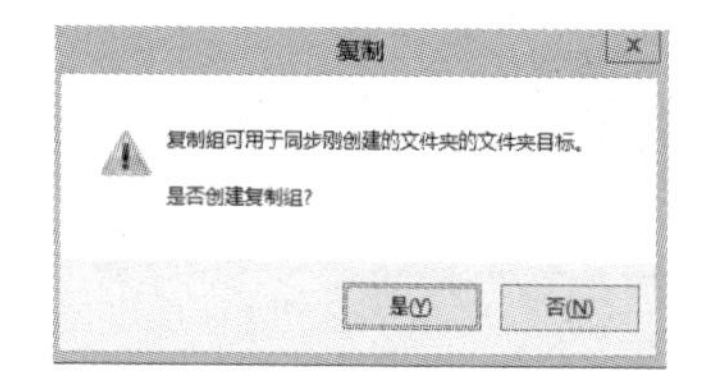

图 6-66 是否创建复制组

6.5.4 管理 DFS 复制

当 DFS 文件夹目标设置不止一个目标时，这些目标所映射的共享文件夹中的文件应该完全相同并且保持同步，这一功能可以通过 DFS 复制来实现。DFS 复制是一种基于状态的新型多主机复制引擎，它使用了许多复杂的进程来保持多个服务器上的数据同步，在一个成员服务器上进行任何更改都将复制到复制组中的其他成员上。

1. 复制拓扑

DFS 文件夹的多个目标中任何一个发生变化，都会引发其他目标的同步，然而这种同步的具体方式则是由复制拓扑来决定的。

(1) 集散：类似于网络拓扑的星状拓扑。指定一个目标为集中器，其他目标都与之相连，但彼此不相连。同步复制能在集中器与其他目标间进行，却不能在任意两个非集中器目标间直接进行。此种拓扑要求复制组中包含 3 个或 3 个以上成员。

(2) 交错：类似于网络拓扑的网状拓扑。所有目标彼此相连，任意一个目标都可以直接同步复制到其他目标。

(3) 自定义：手动设定各目标之间的复制方式。例如，允许从一个目标到另一目标的复制，却禁用反向复制，以便保证以其中一个目标的修改为标准。

2. 创建 DFS 复制组

要使用 DFS 复制发布数据，首先需要创建一个复制组。

(1) 如果在图 6-66 中单击【是】按钮，将打开复制文件夹向导。管理员也可以在【DFS 管理】窗口的【复制】选项卡中单击【复制文件夹向导】超链接来启动该向导，如图 6-67 所示。

(2) 在【复制组类型】向导页中选择要创建的复制组的类型，然后单击【下一步】按钮，如图 6-68 所示。

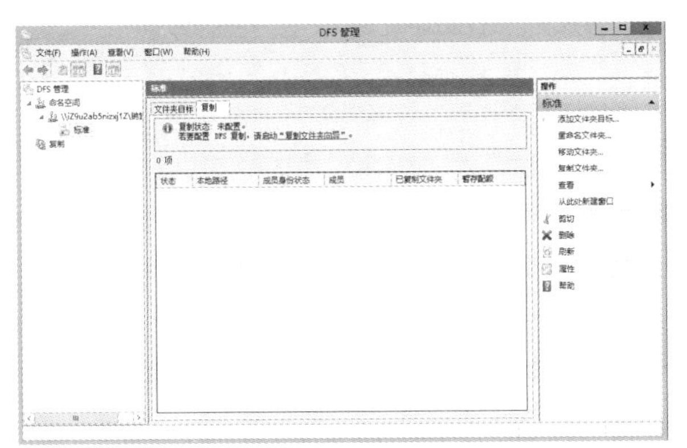

图 6-67　启动复制文件夹向导

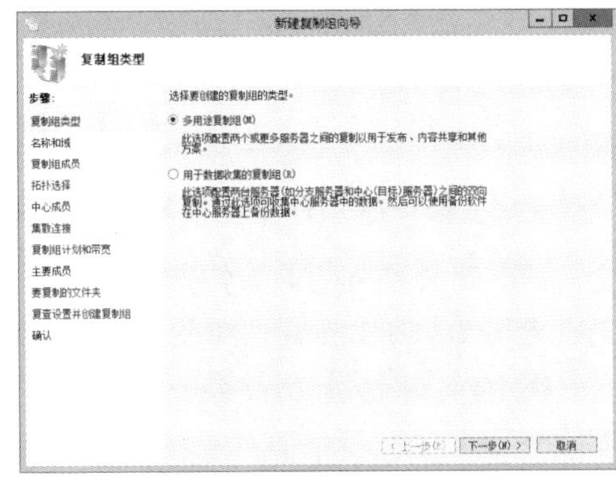

图 6-68　【复制组类型】向导页

(3) 在【名称和域】向导页中可以设置复制组的名称和域，单击【下一步】按钮即可，如图 6-69 所示。

(4) 在【主要成员】向导页中选择初次复制时的权威服务器。例如，XYZ 公司的“标准”是由开发部维护的，它的数据是权威的，因此选择 WIN-C4 服务器作为主要成员。操作完成后单击【下一步】按钮，如图 6-70 所示。

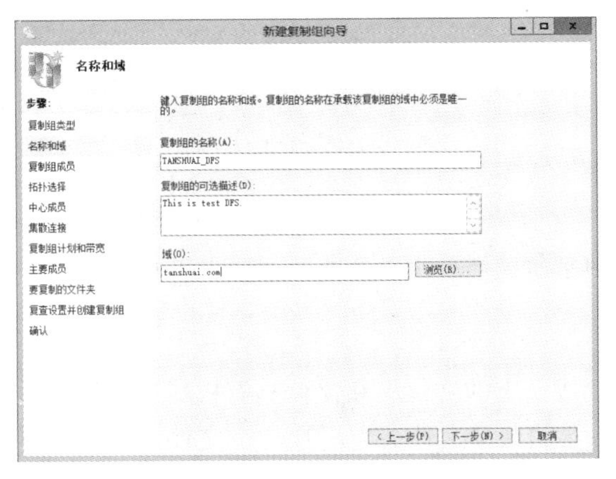

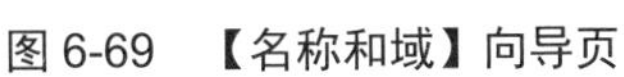
图 6-69　【名称和域】向导页

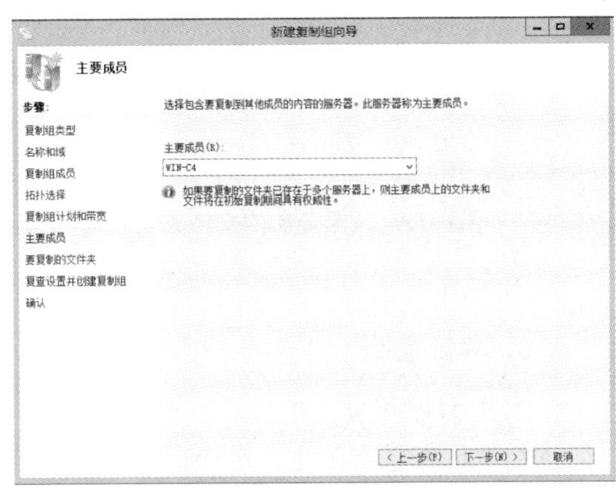

图 6-70　【主要成员】向导页

(5) 在【拓扑选择】向导页中选择复制时的拓扑结构，然后单击【下一步】按钮，如图 6-71 所示。

(6) 在【复制组计划和带宽】向导页中选择复制的时机和复制时使用的网络带宽，然后单击【下一步】按钮，如图 6-72 所示。

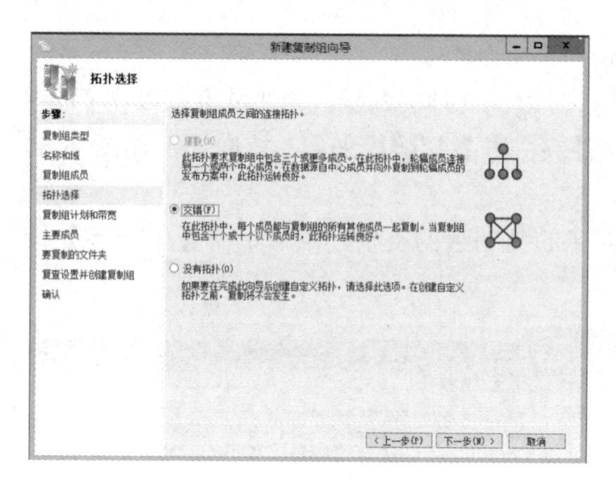

图 6-71 【拓扑选择】向导页

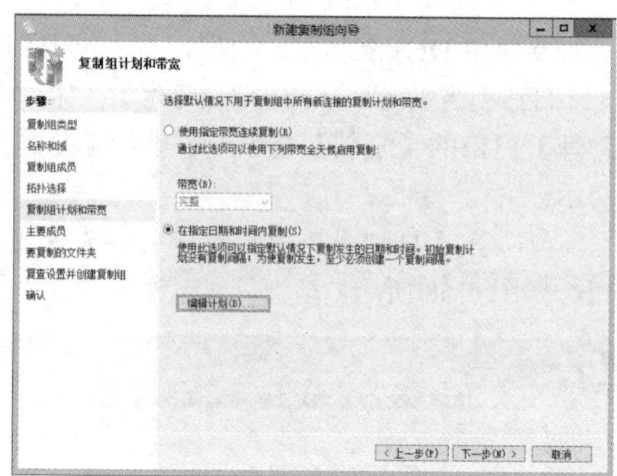

图 6-72 【复制组计划和带宽】向导页

(7) 在【要复制的文件夹】向导页中选择主要成员希望复制到复制组其他成员的文件夹。单击【添加】按钮，如图 6-73 所示。

(8) 在【确认】向导页中显示了创建复制组的过程及结果，单击【关闭】按钮即可，如图 6-74 所示。

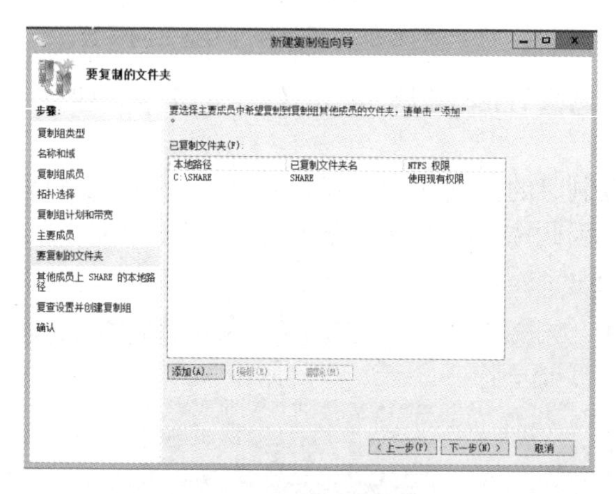

图 6-73 【要复制的文件夹】向导页

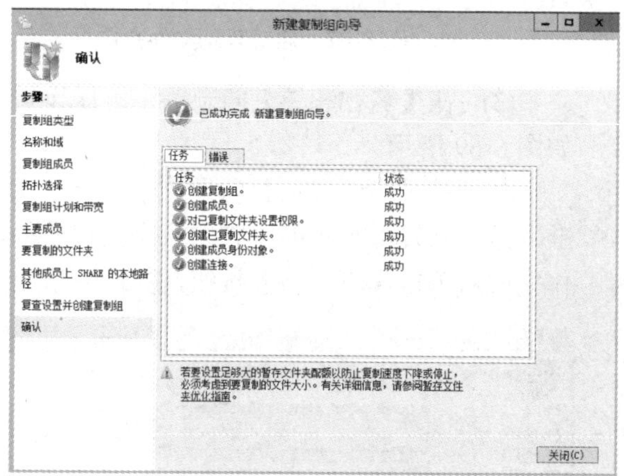

图 6-74 【确认】向导页

图 6-75 所示为复制组创建后的界面，管理员可以根据应用情况对复制组进行修改。

3. 验证复制

DFS 复制组创建完成后，首次复制时主要成员上的文件夹和文件具有权威性。为了验证复制组是否正常工作，可以向主要成员服务器的共享文件夹中添加一个文件，然后查看添加的文件是否复制到了其他服务器的共享文件夹中。例如，在上面的例子中，可以向开发部服务器(Research-Server)的共享文件夹中添加一些文件，然后查看文件服务器

(File-Server)上是否也存有副本。

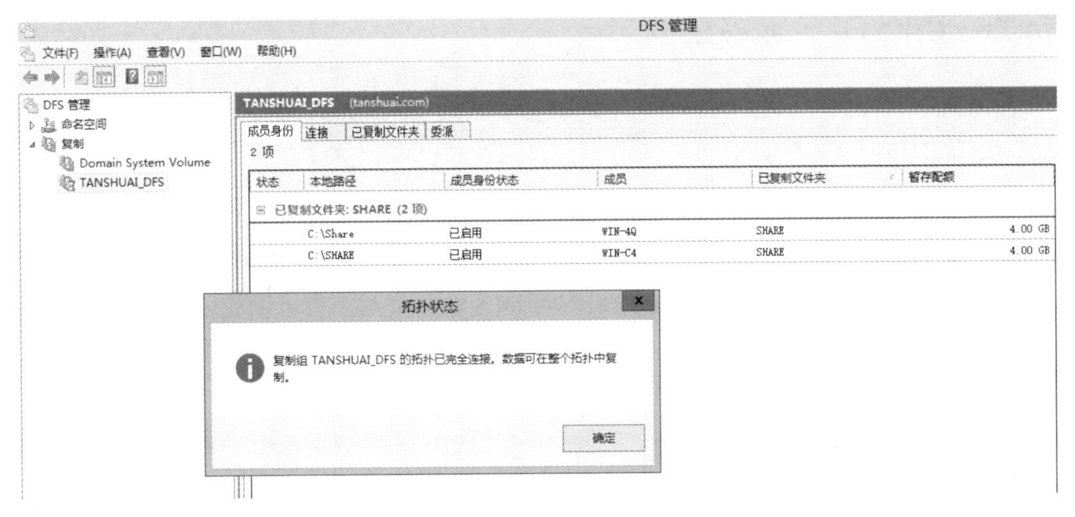

图 6-75　复制组创建完成

4．配置 DFS 复制计划

由于 DFS 复制可能需要占用大量的网络带宽，如果是生产性服务器，那么 DFS 复制可能会影响到正常业务的运行，因此需要配置 DFS 复制的时机和复制时使用的网络带宽，使之不影响正常业务。

DFS 复制计划可以在创建 DFS 复制组时配置，在图 6-72 中选中【在指定日期和时间内复制】单选按钮，单击【编辑计划】按钮，打开【编辑计划】对话框。对于一个已创建好的复制组而言，可以在【DFS 管理】窗口中展开【复制】节点，右击要修改的复制组，在弹出的快捷菜单中选择【编辑复制组计划】命令，打开【编辑计划】对话框，单击【详细信息】按钮，展开对话框，如图 6-76 所示。

在【编辑计划】对话框中单击【添加】按钮，打开【添加计划】对话框，在对话框中选择 DFS 复制的时间和网络带宽的使用率，如图 6-77 所示。

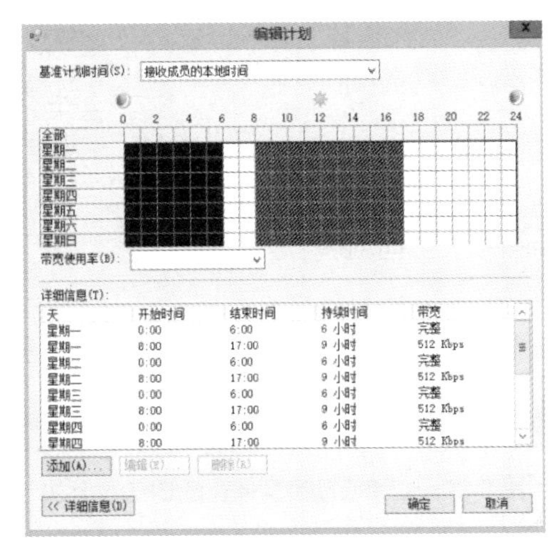

图 6-76　【编辑计划】对话框

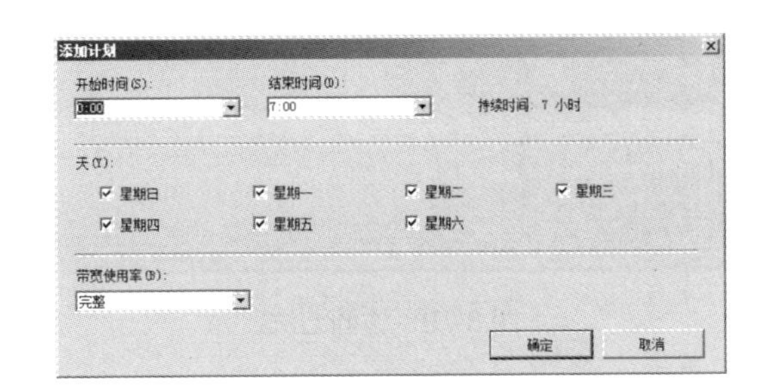

图 6-77　【添加计划】对话框

6.5.5 访问 DFS 命名空间

在 Windows Server 2012 中，命名空间有独立命名空间和基于域的命名空间这两种命名类型，它们的访问方式略有不同。

1. 访问独立 DFS 命名空间

访问独立命名空间中的DFS共享文件夹以及访问DFS中的文件的方法与访问普通共享文件夹的方法相同，可以通过运行方式来访问 DFS 命名空间，也可以通过“映射网络驱动器”来进行访问。使用运行方式来访问 DFS 命名空间时，使用的 UNC 路径为：

\\命名空间服务器的名称\命名空间\

2. 访问基于域的 DFS 命名空间

若要访问基于域的命名空间中的 DFS 共享文件夹，不但可以使用上述的 UNC 路径，还可以使用域名：

\\域名\命名空间

例如，访问 XYZ 公司的“技术资料”命名空间，可以在【运行】对话框中输入“\\xyz.com\技术资料”，如图 6-78 所示。

如图 6-79 所示为“标准”目标文件夹中的内容。

基于域的命名空间创建后，会自动地发布到活动目录中去。若使用活动目录来查找 DFS 文件夹则更方便，如图 6-80 所示。

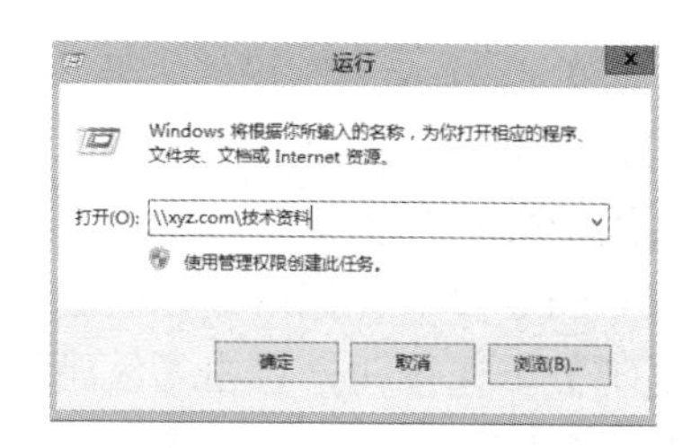

图 6-78 【运行】对话框

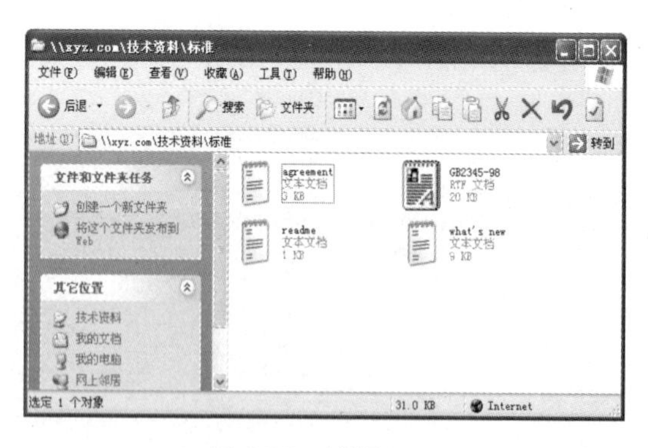

图 6-79 访问 DFS

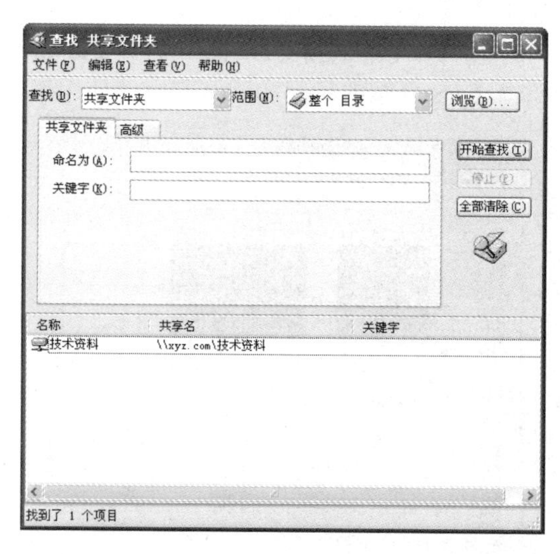

图 6-80 使用活动目录来查找 DFS 文件夹

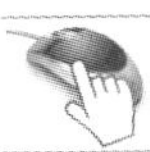

6.6　回到工作场景

通过对 6.2～6.5 节内容的学习，应理解文件夹共享权限，以及它与 NTFS 权限的组合权限；掌握新建共享文件夹的方法；掌握客户端访问共享文件夹的方法；掌握文件服务器的安装与管理方法，利用文件服务器管理和监视共享资源。下面回到 6.1 节介绍的工作场景中，完成工作任务。

(1) 打开【服务器管理器】窗口，选择左侧的【角色】节点，单击【添加角色】超链接，启动添加角色向导。在【选择服务器角色】对话框中选中【文件服务】复选框，打开【选择角色服务】对话框后选中【打印服务器】复选框。

(2) 打开【共享和存储管理】窗口，在【操作】窗格中单击【设置共享】超链接，启动设置共享文件夹向导。在【设置共享文件夹向导】对话框中单击【浏览】按钮，选择“D:\公用文档”，单击【下一步】按钮。在打开的【NTFS 权限】对话框中检查“D:\公用文档”文件的 NTFS 权限，单击【下一步】按钮。余下操作按照向导保持的默认配置即可。重复上述步骤，将 E 盘中的“员工个人文档”文件夹设置为共享文件夹。

(3) 在客户端可以根据实际需要选择使用查看工作组计算机、搜索计算机，运行窗口、使用资源管理器，映射网络驱动器和创建网络资源的快捷方式等方法，访问文件服务器中的共享文件夹。

6.7　工作实训营

6.7.1　训练实例

【实训环境和条件】

(1) 网络环境或 VMware Workstation 6.0 虚拟机软件。

(2) 安装有 Windows Server 2012 系统的物理计算机或虚拟机(充当域控制器)。

(3) 安装有 Windows 10/Vista/7 系统的物理计算机或虚拟机(充当域客户端)。

【实训目的】

通过上机实习，学员应该理解文件夹共享权限，以及它与 NTFS 权限的组合权限；掌握新建共享文件夹的方法；掌握客户端访问共享文件夹的方法；掌握文件服务器的安装与管理方法，使用文件服务器管理和监视共享资源；初步了解分布式文件系统(DFS)的基本概念、主要特点及应用场合，以及 DFS 的安装、管理和访问方法。

【实训内容】

(1) 新建并访问共享文件夹。

(2) 安装文件服务器。

(3) 使用文件服务器管理和监视共享资源。

(4) 创建与使用分布式文件系统(DFS)。

【实训过程】

(1) 新建并访问共享文件夹。

① 在 NTFS 分区中创建若干个文件夹，分别配置其访问权限，并在每个文件夹中添加一个测试文件。

② 利用资源管理器创建一个共享文件夹，并设置其共享权限。在客户端访问该共享文件夹，打开、添加、编辑、删除共享文件夹中的文件。

③ 利用计算机管理器创建一个共享文件夹，并设置其共享权限。在客户端访问该共享文件夹，打开、添加、编辑、删除共享文件夹中的文件。

④ 创建一个隐藏的共享文件夹，利用【运行】对话框或资源管理器访问该共享文件夹。

(2) 安装文件服务器。

① 打开【服务器管理器】窗口，选择左侧的【角色】节点，单击【添加角色】链接，启动添加角色向导。

② 在【选择服务器角色】向导页中选中【文件服务】复选框。

③ 在【选择角色服务】向导页中选中【打印服务器】复选框。

(3) 使用文件服务器管理和监视共享资源。

① 打开【共享和存储管理】窗口，在【操作】窗格中单击【设置共享】超链接，启动设置共享文件夹向导。

② 打开【设置共享文件夹向导】向导页，选择设置为共享文件夹的路径，单击【下一步】按钮。

③ 在【NTFS 权限】向导页中指定 NTFS 权限，单击【下一步】按钮。

④ 在【共享协议】向导页中选中 SMB 复选框，并设置共享名，单击【下一步】按钮。

⑤ 在【SMB 设置】向导页中添加描述信息，设置用户限制、基于访问权限的枚举和脱机设置等。余下操作按向导提示执行即可。

⑥ 在【共享和存储管理】窗口修改共享文件夹的共享属性，监视共享文件夹的使用情况。

(4) 创建与使用分布式文件系统。

① 利用服务器管理器中的安装角色服务向导，安装分布式文件系统(DFS)。

② 打开【DFS 管理】向导页，单击【操作】窗格中的【新建命名空间】超链接，利用创建命名空间向导创建一个命名空间。

③ 在【DFS 管理】向导页中选中一个命名空间，单击【操作】窗格中的【新建文件夹】超链接，在命名空间中创建 DFS 文件夹。

④ 配置 DFS 复制。

⑤ 在客户端访问 DFS 中的文件夹。

6.7.2 工作实践常见问题解析

当我们在访问网络共享资源遇到问题时，首先要确定网卡、协议、连接有没有问题。在没有问题的情况下，也就是可 ping 通的前提下，可从下面几个方面来考虑。

【问题 1】使用基于 UNC 路径的 IP 形式来访问共享资源时，显示“文件名、目录名或卷标语法不正确”，此时应如何排查？

【答】该错误可能是由目标机的“Microsoft 网络的文件和打印机共享”服务的问题而造成的。首先应该查看网络连接的属性，检查该服务是否安装、是否选中，或重装安装一下。

【问题 2】使用基于 UNC 路径的 IP 形式来访问任何一台计算机上的共享资源时，都显示“网络未连接或启动”，如何排查？

【答】出现该问题可能是由于本机的 workstation 服务停了，解决方法是打开【服务】窗口，检查该服务是否启动。

【问题 3】访问任何计算机中的共享资源时，都提示“找不到网络路径”，如何排查？

【答】出现该问题可能是由于本机与其他计算机重名(是指 NetBIOS 名称)，遇到这个问题时，可重启本地计算机，看是否有“网络中存在重名”的提示。若是这个原因，可通过计算机属性对话框来修改计算机名。

6.8 习题

一、填空题

1. Windows Server 2012 默认的共享权限是 Everyone 组具有______权限。

2. 在共享文件夹的共享名后加上________符号后，当用户通过【网上邻居】窗口浏览计算机时，共享文件夹会被隐藏。

3. 分布式文件系统命名空间有两种类型，分别是__________命名空间和__________的命名空间。

4. 分布式文件系统主要有__________、__________和____________3 方面特性。

二、选择题

1. 共享文件夹不具备_________权限类型。

   A. 读取　　B. 更改　　C. 完全控制　　D. 列文件夹内容

2. 共享文件夹完全控制权限包括_________。

   A. 更改权限，取得所有权　　B. 修改权限

   C. 取得所有权　　D. 遍历文件夹

3. 对网络访问和本地访问都有用的权限是_________。

   A. 共享文件夹权限　　B. NTFS 权限

   C. 共享文件夹及 NTFS 权限　　D. 无

4. 下列方式中，不能访问网络中的共享文件夹的方式是通过_________。

A. 网上邻居　　B. UNC 路径
C. Telnet　　D. 映射网络驱动器

5. 你是公司的网络管理员，财务部经理 Lee 平时处理很多的文件，你给他设置了各个文件的 NTFS 权限。当 Lee 离开公司后，新员工 Bill 来接替他的工作。为了让 Bill 访问这些文件，采用下列________方法比较容易实现。

A. 将 Lee 以前拥有的所有权限为 Bill 逐项设置
B. 让 Bill 将这些文件复制到 FAT32 的分区上
C. 将 Lee 的用户名更改为 Bill，并重设密码

6. 你是一台安装有 Windows Server 2012 操作系统的计算机的系统管理员，你正在设置一个 NTFS 文件系统的分区上的文件夹的用户访问权限，如下表所示：

	本地 NTFS 权限	共享权限
Administrators	读	完全控制
Everyone	完全控制	读

当 Administrator 通过网络访问该文件夹时，其权限是________。

A. 读　B. 完全控制　C. 列出文件夹目录　D. 读取和运行

7. 你是 test king 网络的管理员，该网络包括一个简单的活动目录，域名为 Test.net。所有的网络服务器运行的都是 Windows Server 2012。该网络上有一个名叫 TestDocs 的共享文件夹，这个文件夹是不能被用户在浏览名单上看见的，但是有用户能看到 TestDocs 共享文件夹。要使用户不能浏览该共享文件夹，应该怎么解决这个问题？________

A. 修改 TestDocs 的共享权限，从用户组中移除读的权限
B. 修改 TestDocs 的 NTFS 权限，从用户组中移除读的权限
C. 更改配额名字为 TestDocs #
D. 更改共享名字为 TestDocs $

第 7 章

打印服务器的配置

本章要点

- 打印服务概述。
- 安装与设置打印服务器。
- 共享网络打印机。
- 管理打印服务器。
- 安装与使用 Internet 打印。

技能目标

- 深刻理解打印设备、打印机、打印服务器和打印驱动程序的概念，了解网络共享打印机的连接方式和部署准则。
- 掌握本地打印设备的安装和共享方法、打印服务器角色的安装过程、向打印服务器添加网络打印设备的操作过程。
- 掌握在工作组和域模式下使用共享打印的方法。
- 掌握后台打印、打印机驱动程序、打印机权限和所有权、打印文档的管理方法。
- 理解打印机池和打印机优先级的用途和实际原理，及其配置方法。
- 掌握 Internet 打印的安装与使用过程。

7.1 工作场景导入

【工作场景】

S 公司设计部有 2 台 HP Designjet 510 大幅面打印机和 1 台 HP LaserJet 5200N 激活打印机，所有打印业务都进行集中管理。2 台 HP Designjet 510 打印机主要用于设计人员打印设计图纸，HP LaserJet 5200N 用于打印办公文档、合同和标书等一些商务文件。为了有效使用上述 3 台打印机，该公司购置了一台 PC 服务器作为打印服务器，全面调度和管理该部门的打印任务。该公司设计部经理打算实现如下功能：

(1) 利用打印服务器对上述 3 台打印机作业进行统一管理，其中 HP Designjet 510 通过 USB 接口直接连接到打印服务器上，HP LaserJet 5200N 通过网口连接到局域网中。日常打印的维护和管理工作由打印员 Rita 来完成。

(2) 所有设计人员都可以使用 HP Designjet 510 打印机打印设计图纸，具体使用哪一台，根据实际情况由打印服务器自行调度。

(3) 所有员工都可以使用 HP LaserJet 5200N 网络打印机，但优先打印设计部经理、副经理和各设计小组主管提交的文档。

(4) 出差员工可以通过 Internet 远程使用上述 3 台打印机打印设计图纸和文档。

假设这台服务器已为所有设计人员和打印员 Rita 创建了账户，同时创建了“研发人员”和“经理及主管”两个用户组，并把所有设计人员账户加入到“研发人员”用户组中，把设计部经理、副经理和各设计小组主管账户加入到“经理及主管”用户组中。

【引导问题】

(1) 在打印服务器中，如何安装和共享与其直接相连的本地打印设备？如何安装打印服务器角色？如何向打印服务器添加网络打印设备？

(2) 网络用户如何找到和使用网络中的共享打印机？

(3) 如何设置打印机的访问权限，使有的用户仅能打印文档，有的用户可以管理打印文档，有的用户可以管理打印机？

(4) 有多台打印设备可以完成打印任务时，如何实现自动地为打印文档选择一台空闲的打印设备打印，而无须用户干预？

(5) 如何实现经理和主管比普通员工的打印优先级高？

(6) 如何配置和使用 Internet 打印？

7.2 打印服务概述

7.2.1 打印系统的相关概念

打印系统是网络管理的重要组成部分，在介绍网络打印的配置和管理之前，先来了解打印系统的相关基本概念。这些基本概念主要包括本地打印设备、网络接口打印设备、打印服务器和打印驱动程序，如图 7-1 所示。

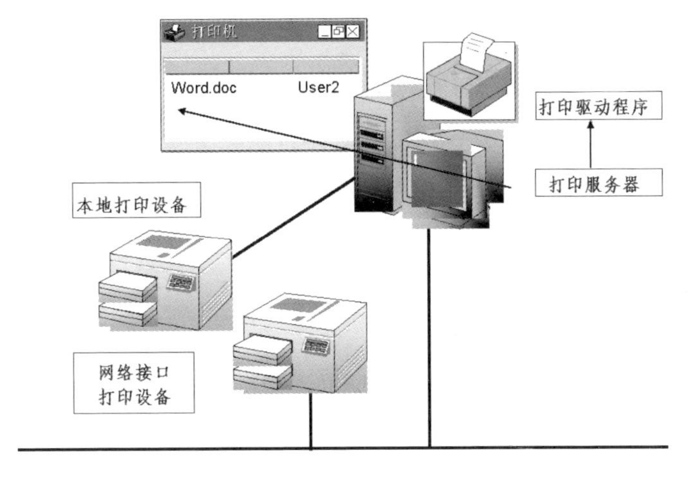

图 7-1　打印系统

1．打印设备(Printer Device)

打印设备即常说的打印机，它是实际执行打印的物理设备，可分为本地打印设备和带有网络接口的打印设备。若根据使用的打印技术来分，打印设备可分为针式打印设备、喷墨打印设备和激光打印设备。

2．打印机(Printer)

在 Windows 网络中，所谓的“打印机”并不是指物理的打印设备，而只是一种逻辑打印机。打印机是操作系统与打印设备之间的软件接口。打印机定义了文档将从何处到达打印设备(是到一个本地端口、一个网络连接端口还是到达一个文件)，何时进行，以及如何处理打印过程的各个方面。在用户与打印机进行连接时，使用的是打印机名称，它指向一个或者多个打印设备。

3．打印服务器(Printer Server)

打印服务器是对打印设备进行管理并为网络用户提供打印功能的计算机，负责接收客户机传送来的文档，然后将其送往打印设备打印。打印服务器既可以由通用计算机担任，也可以由专门的打印服务器担任。如果网络规模比较小，则可以采用普通计算机担任服务器，操作系统可以采用 Windows 2000/XP/Vista/7。如果网络规模较大，则应当采用专门的服务器，操作系统则应当采用 Windows Server 2003/2012，从而便于对打印权限和打印队列进行管理，并适应繁重的打印任务。

与打印服务器相对应的是打印客户机(Printer Client)，它是向打印服务器提交文档、请求打印功能的计算机。

4．打印驱动程序(Printer Driver)

打印驱动程序包含 Windows Server 2012 将打印命令转换为为特定的打印机语言所需要的信息。在打印服务器接收到要打印的文件后，打印驱动程序会负责将文件转换为打印设备所能够识别的模式，以便将文件送往打印设备打印。通常，打印驱动程序不是跨平台兼容的，因此必须将各种驱动程序安装在打印服务器上，才能支持不同的硬件和操作系统。

7.2.2 在网络中部署共享打印机

在网络打印中，虽然网络的整体性能和打印机的性能直接决定着网络用户对于共享打印机的使用，但是打印服务器的性能和布局模式也是相当重要的。打印服务器是打印服务的中心，其性能的好坏直接影响用户对打印机的使用，而打印机的网络布局则直接影响着对网络打印机的选择。

1. 网络中的共享打印机的连接模式

在网络中共享打印机时，主要有两种不同的连接模式，即“打印服务器+本地打印设备”模式和“打印服务器+网络打印设备”模式。

(1) “打印服务器+本地打印设备”模式。该模式是将一台普通打印机连接在打印服务器上，通过网络共享该打印机，供局域网中的授权用户使用。采用计算机作为打印服务器时的网络拓扑结构如图 7-2 所示。

针式打印机、喷墨打印机和激光打印机都可以充当共享打印机。由于喷墨打印机和激光打印机的打印速度快，且可以批量放置纸张，因此在使用时更加方便。由于针式打印机无法自动进纸，最好选用连续纸，而且打印速度比较慢，打印精度也较差，因此除非是复写式打印，否则最好不要使用针式打印机。

(2) “打印服务器+网络打印设备”模式。该模式是将一台带有网卡的网络打印机接入局域网，并为它设置 IP 地址，使网络打印机成为网络中的一个不依赖于其他计算机的独立节点。在打印服务器上对该网络打印机进行管理，用户就可以使用网络打印机进行打印了。网络打印机模式的拓扑结构如图 7-3 所示。

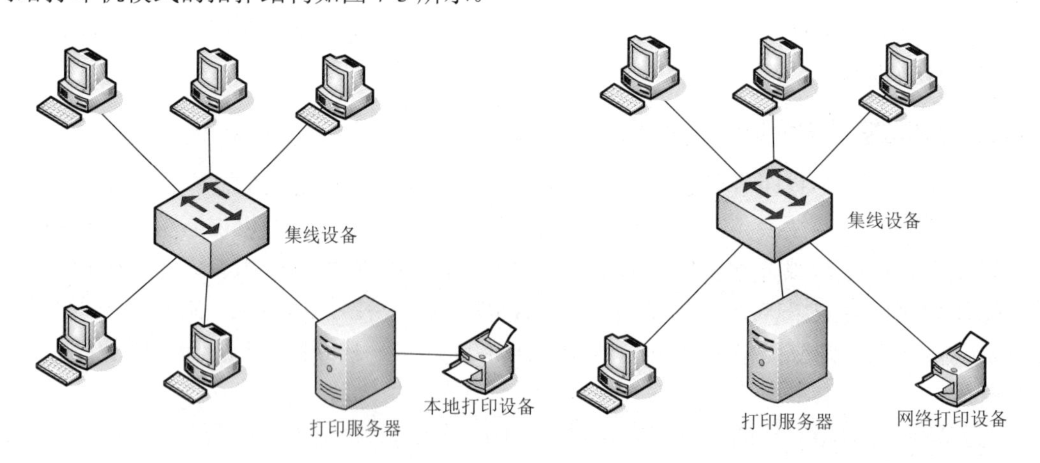

图 7-2 打印服务器+本地打印设备　　图 7-3 打印服务器+网络打印设备

由于计算机的端口有限，因此使用普通打印机时，打印服务器所能管理的打印机数量也较少。网络打印机采用以太网端口接入网络，一台打印服务器可以管理多台网络打印机，因此更适合大型网络的打印服务。

2．设置网络打印机的准则

作为计算机管理员，首先检查打印工作量并估计需要的容量，以满足各种条件下的需求。还需建立可简化打印环境安装、使用和支持的命名约定。其次，确定网络所需的打印服务器的数量，以及分配给每台服务器的打印机的台数。最后，确定要购买的打印机、作为打印服务器的计算机、放置打印机的位置以及如何管理打印机的通信。

1)　选择合适的打印机名称和共享名称

Windows 10 和 Windows Server 2012 支持使用长打印机名称。这允许用户创建包括空格和特殊字符的打印机名。但是，如果在网络上共享打印机，某些客户端将无法识别或不能正确处理长名称，并且用户可能会遇到打印问题。某些程序不能打印到名称超过 32 个字符的打印机。

(1)　如果与网络中的许多客户端共享打印机，应使用 32 个或更少的字符作为打印机名称，且在名称中不能包括空格和特殊字符。

(2)　如果与 MS-DOS 计算机共享打印机，则不要使用超过 8 个字符的打印机共享名。

(3)　如果打印机名称的长度超过一定的字符数，一些 Windows 3.X 版本的程序将无法打印到打印机。如果试图打印，将产生访问冲突或其他错误信息。如果默认打印机的名称太长，其他程序可能无法打印到任何打印机，即使是短名称的打印机。要解决这些问题，需用短名称替换程序使用的打印机名称，并将更名后的打印机作为默认打印机。

2)　为打印机位置确定命名约定

要使用打印机位置跟踪，需要使用下列规则来设置打印机的命名约定。

(1)　名称可以由除斜杠(/)之外的任意字符组成，名称的等级数限制为 256。

(2)　因为位置名称由最终用户使用，所以位置名称应当简单且容易识别。避免使用只有设备管理人员知道的特殊名称。为了使可读性更好，应避免在名称中使用特殊字符，最好让名称保持在 32 个字符以内，并确保整个名称字符串在用户界面中是可见的。

3)　调整大小和选择打印机

在用户组织计划打印策略时，需要估计现在和将来所需打印机的数量和类型，可以参考下列策略。

(1)　确定如何划分和分配打印资源。高容量打印机通常功能较强，但是如果损坏，也会影响更多的用户。

(2)　考虑需要的打印机功能，例如，彩色、双面打印、信封馈送器、多柜邮箱、内置磁盘和装订器。确定需要使用这些功能的用户及其物理位置。

(3)　尽管需要考虑成本因素，但在通常情况下，激光打印机仍然是黑白打印和彩色打印的不错选择。但许多较便宜的激光打印机不支持较大页面。

(4)　通常，如果打印量与打印机的周期负荷量相当，维护问题就比较少。

(5)　考虑需要的图形类型。Windows TrueType 和其他技术使得在多数打印机上打印复杂、精致的图形和字体成为可能。

(6)　考虑打印速度的要求。通常，网卡直接连接到网络的打印机与用并行总线连接的打印机相比，可提供更高的吞吐率。但是，打印吞吐率还取决于网络流量、网卡类型和所用的协议，而不仅仅取决于打印机的类型。

(7) 要确认打印机适用于该操作系统，需要参阅支持资源中的兼容性信息。

4) 确定放置打印机的位置

需要将打印机放置在将要使用它们的用户附近。但是，还需确定打印机相对于网络中的打印服务器和用户计算机的位置。另外还要将对网络环境中的打印影响降到最低。

检查网络的基础结构，尽量防止打印作业跳过多个互联网络设备。如果有一组需要较高打印量的用户，可以让他们只使用其所在网络段中的打印机，以降低对别的用户的影响。

5) 调整和选择打印服务器

在调整和选择打印服务器时，需要考虑下列问题。

(1) 打印服务器可以是运行 Windows Server 2003/2012 或 Windows 10/Vista/7 Professional 产品的任何计算机。

(2) 运行个人版本操作系统的打印服务器限制为最多只能有 10 个来自其他计算机的并发连接，且不支持来自 Macintosh 和 NetWare 客户端的打印。

(3) 对用于文件和打印服务的 Windows Server 2012 服务器而言，其最低配置足以满足管理少数几台打印机，且打印数据量不是很大的打印服务器的需求。要管理大量打印机或大容量的文档，就需要有更大内存、磁盘空间以及功能更强大的计算机。

(4) 在同时提交了许多较大打印文档的情况下，该打印服务器必须有足够的磁盘空间，以便后台打印所有文档。如果需要保存所打印文档的副本，则必须提供额外的磁盘空间。

(5) 如果将 Windows Server 2012 服务器同时用于文件与打印共享，则文件操作拥有较高的优先级，打印机将不会降低对文件的访问速度。如果将打印机直接连接到服务器上，则串行端口和并行端口通常是主要瓶颈。

(6) 通过并行端口直接连接到打印服务器上的打印机要求更多的 CPU 时间。最好使用通过网卡直接连接到网络的打印机。

(7) 要使打印服务器的吞吐量最大并管理多个打印机，或打印许多大文档，则应当提供一个专门用于打印的 Windows Server 2012 服务器。

(8) 要增大服务器的吞吐量，可更改后台打印文件夹的位置。要达到最佳效果，可将后台打印文件夹移动到在其上面没有任何共享文件(包括操作系统的页面文件)的专用磁盘驱动器上。

7.3 安装与设置打印服务器

在了解了 Windows Server 2012 打印系统的基本概念后，下面了解打印服务器的安装方法，以及安装本地打印设备和网络打印设备的方法。

7.3.1 安装和共享本地打印设备

如果采用“打印服务器+本地打印设备”模式连接共享打印机，首先要在打印服务器上安装和共享本地打印设备，操作步骤如下。

(1) 在【控制面板】窗口中双击【打印机】图标，在打开的【打印机】窗口中单击【添加打印机】按钮，启动打印机安装向导。

(2)　在【选择本地或网络打印机】向导页中，选择安装本地打印设备或是网络上的打印设备，选择【添加本地打印机】选项，如图 7-4 所示。

(3)　在【选择打印机端口】向导页中选择打印设备所在的端口，如果端口不在列表中，选中【创建新端口】单选按钮，单击【下一步】按钮，如图 7-5 所示。

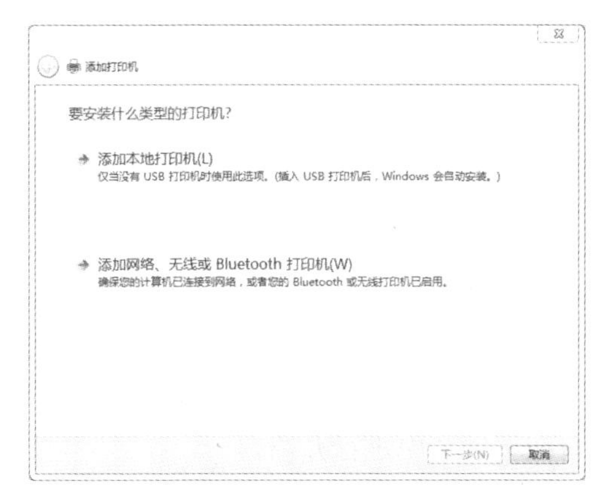

图 7-4　添加打印机

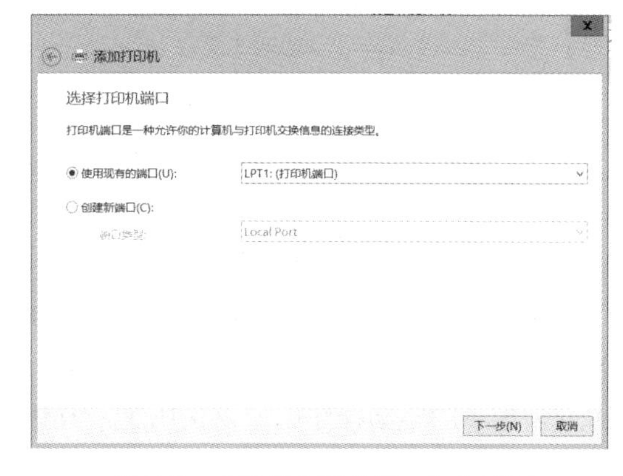

图 7-5　【选择打印机端口】向导页

(4)　在【安装打印机驱动程序】向导页中选择打印设备生产厂家和型号。若列表中没有所使用的打印机型号，单击【从磁盘安装】按钮，手动安装打印机驱动程序。操作完成后单击【下一步】按钮，如图 7-6 所示。

(5)　在【键入打印机名称】向导页中输入打印机名称，单击【下一步】按钮，如图 7-7 所示。

图 7-6　【安装打印机驱动程序】向导页

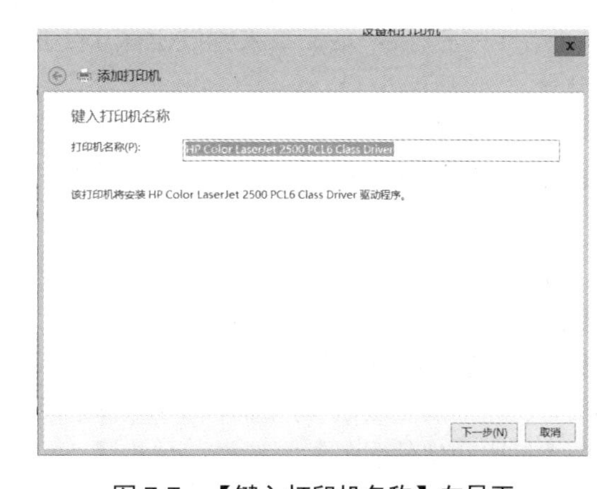

图 7-7　【键入打印机名称】向导页

(6)　打开【打印机共享】向导页，在【共享名称】文本框中输入网络中的用户可以看到的共享名，在【位置】和【注释】文本框中分别输入描述打印机位置及功能的文字，单击【下一步】按钮，如图 7-8 所示。

(7)　系统提示已成功安装打印机，单击【打印测试页】按钮，确认打印机设置是否成功。确认设置无误后单击【完成】按钮，如图 7-9 所示。

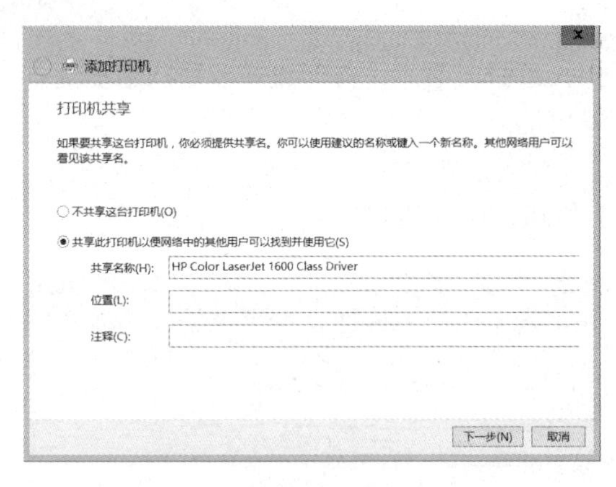

图 7-8 【打印机共享】向导页

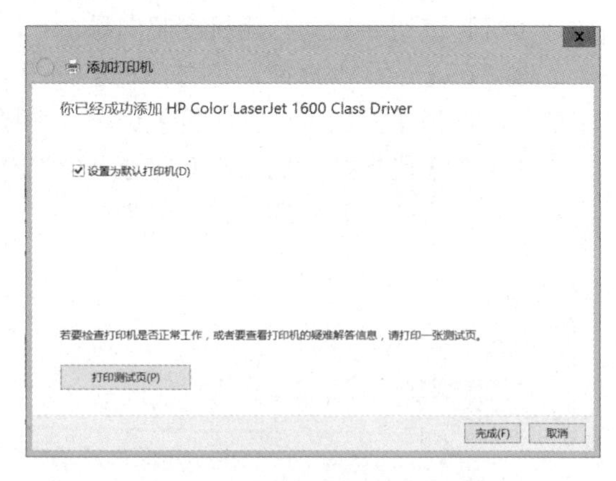

图 7-9 完成本地打印机的安装

至此，安装和共享本地打印机的工作就完成了。如果在一个网络规模比较小的环境中，就不需要做其他工作了，只要在其他计算机中通过【网上邻居】窗口找到这台共享打印机，再安装相应的驱动程序就可以使用了，具体方法将在下一节中进行介绍。

7.3.2 安装打印服务器角色

如果在网络规模较大、打印任务繁重、需要对打印权限和打印队列进行管理时，就要有专门的服务器来管理打印作业，这时便需要安装打印服务器角色。

在 Windows Server 2012 中，打印服务器角色的安装主要是采用完全向导的方式完成。在安装过程中，用户可以完成服务器的一些基本设置，并选择安装所需的组件，不必要的组件可以不安装，这在很大程度上减小了服务器的安全隐患。打印服务器角色的安装步骤如下。

(1) 选择【开始】→【管理工具】→【服务器管理器】命令，打开【服务器管理器】窗口，选择左侧的【角色】节点，在右窗格的【角色摘要】选择区域中单击【添加角色】超链接，启动添加角色向导。

(2) 在【开始之前】向导页中提示了此向导可以完成的工作，以及操作之前应注意的相关事项，单击【下一步】按钮。

(3) 在【选择服务器角色】向导页中显示了所有可以安装的服务器角色。如果角色前面的复选框没有被选中，表示该网络服务尚未安装，如果已选中，说明该服务已经安装。选中【打印和文件服务】复选框，单击【下一步】按钮，如图 7-10 所示。

(4) 打开【选择角色服务】向导页，在【角色服务】列表框中选中【打印服务器】复选框，只安装打印服务器角色服务，其他角色服务暂不安装，单击【下一步】按钮，如图 7-11 所示。

(5) 在【确认安装选择】向导页中，要求确认所要安装的角色服务，如果选择错误，单击【上一步】按钮返回，这里单击【安装】按钮，开始安装打印服务器角色。

(6) 在【安装进度】向导页中显示了安装打印服务器角色的进度。

(7) 在【安装结果】向导页中显示了打印服务器角色已经安装完成。若系统未启用

Windows 自动更新，会提醒用户设置 Windows 自动更新，以及时给系统打上补丁，单击【完成】按钮。

图 7-10　【选择服务器角色】向导页

图 7-11　【选择角色服务】向导页

(8) 在【管理工具】菜单中，单击【打印管理】，打开【打印管理】窗口，选中窗口控制树中的【打印机】节点，就可以看到已创建好的打印机，如图 7-12 所示。

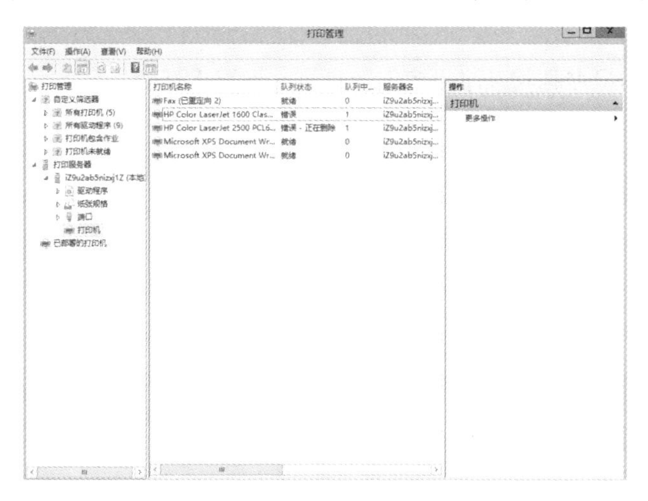

图 7-12　【打印管理】窗口

7.3.3　向打印服务器添加网络打印设备

如果采用“打印服务器+网络打印设备”模式连接共享打印机，还需要向打印服务器中添加网络打印设备，并将其设置为共享。网络打印设备的添加可以使用打印机安装向导来完成，也可以在【打印管理】窗口中完成。前者与安装本地打印设备类似，下面着重介绍在【打印管理】窗口中添加和共享网络打印设备的操作步骤。

(1) 在【打印管理】窗口中右击控制树中的【打印机】节点，在弹出的快捷菜单中执行【添加打印机】命令。

(2) 在【打印机安装】向导页中选中【按 IP 地址或主机名添加 TCP/IP 或 Web 服务打印机】单选按钮，单击【下一步】按钮，如图 7-13 所示。

(3) 在【打印机地址】向导页中设置打印设备的类型、打印机名称或 IP 地址、端口名等，单击【下一步】按钮，如图 7-14 所示。

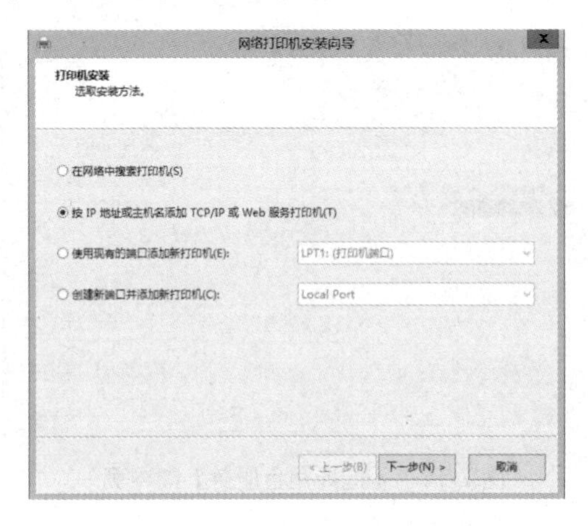

图 7-13 【打印机安装】向导页

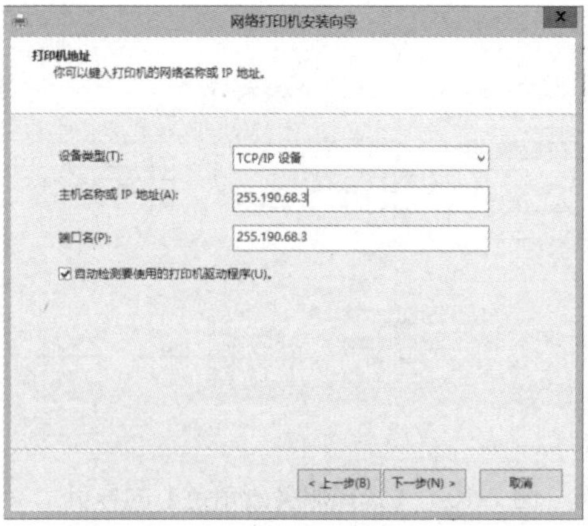

图 7-14 【打印机地址】向导页

(4) 在【需要额外端口信息】向导页中选择打印设备的接口类型，单击【下一步】按钮，如图 7-15 所示。

(5) 打开【打印机名称和共享设置】向导页，设置【打印机名】、【共享名称】、【位置】及【注释】等信息，单击【下一步】按钮，如图 7-16 所示。

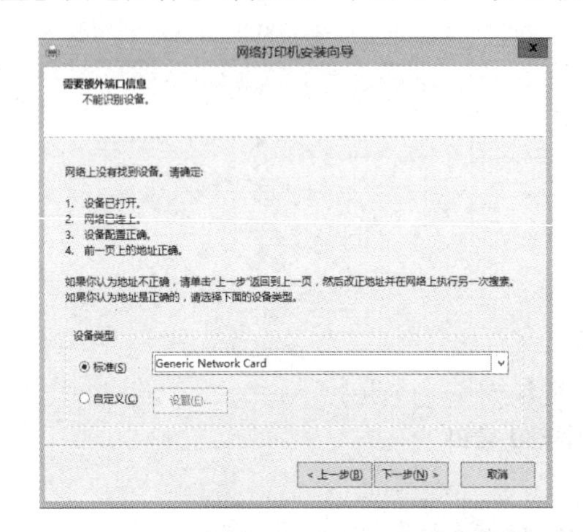

图 7-15 【需要额外端口信息】向导页

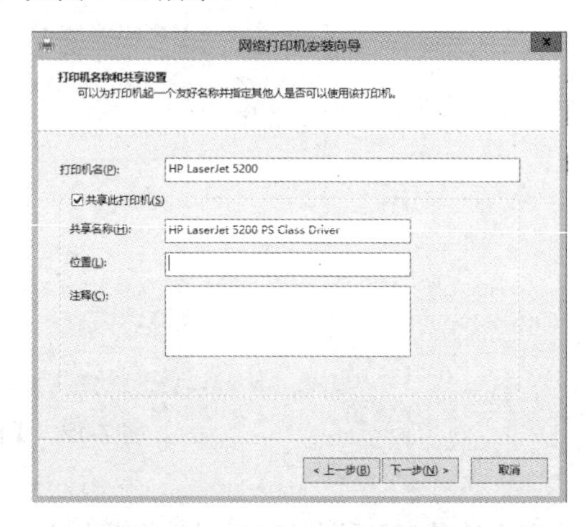

图 7-16 【打印机名称和共享设置】向导页

(6) 在【找到打印机】向导页中显示了网络打印设备的相关信息。

(7) 在【正在完成网络打印机安装向导】向导页中显示网络打印机安装成功，单击【完成】按钮。

7.4 共享网络打印机

打印服务器设置成功后，就可以使用网络打印服务了。在使用之前先要安装共享打印机。共享打印机的安装与本地打印机的安装过程类似，都可以借助添加打印机向导来完成。

当在打印服务器上为所有操作系统安装打印机驱动程序后，在客户端安装共享打印时就不需要再提供打印机驱动程序了。

7.4.1　在工作组环境中安装和使用网络打印机

在工作组环境中安装和使用网络打印机，与在工作组环境中使用共享文件夹的方法类似。可以使用查看工作组计算机、搜索计算机、运行窗口和资源管理器等方式打开打印服务器，双击该服务器中的共享打印并确认，这样即可安装好网络打印机，如图 7-17 所示。

用户也可以像安装本地打印机一样使用添加打印机向导来连接打印服务器与共享打印机。如果客户机是 Window Vista、Window 7 和 Window Server 2012 操作系统，安装方法与 7.3.1 小节中介绍的安装和共享本地打印设备的方法类似，需要在图 7-4 中选择【添加网络、无线或 Bluetooth 打印机】选项，并按照向导一步一步操作。下面以 Windows 10 为例，说明使用添加打印机向导来连接打印服务器与共享打印机的操作步骤。

(1) 在【控制面板】窗口中双击【打印机和传真】图标，打开【打印机和传真】窗口，单击窗口左侧的【添加打印机】超链接，打开【添加打印机向导】向导页，单击【下一步】按钮。

(2) 在【本地或网络打印机】向导页中选择网络打印机，单击【下一步】按钮，如图 7-18 所示。

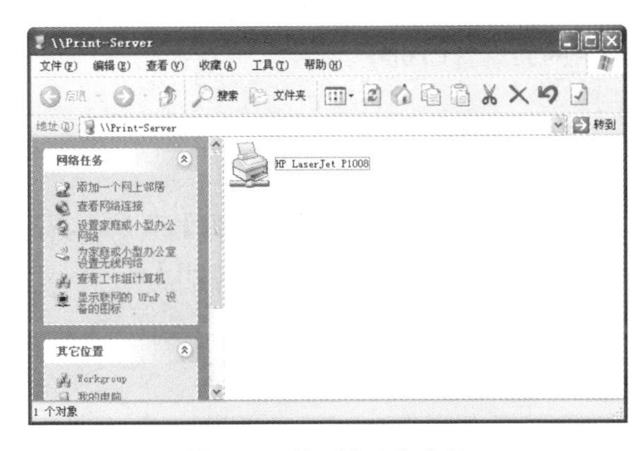

图 7-17　找到共享打印机

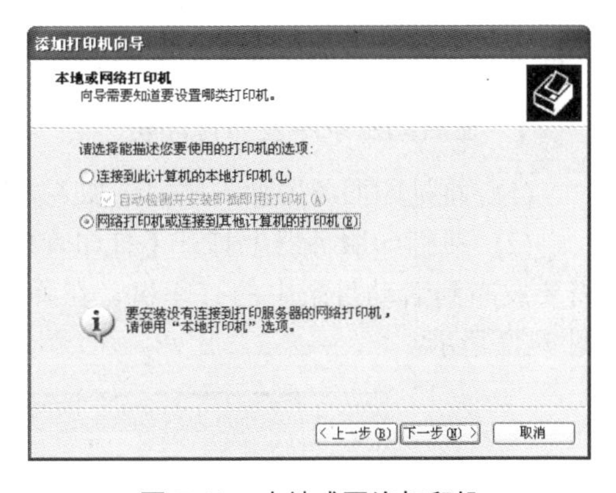

图 7-18　本地或网络打印机

(3) 在【指定打印机】向导页中选中【浏览打印机】单选按钮，从网络搜索共享打印机；或者选中【连接到这台打印机(或者浏览打印机，选择这个选项并单击“下一步”)】单选按钮，直接输入共享打印机名称，格式是“\\服务器\打印机共享名”。设置完毕后，单击【下一步】按钮，如图 7-19 所示。

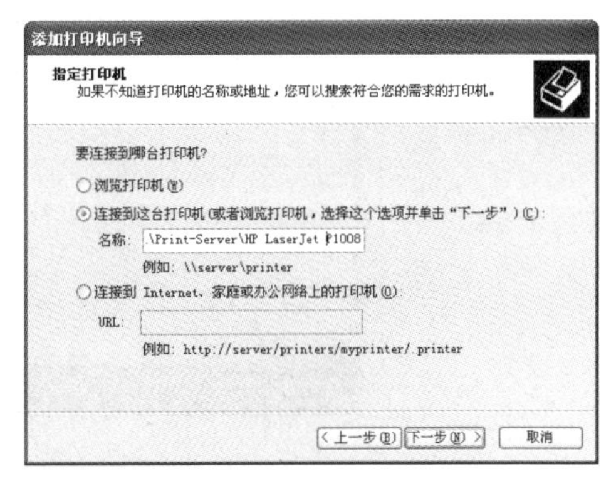

图 7-19　指定打印机

(4) 如果客户机已安装了其他打印，打开【默认打印机】向导页，询问是否将该网络打印设置为默认打印机，确认后单击【下一步】按钮，如图 7-20 所示。

(5) 打开【正在完成添加打印机向导】向导页，单击【完成】按钮。此时，打印机图标被添加到【打印机和传真】窗口中，如图 7-21 所示。

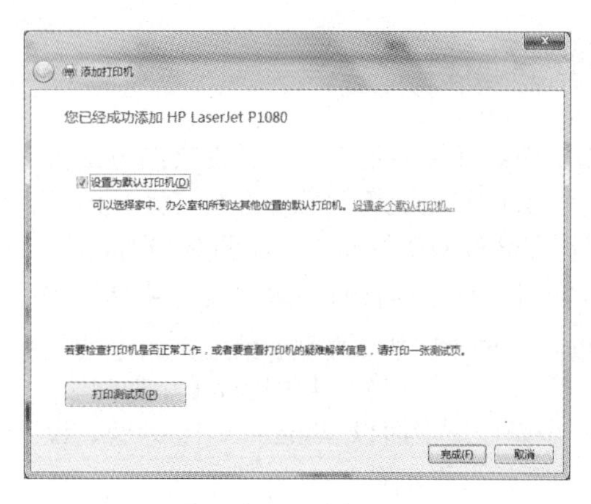

图 7-20 默认打印机

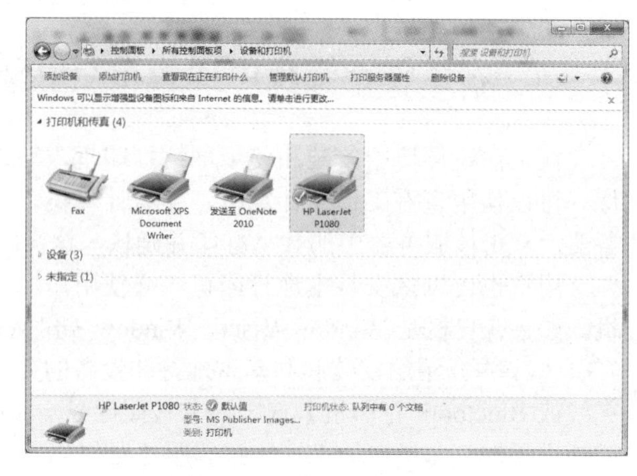

图 7-21 完成打印机的添加

7.4.2 在活动目录环境中发布和使用网络打印机

为了方便域用户查找打印机，管理员可以将打印服务器上的打印机发布到活动目录中，这样域用户就可以使用搜索功能找到活动目录中的共享打印机了。

1. 在活动目录中发布打印机

(1) 将打印服务器加入域中，加入方法参见 4.4 节的介绍。

(2) 在打印服务器上打开【打印管理】窗口，选中控制树中的【打印机】节点，右击需要发布到活动目录中的打印机，在弹出的快捷菜单中选择【在目录中列出】命令，如图 7-22 所示。

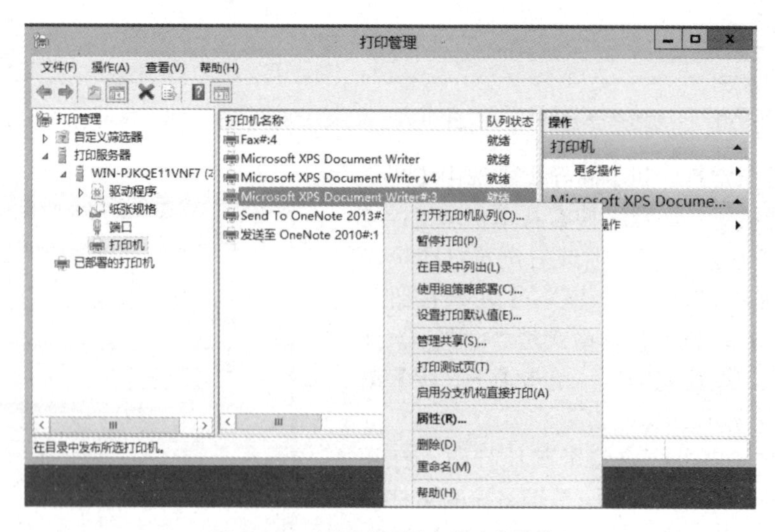

图 7-22 在活动目录中发布打印机

(3) 在域控制器服务器中打开【Active Directory 用户和计算机】窗口，展开打印服务器所在的容器，再展开打印服务器，可看到在活动目录中发布的共享打印机，如图 7-23 所示。

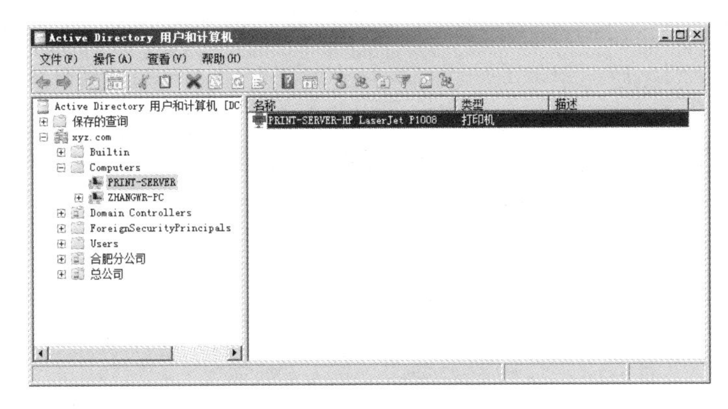

图 7-23　【Active Directory 用户和计算机】窗口

(4) 如果需要，可以将共享打印机对象移动到其他容器中。

2. 在域内客户机中查找打印机

将共享打印机发布到活动目录中后，在域内客户机中就很容易搜索到共享打印机。以 Windows 10 为例，选择【开始】→【搜索】→【打印机】命令，在打开的【查找 打印机】对话框中单击【开始查找】按钮，如图 7-24 所示。

图 7-24　在域内客户机中查找打印机

7.5　管理打印服务器

用户可以在本地或通过网络来管理打印机和打印服务器。管理任务包括管理打印队列中的文档、管理打印服务器上的个别打印机和管理打印服务器本身。

7.5.1 设置后台打印

后台打印(Print Spooler)程序是一种软件，有时也称为假脱机服务，用于在文档被送往打印机时完成一系列工作，如跟踪打印机端口、分配打印优先级、向打印设备发送打印作业等。后台打印程序接收打印作业并将打印作业保存到磁盘上，经过打印处理后，再发往打印设备。

默认情况下，后台打印程序所使用的目录为%SystemRoot%\system32\spool\printers，但如果该驱动器磁盘空间不足，则会严重影响打印服务。不过目录的位置是可以改变的，通过把该目录放在有更大空间的驱动器上，可以有效改善打印服务器的性能，操作步骤如下。

(1) 打开【打印管理】窗口，右击打印服务器的计算机名，在弹出的快捷菜单中选择【属性】命令。

(2) 在【打印服务器 属性】对话框中切换到【高级】选项卡，在【后台打印文件夹】文本框中输入一个新位置，单击【确定】按钮，如图 7-25 所示。

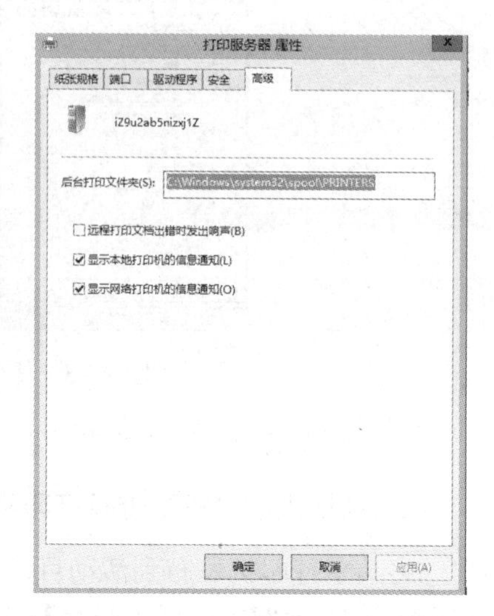

图 7-25 【打印服务器 属性】对话框

7.5.2 管理打印机驱动程序

不同的打印机在不同的硬件平台和不同的操作系统中所使用的驱动程序各不相同，因此为了能够满足网络中不同客户端的要求，应将所有共享打印机的不同硬件平台、不同操作系统的驱动全部安装到服务器上供用户使用。安装后，Windows Server 2012 能够识别传入的打印请求的硬件平台和操作系统版本，并自动将相应的驱动程序发送到客户端。

打印机驱动程序的安装步骤如下。

(1) 打开【打印管理】窗口，在控制树中右击【驱动程序】节点，在弹出的快捷菜单中选择【添加驱动程序】命令，打开【添加打印机驱动程序向导】对话框，单击【下一步】按钮。

(2) 在【处理器选择】向导页中选中相应的复选框，单击【下一步】按钮，如图 7-26 所示。

(3) 在【打印机驱动程序选项】向导页中选择厂商和打印机型号。若列表中没有需要的厂商和打印机型号，单击【从磁盘安装】按钮，操作完成后单击【下一步】按钮，如图 7-27 所示。

(4) 在【正在完成添加打印机驱动程序向导】向导页中单击【完成】按钮，完成打印机驱动程序的安装。

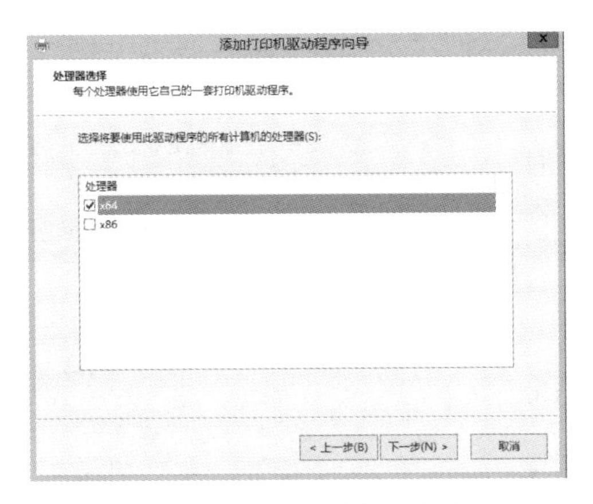

图 7-26　【处理器选择】向导页

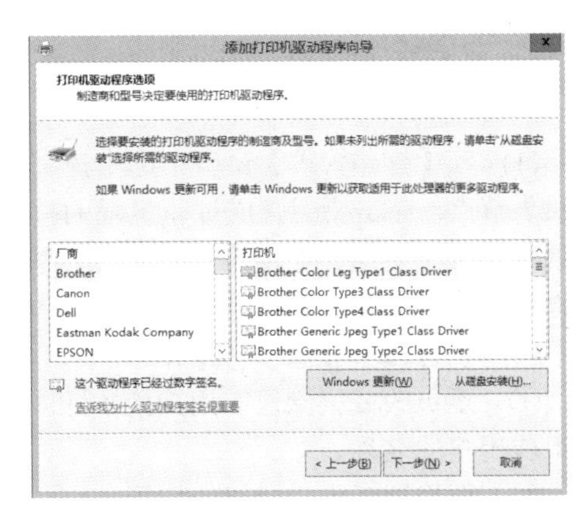

图 7-27　【打印机驱动程序选项】向导页

7.5.3　管理打印机权限

出于安全方面的考虑，Windows Server 2012 允许管理员指定权限来控制打印机的使用和管理。通过使用打印机权限，可以控制由谁来使用打印机，还可以使用打印机权限将特殊打印机的负责权委派给不是管理员的用户。

1. 打印机权限的类别

Windows 提供了三种等级的打印安全权限，即打印权限、管理打印机权限和管理文档权限。每种权限都有【允许】和【拒绝】两个选项。当应用了【拒绝】选项时，它将优先于其他任何权限。当给一组用户指派了多个权限时，将应用限制性最少的权限。

(1) 打印权限。允许或拒绝用户连接到打印机，并将文档发送到打印机。默认情况下，“打印”权限将指派给 Everyone 组中的所有成员。

(2) 管理打印机权限。允许或拒绝用户执行与“打印”权限相关联的任务，并且具有对打印机的完全管理控制权。当一个用户具有管理打印机权限时，可以暂停和重新启动打印机、更改打印后台处理程序的设置、共享打印机以及调整打印机权限，还可以更改打印机属性。默认情况下，“管理打印机”权限将指派给 Administrators 组和 Power Users 组的成员。Administrators 组和 Power Users 组的成员拥有完全访问权限，这些用户拥有打印、管理文档以及管理打印机的权限。

(3) 管理文档权限。允许或拒绝用户暂停、继续、重新开始和取消由其他所有用户提交的文档，还可以重新安排这些文档的顺序。但是，用户无法将文档发送到打印机或控制打印机状态。默认情况下，“管理文档”权限指派给 Creator Owner 组的成员。当用户被指派“管理文档”权限时，用户将无法访问当前等待打印的现有文档。此权限只应用于在该权限被指派给用户之后发送到打印机的文档。

点评与拓展： 默认情况下，Windows Server 2012 将打印机权限指派给 6 组用户：Administrators(管理员)、Creator Owner(创建者所有者)、Everyone(每个人)、Power Users(特权用户)、Print Operators(打印操作员)和 Server Operators(服务器操作员)，每组都会被指派“打印”“管理文档”和“管理打印机”权限的一种组合。

2．设置或删除打印机权限

设置或删除打印机权限的操作步骤如下。

(1) 在【打印管理】窗口中选中控制树中的【打印机】节点，右击要配置成打印机池的打印机，在弹出的快捷菜单中选择【属性】命令，在打开的属性对话框中切换到【安全】选项卡，如图 7-28 所示。

(2) 执行以下任意一种操作。

① 要更改或删除已有用户(或组)的权限，则单击组或用户的名称。

② 要设置新用户或组的权限，则单击【添加】按钮，在【选择用户】对话框中输入要为其设置权限的用户或组的名称，单击【确定】按钮，关闭对话框。

(3) 若要查看或更改构成打印操作、管理打印机和管理文档的基本权限，则单击【高级】按钮。

(4) 单击【确定】按钮保存设置。

图 7-28 【安全】选项卡

3．打印机的所有权

在默认情况下，打印机的拥有者是安装打印机的用户。如果这个用户不再管理这台打印机，就应将其所有权交给其他用户：一是由管理员定义的具有管理打印机权限的用户或组成员。二是系统提供的 Administrators(管理员)、Power Users(特权用户)、Print Operators(打印操作员)和 Server Operators(服务器操作员)组成员。

如果要修改打印机的所有者，首先要使该用户或组具有管理打印机的权限，或者加入上述的内置组，然后执行如下步骤。

(1) 在【打印管理】窗口中选中控制树中的【打印机】节点，右击要配置成打印机池的打印机，在弹出的快捷菜单中选择【属性】命令，打开属性对话框，切换到【安全】选项卡，单击【高级】按钮。

(2) 在打印机的高级安全设置对话框的列表框中选择一个用户或组，如图 7-29 所示。

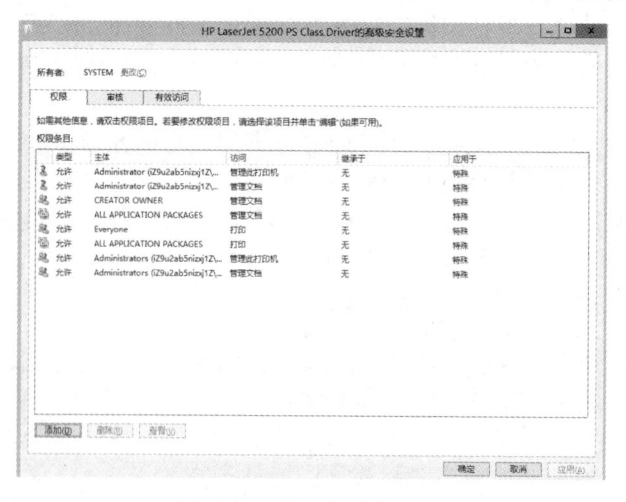

图 7-29 打印机的所有权

(3) 单击【确定】按钮保存设置。

7.5.4 配置打印机池

若企业中有多台打印设备可以完成打印任务，则可以将这些打印设备配置成打印机池。这样，当用户将打印作业发送到打印机上后，打印机会在打印机池中自动为文档选择一台空闲的打印设备进行打印，用户无须干预。

1. 打印机池的工作原理

打印机池(Printer Pool)是一台逻辑打印机，通过打印服务器上的多个端口与多个打印设备相连。这些打印设备可以是本地打印设备，也可以是网络打印设备。如图 7-30 所示为连接到 3 个打印设备的打印机池。

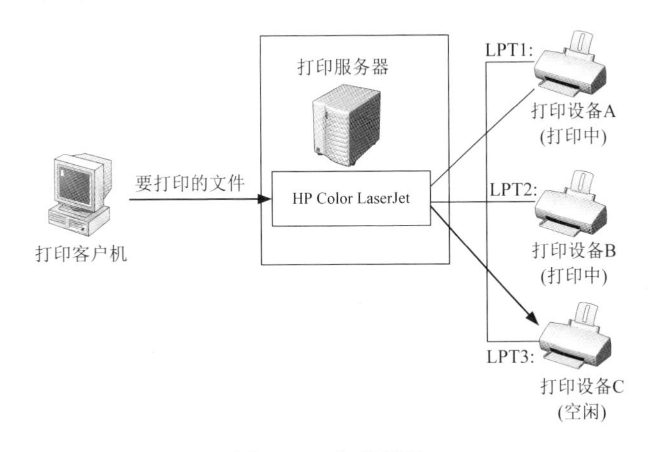

图 7-30　打印机池

创建了打印机池之后，用户在打印文档时不再需要查找哪一台打印设备目前可用，哪一台处于空闲状态的打印设备可以接收发送到逻辑打印机的下一份文档。这对于打印量很大的用户来说可以减少等待文档的时间。同时，打印机池也简化了管理，可以通过打印服务器上的同一台逻辑打印机来管理多台打印设备。

在设置打印机池之前，应考虑以下两点。

(1) 打印机池中的所有打印设备必须使用同样的驱动程序。

(2) 由于用户不知道发出的文档由打印机池中的哪一台打印设备打印，因此应将打印机池中的所有打印设备放置在同一地点。

2. 配置打印机池

配置打印机池需要在打印服务器上添加打印设备，并组成打印机池。操作步骤如下。

(1) 为打印服务器添加一台打印机，并安装相应的打印驱动程序。

(2) 将其他打印设备与该打印服务器的其他可用端口相连接。

(3) 在【打印管理】窗口中选中控制树中的【打印机】节点，右击要配置成打印机池的打印机，在弹出的快捷菜单中选择【属性】命令，打开属性对话框，切换到【端口】选项卡。

(4) 在【端口】选项卡中选中【启用打印机池】复选框，在列表框中选择打印服务器中连接各台打印设备的端口，单击【确定】按钮，如图 7-31 所示。

图 7-31 【端口】选项卡

点评与拓展： 添加打印设备时，首先添加连接到快速打印设备的端口，这样可以保证发送到打印机的文档在被分配给打印机池中的慢速打印机前以最快的速度打印。

7.5.5 设置打印机优先级

在公司打印设备不多的情况下，高层主管和基层员工经常需要使用同样的打印设备。大部分情况下，高层主管都希望自己的打印优先。怎样按实际需求来编排打印优先级呢？

1. 打印机优先级的实现原理

要在打印机之间设置优先级，需要将两个或者多个打印机指向同一个打印设备，即同一个端口。这个端口可以是打印服务器上的物理端口，也可以是指向网络打印设备的端口。为每一个与打印设备连接的打印机设置不同的优先级(1～99，数字越大，优先级越高)，然后将不同的用户分配给不同的打印机，或者让用户将不同的文档发送给不同的打印机，如图 7-32 所示。

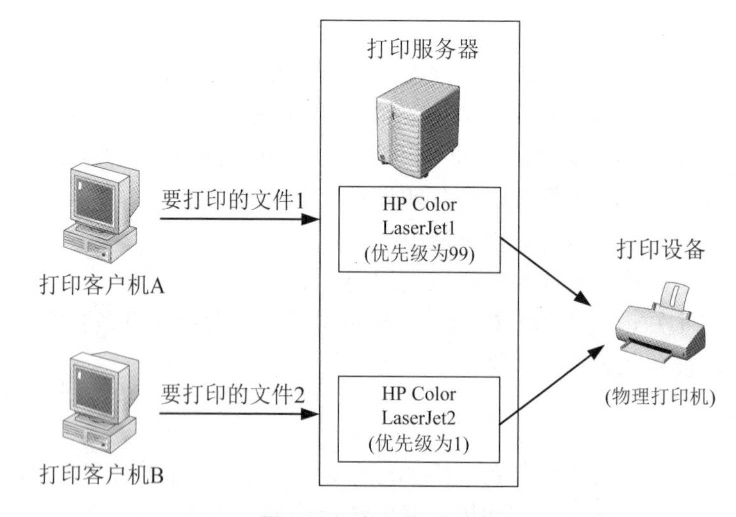

图 7-32 打印机优先级

如果设置了打印机之间的优先级，则在将几组文档都发送到同一个打印设备时，可以区分它们的优先次序。指向同一个打印设备的多个打印机允许用户将重要的文档发送给高优先级的打印机，而不重要的文档则发送给低优先级的打印机。

2. 配置打印机优先级

添加一个具有高优先级的打印机的操作步骤如下。

(1) 在【打印管理】窗口中右击控制树中的【打印机】节点，在弹出的快捷菜单中选择【添加打印机】命令。

(2) 在【打印机安装】向导页中选中【使用现有的端口添加新打印机】单选按钮，并选择上一次添加打印机时使用的相同端口，单击【下一步】按钮，如图 7-33 所示。

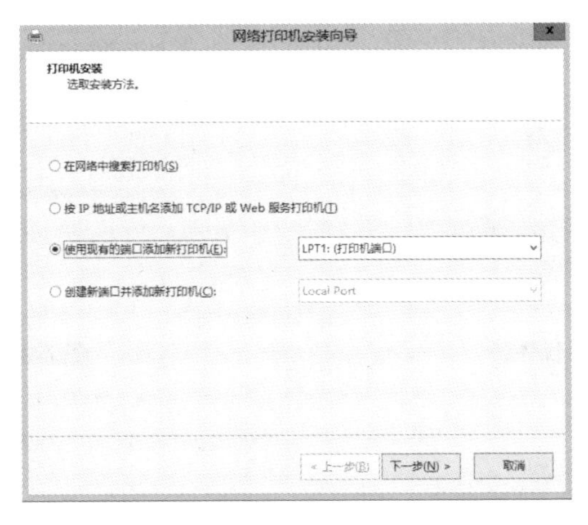

图 7-33　【打印机安装】向导页

(3) 在【打印机驱动程序】向导页中选中【使用计算机上现有的打印机驱动程序】单选按钮，单击【下一步】按钮，如图 7-34 所示。

(4) 在【打印机名称和共享设置】向导页中指定打印机名、共享名称及注释，单击【下一步】按钮，如图 7-35 所示。继续单击【下一步】按钮，直至安装完成。

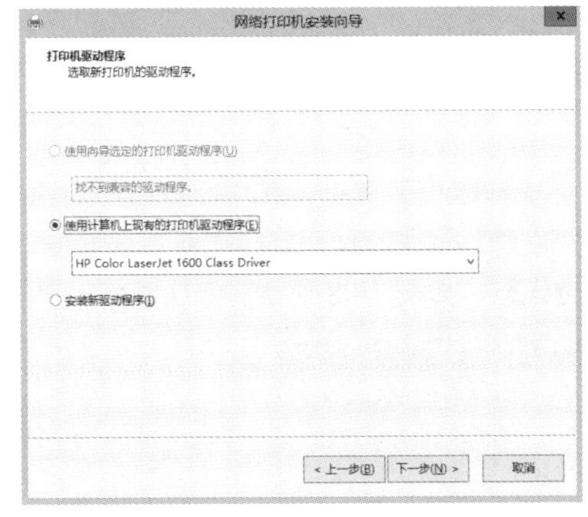

图 7-34　【打印机驱动程序】向导页

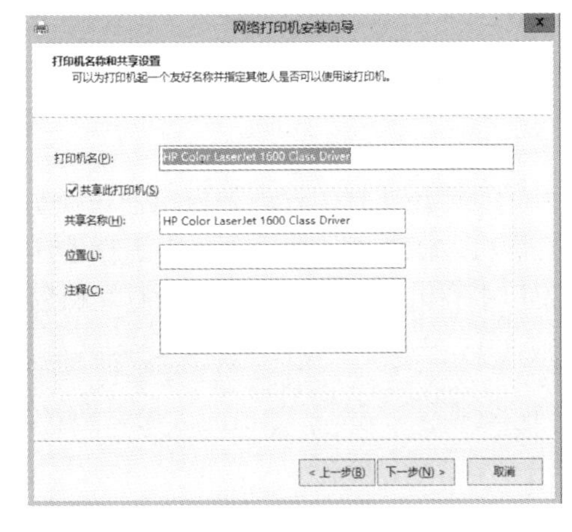

图 7-35　【打印机名称和共享设置】向导页

(5) 右击刚才添加的打印机，在弹出的快捷菜单中选择【属性】命令，打开属性对话框，切换到【高级】选项卡，将【优先级】设置为一个非常大的数值，如 99，如图 7-36 所示。

(6) 切换到【安全】选项卡，删除 Everyone 的打印权限，添加需要使用高优先级的用户或用户组，并赋予其打印权限，如图 7-37 所示。

图 7-36　设置优先级

图 7-37　设置权限

7.5.6　管理打印文档

打印队列是存放等待打印的文件的地方。当应用程序选择了【打印】命令后，Windows 就会创建一个打印工作且开始处理。若打印机正在打印另一项打印作业，则在后台打印文件夹中形成一个打印队列，保存所有等待打印的文件。

1．管理打印作业

在管理打印作业时，用户可以进行如下操作，查看打印队列中的文档、暂停和继续打印一个文档、暂停和重新启动打印机打印作业、清除打印文档、调整打印文档的顺序。

管理打印作业的方法与使用本地打印机的方法基本相同，管理打印作业的操作步骤如下。

(1)　打开【打印管理】窗口，在控制树中选中【打印机】节点，在中间窗格中右击相关打印机，在弹出的快捷菜单中选择【打开打印机队列】命令，打开打印作业管理器窗口。该窗口中列出了打印队列中的所有文档以及它们的状态，如图 7-38 所示。

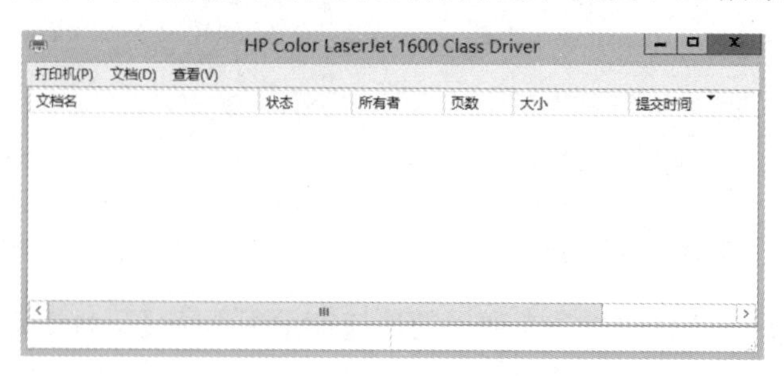

图 7-38　打印作业

(2)　若暂停或继续打印文档、重新开始打印文档、删除文档，可右击相应的文档，在弹出的快捷菜单中选择相应的命令。

(3) 若要查看并更改文档的各种设置(如文档优先级和文档打印时间)，可双击该文档，在打开的文档属性对话框中进行修改，如图 7-39 所示。

2．转移文档到其他打印机

当打印机突然出现故障而停止打印时，如果没有设置打印机池，这时需要管理员手动将打印队列中的文档转移到其他打印机上，操作步骤如下。

(1) 打开【打印管理】窗口，在控制树中选中【打印机】节点，在中间窗格中右击出现故障的打印机，在弹出的快捷菜单中选择【属性】命令，打开属性对话框，切换到【端口】选项卡，单击【添加端口】按钮，如图 7-40 所示。

图 7-39　打印文档属性

图 7-40　【端口】选项卡

(2) 在【打印机端口】对话框中选择将打印设备连接在本地端口或网络端口，单击【新端口】按钮，如图 7-41 所示。

(3) 若选择的是本地端口，则需要输入本地端口的端口号，如图 7-42 所示。

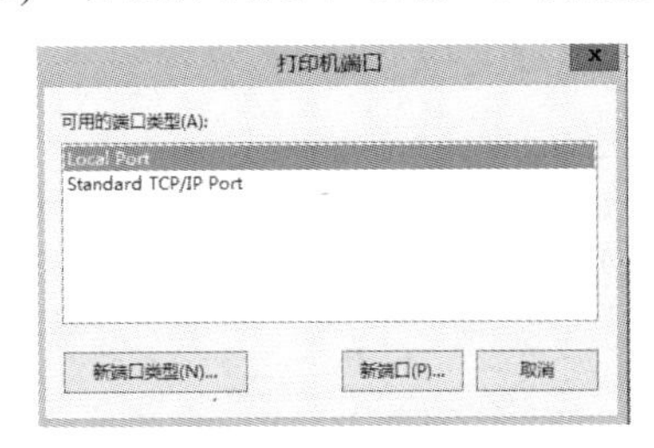

图 7-41　【打印机端口】对话框

图 7-42　输入本地端口的端口号

3．利用分隔页分隔打印文档

在多个用户同时打印文档时，打印设备上会出现多份打印出来的文档，需要用户手动去分开每个人所打印的文档，比较麻烦。可以通过设置分隔页来分隔每份文档。在打印每份文档之前，先打印该分隔页的内容，分隔页的内容可以包含该文档的用户名、打印日期和打印时间等。设置分隔页的操作步骤如下。

(1) 创建分隔页。用户可以通过记事本编辑分隔页文档。Windows Server 2012 自带了几个标准的分隔页文档，位于%Systemroot%\System32 文件夹内，如 SYSPRINT.SEP(适用于与 PostScript 兼容的打印机)和 PCL.SEP(适用于与 PCL 兼容的打印机)。如图 7-43 所示为 PCL.SEP 的内容。

(2) 选择分隔页。打开【打印管理】窗口，在控制树中选中【打印机】节点，在中间窗格中右击需要设置分隔页的打印机，在弹出的快捷菜单中选择【属性】命令，打开属性对话框，切换到【高级】选项卡，单击【分隔页】按钮，如图 7-44 所示。

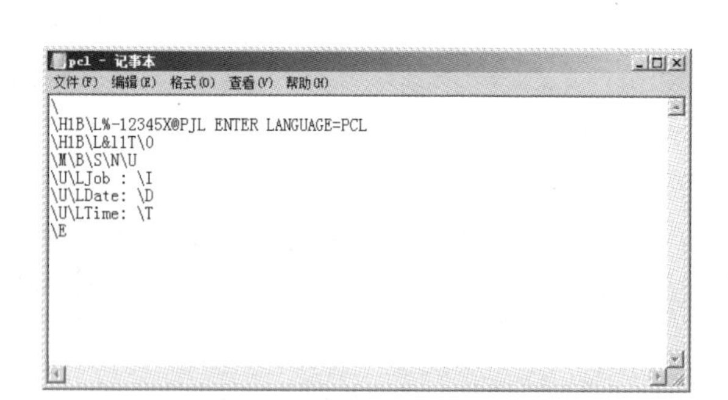

图 7-43 分隔页文档

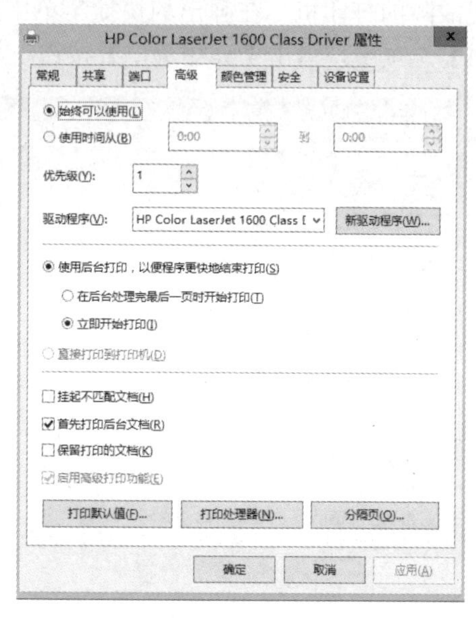

图 7-44 【高级】选项卡

(3) 在【分隔页】对话框中输入分隔页文档或单击【浏览】按钮，如图 7-45 所示。

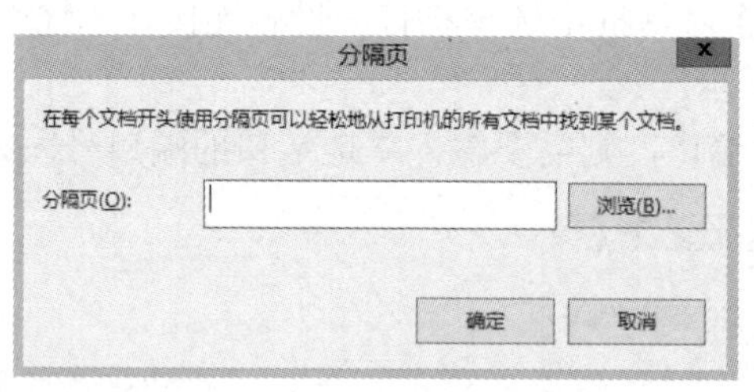

图 7-45 【分隔页】对话框

7.6 安装与使用 Internet 打印

Internet 打印指的是通过 Web 浏览器在 Internet 或内部网上使用打印机打印。用户只要具备打印机的 URL 和适当权限，就可以使用 Internet 打印，并把打印作业提交给 Internet 上的任何打印机。

7.6.1 安装 Internet 打印服务

1. Internet 打印的条件

使用 Internet 打印时，必须具备以下条件。

(1) 要使运行 Windows Server 2012 操作系统和 Windows 10 的计算机处理包含 URL 的打印作业，计算机必须运行 Microsoft Internet 信息服务(IIS)。

(2) Internet 打印使用“Internet 打印协议(IPP)”作为底层协议，该协议封装在用作传输载体的 HTTP 内部。当通过浏览器访问打印机时，系统首先试图使用 RPC(在 Intranet 和 LAN 上)进行连接，因为 RPC 快速且有效。

(3) 打印服务器的安全由 IIS 保证。要支持所有的浏览器以及所有的 Internet 客户，管理员必须选择基本身份验证。作为可选项，管理员也可以使用 Microsoft 质询/响应或 Kerberos 身份验证，这两者都被 Microsoft Internet Explorer 所支持。

(4) 可以管理来自任何浏览器的打印机，但是必须使用 Internet Explorer 4.0 或更高版本的浏览器才能连接打印机。

2. 安装 Internet 打印角色服务

在安装打印服务器角色时，若已选中【Internet 打印】复选框，则说明 Internet 打印角色服务已安装。若没有安装，可以通过添加角色服务向导来完成。

(1) 在【选择服务器角色】向导页中选中【Internet 打印】复选框，单击【下一步】按钮，如图 7-46 所示。如果要安装 Internet 打印，则需要在打印服务器上安装 IIS 组。

(2) 在打开的【是否添加 Internet 打印所需的角色服务和功能】向导页中单击【添加必需的角色服务】按钮。

(3) 在【Web 服务器简介(IIS)】向导页中对 IIS 作了简要的介绍，单击【下一步】按钮，如图 7-47 所示。

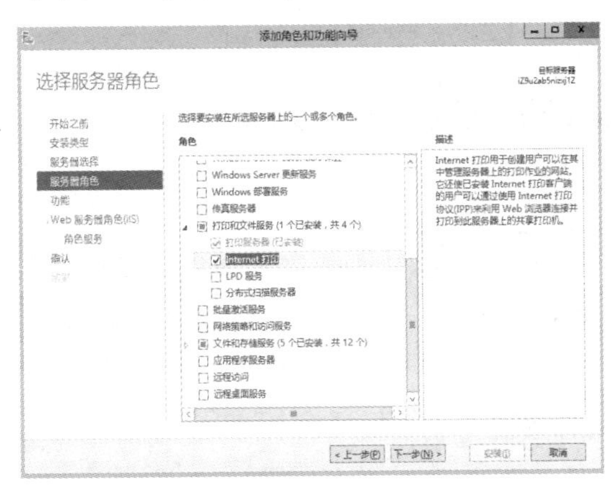

图 7-46 【选择服务器角色】向导页

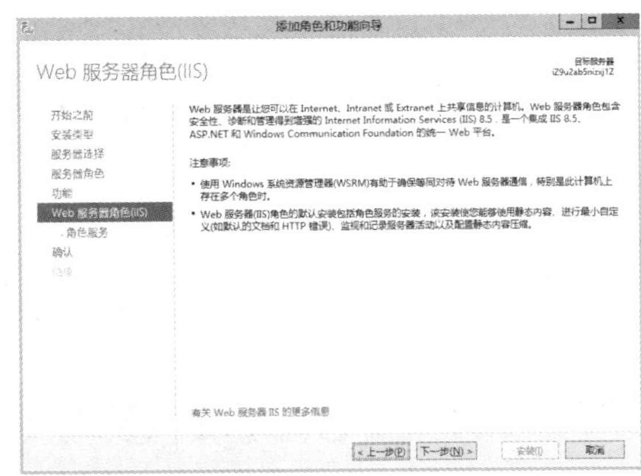

图 7-47 【Web 服务器角色(IIS)】向导页

(4) 在【选择角色服务】向导页中，默认选中 Internet 打印所必需的组件，单击【下一步】按钮，如图 7-48 所示。

(5) 在【确认安装所选内容】向导页中，列表框中显示了所选择的角色。若设置不正确，则单击【上一步】按钮返回。单击【安装】按钮即可开始安装所显示的角色服务，如图 7-49 所示。

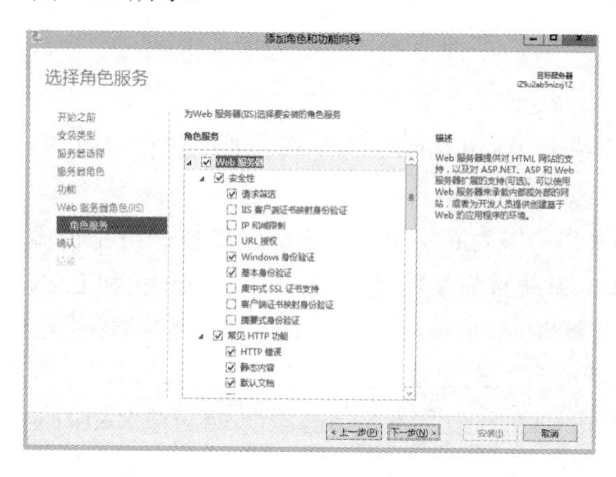

图 7-48 【选择角色服务】向导页

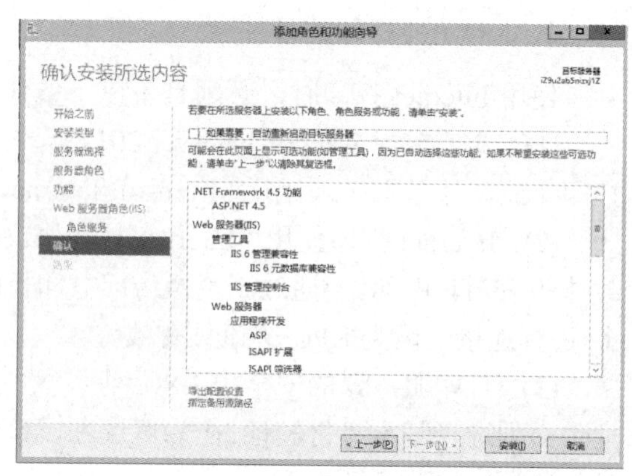

图 7-49 【确认安装所选内容】向导页

(6) 安装完成后，打开【安装结果】界面，其中显示所选择安装的角色服务安装成功，单击【关闭】按钮。

Internet 打印角色服务和 IIS 安装成功后，系统会在默认的 Web 站点中创建一个 Printers 虚拟目录，如图 7-50 所示。Printers 虚拟目录指向文件夹%systemroot%\web\printers，它的设置属性包括虚拟目录、文档、目录安全性、HTTP 头、自定义错误和 BITS 服务扩展等。Printers 虚拟目录属性的设置和 Web 站点属性的设置基本相同，具体设置方法可参见第 10 章的相关内容。

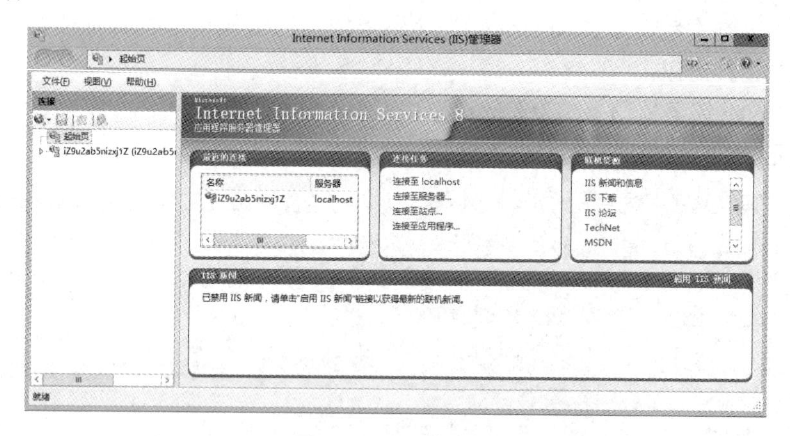

图 7-50 IIS 管理器

7.6.2 使用 Web 浏览器连接打印服务器

如果知道打印机的 URL，而且拥有适当的权限，就可以通过 Internet 或内部网使用打印机进行打印。使用 Web 浏览器连接打印服务器的操作步骤如下。

(1) 设置 Internet 选项，将打印服务器加入可信任站点中，如图 7-51 所示。

(2) 在 IE 浏览器的地址栏中输入“http://< 打印机服务器域名或 IP 地址> /printers”，

按 Enter 键打开用户认证对话框，输入具有访问权限的用户账户和密码，单击【确定】按钮，如图 7-52 所示。

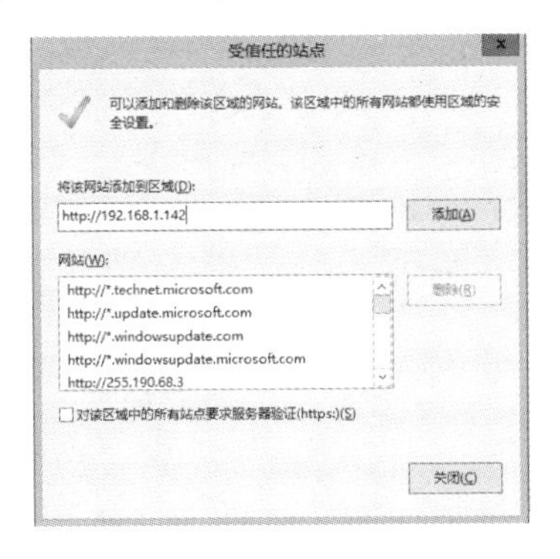

图 7-51　设置 Internet 选项

图 7-52　用户认证

(3) 在浏览器中显示打印服务器上可用的打印机，单击要连接的打印机的链接，如图 7-53 所示。

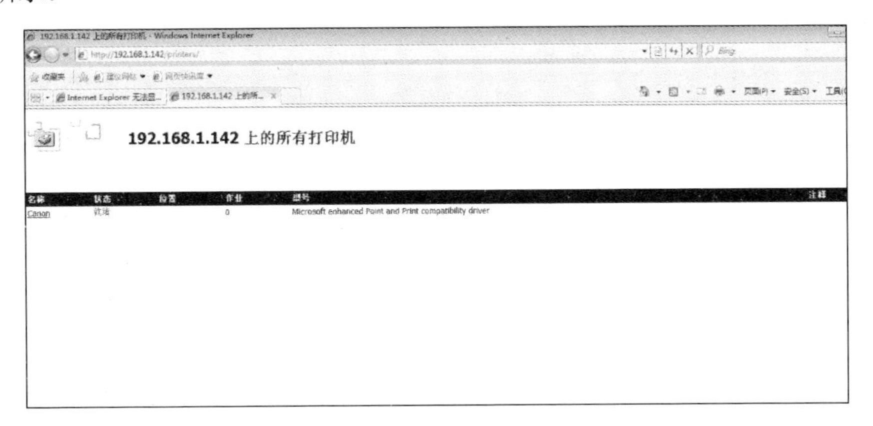

图 7-53　Internet 打印机

(4) 打开如图 7-54 所示的网页，若用户有打印机的管理权限，便可对打印机进行管理。若要使用该 Internet 打印机，可在【打印操作】选择区域中单击超链接。

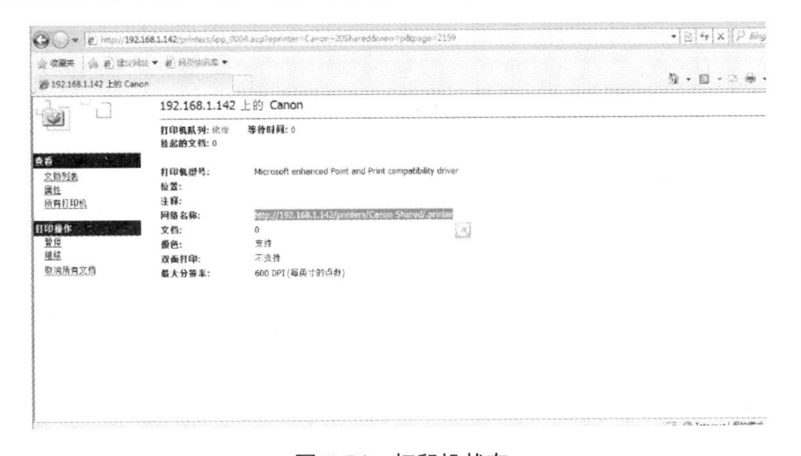

图 7-54　打印机状态

(5) 在【添加打印机连接】对话框中确认是否连接了 Internet 打印机。确认后，客户端自动从打印机服务器下载相应的打印机驱动程序，完成后即可实现 Internet 打印，如图 7-55 所示。

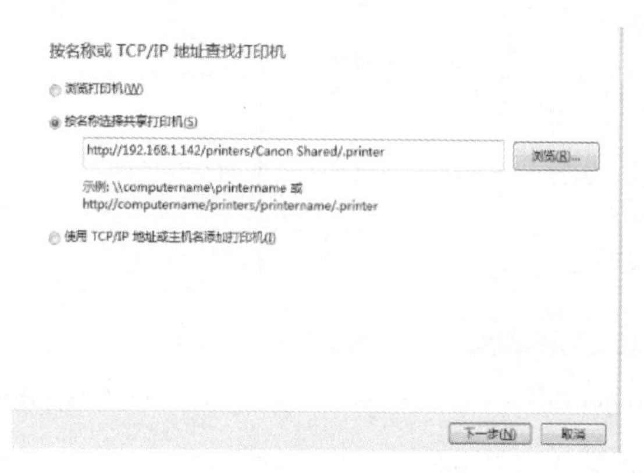

图 7-55　连接 Internet 打印机

7.7　回到工作场景

通过对 7.2～7.6 节内容的学习，应掌握 Windows Server 2012 系统中本地打印设备的安装和共享、打印服务器角色的安装、向打印服务器添加网络打印设备的操作方法；学会在工作组和域模式下使用共享打印的方法；理解并掌握打印机池和打印优先级的用途、实际原理及配置过程；掌握打印机安全性管理；学会 Internet 打印的安装与使用方法。下面回到 7.1 节所介绍的工作场景中，完成工作任务。

【工作过程一】安装打印服务器和网络打印机

(1) 规划与安装操作系统。规划服务器的空间划分，安装 Windows Server 2012 操作系统，并进行初始化设置，包括计算机名、IP 地址、防火墙、自动更新和防病毒软件等，并测试服务器的连接性。

(2) 创建相关用户和用户组。

(3) 配置网络打印机，测试连接性并能正确打印。

【工作过程二】安装打印服务器角色

(1) 利用 USB 接口将 HP Designjet 510 连接到打印服务器上，利用打印机安装向导，按照 7.3.1 小节中介绍的方法，将其正确安装并设置成共享打印。安装时将其名称和共享名称命名为打印图纸打印机，以区别于用于打印文档的打印机，如可将名称和共享名称设置为 Design-Printer。

(2) 利用角色服务安装向导安装打印服务器角色和 Internet 打印机角色服务，安装方法参见 7.3.2 小节和 7.6.1 小节。

(3) 打开【打印管理】窗口，将网络打印机 HP LaserJet 5200N 添加到打印服务器中，添加方法参见 7.3.3 小节。安装时将其名称和共享名称命名为打印文档打印机，以区别于用

于打印图纸的打印机，如可将名称和共享名称设置为 Document-Printer。

【工作过程三】设置打印机权限

在【打印管理】窗口中设置 Design-Printer 和 Document-Printer 的权限，使得打印管理员具有这两台打印机的打印、管理文档权限，其他用户具有打印权限。

【工作过程四】配置打印机池

通过配置打印机池，使得 Design-Printer 指向两台 HP Designjet 510 打印机。设置方法是，在【打印管理】窗口中打开 Design-Printer 的属性对话框，在【端口】选项卡中选中【启用打印机池】复选框，并在列表框中选择打印服务器中连接 HP Designjet 510 的端口。

【工作过程五】设置打印机优先级

(1) 在【打印管理】窗口中再添加一台打印机，其驱动程序使用 HP LaserJet 5200N 的驱动程序，并将其名称和共享名称命名为专为经理和主管使用的打印机，如可将名称和共享名称设置为 Manager-Printer。

(2) 设置 Manager-Printer 打印机的优先级，如 99。

(3) 设置 Manager-Printer 打印机的安全性。删除 Everyone 的打印权限，授予打印管理员打印权限和管理文档权限，并授予经理及主管所在用户组的打印权限。

(4) 指导用户安装和使用网络共享打印机。设计人员安装 Design-Printer 和 Document-Printer，经理及主管安装 Design-Printer 和 Manager-Printer。

(5) 指导用户使用 Internet 打印。

7.8 工作实训营

7.8.1 训练实例

【实训环境和条件】

(1) 网络环境或 VMware Workstation 9.0 虚拟机软件。

(2) 两台安装有 Windows Server 2012 的物理计算机或虚拟机(充当域控制器和打印服务器)。

(3) 安装有 Windows 10/Vista/7 的物理计算机或虚拟机(充当域客户端)。

(4) 一台 USB 接口打印机。

【实训目的】

通过上机实习，学员应该深刻理解打印服务的相关概念，掌握 Windows Server 2012 系统中本地打印设备的安装和共享方法，以及打印服务角色的安装过程；掌握在网络中使用共享打印机的方法；掌握打印机的权限及设置方法；理解打印机优先级的实现原理及使用场合，掌握打印机优先级的设置方法；掌握 Internet 打印的工作原理、配置与使用方法。

【实训内容】

(1) 安装与共享本地打印设备。

(2) 安装打印服务器角色。

(3) 在活动目录中发布及使用共享打印机。

(4) 管理打印机的安全性。

(5) 配置打印机优先级。

(6) 配置与使用 Internet 打印。

【实训过程】

(1) 安装与共享本地打印设备。

① 在【控制面板】窗口中双击【打印机】图标，在打开的【打印机】窗口中单击【添加打印机】按钮，启动打印机安装向导。

② 在【选择本地或网络打印机】向导页中选择安装本地服务器上的打印设备。

③ 在【选择打印机端口】向导页中选择打印设备所在的端口。

④ 在【安装打印机驱动程序】向导页中选择打印设备生产厂家和型号，或手动安装打印机驱动程序。

⑤ 依次设置打印机名称和共享名称等信息。

⑥ 测试打印。

(2) 安装打印服务器角色。

① 在打印服务器上打开【服务器管理器】窗口，选择左侧的【角色】节点，单击【添加角色】超链接，启动添加角色向导。

② 在【选择服务器角色】对话框中选中【打印服务】复选框。

③ 打开【选择角色服务】对话框，选中【打印服务器】复选框。

(3) 在活动目录中发布及使用共享打印机。

① 将打印服务器加入域中。

② 在打印服务器上打开【打印管理】窗口，选中控制树中的【打印机】节点，右击要发布到活动目录中的打印机，在弹出的快捷菜单中选择【在目录中列出】命令。

③ 在域内客户机中选择【开始】→【搜索】→【打印机】命令，在【查找 打印机】对话框中单击【开始查找】按钮。

④ 双击找到的共享打印机，安装驱动程序，打印测试页。

(4) 管理打印机的安全性。

① 在域控制器中创建一个测试用的域用户及用户组。

② 在打印服务器上打开【打印管理】窗口，选中控制树中的【打印机】节点，右击要配置成打印机池的打印机，在弹出的快捷菜单中选择【属性】命令，打开属性对话框，切换到【安全】选项卡，删除 Everyone 的打印权限，并分别给其他用户或组授予打印权限、管理文档权限和管理打印机权限。

③ 在域客户机中，以不同用户身份登录，检查打印机的安全性设置效果。

(5) 配置打印机优先级。

① 在打印服务器上打开【打印管理】窗口，再添加一台打印机，其驱动程序使用已安装的打印机的驱动程序。

② 设置新添加的打印机优先级，如 99。

③ 设置新添加的打印机安全性，删除 Everyone 的打印权限，将其打印权限授予要求具有高优先级的用户或用户组。

(6) 配置与使用 Internet 打印。

① 在打印服务器上利用添加角色服务向导，安装 Internet 打印服务。在安装过程中同时安装 IIS 组件。

② 在客户机上设置 Internet 选项，将打印服务器加入可信任站点中。

③ 打开 IE 浏览器，在地址栏中输入“http://<打印机服务器域名或 IP 地址>/printers”和具有访问权限的用户账户和密码。

④ 通过验证后，单击某个打印机的链接。

⑤ 在浏览器左边的窗格中单击【连接】超链接，安装 Internet 打印机。

⑥ 测试打印。Internet 打印服务在使用方式上和普通网络打印机相同。

7.8.2 工作实践常见问题解析

打印服务出现问题时，可以归结为以下 4 个方面：一是打印设备出现问题；二是打印机与网络之间的连接出现问题；三是打印服务组件配置出现问题；四是网络、协议和其他通信组件出现问题。解决打印问题时，最好先确定产生问题的原因。快速解决多数与打印有关的问题的方法包括以下 4 个步骤。

(1) 验证物理打印机是否可以操作。如果其他用户可以打印，则问题不在打印机或打印服务器上。

(2) 验证打印服务器上的打印机使用的是否是正确的驱动程序。如果打印客户端使用的是其他操作系统，确保已安装了该平台所需的所有驱动程序。

(3) 确认打印服务器是否可以操作，确保有足够的磁盘空间用于后台打印，并确保后台打印服务正在运行。

(4) 如果打印客户端使用的是非 Windows 操作系统，则确认客户端计算机是否有正确的打印机驱动程序。

从用户的角度来说，打印故障无外乎“所有人都无法打印”“有些用户无法打印”“只有一个用户无法打印”“打印乱码或打印混乱”4 种情况。下面以此为线索，分析打印错误的原因，并介绍相应的排错思路和步骤。

【问题 1】如果出现所有人都无法打印的故障，如何排查？

【答】遇到这种情况，基本可以断定不是打印设备本身的问题就是网络问题，其排错思路包括以下几个方面。

(1) 常规检查。到打印设备前进行检测，对于 Windows Server 2012 来说，可通过打印机的状态页面(在浏览器中输入该打印机的 IP 地址)查看该打印机的状态。如果没有问题，接下来应该检查打印服务器的事件日志，并从日志中找到和打印机相关的错误提示和警告信息，然后进行判断排错。

(2) 检查打印队列。在打印服务管理器中查看打印机是否被暂停，或者是否有文档发生了错误。如果是，则右击这些文档，在弹出的快捷菜单中执行【取消】命令。

(3) 检查打印机配置信息。如果有人恶意将打印机设置为动态获得 IP 地址，或者没有为打印机设置保留，这种情况下如果打印机被关闭并重启，则可能会因为其 IP 地址变化，而将打印端口指向错误的 IP 地址。对此，还需要检查打印机所在的子网状态。

(4) 检查网络。可以在一台主机上通过 ping 命令来 ping 打印机的 IP 地址，如果通过任何主机都无法 ping 通打印机的 IP 地址，这表明打印机可能被关闭或者网络被断开。另外，也有可能是打印机的网卡故障，或者是与打印机连接的交换机(或路由器)的问题。

(5) 检索打印机配置的变化。可以询问或者回忆打印机上次正常打印是在什么时候，以及打印机的配置是否有变化。如果打印机从来没有正常工作过，则表示一开始的配置就有问题。如果打印机的配置有变化，建议恢复到以前的配置。如果怀疑与打印设备有关，可以尝试卸载并重装打印机驱动。

(6) 检测磁盘空间。这通常被忽略，因此有必要检查后台打印文件夹所在磁盘的可用空间，因为它也会引起打印故障。如果所在分区的可用空间较小或者没有可用空间，打印服务器将无法创建后台打印文件，文档将无法被打印。此外，还应检查打印文件夹的权限设置，如果权限设置有问题，后台打印同样无法进行。

(7) 检测打印处理器和分隔页设置。一定要确保打印处理器和分隔页设置无误，如果设置了错误的打印处理器，打印机可能会打印乱码或者根本无法打印。对于 Windows Server 2012 来说，可以尝试使用 RAW 数据类型或者 EMF 数据类型，一般可以解决问题。如果分隔页设置错误，打印机可能只打印分隔页的内容或者完全无法打印。因此，也要检查分隔页的设置。

(8) 检查 Print Spooler 服务。将该服务设置为随系统自动启动，但如果在系统启动后，该服务在 1 分钟之内尝试启动两次且连续失败，Print Spooler 服务将不再尝试重新启动。同时，如果打印队伍里有错误的文档，且无法将其清除，通常可能导致 Print Spooler 服务出错。在这种情况下，可以首先从打印队伍中清除错误文档，然后打开打印服务控制台，在其中找到 Print Spooler 服务并将其手动启动。

【问题 2】如果出现有些用户无法打印的故障，如何排查？

【答】此类打印故障无外乎三个方面的原因：打印权限设置不当、应用程序导致打印错误、网络导致打印错误。可从以下几个方面进行排错。

(1) 网络检测。这种情况下的网络检测不同于第一种方式，可选择与遇到打印错误问题的用户同在一个子网的其他用户进行检测，检测的方法还是使用 ping 命令。在 Windows Server 2012 的命令提示符窗口中执行“ping <打印机的 IP 地址>”命令。如果该子网中的任何计算机都无法 ping 通打印机的 IP 地址，则表示用户的计算机和打印机之间的交换机或路由器出错或者断开。这时应把排错的重点放到路由器或者交换机上，然后检测机器或者检查配置。

(2) 权限检查。这里的权限主要是指打印机的权限设置和后台打印文件夹的权限设置，以确保特定用户或者用户组都有访问权限。如果权限设置错误，将导致后台打印无法进行，打印将出错。

(3) 检测打印处理器。如果域内或者局域网内客户端的系统类型比较多样，检测打印处理器就显得非常必要了。因为基于 Windows 98 和 Windows Me 的客户端只能使用 RAW 数据类型的打印处理器进行打印。基于 RAW 数据类型的打印是在客户端上处理的，因此需要打印服务器处理的工作最少；而 EMF 数据类型的打印则需要大的打印服务器进行处理。

如果遇到这类错误，可对打印机的默认数据类型进行修改。打开打印机的属性对话框，切换到【高级】选项卡，单击【打印处理器】按钮，打开一个对话框，在此更改当前打印处理器和默认的数据类型。

(4) 检查用于打印的程序。调用打印机进行打印的应用程序的配置有问题也会导致打印故障，对此可重新检查该打印程序的配置，以发现是否有配置不当的地方。比如，如果选择的默认打印机有误，就会导致此类打印错误。

(5) 查看打印错误信息。要特别注意打印过程中生成的错误信息，这是进行排错的有力线索。比如，客户端在连接打印机时提示必须安装打印机驱动，这就意味着打印服务器上安装了正确的驱动，但是在客户端上无法使用。对此，必须手动更新客户端的打印驱动。

【问题 3】如果出现只有一个用户无法打印的故障，如何排查？

【答】如果只有一个用户无法打印，这说明问题不大，但要进行排错同样不容易。一般这种情况是由于软件、用户的计算机或者权限设置不当造成的。对于此类错误，建议用户重启计算机，重新进行打印测试。如果不行，可从以下几个方面来排错。

(1) 检查用户打印驱动程序。同上面的情况类似，首先要检查是否是由调用打印机的应用程序的配置错误造成的。此外，还要检查用户设置的默认打印机是否有误。

(2) 检查用户计算机。首先检查计算机系统中的 Print Spooler 服务是否正常运行，否则需手动启动该服务。同时，检测用户的计算机磁盘是否有足够的临时空间以生成初始的后台打印文件。此外，要确保计算机上的其他重要服务正常启动。如果相关的服务有问题无法自行启动，则要手动启动。如果不能启动，要进行服务排错，总之要保证其正常启动。一般情况下，将该服务设置为自动启动，然后重启系统就能够解决问题。

(3) 检查网络连接。检查并确认用户的计算机是否可以通过网络连接到其他资源，通常通过 ping 命令测试主机到打印机的连通性。

(4) 检查错误信息。同上面的方法类似，要注意收到的打印错误信息，比如，客户端收到“访问被拒绝”的错误信息，这说明权限设置有问题，要据此修改打印权限。

(5) 检查权限设置。同样，也要检查打印机的权限设置，以确认是否拒绝该用户访问。此外，还要确保该用户对后台打印文件夹的访问权限。

【问题 4】如果出现打印乱码或打印混乱的故障，如何排查？

【答】打印的内容混乱或者有错误，一般是由于打印机的配置错误造成的，可以从以下几个方面来排错。

(1) 检查打印机驱动是否有误，如果有误，则马上更新正确的打印驱动。另外，检测打印处理器设置是否有误，通常情况下将打印的数据类型由 EMF 更改为 RAW 后就能够解决问题。

(2) 检测打印管理配置。在【打印管理】窗口中右击打印机，在弹出的快捷菜单中选择【属性】命令，打开属性对话框，在【高级】选项卡中选中【在后台处理完最后一页时开始打印】单选按钮，以确保将完整的文档内容传送到打印机之后再打印，如图 7-56 所示。

图 7-56　【高级】选项卡

(3) 检查分隔页设置。在属性对话框的【高级】选项卡中单击【分隔页】按钮，尝试删除使用的分隔页，因为当使用的分隔页中使用了错误的打印页面描述语言时也会导致打印混乱。

(4) 禁用高级打印功能。在属性对话框的【高级】选项卡中取消选中【启用高级打印功能】复选框，以禁止原文件后台打印功能。因为在系统类型复杂的网络中，启用该功能后有可能会导致打印混乱。

7.9 习题

一、填空题

1. Windows Server 2012 系统提供的打印机权限包括________、________和________。

2. 一台打印服务器上连接多个同型号的物理打印设备，为了能让这些打印设备协同工作，应该将打印服务器设置________。

3. 可以通过设置打印机的________，从而使某些用户优先使用打印设备。

二、选择题

1. 某公司新购置了一台使用 USB 接口的彩色喷墨打印机，并将该打印机安装到了公司网络中的一台打印服务器上。平面设计部的一名员工想要使用这台打印机，那么在他用添加打印机向导安装打印机时，应该选择的安装类型为________。

A. 安装本地打印机　　B. 安装 USB 驱动程序

C. 自动检测并安装本地打印机　　D. 安装网络打印机

2. 打印出现乱码的原因是________。

A. 计算机的系统硬盘空间(C 盘)不足

B. 打印机驱动程序损坏或选择了不符合机种的错误驱动程序

C. 使用应用程序所提供的旧驱动程序或不兼容的驱动程序

D. 以上都不对

3. Windows Server 2012 系统不提供的打印机权限是________。

A. 打印　　B. 管理文档　　C. 管理打印机池　　D. 管理打印机

4. 你在一个 Windows Server 2012 网络中配置了打印服务器，在打印权限中拥有“管理文档”权限的用户可以进行的操作有________。

A. 连接并向打印机发送打印作业　　B. 暂停打印机

C. 暂停打印作业　　D. 管理打印机的状态

5. 你是公司的网络管理员，负责维护公司的打印服务器。该服务器连接一台激光打印机，公司的销售部员工共同使用这台打印机设备。你想让销售部经理较普通员工优先打印，应该如何实现________。(选两项)

A. 在打印服务器上创建两台逻辑打印机，并分别将其共享给销售部经理和普通员工

B. 在打印服务器上创建一台逻辑打印机，并将其共享给销售部经理和普通员工

C. 设置销售部经理共享的逻辑打印机的优先级为99，普通员工共享的逻辑打印机优先级为1

D. 设置销售部经理共享的逻辑打印机的优先级为1，普通员工共享的逻辑打印机优先级为99

6. 下列关于打印机优先级的叙述正确的是________。(选两项)

A. 在打印服务器上设置优先级

B. 在每个员工的机器上设置优先级

C. 设置打印机优先级时，需要一台逻辑打印机对应两台或多台物理打印机

D. 设置打印机优先级时，需要一台物理打印机对应两台或多台逻辑打印机

7. 公司有一台系统为Windows Server 2012的打印服务器，管理员希望通过设置不同的优先级来满足不同人员的打印需求，下面________不是合法的打印优先级。

A. 1　　B. 80　　C. 90　　D. 0

8. 在Windows Server 2012网络中的一台打印服务器上连接了多个同型号的物理打印设备，为了能让这些打印设备协同工作，应该为打印服务器设置________。

A. 打印队列　　B. 打印优先级　　C. 打印机池　　D. 打印端口

9. 你是公司的网络管理员，公司新买了3台HP喷墨打印机，为了提高打印速度和合理分配打印机，可以通过________方法使用这3台打印设备。

A. 打印机池　　B. 打印机优先级

C. 打印队列长度　　D. 打印队列范围

10. 关于打印机池的描述不正确的是________。

A. 一台逻辑打印机对应多台物理打印设备

B. 可以提高打印速度

C. 多台逻辑打印机对应一台物理打印设备

D. 需要使用相同型号或兼容的打印设备

第 8 章

DHCP 服务器的配置

- DHCP 服务器的工作原理。
- 安装 DHCP 服务器。
- DHCP 服务器基本配置。
- 配置和管理 DHCP 客户端。
- 配置 DHCP 选项。
- 管理 DHCP 数据库。

技能目标

- 掌握网络 IP 地址的分配方式及 DHCP 的工作原理。
- 熟悉 DHCP 服务器的安装过程。
- 掌握 DHCP 作用域的创建过程及 DHCP 客户端的配置。
- 了解 DHCP 服务器配置选项的等级及配置方法。
- 了解 DHCP 数据库的备份、还原及 DHCP 的迁移。

8.1 工作场景导入

【工作场景】

XYZ 公司的网络是一个基于活动目录的域结构。该公司以前所有的计算机 IP 地址都是手动分配，考虑到员工计算机水平的差异，为简化网络管理，该公司拟采用 DHCP 方式为总部的计算机动态分配 IP 地址，可用的 IP 地址范围是 222.190.68.2～222.190.68.254，其中 222.190.68.5～222.190.68.7 和 222.190.68.9～222.190.68.20 已固定分配给服务器或其他计算机使用，不能再分配。另外，公司销售部某用户需要与外界联系，要求有相对固定的 IP 地址(如 222.190.68.105)。如图 8-1 所示为 XYZ 公司的网络拓扑图。

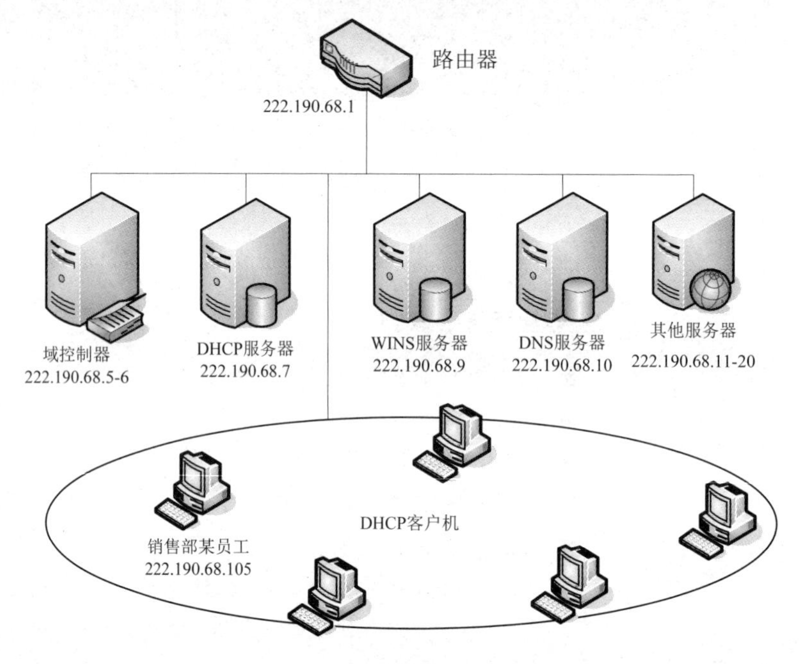

图 8-1　XYZ 公司拓扑图

【引导问题】

(1) 如何在 Windows Server 2012 系统中安装 DHCP 服务器角色？安装前要做哪些准备工作？

(2) 如何在域环境中给 DHCP 服务器授权？

(3) 如何为 DHCP 服务器创建 IP 地址作用域，指定客户端的地址范围、网关和 DNS 等参数？

(4) 如何给某台指定的计算机分配相对固定的 IP 地址？

(5) 如何配置 DHCP 客户机？如何测试？

(6) 如果旧的 DHCP 服务器性能不足，需要更换 DHCP 服务器，应如何迁移 DHCP 服务器？

8.2　DHCP 概述

在 TCP/IP 协议网络中，每一台主机必须拥有唯一的 IP 地址，并且通过该 IP 地址与网络上的其他主机进行通信。为了简化 IP 地址分配，可以通过 DHCP(Dynamic Host Configuration Protocol，动态主机配置协议)服务器为网络中的其他主机自动配置 IP 地址与相关的 TCP/IP 设置。

8.2.1　IP 地址的配置

在 TCP/IP 协议网络中，每一台主机可采用两种方式获取 IP 地址与相关配置，一种是手动配置，另一种是自动向 DHCP 服务器获取。

1．手动配置和动态配置

在网络管理中为网络客户机分配 IP 地址是网络管理员的一项复杂工作，因为每个客户计算机都必须拥有一个独立的 IP 地址，以免因重复的 IP 地址而引起网络冲突。如果网络规模较小，管理员可以分别对每台机器进行配置。但是，在大型网络中，管理的网络包含成百上千台计算机，那么为客户端分配 IP 地址需要耗费大量的时间和精力，若以手动方式设置 IP 地址，不仅效率低，且容易出错。

DHCP 是从 BOOTP 协议发展而来的一个简化主机 IP 地址分配管理的 TCP/IP 标准协议。通过 DHCP，网络用户不再需要自行设置网络参数，而是由 DHCP 服务器来自动配置客户所需要的 IP 地址及相关参数(如默认网关、DNS 和 WINS 的设置等)。在使用 DHCP 分配 IP 地址时，整个网络至少有一台服务器上安装有 DHCP 服务，其他要使用 DHCP 功能的客户机也必须设置成利用 DHCP 获得 IP 地址，如图 8-2 所示。

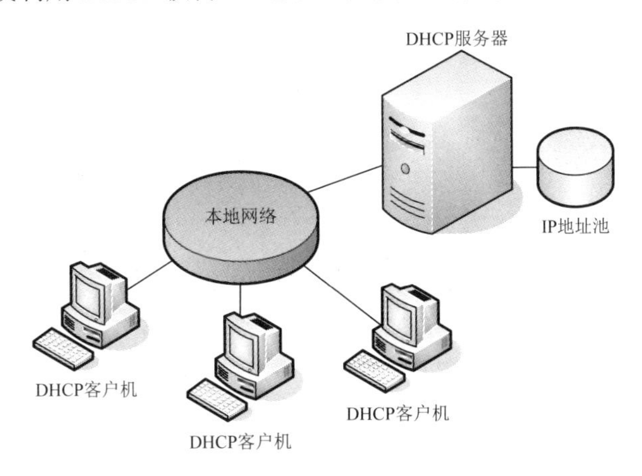

图 8-2　DHCP 服务器工作原理

2．DHCP 的优点

(1)　安全可靠。DHCP 避免了手动设置 IP 地址等参数所产生的错误，同时也避免了把一个 IP 地址分配给多台工作站所造成的地址冲突。

(2) 网络配置自动化。使用 DHCP 服务器大大缩短了配置或重新配置网络中工作站所花费的时间。

(3) IP 地址变更自动化。DHCP 地址租约的更新过程将有助于用户确定哪个客户的设置需要经常更新(如使用笔记本式计算机的客户经常更换地点)，且这些变更由客户机与 DHCP 服务器自动完成，无须网络管理员干涉。

3．动态 IP 地址分配方式

当 DHCP 客户端启动时，会自动与 DHCP 服务器进行沟通，并且要求 DHCP 服务器为自己提供 IP 地址及其他网络参数。而 DHCP 服务器在收到 DHCP 客户端的请求后，会根据自身设置，决定如何向客户端提供 IP 地址。

(1) 永久租用。当 DHCP 客户端向 DHCP 服务器租用 IP 地址后，这个地址就永远分派给这个 DHCP 客户端使用。

(2) 限定租期。当 DHCP 客户端向 DHCP 服务器租用 IP 地址后，暂时使用这个地址一段时间。如果原 DHCP 客户端又需要 IP 地址，它可以向 DHCP 服务器重新租用另一个 IP 地址。

8.2.2 DHCP 的工作原理

DHCP 是基于客户机/服务器模型设计的，DHCP 客户端通过与 DHCP 服务器的交互通信以获得 IP 地址租约。DHCP 协议使用端口 UDP 67(服务器端)和 UDP 68(客户端)进行通信，并且大部分 DHCP 协议通信利用广播进行。

1．初始化租约过程

DHCP 客户机首次启动时，会自动执行初始化过程，以便从 DHCP 服务器获得租约，租约过程如图 8-3 所示。DHCP 客户端和 DHCP 服务器的这四次通信分别代表不同的阶段。

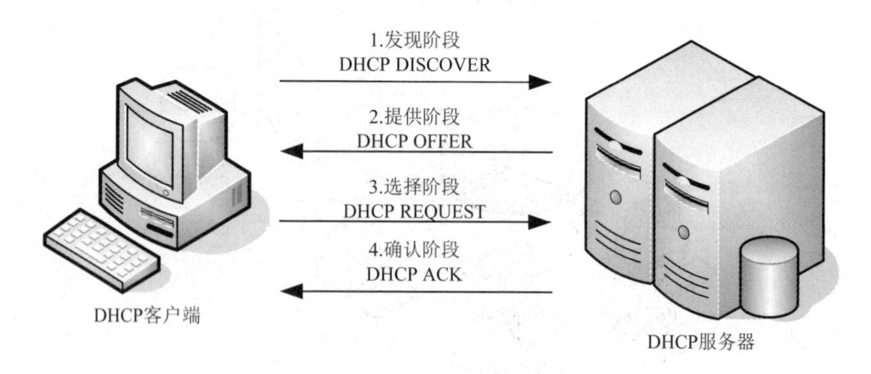

图 8-3 DHCP 初始化租约过程

1) 发现阶段：DHCP DISCOVER

DHCP 客户端发起 DHCP DISCOVER(发现信息)广播消息，向所有 DHCP 服务器获取 IP 地址租约。此时由于 DHCP 客户端没有 IP 地址，因此在数据包中，使用 0.0.0.0 作为源

IP 地址，使用广播地址 255.255.255.255 作为目的地址。在此请求数据包中同样会包含客户端的 MAC 地址和计算机名，以便 DHCP 服务器进行区分。网络上每一台安装了 TCP/IP 协议的主机都会接收到该广播消息，但只有 DHCP 服务器才会做出响应。

当发送第一个 DHCP DISCOVER 广播消息后，DHCP 客户端将等待 1 秒，如果在此期间没有 DHCP 服务器响应，DHCP 客户端将分别在第 9 秒、第 13 秒和第 16 秒重复发送 DHCP DISCOVER 广播消息。如果仍没有得到 DHCP 服务器的应答，将再隔 5 分钟广播一次，直到得到应答为止。

2)　提供阶段：DHCP OFFER

所有接收到 DHCP 客户端发送的 DHCP DISCOVER 广播消息的 DHCP 服务器会检查自己的配置，如果具有有效的 DHCP 作用域和富余的 IP 地址，则 DHCP 服务器发起 DHCP OFFER(提供信息)广播消息来应答发起 DHCP DISCOVER 广播的 DHCP 客户端，此消息包含的内容有客户端 MAC 地址、DHCP 服务器提供的客户端 IP 地址、DHCP 服务器的 IP 地址、DHCP 服务器提供的客户端子网掩码、其他作用域选项(如 DNS 服务器、网关和 WINS 服务器等)以及租约期限等。

由于 DHCP 客户端没有 IP 地址，因此 DHCP 服务器同样使用广播进行通信，源 IP 地址为 DHCP 服务器的 IP 地址，而目的 IP 地址为 255.255.255.255。同时，DHCP 服务器为此客户端保留它提供的 IP 地址，从而不会为其他 DHCP 客户端分配此 IP 地址。如果有多个 DHCP 服务器给予此 DHCP 客户端回复 DHCP OFFER 消息，则 DHCP 客户端接受它接收到的第一个 DHCP OFFER 消息中的 IP 地址。

3)　选择阶段：DHCP REQUEST

当 DHCP 客户端接受 DHCP 服务器的租约时，它将发起 DHCP REQUEST(请求消息)广播消息，告诉所有 DHCP 服务器自己已经做出选择，接受了某个 DHCP 服务器的租约。

在此，DHCP REQUEST 广播消息中包含了 DHCP 客户端的 MAC 地址、接受的租约中的 IP 地址、提供此租约的 DHCP 服务器地址等。其他的 DHCP 服务器将收回它们为此 DHCP 客户端所保留的 IP 地址租约，以给其他 DHCP 客户端使用。

此时由于没有得到 DHCP 服务器最后的确认，DHCP 客户端仍然不能使用租约中提供的 IP 地址，因此在数据包中，仍然使用 0.0.0.0 作为源 IP 地址，广播地址 255.255.255.255 作为目的地址。

4)　确认阶段：DHCP ACK

提供的租约被接受的 DHCP 服务器在接收到 DHCP 客户端发起的 DHCP REQUEST 广播消息后，会发送 DHCP ACK(确认消息)广播消息进行最后的确认，在这个消息中同样包含了租约期限及其他 TCP/IP 选项信息。

如果 DHCP 客户端的操作系统为 Windows 2000 及其之后的版本，当 DHCP 客户端接收到 DHCP ACK 广播消息后，还会向网络发出三个针对此 IP 地址的 ARP 解析请求，以执行冲突检测，确认网络上没有其他主机使用 DHCP 服务器提供的 IP 地址，从而避免 IP 地址冲突。如果发现该 IP 地址已经被其他主机所使用(有其他主机应答此 ARP 解析请求)，则 DHCP 客户端会广播发送(因为它仍然没有有效的 IP 地址)DHCP DECLINE 消息给 DHCP 服务器以拒绝此 IP 地址租约，然后重新发起 DHCP DISCOVER 进程。此时，DHCP 服务器管理窗口中会显示此 IP 地址为 BAD_ADDRESS。如果没有其他主机使用此 IP 地址，则 DHCP

客户端的 TCP/IP 使用租约中提供的 IP 地址完成初始化，从而可以与其他网络中的主机进行通信。至于其他 TCP/IP 选项，如 DNS 服务器和 WINS 服务器等，本地手动配置将覆盖从 DHCP 服务器获得的值。

2. DHCP 客户机重新启动

DHCP 客户端在成功租约到 IP 地址后，每次重新登录网络时，就不需要再次发送 DHCP DISCOVER 了，而是直接发送包含前一次所分配的 IP 地址的 DHCP REQUEST。当 DHCP 服务器收到这一信息后，它会尝试让 DHCP 客户机继续使用原来的 IP 地址，并回答一个 DHCP ACK。如果此 IP 地址已无法再分配给原来的 DHCP 客户机使用(比如此 IP 地址已分配给其他 DHCP 客户机使用)，则 DHCP 服务器给 DHCP 客户机回答一个 DHCP NACK(否认信息)。当原来的 DHCP 客户机收到此 DHCP NACK 后，必须重新发送 DHCP DISCOVER 来请求新的 IP 地址。

3. 更新 IP 地址的租约

DHCP 服务器向 DHCP 客户机出租的 IP 地址一般都有一个租借期限，期满后 DHCP 服务器便会收回出租的 IP 地址。如果 DHCP 客户机要延长其 IP 租约，则必须更新其 IP 租约。

DHCP 服务器将 IP 地址提供给 DHCP 客户端时，包含租约的有效期，默认租约期限为 8 天(691 200 秒)。除了租约期限外，还具有两个时间值 T1 和 T2，其中 T1 定义为租约期限的一半，默认情况下是 4 天(345 600 秒)，而 T2 定义为租约期限的 7/8，默认情况下为 7 天(604 800 秒)。

当到达 T1 定义的时间期限时，DHCP 客户端会向提供租约的原始 DHCP 服务器发起 DHCP REQUEST，请求对租约进行更新，如果 DHCP 服务器接受此请求，则回复 DHCP ACK 消息，包含更新后的租约期限。如果 DHCP 服务器不接受 DCHP 客户端的租约更新请求(如此 IP 已经从作用域中去除)，则向 DHCP 客户端回复 DHCP NACK 消息，此时 DHCP 客户端立即发起 DHCP DISCOVER 进程以寻求 IP 地址。如果 DHCP 客户端没有从 DHCP 服务器中得到任何回复，则继续使用此 IP 地址，直到到达 T2 定义的时间限制。此时，DHCP 客户端再次向提供租约的原始 DHCP 服务器发起 DHCP REQUEST，请求对租约进行更新，如果仍然没有得到 DHCP 服务器的回复，则发起 DHCP DISCOVER 进程，以寻求 IP 地址。

8.3 添加 DHCP 服务

8.3.1 架设 DHCP 服务器的需求和环境

DHCP 服务器只能安装到 Windows 的服务器操作系统(如 Windows 2000 Server、Windows Server 2003 和 Windows Server 2012 等)中，Windows 的客户端操作系统(如 Windows 2000 Professional 和 Windows XP 等)都无法扮演 DHCP 服务器的角色。

重要的是，由于 DHCP 服务器需要固定的 IP 地址与 DHCP 客户端计算机进行通信，因此 DHCP 服务器必须配置为使用静态 IP 地址，它的 IP 地址、子网掩码、默认网关和 DNS

服务器等网络参数必须是手动配置，不能通过 DHCP 方式获取。

另外，还要事先规划好出租给客户端计算机所用的 IP 地址池(也就是 IP 作用域、范围)。

8.3.2 安装 DHCP 服务器角色

Windows Server 2012 系统内置了 DHCP 服务组件，但默认情况下并没有安装，需要管理员手动安装并配置，从而为网络提供 DHCP 服务。将一台运行 Windows Server 2012 的计算机配置成 DHCP 服务器，最简单的方法是使用服务器管理器添加 DHCP 服务器角色，操作步骤如下。

(1) 通过【开始】菜单打开【服务器管理器】窗口，选择左侧的【角色】节点，单击【添加角色】超链接，启动添加角色向导。

(2) 在【开始之前】向导页中提示了此向导可以完成的工作，以及操作之前应注意的相关事项，单击【下一步】按钮。

(3) 在【选择服务器角色】向导页中显示了所有可以安装的服务器角色。如果角色前面的复选框没有被选中，则表示该网络服务尚未安装。如果已选中，则说明该服务已经安装。这里选中【DHCP 服务器】复选框，单击【下一步】按钮。

(4) 在【DHCP 服务器】向导页中对 DHCP 服务器的功能作了简要介绍，单击【下一步】按钮继续。

(5) 在【选择网络连接绑定】向导页中，选择此 DHCP 服务器将用于向客户端提供服务的网络连接，单击【下一步】按钮，如图 8-4 所示。

(6) 在【指定 IPv4 DNS 服务器设置】向导页中指定客户用于名称解析的父域名，以及客户端用于域名解析的 DNS 服务器 IP 地址，单击【下一步】按钮，如图 8-5 所示。

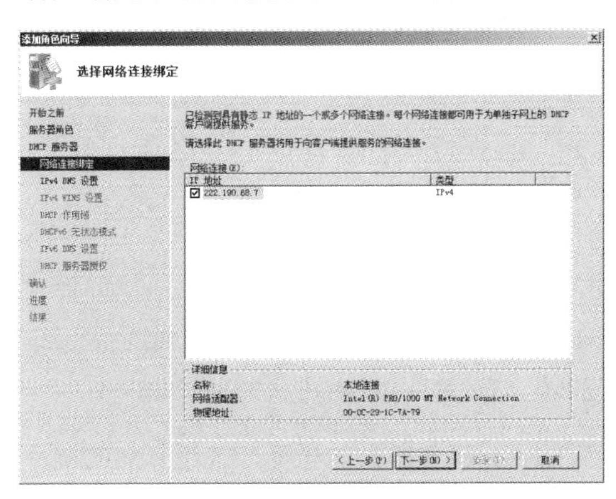

图 8-4 【选择网络连接绑定】向导页

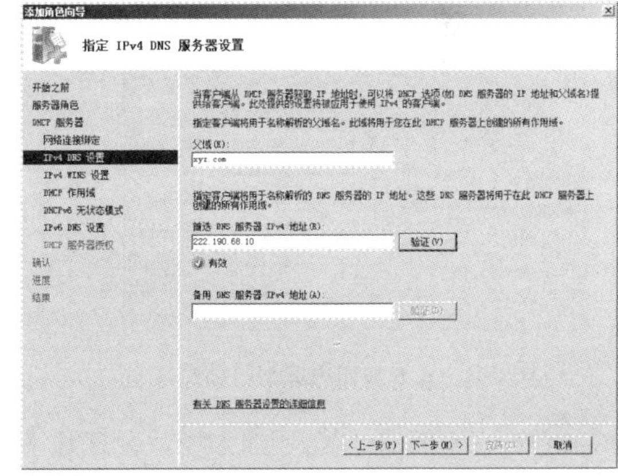

图 8-5 【指定 IPv4 DNS 服务器设置】向导页

(7) 在【指定 IPv4 WINS 服务器设置】向导页中选择是否使用 WINS 服务，单击【下一步】按钮，如图 8-6 所示。

(8) 在【添加或编辑 DHCP 作用域】向导页中，添加 DHCP 作用域。只有指定了作用域，DHCP 服务器才能向客户端分配 IP 地址、子网掩码和默认网关等。现在可以不指定，等 DHCP 安装完成后再添加。若现在指定，可单击【添加】按钮，如图 8-7 所示。

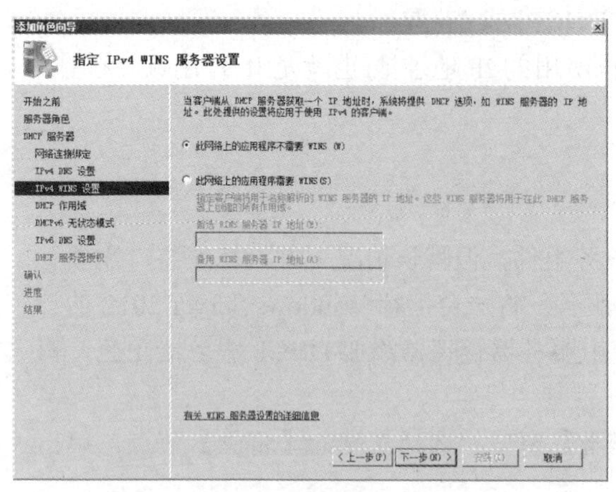

图 8-6　指定 IPv4 WINS 服务器设置

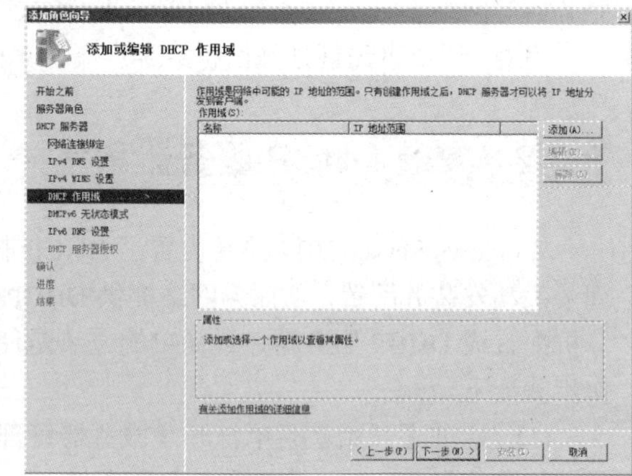

图 8-7　添加或编辑 DHCP 作用域

(9) 在【添加作用域】对话框中，设置作用域名称、起始 IP 地址、结束 IP 地址、子网掩码、默认网关以及子网类型。选中【激活此作用域】复选框，创建完成后会自动激活，设置完成后，单击【确定】按钮，如图 8-8 所示。返回上一步操作后单击【下一步】按钮。

(10) 在【配置 DHCPv6 无状态模式】向导页中，选择启用还是禁用服务器的 DHCPv6 无状态模式。选中【对此服务器禁用 DHCPv6 无状态模式】单选按钮，单击【下一步】按钮，如图 8-9 所示。

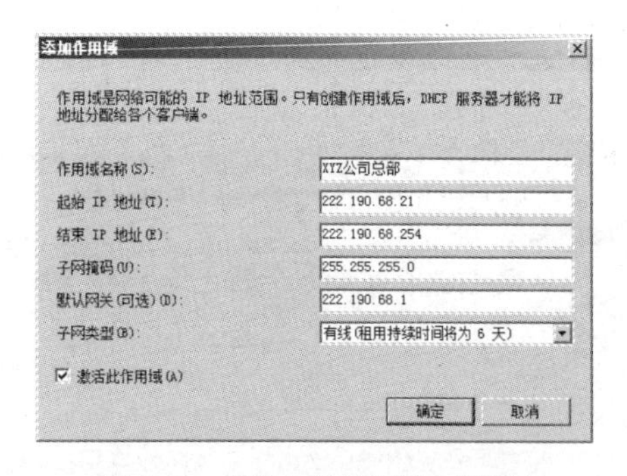

图 8-8　【添加作用域】对话框

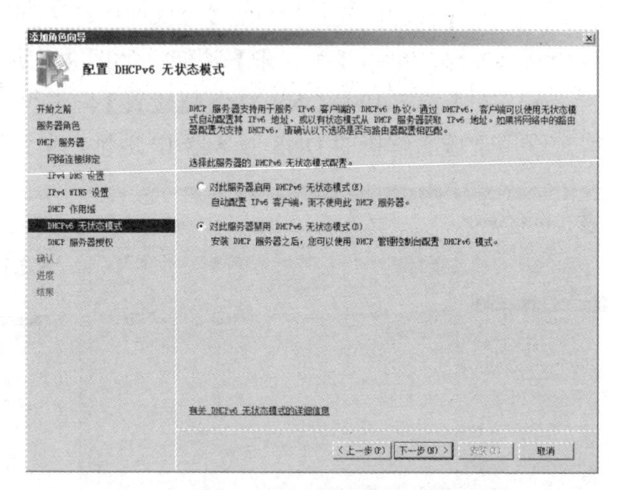

图 8-9　【配置 DHCPv6 无状态模式】向导页

(11) 若 DHCP 服务器加入域，会打开【授权 DHCP 服务器】向导页，若没有加入域，则不会出现此向导页。为 DHCP 服务器授权必须具有域管理员的权限，若当前没有以域管理员身份登录到域，则选中【使用备用凭据】单选按钮，单击【指定】按钮，输入域管理员的用户名及密码，单击【下一步】按钮，如图 8-10 所示。

(12) 在【确认安装选择】向导页中，要求确认所要安装的服务器角色及配置情况，如果配置错误，单击【上一步】按钮返回。单击【安装】按钮，开始安装 DHCP 服务器角色，如图 8-11 所示。

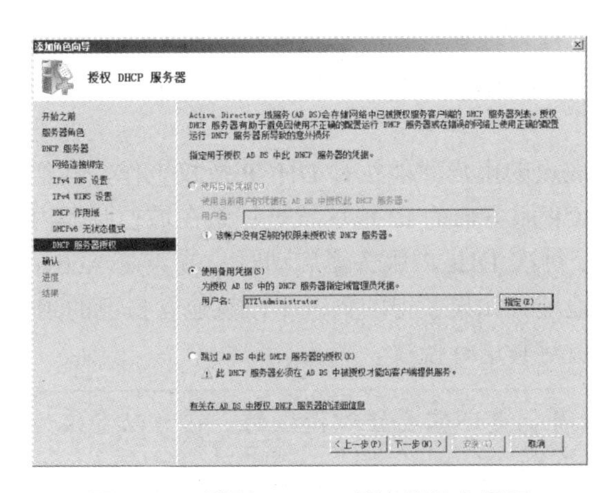

图 8-10 【授权 DHCP 服务器】向导页

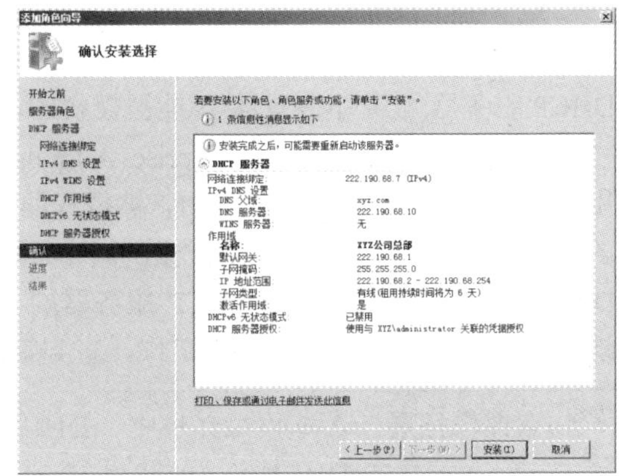

图 8-11 【确认安装选择】向导页

(13) 在【安装进度】对话框中显示了安装 DHCP 服务器角色的进度，需耐心等待。

(14) 在【安装结果】对话框中显示 DHCP 服务器角色已经安装完成，提示用户可以使用 DHCP 管理器对 DHCP 服务器进行配置。若系统未启用 Windows 自动更新，还提醒用户设置 Windows 自动更新，以即时给系统打上补丁。单击【完成】按钮，关闭添加角色向导，完成 DHCP 服务器的安装。

DHCP 服务器安装完毕后，通过选择【开始】→【管理工具】→DHCP 命令打开 DHCP 管理器，通过 DHCP 窗口可以管理本地或远程的 DHCP 服务器，如图 8-12 所示。

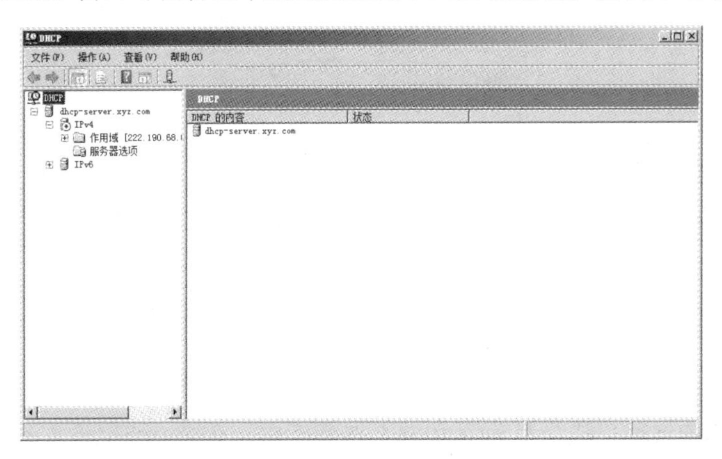

图 8-12 DHCP 窗口

8.3.3 在 AD DS 中为 DHCP 服务器授权

1. DHCP 授权的原理

用户可以在任何一台安装有 Windows Server 2012 的计算机中安装 DHCP 服务，但如果一些用户随意安装了 DHCP 服务，并且所提供的 IP 地址是随意乱设的，那么 DHCP 客户端可能在这些非法的 DHCP 服务器上租约不正确的 IP 地址，从而无法正常访问网络资源。

为了保证网络的安全，在 Windows Server 2012 域环境中，所有 DHCP 服务器安装完成后，并不能向 DHCP 客户端提供服务，还必须经过“授权”，而没有被授权的 DHCP 服务器将不能为客户端提供服务。只有是域成员的 DHCP 服务器才能被授权，不是域成员的 DHCP 服务器(独立服务器)是不能被授权的。

一般来说，只有域中 Enterprise Admins 组成员的用户才能执行 DHCP 授权工作，其他用户没有授权的权限。授权以后，被授权的 DHCP 服务器的 IP 地址就被记录在域控制器内的 Active Directory(活动目录)数据库中。此后，每次 DHCP 服务器启动时，就会在 Active Directory 中查询已授权的 DHCP 服务器的 IP 地址。如果获得的列表中没有包含自己的 IP 地址，则此 DHCP 服务器停止工作，直到管理员对其进行授权。

点评与拓展： 在工作组环境中，DHCP 服务器是不需要经过授权的，它可以直接为 DHCP 客户端提供 IP 地址的租约。

2. 管理 DHCP 授权

有两种方式可以对 DHCP 服务器进行授权，操作步骤如下。

(1) 选择【开始】→【程序】→【管理工具】→DHCP 命令，打开 DHCP 窗口，右击要授权的 DHCP 服务器的图标，在弹出的快捷菜单中选择【授权】命令，如图 8-13 所示。

(2) DHCP 服务器被授权以后，服务器图标中红色朝下的箭头会变为绿色朝上的箭头(若没变化，按 F5 键刷新窗口)，如图 8-14 所示。

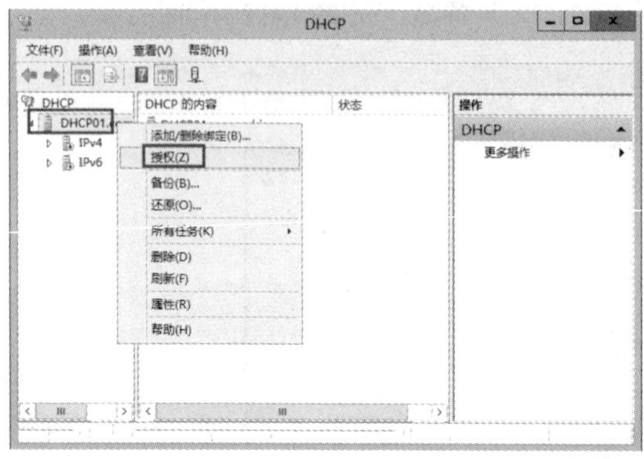

图 8-13 选择【授权】命令

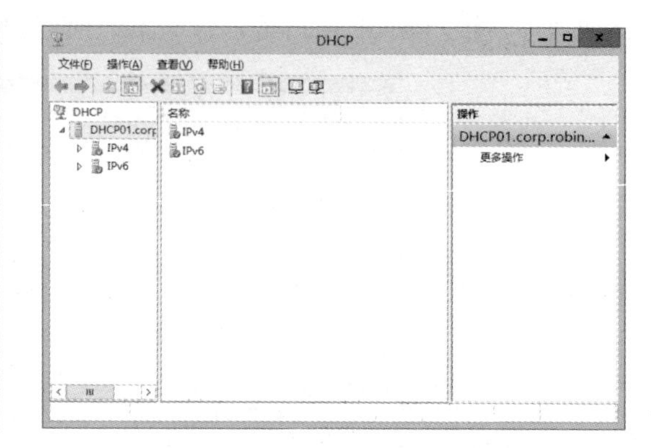

图 8-14 已授权 DHCP 服务器

(3) 若要解除授权，则右击 DHCP 服务器的图标，从弹出的快捷菜单中选择【解除授权】命令。

(4) 用户还可以在控制树中右击 DHCP 根节点，从弹出的快捷菜单中选择【管理授权的服务器】命令，如图 8-15 所示。

(5) 在【管理授权的服务器】对话框中，用户可以解除对已经被授权的 DHCP 服务器的授权，同时也可以为新的 DHCP 服务器进行授权。单击【授权】按钮，如图 8-16 所示。

(6) 在【授权 DHCP 服务器】对话框中，在【名称或 IP 地址】文本框中输入刚刚添加的 DHCP 服务器的名称或 IP 地址，也可以输入本机的计算机名称，单击【确定】按钮，如图 8-17 所示。

(7) 在【确认授权】对话框中，系统将显示出用户指定的主机名称及该主机的 IP 地址信息，以便用户确认将要授权的 DHCP 服务器的正确性。单击【确定】按钮，系统返回【管理授权的服务器】对话框，如图 8-18 所示。授权的 DHCP 服务器已经被加入到【授权的 DHCP 服务器】列表框中，单击【关闭】按钮。

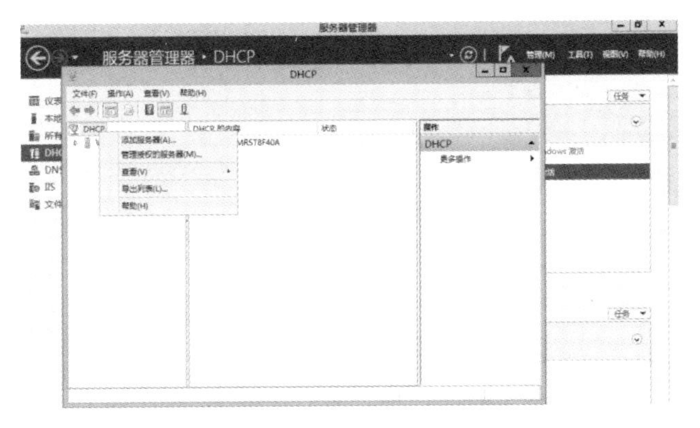

图 8-15　选择【管理授权的服务器】命令

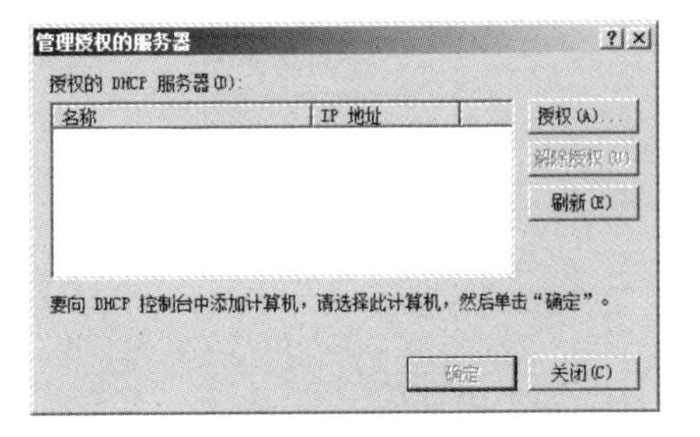

图 8-16　【管理授权的服务器】对话框

图 8-17　【授权 DHCP 服务器】对话框

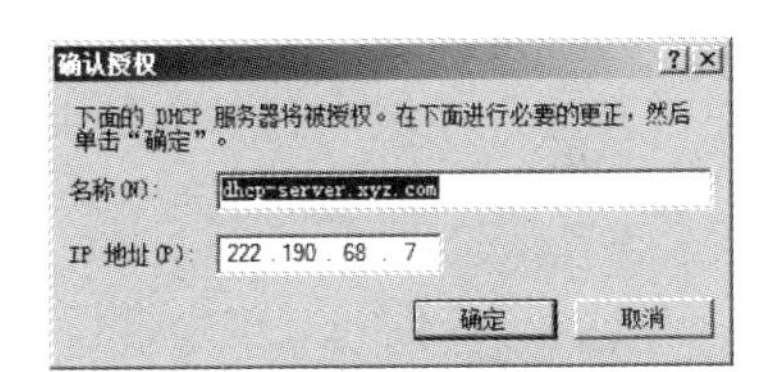

图 8-18　【确认授权】对话框

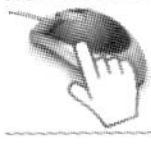

8.4　DHCP 服务器基本配置

8.4.1　DHCP 作用域简介

要让 DHCP 服务器正确地为 DHCP 客户端提供 IP 地址等网络配置参数，必须在 DHCP 服务器内创建一个 IP 作用域(IP Scope)。当 DHCP 客户端在向 DHCP 服务器请求 IP 地址租约时，DHCP 服务器就可以从这个作用域内选择一个还没有被使用的 IP 地址，并将其分配给 DHCP 客户端，同时告知 DHCP 客户端一些其他网络参数(如子网掩码、默认网关和 DNS 服务器等)。

8.4.2　创建 DHCP 作用域

在 Windows Server 2012 中，作用域可以在安装 DHCP 服务的过程中创建，也可在 DHCP 窗口中创建。同时，一台 DHCP 服务器中还可以创建多个不同的作用域。作用域的创建步骤如下。

(1) 打开 DHCP 窗口，在控制树中右击 IPv4 节点，从弹出的快捷菜单中选择【新建作用域】命令，如图 8-19 所示。

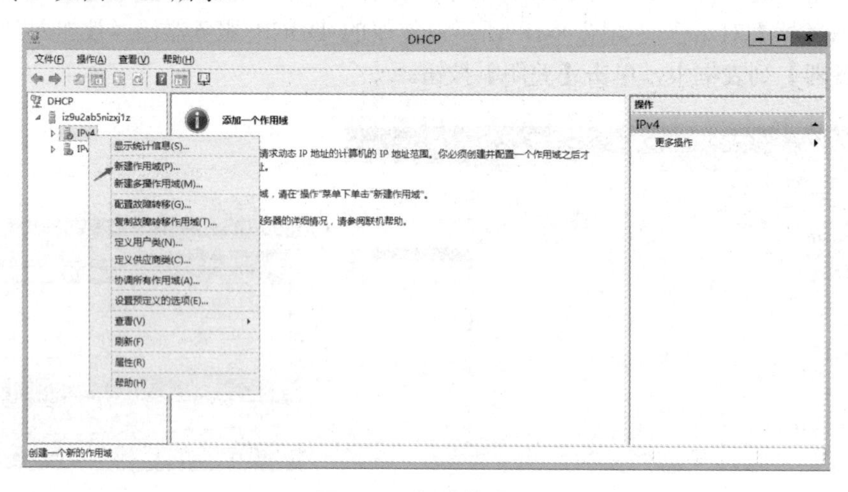

图 8-19　新建作用域

(2) 打开【新建作用域向导】对话框，单击【下一步】按钮。

(3) 在【作用域名称】向导页的【名称】文本框中输入作用域的名称，在【描述】文本框中输入一些作用域的说明性文字以区别其他作用域，单击【下一步】按钮，如图 8-20 所示。

(4) 打开【IP 地址范围】向导页，在【输入此作用域分配的地址范围】选项区域的【起始 IP 地址】和【结束 IP 地址】文本框中分别输入作用域的起始地址和结束地址。调整【长度】数值框中的数值，单击【下一步】按钮，如图 8-21 所示。

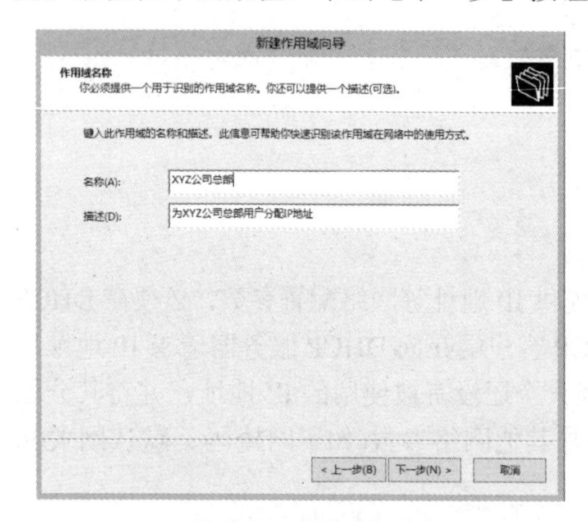

图 8-20　作用域名称

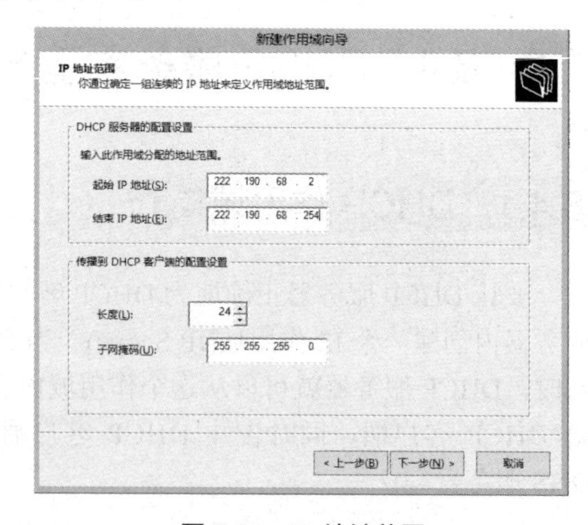

图 8-21　IP 地址范围

(5) 在【添加排除和延迟】向导页中定义服务器不分配的 IP 地址。排除范围包括所有手动分配给其他服务器、非 DHCP 客户端等的 IP 地址。如果有要排除的 IP 地址，则输入【起始 IP 地址】和【结束 IP 地址】，单击【添加】按钮，将其添加到【排除的地址范围】列表框中，单击【下一步】按钮，如图 8-22 所示。

(6) 在【租用期限】向导页中设置 IP 地址租用期限。租用期限指定了客户端使用 DHCP 服务器所分配的 IP 地址的时间，即两次分配同一个 IP 地址的最短时间。当一个工作站断开后，如果租用期没有满，服务器不会把这个 IP 地址分配给别的计算机，以免引起混乱。如果网络中的计算机更换比较频繁，租用期应设置短一些，不然 IP 地址很快就不够用了。设置好租用期限后，单击【下一步】按钮，如图 8-23 所示。

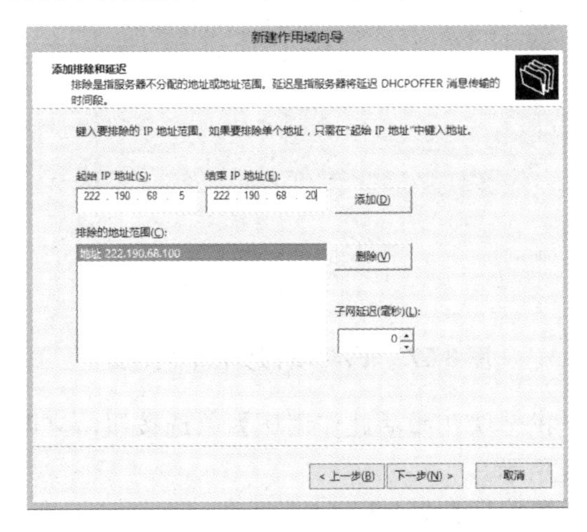

图 8-22　【添加排除和延迟】向导页

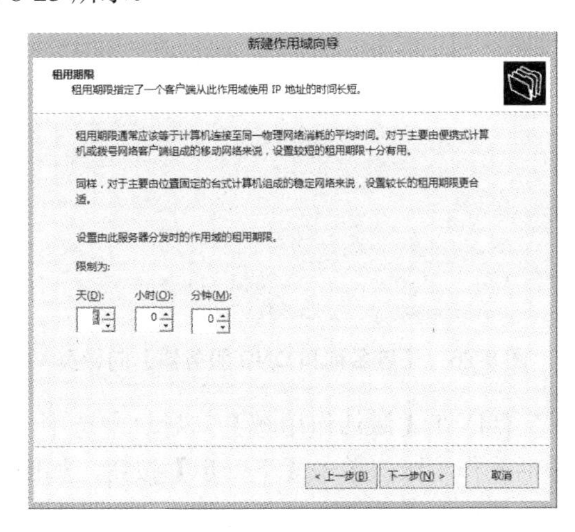

图 8-23　【租用期限】向导页

(7)　在【配置 DHCP 选项】向导页中选中【是，我想现在配置这些选项】单选按钮，单击【下一步】按钮，如图 8-24 所示。

(8)　打开【路由器(默认网关)】向导页，在【IP 地址】文本框中输入网关地址，单击【添加】按钮，将网关地址加入到列表框中。设置完毕，单击【下一步】按钮，如图 8-25 所示。

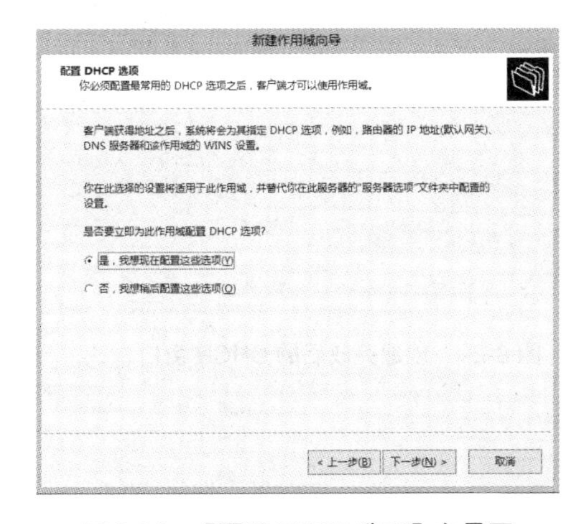

图 8-24　【配置 DHCP 选项】向导页

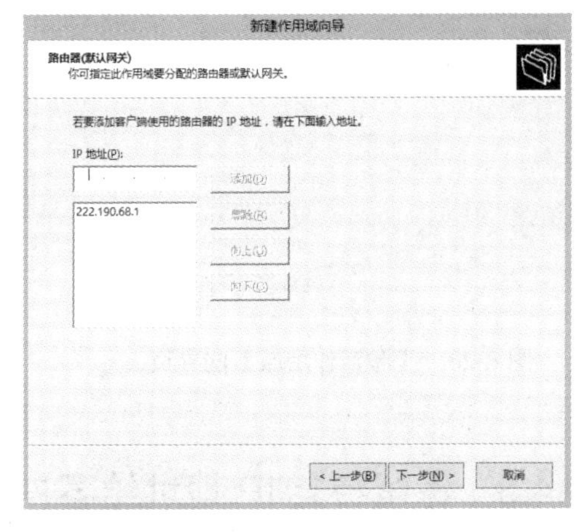

图 8-25　【路由器(默认网关)】向导页

(9)　打开【域名称和 DNS 服务器】向导页，在【父域】文本框中输入父域的名称，如果本机为根域的控制器，则不存在父域，可以直接输入本地域名。在【IP 地址】文本框中输入 DNS 服务器的 IP 地址，单击【添加】按钮，将地址加入到 DNS 服务器列表框中。设置完毕后，单击【下一步】按钮，如图 8-26 所示。

(10) 在【WINS 服务器】向导页中指定 WINS 服务器的名称和 IP 地址。如果没有 WINS 服务器，可以不设置，单击【下一步】按钮，如图 8-27 所示。

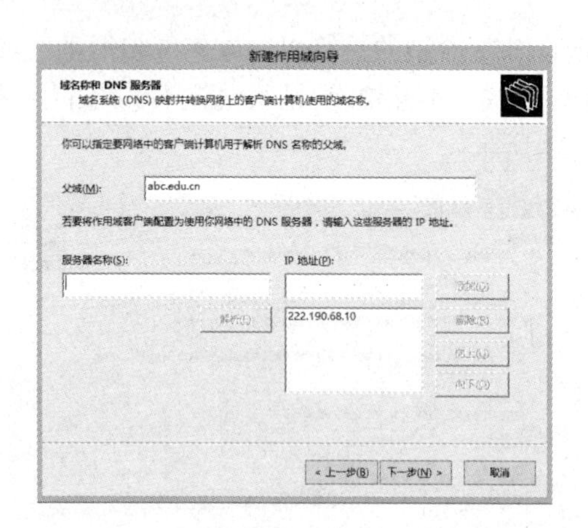

图 8-26 【域名称和 DNS 服务器】向导页

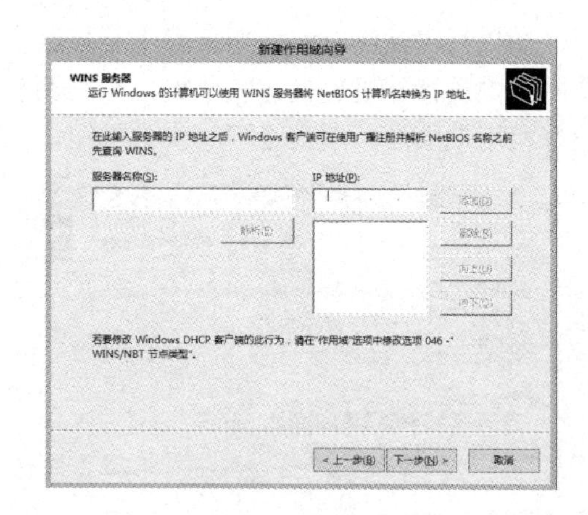

图 8-27 【WINS 服务器】向导页

(11) 在【激活作用域】向导页中选中【是，我想现在激活此作用域】单选按钮，立即激活此作用域，单击【下一步】按钮，如图 8-28 所示。

(12) 在【正在完成新建作用域向导】对话框中单击【完成】按钮。

IP 作用域创建完成后，DHCP 服务器就可以开始接受 DHCP 客户端的 IP 地址租约请求了，如图 8-29 所示。

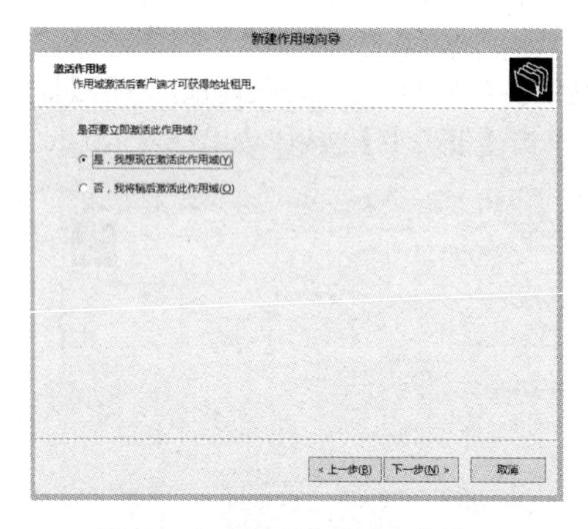

图 8-28 【激活作用域】向导页

图 8-29 创建完成后的 DHCP 窗口

8.4.3 保留特定 IP 地址给客户端

有些时候，在 DHCP 网络中需要给某一个或几个 DHCP 客户端固定专用的 IP 地址，例如，销售部某用户需要拥有相对固定的 IP 地址，这就需要通过 DHCP 服务器提供的保留功能来实现。当这个 DHCP 客户端每次向 DHCP 服务器请求获得 IP 地址或更新 IP 地址租期时，DHCP 服务器都会给该 DHCP 客户端分配一个相同的 IP 地址。保留特定 IP 地址的操作步骤如下。

(1) 打开 DHCP 窗口，在控制树中单击服务器节点并展开【作用域】节点及其子节点，右击【保留】节点，在弹出的快捷菜单中选择【新建保留】命令。

(2) 在【新建保留】对话框中输入保留名称、IP 地址、MAC 地址、描述并选择支持的类型，单击【添加】按钮，如图 8-30 所示。如图 8-31 所示为配置完毕后的界面。

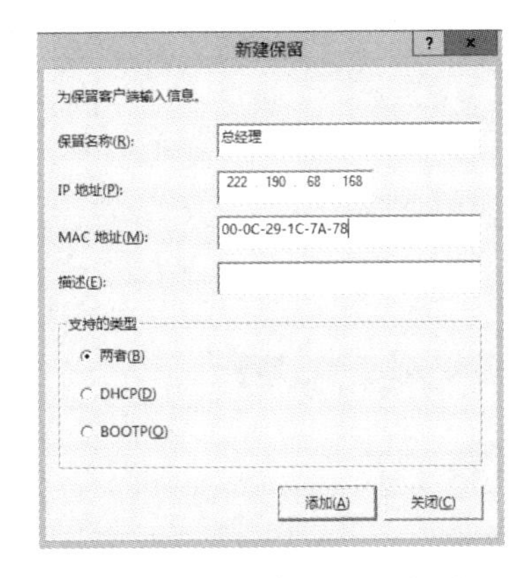

图 8-30　【新建保留】对话框

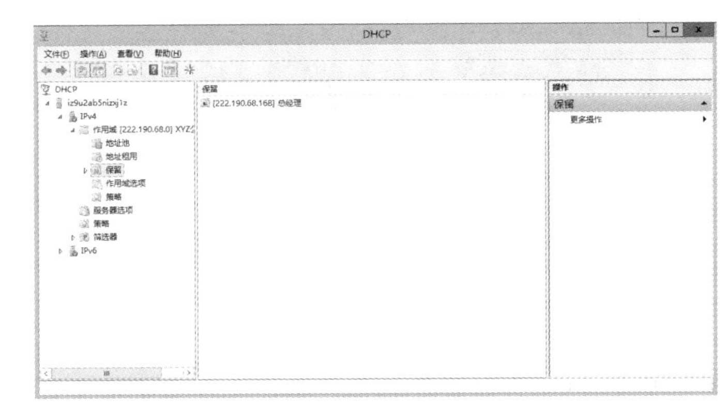

图 8-31　保留 IP 列表

点评与拓展： 每个网卡都有一个全球唯一的 MAC 地址(或称为物理地址)。在运行 Windows 95/98/Me 的计算机上，可以利用 winipcfg 测试工具获得。在运行 Windows NT/2000/XP/2003 系统的客户端，需要在 DOS 提示符下输入 ipconfig /all 命令来获得。

8.4.4　协调作用域

协调作用域信息是协调 DHCP 数据库中的作用域信息与注册表中的相关信息的一致性。如果不一致，系统将提示管理员修复错误，并将其协调一致，以免出现地址分配错误的现象。协调作用域的操作步骤如下。

(1) 打开 DHCP 窗口，在控制树中展开要协调作用域的服务器，右击要协调的作用域，从弹出的快捷菜单中选择【协调】命令，如图 8-32 所示。

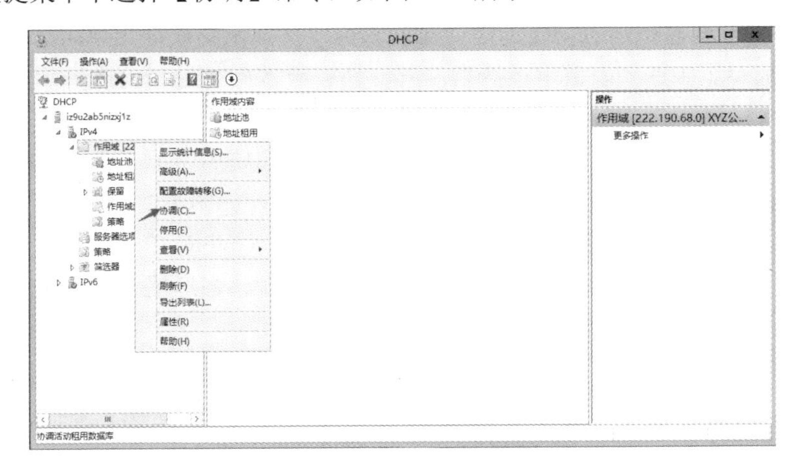

图 8-32　选择【协调】命令

(2) 在【协调】对话框中单击【验证】按钮，如图 8-33 所示。

(3) 将数据库中的作用域信息与注册表中的信息比较，如果一致，则打开 DHCP 对话框，单击【确定】按钮，如图 8-34 所示。

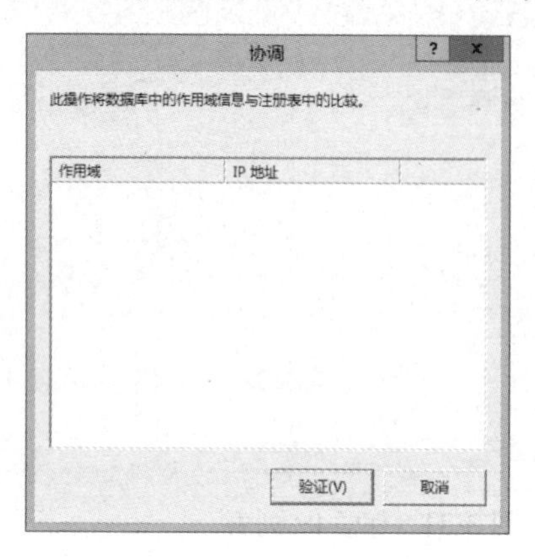

图 8-33 【协调】对话框

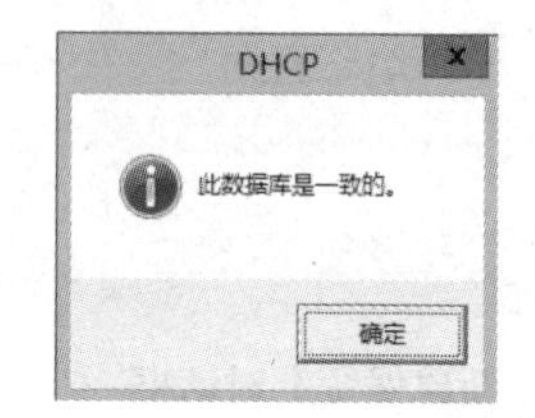

图 8-34 协调作用域的结果

如果作用域不一致，列表框中会列出所有不一致的 IP 地址，且【验证】按钮变为【协调】按钮。要修复不一致性，先选择需要协调的 IP 地址，然后单击【协调】按钮。

8.5 配置和管理 DHCP 客户端

8.5.1 配置 DHCP 客户端

DHCP 服务器配置完成后，客户端计算机只要接入网络并设置为“自动获取 IP 地址”，即可自动从 DHCP 服务器获取 IP 地址等信息，不需要人为干预。这里以一台安装有 Windows XP 系统的计算机为例，说明配置 DHCP 客户端的操作步骤。

(1) 选择【开始】→【控制面板】命令，在打开的【控制面板】窗口中双击【网络连接】图标，在打开的窗口中右击【本地连接】图标，从弹出的快捷菜单中选择【属性】命令。在打开的对话框中的列表框中选择【Internet 协议版本 4(TCP/IPv4)】选项，单击【属性】按钮，如图 8-35 所示。

(2) 在【Internet 协议版本 4(TCP/IPv4)属性】对话框中选中【自动获得 IP 地址】和【自动获得 DNS 服务器地址】单选按钮，单击【确定】按钮，如图 8-36 所示。

(3) 配置完成后，还需要检查客户端计算机是否能正确获取 IP 地址等参数。打开【命令提示符】窗口，在提示符后执行 ipconfig /all 命令，查看该客户端 IP 地址的租约情况，如图 8-37 所示。

(4) 在 DHCP 客户端，还可通过 ipconfig /renew 命令来更新 IP 地址租约，通过 ipconfig/release 命令释放 IP 地址租约。

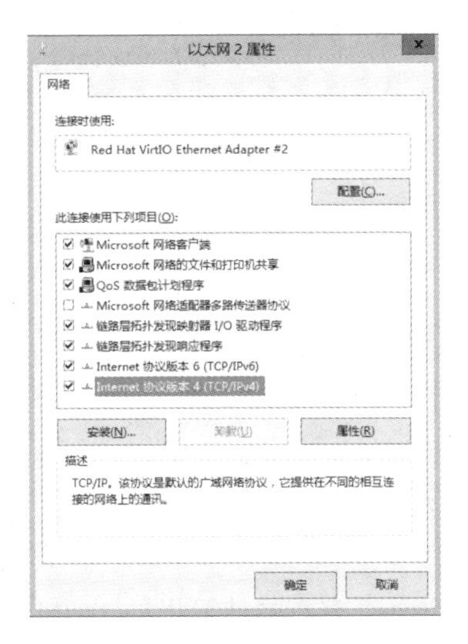

图 8-35　本地连接属性对话框

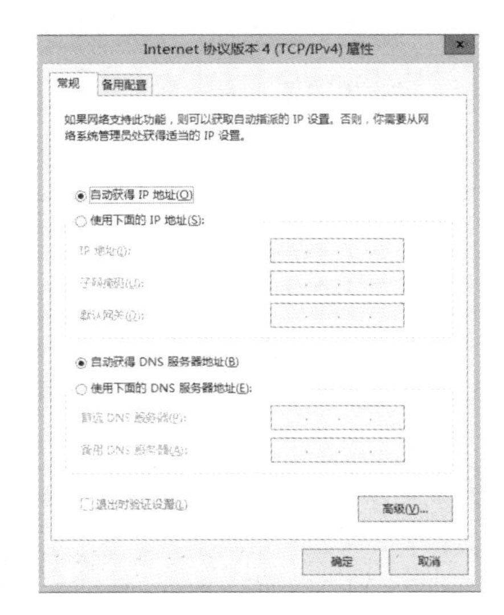

图 8-36　【Internet 协议版本 4(TCP/IPv4)属性】对话框

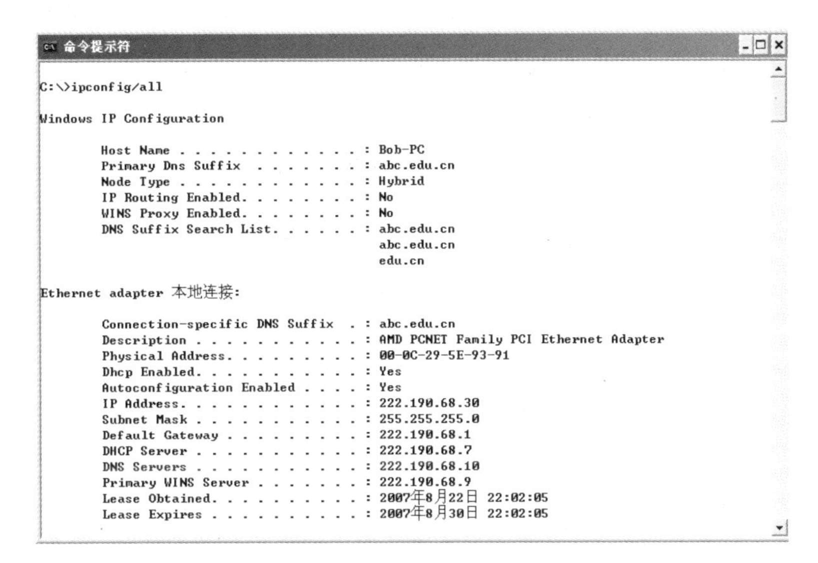

图 8-37　查看 DHCP 客户端的 IP 地址租约

8.5.2　自动分配私有 IP 地址

对于使用 Windows 操作系统的 DHCP 客户端而言，如果无法从网络中的 DHCP 服务器中自动获取 IP 地址，默认情况下将随机使用自动私有地址(Automatic Private IP Address，APIPA，其范围是 169.254.0.0～169.254.255.254)中定义的未被其他客户端使用的 IP 地址作为自己的 IP 地址，子网掩码为 255.255.0.0，但是不会配置默认网关和其他 TCP/IP 选项。如图 8-38 所示，这是某个 DHCP 客户端没有租约 IP 地址的情况。此后，DHCP 客户端会每隔 5 分钟发送一次 DHCP DISCOVER 广播消息，直到从 DHCP 服务器获取 IP 地址为止。

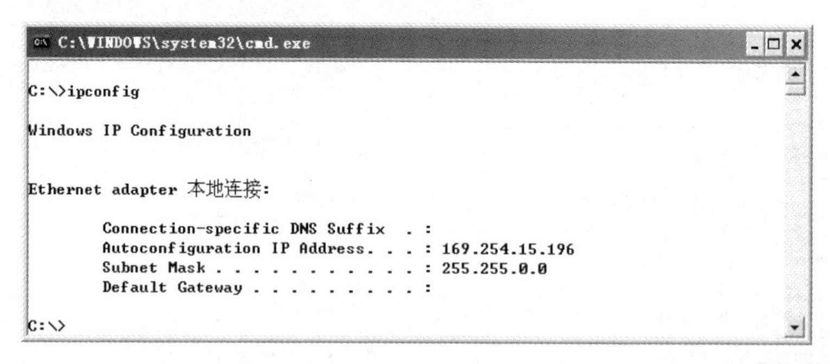

图 8-38　自动分配私有 IP 地址

8.5.3　为 DHCP 客户端配置备用 IP 地址

在 Windows XP/Vista/7、Windows Server 2003/2012 系统中，客户端计算机的 TCP/IP 选项中有一个备用配置选项，只有当客户端计算机配置为 DHCP 客户端(自动获取 IP 地址)时才有此备用配置。用户还可以通过【备用配置】选项卡在无法联系 DHCP 服务器时为 DHCP 客户端指定静态 IP 地址，如图 8-39 所示。

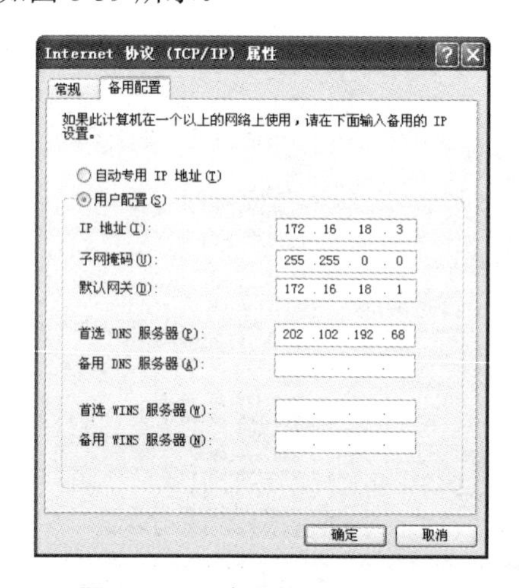

图 8-39　【备用配置】选项卡

8.6　配置 DHCP 选项

8.6.1　DHCP 选项简介

1．配置选项

在 DHCP 服务器中，用户可以通过以下 5 个不同的级别管理 DHCP 选项。

(1)　预定义选项。在这一级中，用户只能定义 DHCP 服务器中的 DHCP 选项，从而让它们可以作为可用选项显示在任何一个通过 DHCP 窗口提供的选项配置对话框(如【服务器选项】、【作用域选项】或【保留选项】)中。用户可根据需要将选项添加到标准选项预定义列表中或从该列表中将选项删除，但是预定义选项只是让 DHCP 选项可以进行配置，而是否配置则必须根据选项配置来决定。

预定义选项配置的方法是，在 DHCP 窗口中右击 DHCP 服务器的图标，在弹出的快捷菜单中选择【设置预定义的选项】命令，或者选择【操作】→【设置预定义的选项】命令，如图 8-40 所示。

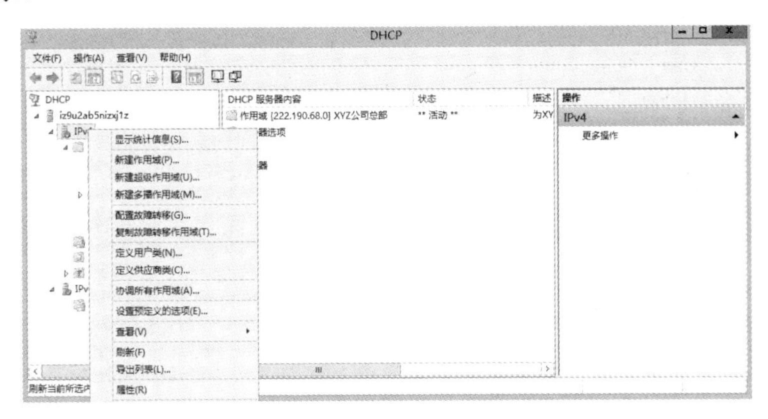

图 8-40　选择【设置预定义的选项】命令

(2) 服务器选项。服务器选项中的配置将应用到 DHCP 服务器中的所有作用域和客户端，不过服务器选项可以被作用域选项或保留选项所覆盖。

服务器选项的配置方法是，在 DHCP 窗口中展开 DHCP 服务器，右击【服务器选项】节点，在弹出的快捷菜单中选择【配置选项】命令，如图 8-41 所示。

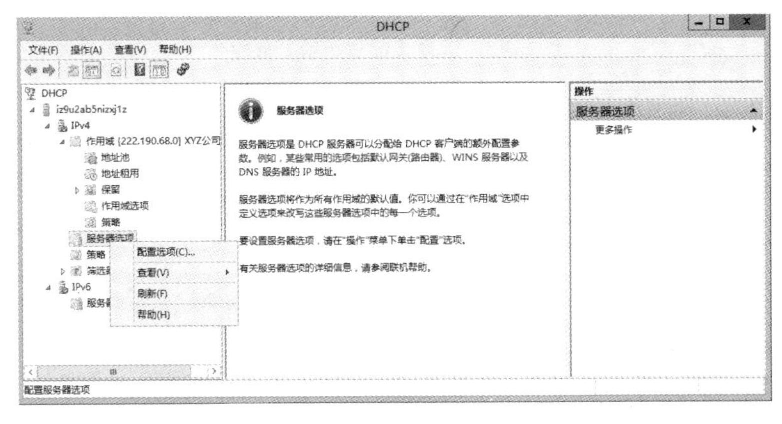

图 8-41　选择【配置选项】命令

(3) 作用域选项。作用域选项中的配置将应用到对应 DHCP 作用域的所有 DHCP 客户端，不过作用域选项可以被保留选项所覆盖。

作用域选项的配置方法是，在 DHCP 窗口中展开对应的 DHCP 作用域，右击【作用域选项】节点，在弹出的快捷菜单中选择【配置选项】命令，如图 8-42 所示。

(4) 保留选项。保留选项仅为作用域中使用保留地址配置的单个 DHCP 客户端而设置。

保留选项的配置方法是，在 DHCP 窗口中展开对应 DHCP 作用域的【保留】节点，右击保留项节点，在弹出的快捷菜单中选择【配置选项】命令，如图 8-43 所示。

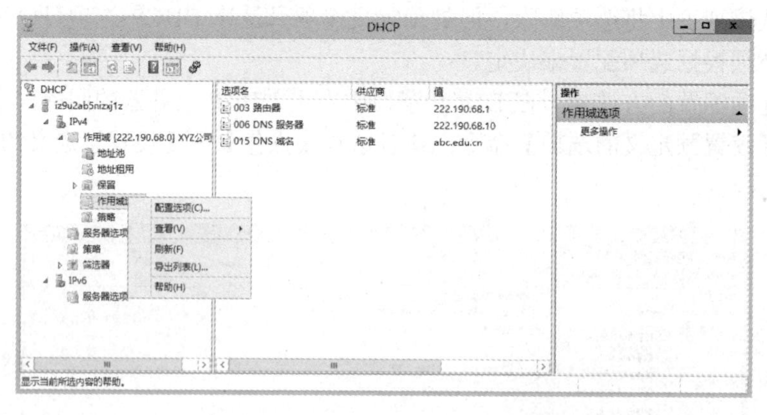

图 8-42　选择【配置选项】命令

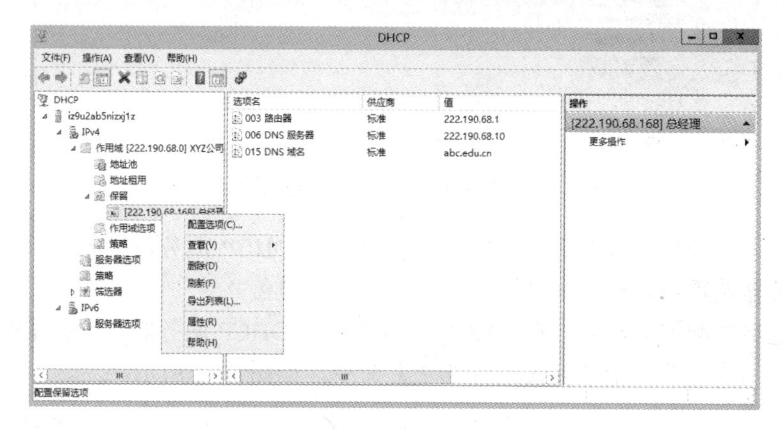

图 8-43　选择【配置选项】命令

(5)　类别选项。在使用任何选项配置对话框(如【服务器选项】、【作用域选项】或【保留选项】对话框)时，均可切换到【高级】选项卡来配置和启用标识为指定用户或供应商类别的成员客户端的指派选项，只有那些标识自己属于此类别的 DHCP 客户端才能分配到用户为此类别明确配置的选项，否则为其使用【常规】选项卡中的定义。类别选项比常规选项具有更高的优先权，可以覆盖相同级别选项(如服务器选项、作用域选项或保留选项)中的常规选项中指派和设置的值，如图 8-44 所示。

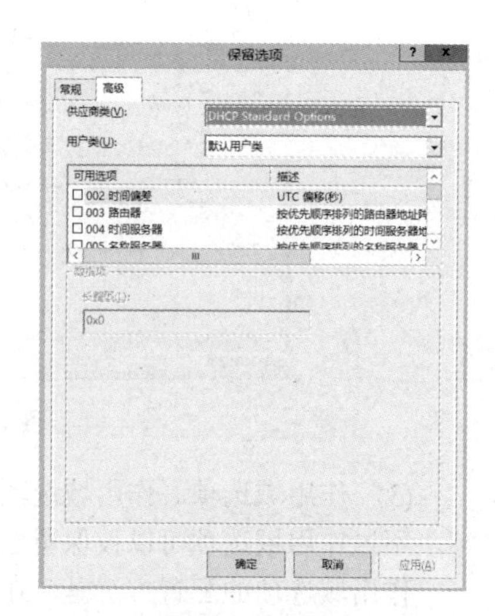

图 8-44　类别选项

2．配置选项的优先级

如果因为不同级别的 DHCP 选项内的配置不一致而出现冲突，DHCP 客户端应用 DHCP 选项的优先级顺序是：类别选项>保留选项>作用域选项>服务器选项>预定义选项。例如，在 DHCP 服务器中创建了“XYZ 总公司”和“一分厂”两个 IP 作用域，服务器选项中配置 DNS 服务器的 IP 地址为 202.102.192.10，而有“一分厂”作用域选项配置的 DNS 服务器的 IP 地址为 222.190.68.20。对于“一分厂”这个作用域来说，作用域选项配置优先。也就是说，从“XYZ 总公司”IP 作用域中租用 IP 地址的 DHCP 客户端的 DNS 服务器地址是 222.190.68.10，而从“一分厂”IP 作用域中租用 IP 地址的 DHCP 客户端的 DNS 服务器地址是 202.102.192.20。

由于不同级别的 DHCP 选项配置适用的范围和对象不同，因此在考虑部署 DHCP 选项时，应根据不同级别的 DHCP 选项配置的特性来进行选择。

点评与拓展： 需要说明的是，如果 DHCP 客户端的用户自行在其计算机中做了不同的配置，则用户的配置优先于 DHCP 服务器内的配置。例如，在配置 DHCP 客户端时，选中【使用下面的 DNS 服务器地址】单选按钮，并自行配置 DNS 服务器地址，如图 8-45 所示。这时，该 DHCP 客户端将采用 202.102.192.68 作为自己的 DNS 服务器，而忽略 DHCP 服务器指定的 DNS 服务器。

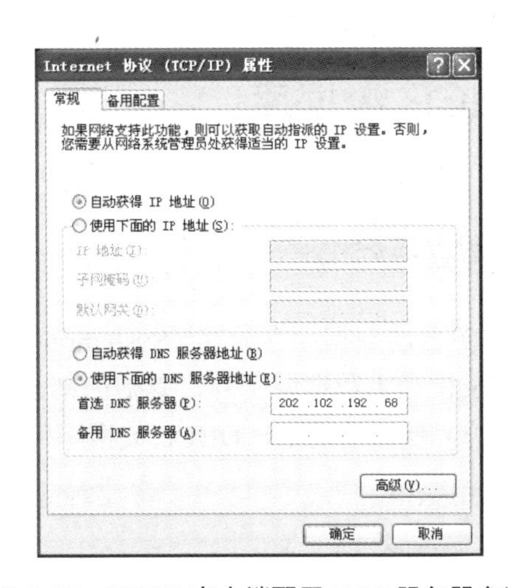

图 8-45　DHCP 客户端配置 DNS 服务器参数

8.6.2　配置 DHCP 作用域选项

下面以配置作用域选项为例说明配置选项的过程。例如，XYZ 公司新增加了一台辅助域名服务器，IP 地址是 222.190.68.20，配置过程如下。

(1) 打开 DHCP 窗口，右击【作用域选项】节点，从弹出的快捷菜单中选择【配置选项】命令，如图 8-46 所示。

(2) 在【作用域选项】对话框中选中【006 DNS 服务器】复选框，输入新增加的 DNS 服务器的 IP 地址，单击【添加】按钮。完成后，单击【确定】按钮，如图 8-47 所示。

(3) 在一个 DHCP 客户端中打开【命令提示符】窗口，在提示符后执行 ipconfig /renew 命令，更新 IP 地址租约，这样便可以看到新增加的域名服务器。

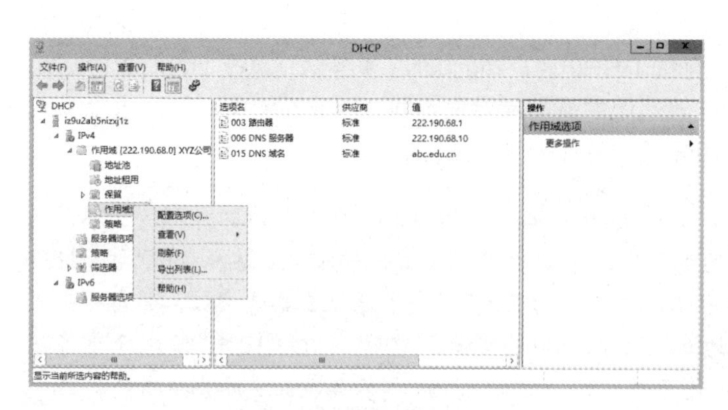

图 8-46　选择【配置选项】命令

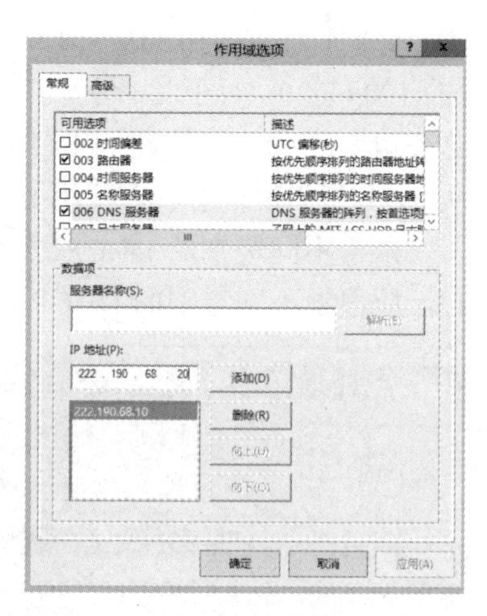

图 8-47　【作用域选项】对话框

8.7　管理 DHCP 数据库

8.7.1　设置 DHCP 数据库路径

在默认情况下，DHCP 服务器的数据库存放在%Systemroot%\System32\Dhcp 文件夹内，如图 8-48 所示。其中 dhcp.mdb 是主数据库文件，其他的都是一些辅助性文件。子文件夹 backup 是 DHCP 数据库的备份，默认情况下，DHCP 数据库每隔一小时会自动备份一次。

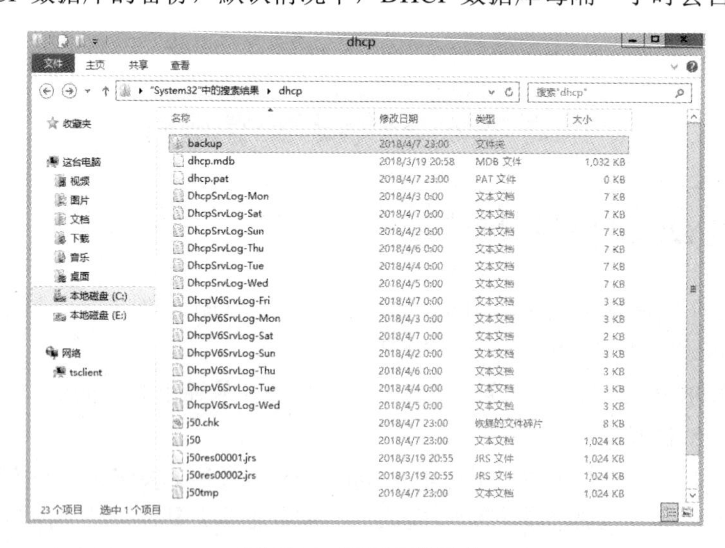

图 8-48　DHCP 数据库

用户可以修改 DHCP 数据库的存放路径和备份文件的路径，操作步骤如下。

(1) 打开 DHCP 窗口，右击 DHCP 服务器的图标，从弹出的快捷菜单中选择【属性】命令。

(2) 在服务器属性对话框中删除默认的数据库路径(例如，C:\windows\system32\dhcp)，输入所希望的路径或单击【浏览】按钮选择文件夹位置，如图 8-49 所示。

(3) 若要修改备份文件的路径，则删除默认的数据库备份路径(例如，C:\Windows\system32\dhcp\backup)，输入所希望的路径或单击【浏览】按钮，选择文件夹位置，单击【确定】按钮。

(4) 打开【关闭和重新启动服务】对话框，单击【确定】按钮，DHCP 服务器会自动恢复到最初的备份配置。

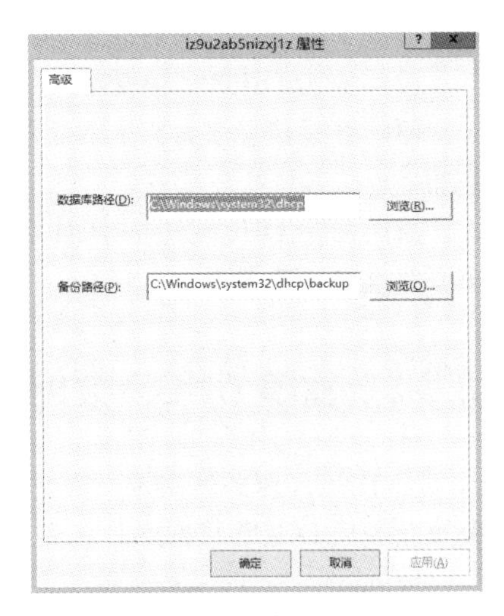

图 8-49　设置数据库路径

提示：在更改了备份文件夹的位置后，将不会自动备份数据库。

8.7.2　备份和还原 DHCP 数据库

一旦出现人为的误操作或其他一些因素，将会导致 DHCP 服务器的配置信息出错或丢失，此时该怎么办呢？手动恢复工作量较大，非常麻烦，而且 DHCP 服务器中可能包含多个作用域，且每个作用域中又包含不同的 IP 地址段、网关地址和 DNS 服务器等参数。因此，这就需要时常备份这些配置信息，一旦出现问题，只要还原即可。DHCP 服务器内置了备份和还原功能，而且操作非常简单。

1. 备份 DHCP 数据库

DHCP 服务器在正常操作期间，默认每 60 分钟会自动创建 DHCP 数据库的备份，该数据库备份副本的默认存储位置是%Systemroot%\system32\dhcp\backup。用户也可手动备份 DHCP 数据库，操作步骤如下。

(1) 打开 DHCP 窗口，右击 DHCP 服务器图标，在弹出的快捷菜单中选择【备份】命令。

(2) 在【浏览文件夹】对话框中选择要用来存储 DHCP 数据库备份的文件夹，单击【确定】按钮。

点评与拓展：如果将手动创建的 DHCP 数据库备份存储在与 DHCP 服务器每 60 分钟创建一次的同步备份相同的位置，则系统自动备份时，手动备份将被覆盖。

2. 还原 DHCP 数据库

DHCP 服务在启动和运行过程中，会自动检查 DHCP 数据库是否损坏。若损坏，会自动利用存储在%Systemroot%\system32\dhcp\backup 文件夹内的备份文件来还原数据库。如果用户已手动备份，也可以手动还原 DHCP 数据库，操作步骤如下。

(1) 打开 DHCP 窗口，右击 DHCP 服务器图标，在弹出的快捷菜单中选择【所有任务】

→【停止】命令，暂时终止 DHCP 服务。

(2) 右击 DHCP 服务器图标，在弹出的快捷菜单中选择【还原】命令。

(3) 在【浏览文件夹】对话框中选择含有 DHCP 数据库备份的文件夹，单击【确定】按钮。

(4) 右击 DHCP 服务器图标，在弹出的快捷菜单中选择【所有任务】→【启动】命令，重新启动 DHCP 服务。

8.7.3 重整 DHCP 数据库

当 DHCP 服务使用了一段时间后，会出现数据分布凌乱的现象。为了提高效率，有必要重新整理 DHCP 数据库，这点类似于定期整理硬盘碎片。

Windows Server 2012 系统会自动定期在后台运行重整操作，同时还可以通过手动方式重整数据库，其效率要比自动重整更高。首先进入%Systemroot%\system32\dhcp\目录下，停止 DHCP 服务器，接着运行 Jetpack.exe 程序，完成重整数据库的操作，最后重新运行 DHCP 服务器，操作过程如图 8-50 所示。

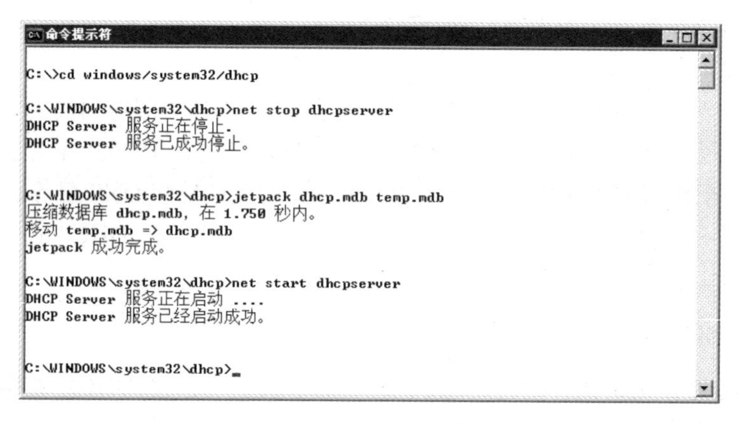

图 8-50　重整 DHCP 数据库

8.7.4 迁移 DHCP 服务器

在实际应用时，可能需要用一台新的 DHCP 服务器更换原有的 DHCP 服务器，因为难以保证新的 DHCP 服务器的配置完全正确，通常管理员会将原来的 DHCP 服务器中的数据库进行备份，然后迁移到新的 DHCP 服务器上，这样不仅操作简单，且不容易出错。

将 DHCP 数据库从一台服务器计算机(源服务器)移动到另一台服务器计算机(目标服务器)中，包括以下两个步骤。

1. 在旧服务器上备份 DHCP 数据库

(1) 打开 DHCP 窗口，右击 DHCP 服务器图标，在弹出的快捷菜单中选择【备份】命令，备份 DHCP 数据库到指定的文件夹中。

(2) 右击 DHCP 服务器图标，在弹出的快捷菜单中选择【所有任务】→【停止】命令，暂时终止 DHCP 服务。此步骤的目的是防止 DHCP 服务器继续向客户端提供 IP 地址租约。

(3) 禁用或删除 DHCP 服务。禁用 DHCP 服务的方法是，选择【开始】→【管理工具】→【服务】命令，打开【服务】窗口，双击 DHCP Server，在打开对话框的【启动类型】下拉列表中选择【禁用】选项，单击【确定】按钮，结果如图 8-51 所示。此步骤的目的是防止该计算机下次启动时因自动启动 DHCP 服务而产生错误。

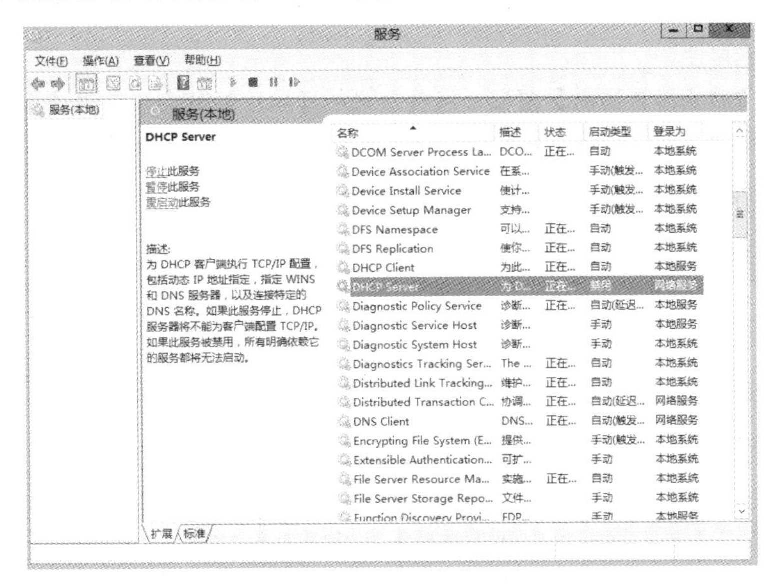

图 8-51　禁用 DHCP 服务

(4) 将包含 DHCP 数据库备份的文件夹复制到新的 DHCP 服务器计算机中。

2. 在新服务器上还原 DHCP 数据库

(1) 在新服务器上安装 Windows Server 2012 操作系统并安装 DHCP 服务角色，同时配置相关的网络参数。

(2) 打开 DHCP 窗口，右击 DHCP 服务器图标，在弹出的快捷菜单中选择【所有任务】→【停止】命令，暂时终止 DHCP 服务。

(3) 右击 DHCP 服务器图标，在弹出的快捷菜单中选择【还原】命令，还原从旧服务器上备份的 DHCP 数据库。

(4) 右击 DHCP 服务器图标，在弹出的快捷菜单中选择【所有任务】→【启动】命令，重新启动 DHCP 服务。

(5) 右击 DHCP 服务器图标，在弹出的快捷菜单中选择【协调所有的作用域】命令，使 DHCP 数据库中的作用域信息与注册表中的相关信息一致。

8.8 回到工作场景

通过对 8.2～8.7 节内容的学习，应掌握网络 IP 地址的分配方式及 DHCP 的工作原理；熟悉 DHCP 服务的安装过程；掌握 DHCP 作用域的创建过程及 DHCP 客户端的配置方法；

了解 DHCP 服务器配置选项的等级及配置方法；了解 DHCP 数据库的备份、还原及迁移方法。下面回到 8.1 节所介绍的工作场景中，完成工作任务。

【工作过程一】 安装 DHCP 服务器

(1) 规划与安装操作系统。规划服务器的空间划分，安装 Windows Server 2012 操作系统，并进行初始化设置，包括计算机名、IP 地址、防火墙、自动更新和防病毒软件等，并测试服务器的连接性。

(2) 打开【服务器管理器】窗口，选择左侧的【角色】节点，单击【添加角色】超链接，启动添加角色向导。在【选择服务器角色】对话框中选中【DHCP 服务器】复选框。

【工作过程二】 授权 DHCP 服务器

(1) 打开 DHCP 窗口，右击 DHCP 服务器图标，从弹出的快捷菜单中选择【授权】命令。

(2) 按照系统提示，输入域管理员的用户名和密码。

【工作过程三】 创建 DHCP 作用域

(1) 打开 DHCP 窗口，右击 IPv4 节点，从弹出的快捷菜单中选择【新建作用域】命令，打开新建作用域向导。

(2) 在【作用域名】向导页中的【名称】文本框中输入作用域的名称。在【IP 地址范围】向导页中设置起始 IP 地址、结束 IP 地址和子网掩码。

(3) 在【添加排除】向导页中定义服务器不分配的 IP 地址。在【路由器(默认网关)】向导页中配置作用域的网关(或路由器)IP 地址。

(4) 在【域名称和 DNS 服务器】向导页中指定父域的名称和 DNS 服务器的 IP 地址。

【工作过程四】 测试 DHCP 客户端

(1) 在 DHCP 客户端上打开【Internet 协议版本 4(TCP/IPv4)属性】对话框，选中【自动获得 IP 地址】和【自动获得 DNS 服务器地址】两个单选按钮，单击【确定】按钮。

(2) 打开【命令提示符】窗口，执行 ipconfig /all 命令，查看客户端的 IP 地址的租约情况。

【工作过程五】 新建地址保留

(1) 在需要分配固定 IP 地址的计算机中执行 ipconfig /all 命令，查看并记录该计算机的网卡 MAC 地址。

(2) 在 DHCP 服务器上打开 DHCP 窗口，在控制树中展开【作用域】节点及其子节点。

(3) 右击【保留】节点，在弹出的快捷菜单中选择【新建保留】命令，在【新建保留】对话框中输入保留名称、IP 地址和网卡的 MAC 地址等，单击【添加】按钮。

(4) 在需要分配固定 IP 地址的计算机中依次执行 ipconfig /release、ipconfig /renew 和 ipconfig /all 命令，查看获取的 IP 地址是否是保留地址。

8.9　工作实训营

8.9.1　训练实例

【实训环境和条件】

(1) 网络环境或 VMware Workstation 9.0 虚拟机软件。

(2) 两台安装有 Windows Server 2012 的物理计算机或虚拟机(分别充当域控制器和 DHCP 服务器)。

(3) 安装有 Windows XP/Vista/7 的物理计算机或虚拟机(充当域客户端)。

【实训目的】

通过上机实习，学员应当熟悉 DHCP 的工作原理，掌握 Windows Server 2012 系统下 DHCP 服务器的安装方法，掌握 DHCP 作用域的创建过程及 DHCP 客户端的配置方法，理解 DHCP 服务器的配置选项等级及配置方法，了解 DHCP 数据库的备份、还原及 DHCP 的迁移方法。

【实训内容】

(1) 安装 DHCP 服务器角色。

(2) 在 AD DS 中为 DHCP 服务器授权。

(3) 创建 DHCP 作用域。

(4) 配置和管理 DHCP 客户端。

(5) 保留特定 IP 地址给客户端。

(6) 迁移 DHCP 服务器。

【实训过程】

(1) 安装 DHCP 服务器角色。

① 在 VMware Workstation 9.0 虚拟机软件中将所有域控制器、DHCP 服务器、DHCP 客户端的网络模式都配置为主机(Host-only)模式。

② 重新打开虚拟机后，将 DHCP 服务器加入到域中。

③ 在 DHCP 服务器上打开【服务器管理器】窗口，选择左侧的【角色】节点，单击【添加角色】超链接，启动添加角色向导。

④ 在【选择服务器角色】对话框中选中【DHCP 服务器】复选框。

(2) 在 AD DS 中为 DHCP 服务器授权。

① 打开 DHCP 窗口，右击 DHCP 服务器图标，从弹出的快捷菜单中选择【授权】命令。

② 输入域管理员的用户名和密码。

(3) 创建 DHCP 作用域。

① 打开 DHCP 窗口，右击 IPv4 节点，从弹出的快捷菜单中选择【新建作用域】命令，

打开新建作用域向导。

② 在【作用域名】向导页中的【名称】文本框中输入作用域的名称。

③ 在【IP 地址范围】向导页中设置起始 IP 地址、结束 IP 地址和子网掩码。

④ 在【添加排除】向导页中定义服务器不分配的 IP 地址。

⑤ 在【路由器(默认网关)】向导页中配置作用域的网关(或路由器)IP 地址。

⑥ 在【域名称和 DNS 服务器】向导页中指定父域的名称和 DNS 服务器的 IP 地址。

(4) 配置和管理 DHCP 客户端。

① 在 DHCP 客户端上打开【Internet 协议版本 4(TCP/IPv4)属性】对话框，选中【自动获得 IP 地址】和【自动获得 DNS 服务器地址】两个单选按钮，单击【确定】按钮。

② 打开【命令提示符】窗口，执行 ipconfig /all 命令，查看客户端 IP 地址的租约情况。

③ 在【命令提示符】窗口执行 ipconfig /release 命令，释放 IP 地址租约，再执行 ipconfig /all 命令，查看客户端 IP 地址的租约情况。

④ 在【命令提示符】窗口执行 ipconfig /renew 命令更新 IP 地址租约，再执行 ipconfig /all 命令，查看客户端 IP 地址的租约情况。

(5) 保留特定 IP 地址给客户端。

① 在 DHCP 客户端上执行 ipconfig /all 命令，查看并记录下客户端网卡的 MAC 地址。

② 在 DHCP 服务器上打开 DHCP 窗口，在控制树中展开【作用域】节点及其子节点，右击【保留】节点，在弹出的快捷菜单中选择【新建保留】命令。在【新建保留】对话框中输入保留名称、IP 地址、客户端网卡的 MAC 地址、描述并选择支持的类型。单击【添加】按钮。

③ 在 DHCP 客户端上依次执行 ipconfig /release、ipconfig /renew 和 ipconfig /all 命令，查看获取的 IP 地址是否是保留地址。

(6) 迁移 DHCP 服务器。

① 在旧服务器上右击 DHCP 服务器图标，在弹出的快捷菜单中选择【备份】命令，备份 DHCP 数据库到指定的文件夹中。

② 右击 DHCP 服务器图标，在弹出的快捷菜单中选择【所有任务】→【停止】命令，暂时终止 DHCP 服务。

③ 在新服务器上安装 Windows Server 2012 和 DHCP 服务，配置相关的网络参数，并授权。

④ 打开 DHCP 窗口，右击 DHCP 服务器图标，在弹出的快捷菜单中选择【所有任务】→【停止】命令，暂时终止 DHCP 服务。

⑤ 将旧 DHCP 服务器中备份的数据复制到新 DHCP 服务器中。右击 DHCP 服务器图标，在弹出的快捷菜单中选择【还原】命令，还原从旧服务器上备份的 DHCP 数据库。

⑥ 右击 DHCP 服务器图标，在弹出的快捷菜单中选择【所有任务】→【启动】命令，重新启动 DHCP 服务。

⑦ 右击 DHCP 服务器图标，在弹出的快捷菜单中选择【协调所有的作用域】命令，使 DHCP 数据库中的作用域信息与注册表中的相关信息一致。

⑧ 在 DHCP 客户端上依次执行 ipconfig /release、ipconfig /renew 和 ipconfig /all 命令，测试新 DHCP 服务器是否正常工作。

8.9.2　工作实践常见问题解析

DHCP 是一项非常重要的服务，如果没有它，基于 IP 的网络和应用将会陷入瘫痪。DHCP 服务故障将导致网络可用性和安全性严重降低。下面列出了部署 DHCP 服务时常见的错误。

【问题 1】DHCP 服务器停止工作，如何排查？

【答】该问题可能是由于 DHCP 服务器未授权便在网络上运行而造成的。我们知道，在域环境中，DHCP 服务器必须被授权后才能正常工作。如果没有授权，DHCP 服务器无法正常工作。解决方法是，给该 DHCP 服务器授权。

【问题 2】DHCP 服务器不能为客户端提供服务，如何排查？

【答】出现这种故障的原因有多个。

(1) DHCP 服务器是一台多宿主计算机(安装了多块网卡)，而且不在一个或多个网络连接上提供服务。解决方法是，根据是否选择了为任何或所有安装在服务器计算机上的连接静态或动态地配置 TCP/IP，来检查 Windows Server 2012 DHCP 对网络连接的默认绑定。同时，查阅多宿主 DHCP 服务器配置的范例，以查看是否已经丢失一些关键的详细信息。

(2) DHCP 服务器上的作用域或超级作用域，或者没有配置，或者没有激活。解决方案是，添加作用域，并确保这些作用域已经指派给客户端使用，同时要确保 DHCP 作用域选项配置正确。

(3) 服务器与它的一些客户端在不同的子网上，并且不为远程子网上的客户端提供服务。由于 DHCP 是基于广播方式的，需要在路由器上使用 UDP 转发功能来转发 DHCP 包到 DHCP 服务器上。但如果没有这样设置或者配置不正确，就会遇到很多问题，如客户端没有收到地址和广播风暴。如果要在路由网络的不同子网中使用相同的 DHCP 服务器，则需要正确配置 DHCP 中继代理。

(4) 使用的作用域已满，不能再将地址租用给请求的客户端。如果 DHCP 服务器没有可用的 IP 地址提供给客户端，则会向客户端返回 DHCP 否定确认消息(DHCP NAK)。出现此情况时，可考虑下列解决方案。

① 增大当前作用域的“结束 IP 地址”来扩大地址范围。

② 创建新的附加作用域和超级作用域，然后将当前的作用域和新建的作用域添加到超级作用域中。

③ 新建作用域，在最佳情况下，可以对当前 IP 地址进行重新规划，停用旧的作用域，配置并激活新的作用域。

④ 缩短租约期限，加速作用域地址的回收。

(5) DHCP 服务器提供的 IP 地址范围与由网络上的另一个 DHCP 服务器所提供的地址范围冲突。解决方案是，修改用于每个 DHCP 服务器上的作用域的地址池，以确保作用域 IP 地址不重叠。还可根据需要将排除条件添加到作用域中，删除客户端租约，并临时启用服务器端的冲突检测，以帮助解决问题。

【问题 3】DHCP 服务器显示有某些数据损坏或丢失，如何排查？

【答】出现这种故障的原因一般是 DHCP 服务器数据库已损坏或丢失了服务器数据，导致报告 JET 数据库错误。解决方案是，使用 DHCP 服务器数据恢复选项来还原数据库，并修正报告错误。也可使用 DHCP 控制台中的协调功能来验证和协调服务器所能找到的任何数据库不一致的情况。

【问题 4】显示 DHCP 客户端没有 IP 地址或显示 IP 地址是 0.0.0.0，如何排查?

【答】从显示结果可以看出，此客户端没能与 DHCP 服务器连接，并获得 IP 地址租约，可能的原因是网络硬件故障或 DHCP 服务器不可用。解决方案是检查客户端是否有有效的网络连接。使用基本的网络和硬件故障排除方法，检查相关的客户端硬件(电缆和网络适配器)在客户端是否运转正常。如果客户端硬件显示就绪并运行正常，可以在同一网络上的另一台计算机使用 ping 程序检查 DHCP 服务器是否可用。

【问题 5】DHCP 客户端显示它已被自动指派了对于当前网络而言不正确的 IP 地址，如何排查?

【答】对于 Windows 客户端而言，当无法找到 DHCP 服务器时，会使用 IP 自动分配技术来配置它的 IP 地址，其地址范围为 169.254.0.1～169.254.255.254。解决方法是，使用 ping 命令测试客户端到服务器的连接性，接下来检查或手动尝试续订客户端租约，主要命令是 ipconfig /all(查看)、ipconfig /release(释放)和 ipconfig /renew(更新)。

8.10 习题

一、填空题

1. 管理员为工作站分配 IP 地址的方式分为__________和__________。

2. DHCP 服务为管理基于 TCP/IP 的网络提供的好处包括__________、__________和__________。

3. 网络中的 DHCP 服务器的功能，可以看作是给其他服务器、工作站分配动态的__________。

4. 如果要设置保留 IP 地址，则必须把 IP 地址和客户端的__________进行绑定。

5. 在域环境下，服务器能够向客户端发布租约之前，用户必须先对 DHCP 服务器进行________。

6. 在 Windows Server 2012 环境下，使用________命令可以查看 IP 地址配置，释放 IP 地址使用________命令，续订 IP 地址使用________命令。

二、选择题

1. __________服务动态配置 IP 信息。

A. DHCP　　B. DNS　　C. WINS　　D. RIS

2. 要实现动态 IP 地址分配，网络中至少要有一台计算机的网络操作系统安装了__________。

A. DNS 服务器　　B. DHCP 服务器

C. IIS 服务器　　D. PDC 主域控制器

3. 使用 DHCP 服务器功能的好处是__________。

A. 降低 TCP/IP 网络的配置工作量

B. 增强系统安全性与依赖性

C. 对那些经常变动位置的工作站而言，DHCP 能迅速更新位置信息

D. 以上都是

4. 在安装 DHCP 服务器之前，必须保证这台计算机具有静态的__________。

A. 远程访问服务器的 IP 地址　　B. DNS 服务器的 IP 地址

C. WINS 服务器的 IP 地址　　D. IP 地址

5. 设置 DHCP 选项时不可以设置的是__________。

A. DNS 服务器　　B. DNS 域名　　C. WINS 服务器　　D. 计算机名

6. 如果希望一台 DHCP 客户机总是获取一个固定的 IP 地址，那么可以在 DHCP 服务器上为其设置__________。

A. IP 作用域　　B. IP 地址的保留　　C. DHCP 中继代理　　D. 子网掩码

7. 在 Windows XP 操作系统的客户端，可以通过__________命令查看 DHCP 服务器分配给本机的 IP 地址。

A. config　　B. ifconfig　　C. ipconfig　　D. route

8. 对于使用 Windows XP 操作系统的 DHCP 客户机而言，如果启动时无法与 DHCP 服务器通信，它将__________。

A. 借用别人的 IP 地址　　B. 任意选取一个 IP 地址

C. 在特定网段中选取一个 IP 地址　　D. 不使用 IP 地址

9. 一个用户向管理员报告，说他使用的 Windows Server 2012 无法连接到网络。管理员在用户的计算机上登录，并使用 ipconfig 命令，结果显示 IP 地址是 169.254.25.38。这是__________导致的。

A. 用户自行指定 IP 地址　　B. IP 地址冲突

C. 动态申请地址失败　　D. 以上都不正确

10. 在 IP 地址配置中，备用配置信息的用途是__________。

A. 在使用动态 IP 地址的网络中启用备用配置

B. 在使用静态 IP 地址的网络中启用备用配置

C. 当动态 IP 地址有冲突时，启用备用配置

D. 当静态 IP 地址有冲突时，启用备用配置

第 9 章

DNS 服务器的配置

- DNS 概述。
- 添加 DNS 服务。
- 配置 DNS 区域。
- DNS 客户端的配置和测试。
- 创建子域和委派域。
- 配置辅助域名服务器。

技能目标

- 掌握 DNS 域名系统的基本概念、域名解析的原理与模式。
- 熟悉 Windows Server 2012 环境下的 DNS 服务器的安装。
- 掌握主域名服务器的架设。
- 掌握 DNS 客户机的配置及域名服务器的测试方法。
- 了解子域和委派域的创建方法、辅助域名服务器的架设与区域传送。

9.1 工作场景导入

【工作场景】

ABC 学院是当地一所著名的高等院校，该学院从国际互联网中心申请了 1 个 C 类 IP 地址 222.190.68.0，并在中国教育科研网 CERNET 注册了域名 abc.edu.cn。在注册域名时，拟将 IP 为 222.190.68.10 和 222.190.68.20 这 2 台服务器分别作为该学院的主域名和辅助域名服务器。

(1) 该学院现有 5 台服务器，分别用于域名服务器(主机名为 dns.abc.edu.cn，IP 地址为 222.190.68.10)、Web 服务器(主机名为 web.abc.edu.cn，IP 地址为 222.190.68.11)、FTP 服务器(主机名为 ftp.abc.edu.cn，IP 地址为 222.190.68.12)、电子邮件服务器(主机名为 mail.abc.edu.cn，IP 地址为 222.190.68.13)和 VOD 服务器(主机名为 vod.abc.edu.cn，IP 地址为 222.190.68.14)，其服务器区的拓扑结构如图 9-1 所示。同时，为了方便用户访问，用户输入 http://www.abc.edu.cn 就可以访问该学院的 Web 站点。

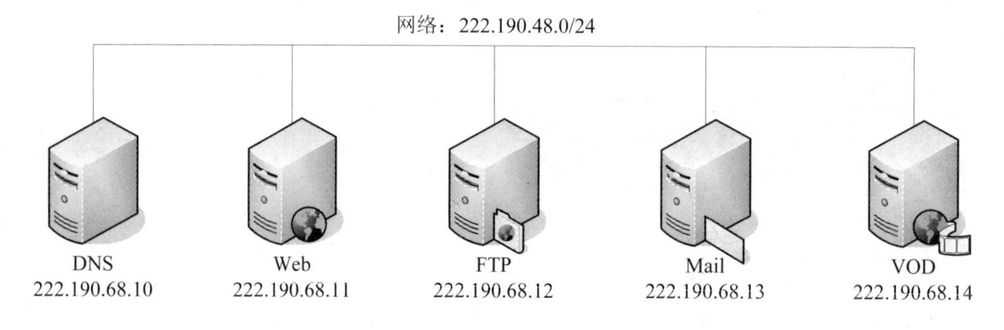

图 9-1 ABC 学院服务器区拓扑结构

(2) ABC 学院设有教务处、学生处、财务处、团委、学生会和图书馆等教学管理机构与党团组织，并有电子与信息工程学院和建筑学院等多个二级学院(系)。在这些二级机构中，有的单位只有少量的服务器(如教务处)，有的单位有多台服务器(如图书馆)，它们都要求有自己的子域。例如，教务处的子域为 jwc.abc.edu.cn，图书馆的子域为 lib.abc.edu.cn，但它们的要求不同，教务处希望由学院的 DNS 服务器来完成 jwc.abc.edu.cn 子域的域名解析，而图书馆希望自己创建域名服务器来管理子域 lib.abc.edu.cn。假设图书馆 DNS 服务器的 IP 地址是 222.190.69.88，主机名为 dns.jwc.abc.edu.cn。

【引导问题】

(1) 如何在 Windows Server 2012 系统中添加 DNS 服务？安装前需要做哪些准备工作？如何启动或停止 DNS 服务？

(2) 如何配置 DNS 区域？如何在区域内创建资源记录？

(3) 如何配置 DNS 客户机？如何测试 DNS 服务器的配置是否正确？

(4) 如果要提高该校 DNS 服务的可用性，如何配置一台辅助域名服务器？如何保证辅助域名服务器的数据库与主域名服务器的数据库一致？

(5) 如果创建子域，有哪些方式？如何创建？

9.2　DNS 概述

IP 地址是互联网提供的统一寻址方式，直接使用 IP 地址便可以访问互联网中的主机资源。但是，IP 地址只是一串数字，没有任何意义，对于用户来说，记忆起来十分困难。相反，有一定含义的主机名更易于记忆。利用域名系统(Domain Name System，DNS)就是实现 IP 地址与主机名之间的映射，它是 TCP/IP 协议簇中的一种标准服务。

9.2.1　DNS 域名空间

Internet 的域名是具有一定层次的树状结构。它实际上是一个倒过来的树，树根在最上面。Internet 将所有联网的主机的域名称空间划分为许多不同的域，树根下是最高一级域，每一个最高级的域又被分成一系列二级域、三级域和更低级域，如图 9-2 所示。

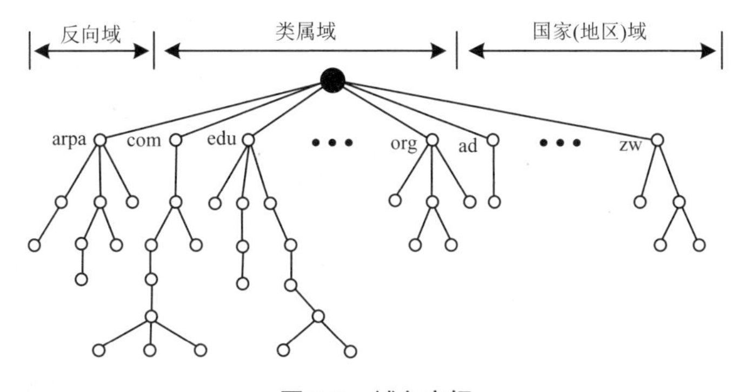

图 9-2　域名空间

域名是使用名字信息来管理的，它们存储在域名服务器的分布式数据库中。每一个域名服务器有一个数据库文件，其中包含域名树中某个区域的记录信息。

域名空间的根由 Internet Network Center(InterNIC)管理，它分为类属域、国家(地区)域和反向域。

类属域代表申请该域名的组织类型。起初只有 7 种类属域，分别是 com(商业机构)、edu(教育机构)、gov(政府机构)、int(国际组织)、mil(军事组织)、net(网络支持组织)和 org(非营利组织)，后来又增加了几个类属域，分别是 arts(文化组织)、firm(企业或商行)、info(信息服务提供者)、nom(个人命名)、rec(消遣/娱乐组织)、shop(提供可购买物品的商店)以及 web(与万维网有关的组织)。

国家(地区)域的格式与类属域的格式一样，其使用 2 字符的国家(地区)缩写(如 cn 代表中国大陆地区)，而不是第一级的 3 字符的组织缩写。常用的国家(地区)域有 cn(中国内地)、us(美国)、jp(日本)、uk(英国)、tw(中国台湾)和 hk(中国香港)。

反向域用来将一个 IP 地址映射为域名。这类查询叫作反向解析或指针(PTR)查询。要处理指针查询，需要在域名空间中增加反向域，且第一级节点为 arpa(由于历史原因)，第二级也是一个单独节点，叫作 in-addr(表示反向地址)，域的其他部分定义 IP 地址。

9.2.2 域名解析

将域名映射为 IP 地址或将 IP 地址映射成域名，都称为域名解析。DNS 被设计为客户机/服务器模式。将域名映射与为 IP 地址或将 IP 地址映射成域名的主机需要调用 DNS 客户机，即解析程序。解析程序用一个映射请求找到最近的一个 DNS 服务器。若该服务器有这个信息，则满足解析程序的要求。否则，或者让解析程序找其他服务器，或者查询其他服务器来提供这个信息。

1. 域名解析方式

当 DNS 客户机向 DNS 服务器提出域名解析请求，或者一台 DNS 服务器(此时这台 DNS 服务器扮演着 DNS 客户机角色)向另外一台 DNS 服务器提出域名解析请求时，有两种解析方式。

第一种叫递归解析，要求域名服务器系统一次性完成全部域名和地址之间的映射。换句话说，解析程序期望服务器提供最终解答。若服务器是该域名的授权服务器，就检查其数据库并响应。若服务器不是该域名的授权服务器，则该服务器将请求发送给另一个服务器并等待响应，直到查找到该域名的授权服务器，并把响应的结果发送给请求的客户机。

第二种叫迭代解析(注：有的教材称为反复解析)，每一次请求一个服务器，无响应再请求其他服务器。换言之，若服务器是该域名的授权服务器，就检查其数据库并响应，从而完成解析。若服务器不是该域名的授权服务器，就返回认为可以解析该查询的服务器 IP 地址。客户机向第二个服务器重复查询，若新找到的服务器能解决这个问题，就响应并完成解析；否则，就向客户机返回一个新服务器的 IP 地址。客户机如此重复同样的查询，直到找到该域名的授权服务器。

在实际应用中，往往是将这两种解析方式结合起来，如图 9-3 所示为解析 www.abc.com 主机 IP 地址的全过程。

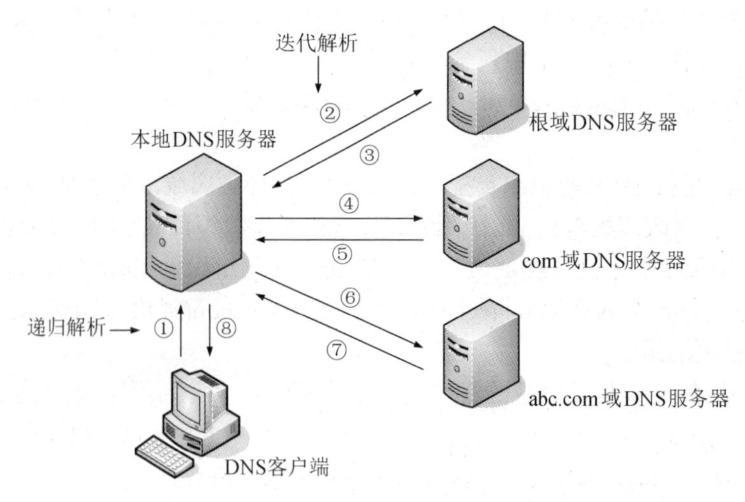

图 9-3 域名解析的过程

① 客户机的域名解析器向本地域名服务器发出 www.abc.com 域名解析请求。

② 本地域名服务器未找到 www.abc.com 对应地址，则向根域服务器发送 com 的域名解析请求。

③ 根域服务器向本地域名服务器返回 com 域名服务器的地址。

④ 本地域名服务器向 com 域名服务器提出 abc.com 域名解析请求。

⑤ com 域名服务器向本地域名服务器返回 abc.com 域名服务器的地址。

⑥ 本地域名服务器向 abc.com 域名服务器提出 www.abc.com 域名解析请求。

⑦ abc.com 域名服务器向本地域名服务器返回 www.abc.com 主机的 IP 地址。

⑧ 本地域名服务器将 www.abc.com 主机的 IP 地址返回给客户机。

2. 正向解析和反向解析

正向解析是将域名映射为 IP 地址，例如，DNS 客户机可以查询主机名称为 www.pku.edu.cn 的 IP 地址。要实现正向解析，必须在 DNS 服务器内创建一个正向解析区域。

反向解析是将 IP 地址映射为域名。要实现反向解析，必须在 DNS 服务器中创建反向解析区域。反向域名的顶级域名是 in-addr.arpa。反向域名由两部分组成，域名前半段是其网络 ID 反向书写，而域名后半段必须是 in-addr.arpa。如果要针对网络 ID 为 192.168.10.0 的 IP 地址来提供反向解析功能，则此反向域名必须是 10.168.192.in-addr.arpa。

9.2.3 域名服务器

互联网上的域名服务器用来存储域名的分布式数据库，并为 DNS 客户端提供域名解析。它们也是按照域名层次来安排的，每一个域名服务器都只管辖域名体系中的一部分。根据用途，域名服务器有以下几种类型。

(1) 主域名服务器。负责维护这个区域的所有域名信息，是特定域的所有信息的权威信息源。也就是说，主域名服务器内所存储的是该区域的正本数据，系统管理员可以对它进行修改。

(2) 辅助域名服务器。当主域名服务器出现故障、关闭或负载过重时，辅助域名服务器作为备份服务提供域名解析服务。辅助域名服务器中的区域文件内的数据是从另外一台域名服务器复制过来的，并不是直接输入的，也就是说这个区域文件的数据只是一个副本，这里的数据是无法修改的。

(3) 缓存域名服务器。可运行域名服务器软件，但没有域名数据库。它从某个远程服务器取得每次域名服务器查询的回答，一旦取得一个答案，就将它放在高速缓存中，以后查询相同的信息时就用它予以回答。缓存域名服务器不是权威性服务器，因为它提供的所有信息都是间接信息。

(4) 转发域名服务器。负责所有非本地域名的本地查询。转发域名服务器接收到查询请求时，在其缓存中查找，如果找不到，就把请求依次转发到指定的域名服务器，直到查询到结果为止，否则返回无法映射的结果。

9.3 添加 DNS 服务

在配置 DNS 服务器时，首先需要确定计算机是否满足 DNS 服务器的最低需求；然后安装 DNS 服务器角色；接着创建 DNS 区域，并在区域中创建资源记录；最后配置 DNS 客户端并进行测试。有时，还要根据实际需要配置根 DNS 或 DNS 转发。

9.3.1 架设 DNS 服务器的需求和环境

DNS 服务器角色所花费的系统资源很少，任何一台能够运行 Windows Server 2012 的计算机都能配置 DNS 服务器。如果是一台大型网络或 ISP 的 DNS 服务器，区域中要包含成千上万条资源记录，被访问的频率非常高，因此服务器内存大小和网卡速度就成为约束条件。

另外，每个客户机在配置时都要指定 DNS 服务器的 IP 地址，因此 DNS 服务器必须拥有静态的 IP 地址，不能采用 DHCP 动态获取。由于涉及客户机的配置问题，因此 DNS 服务器的 IP 地址一旦固定下来，就不可随意更改。

9.3.2 安装 DNS 服务器角色

Windows Server 2012 系统内置了 DNS 服务组件，但在默认情况下并没有安装，需要管理员手动安装并配置，从而为网络提供域名解析服务。本书 2.6.3 小节在介绍安装服务器角色方法时，就是以 DNS 服务为例的，这里不再赘述。

DNS 服务安装完毕后，选择【开始】→【管理工具】→DNS 命令，打开【DNS 管理器】窗口，通过该窗口可以管理本地或远程的 DNS 服务器，如图 9-4 所示。

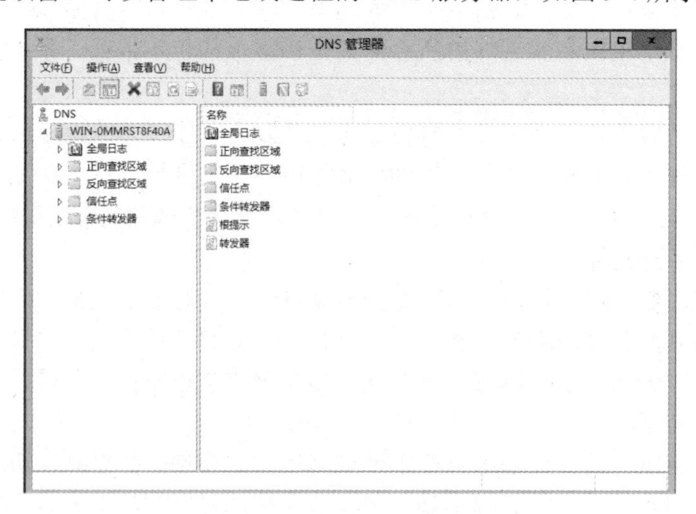

图 9-4 【DNS 管理器】窗口

9.4 配置 DNS 区域

9.4.1 DNS 区域类型

Windows Server 2012 支持的 DNS 区域类型包括主要区域、辅助区域和存根区域。

(1) 主要区域(Primary Zone)。主要区域保存的是该区域中所有主机数据记录的正本。当在 DNS 服务器内创建主要区域后，可直接在此区域内新建、修改和删除记录。区域内的记录可以存储在文件或是 Active Directory 数据库中。

① 如果 DNS 服务器是独立服务器或是成员服务器，则区域内的记录存储于区域文件中，该区域文件采用标准的 DNS 格式，文件名称默认是“区域名称.dns”。例如，区域名称为 abc.com，则区域文件名是 abc.com.dns。当在 DNS 服务器内创建了一个主要区域和区域文件后，该 DNS 服务器就是这个区域的主要名称服务器。

② 如果 DNS 服务器是域控制器，则可将记录存储在区域文件或 Active Directory 数据库内。若将其存储到 Active Directory 数据库内，则此区域被称为“Active Directory 集成区域(Active Directory Integrated Zone)”，此区域内的记录会随着 Active Directory 数据库的复制而被复制到其他的域控制器中。

(2) 辅助区域(Secondary Zone)。辅助区域保存的是该区域内所有主机数据的复制文件(副本)，该副本文件是从主要区域传送过来的。保存此副本数据的文件也是一个标准的 DNS 格式的文本文件，而且是一个只读文件。当在 DNS 服务器内创建了一个辅助区域后，该 DNS 服务器就是这个区域的辅助名称服务器。

(3) 存根区域(Stub Zone)。存根区域只保存名称服务器(Name Server，NS)、授权启动(Start of Authority，SOA)及主机(Host)记录的区域副本，含有存根区域的服务器无权管理该区域的资源记录。

9.4.2 创建正向主要区域

在 DNS 客户机提出的 DNS 请求中，大部分是要求把主机名解析为 IP 地址，即正向解析。正向解析是由正向查找区域来处理的。创建正向查找区域的操作步骤如下。

(1) 选择【开始】→【管理工具】→DNS 命令，打开【DNS 管理器】窗口。

(2) 右击控制树中的【正向查找区域】节点，在弹出的快捷菜单中选择【新建区域】命令，如图 9-5 所示。

(3) 在【欢迎使用新建区域向导】向导页中单击【下一步】按钮。

(4) 在【区域类型】向导页中选中【主要区域】单选按钮，单击【下一步】按钮，如图 9-6 所示。

(5) 在【区域名称】向导页中为此区域设置区域名称，单击【下一步】按钮，如图 9-7 所示。

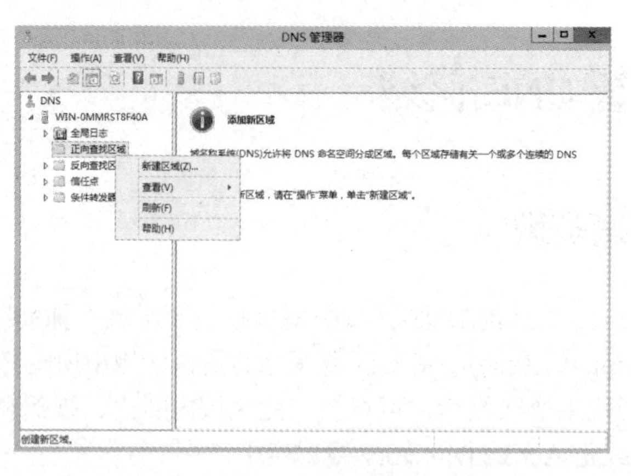

图 9-5　选择【新建区域】命令

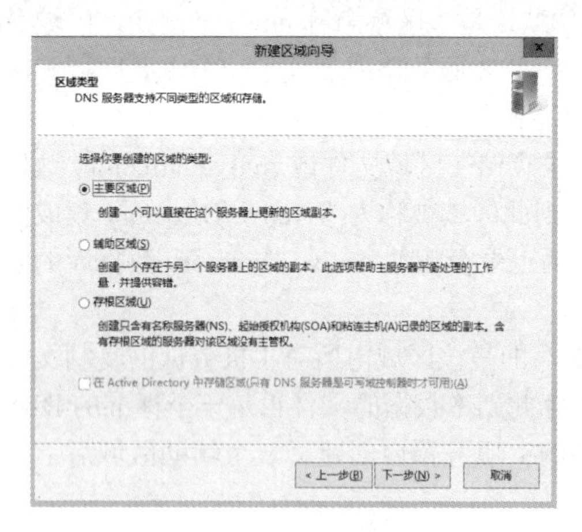

图 9-6　【区域类型】向导页

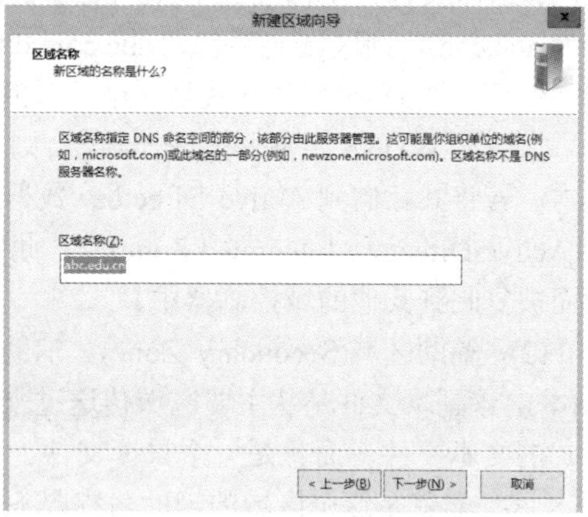

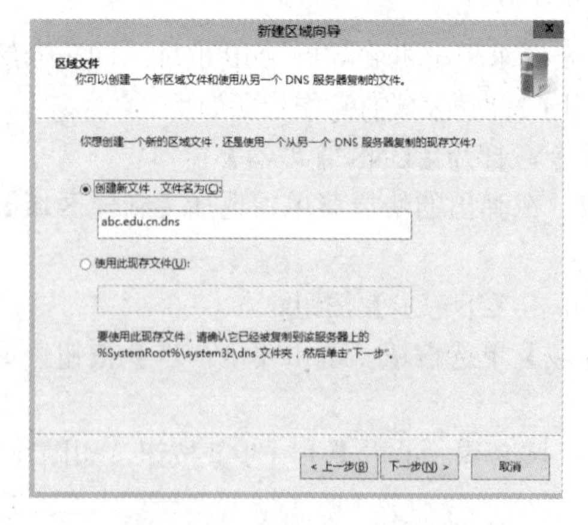

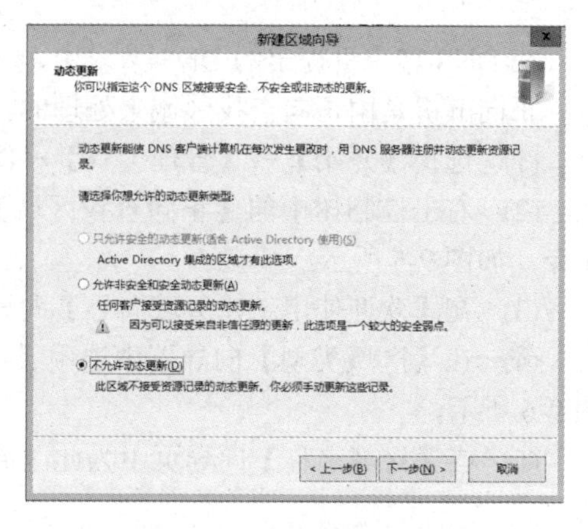

图 9-7　【区域名称】向导页

(6) 在【区域文件】向导页中，选择区域文件，系统会自动在区域名称后加.dns 作为文件名，或者使用一个已有文件，单击【下一步】按钮，如图 9-8 所示。

(7) 在【动态更新】向导页中指定这个 DNS 区域是否接受安全、不安全或动态更新。这里选中【不允许动态更新】单选按钮，单击【下一步】按钮，如图 9-9 所示。

图 9-8　【区域文件】向导页

图 9-9　【动态更新】向导页

(8) 在【正在完成新建区域向导】向导页中显示了用户对新建区域进行配置的信息，如果用户认为某项配置需要调整，单击【上一步】按钮，返回到前面的对话框中重新配置。如果确认配置正确，单击【完成】按钮，完成对 DNS 正向解析区域的创建，返回 DNS 管理器。

9.4.3 创建反向主要区域

如果用户希望 DNS 服务器能够提供反向解析功能，以便客户机根据已知的 IP 地址来查询主机的域名，就需要创建反向查找区域，操作步骤如下。

(1) 选择【开始】→【管理工具】→DNS 命令，打开【DNS 管理器】窗口。

(2) 右击控制树中的【反向查找区域】节点，在弹出的快捷菜单中选择【新建区域】命令，如图 9-10 所示。

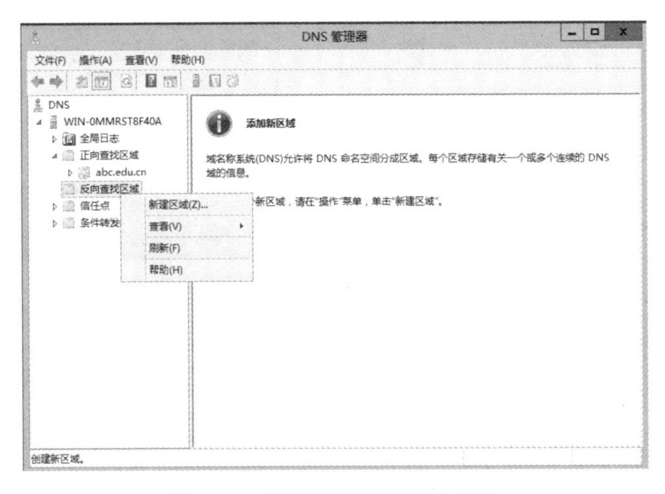

图 9-10　选择【新建区域】命令

(3) 打开【欢迎使用新建区域向导】向导页，单击【下一步】按钮。

(4) 在【区域类型】向导页中选中【主要区域】单选按钮，单击【下一步】按钮。

(5) 打开【反向查找区域名称】(1)向导页，选中【IPv4 反向查找区域】单选按钮，单击【下一步】按钮，如图 9-11 所示。

(6) 打开【反向查找区域名称】(2)向导页，在【网络 ID】文本框中输入此区域所支持的反向查询的网络 ID，系统会自动在【反向查找区域名称】文本框中设置区域名称。用户也可以直接在【反向查找区域名称】文本框中设置区域名称。例如，该 DNS 服务器负责的 IP 地址为 222.190.68.0 的网络的反向域名解析，可在【网络 ID】文本框中输入 222.190.68，则【反向查找区域名称】文本框中显示 68.190.222.in-addr.arpa，单击【下一步】按钮，如图 9-12 所示。

(7) 在【区域文件】向导页中，系统会自动在区域名称后加.dns 作为文件名，用户可以修改区域文件名，也可以使用一个已有文件，单击【下一步】按钮，如图 9-13 所示。

(8) 在【动态更新】向导页中选中【不允许动态更新】单选按钮，单击【下一步】按钮，如图 9-14 所示。

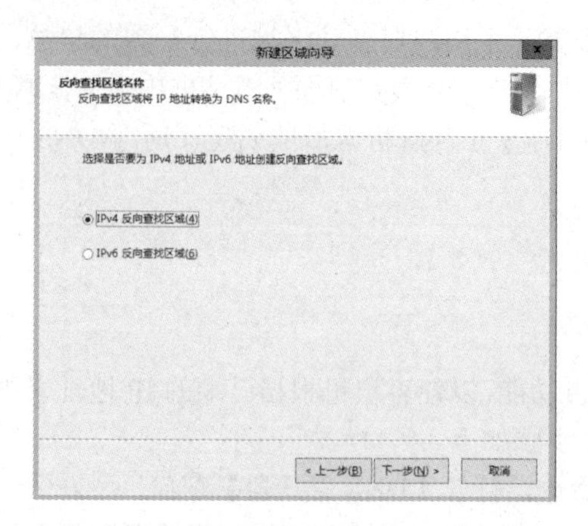

图 9-11 【反向查找区域名称】(1)向导页

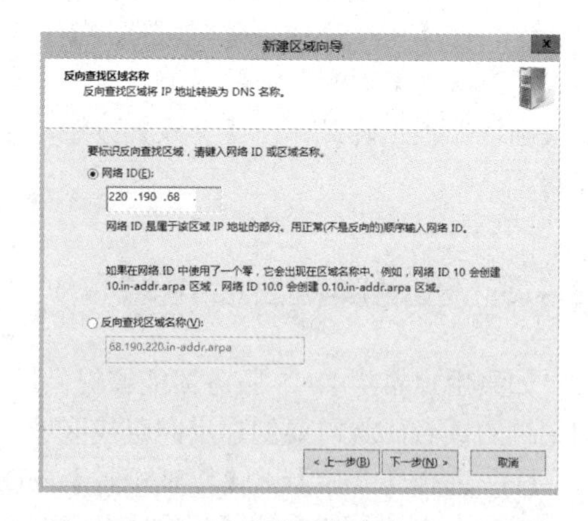

图 9-12 【反向查找区域名称】(2)向导页

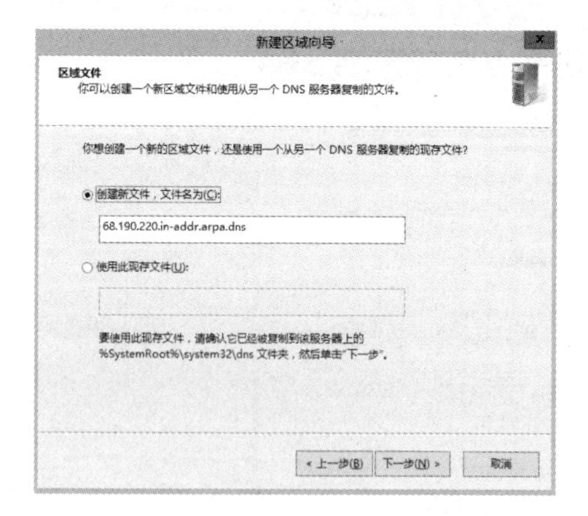

图 9-13 【区域文件】向导页

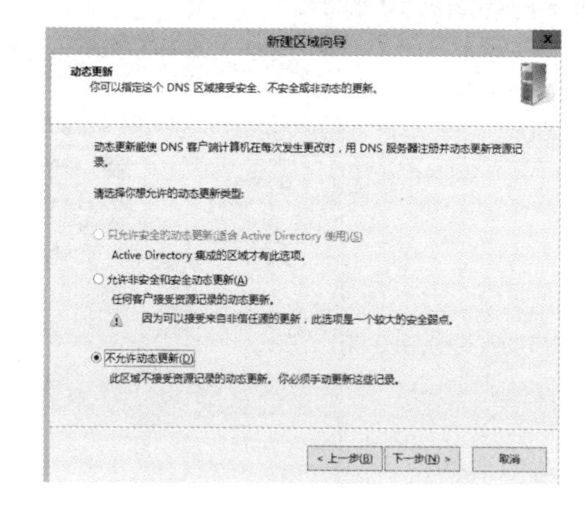

图 9-14 【动态更新】向导页

(9) 在【正在完成新建区域向导】向导页中显示了用户对新建区域进行配置的信息，如果用户认为某项配置需要调整，单击【上一步】按钮，返回到前面的对话框中重新配置。如果确认配置正确，单击【完成】按钮，完成对 DNS 反向解析区域的创建，返回 DNS 管理器查看区域的状态。

(10) 如果这台 DNS 服务器负责为多个 IP 网段提供反向域名解析服务，可以按照上述步骤创建多个反向查找区域。

9.4.4 在区域中创建资源记录

新建完正向区域和反向区域后，就可以在区域内创建主机等相关数据了，这些数据被称为资源记录。DNS 服务器支持多种类型的资源记录，下面介绍几种常用的资源记录的作用和创建方法。

1. 新建主机(A)资源记录

主机(A)记录主要用来记录正向查找区域内的主机及 IP 地址，用户可通过该类型资源记录把主机域名映射成 IP 地址。

(1) 在 DNS 服务器上选择【开始】→【程序】→【管理工具】→DNS 命令，打开【DNS 管理器】窗口。

(2) 在控制树中右击已创建的正向查找区域节点，在弹出的快捷菜单中选择【新建主机(A 或 AAAA)】命令，如图 9-15 所示。

(3) 打开【新建主机】对话框，在【名称(如果为空则使用其父域名称)】文本框中输入主机名(不需要填写完整域名)。在【IP 地址】文本框中填写该主机对应的 IP 地址，单击【添加主机】按钮。新建的主机记录将显示在主窗口右侧的列表中，如图 9-16 所示。

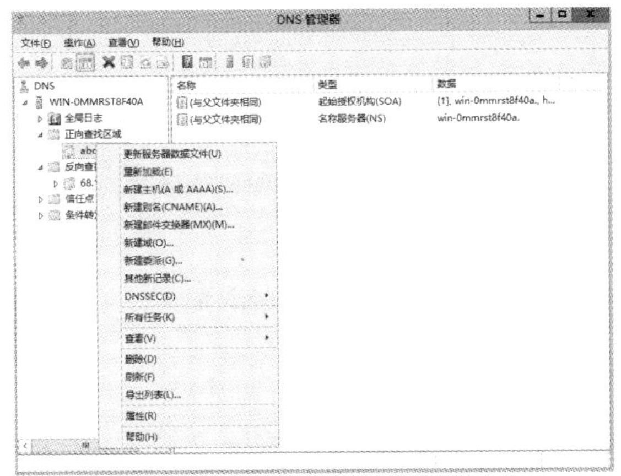

图 9-15　选择【新建主机(A 或 AAAA)】命令

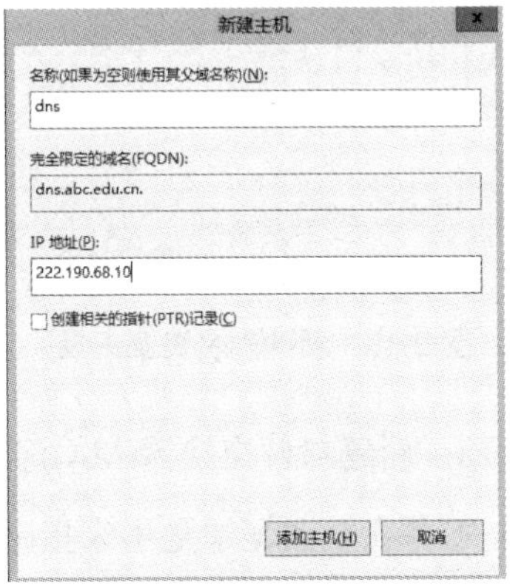

图 9-16　【新建主机】对话框

重复上述步骤，将现有的服务器主机的信息都添加到该列表内，如图 9-17 所示。

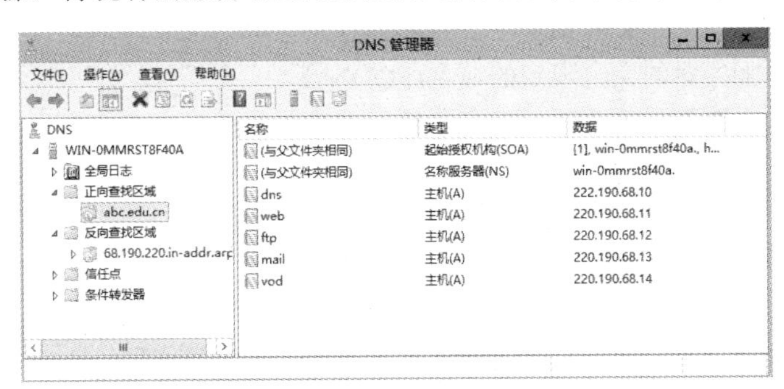

图 9-17　所有主机记录

2. 新建主机别名(CNAME)资源记录

在某些情况下，需要为区域内的一台主机创建多个主机名称。例如，在 ABC 学院中，Web 服务器的主机名是 web.abc.edu.cn，但人们更喜欢使用 www.abc.edu.cn 来访问该 Web 站点，这时就要用到主机别名记录。新建主机别名资源记录的操作步骤如下。

(1) 在控制树中右击已创建的正向查找区域节点，在弹出的快捷菜单中选择【新建别名(CNAME)】命令。

(2) 在【新建资源记录】对话框中输入主机的别名与目标主机的完全合格的域名，单击【确定】按钮，如图 9-18 所示。

如图 9-19 所示为别名记录创建后的界面，它表示 www.abc.edu.cn 是 web.abc.edu.cn

的别名。

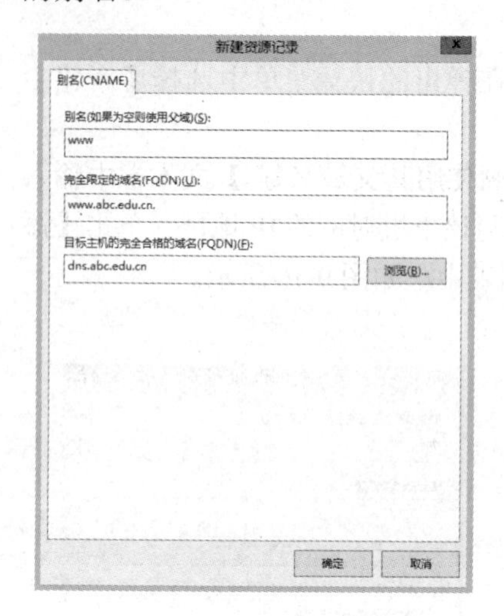

图 9-18　新建别名资源记录

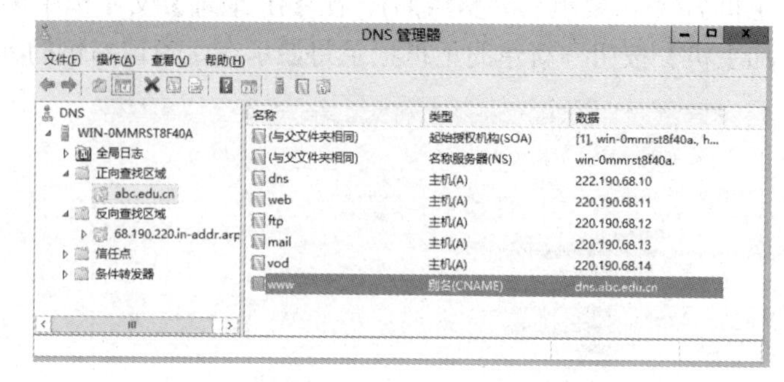

图 9-19　所有别名记录

3．新建邮件交换器(MX)记录

邮件交换器记录是用来指定哪些主机负责接收该区域电子邮件的。新建邮件交换器记录的操作步骤如下。

(1) 在控制树中右击已创建的正向查找区域节点，在弹出的快捷菜单中选择【新建邮件交换器(MX)】命令。

(2) 在【新建资源记录】对话框中分别输入【主机或子域】【邮件服务器的完全限定的域名(FQDN)】和【邮件服务器优先级】，单击【确定】按钮，新建的邮件交换器记录将显示在主窗口右侧的列表中。例如，在 ABC 学院中，主机名为 mail.abc.edu.cn 的这台服务器负责接收邮箱格式为 XXX@abc.edu.cn 的所有邮件，【主机或子域】文本框中可不填写任何内容，在【邮件服务器的完全限定的域名(FQDN)】文本框中填写 mail.abc.edu.cn，如图 9-20 所示。

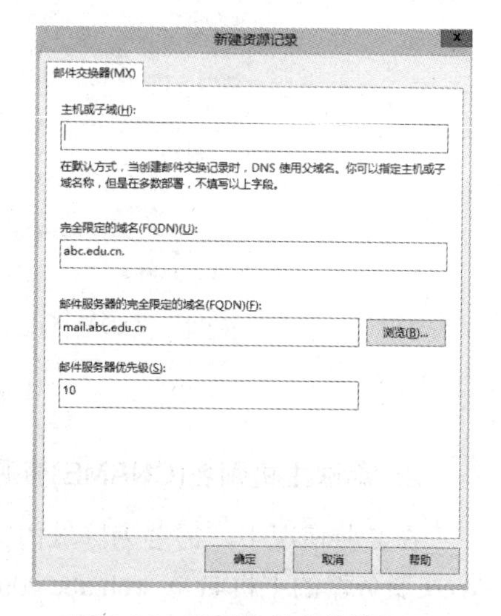

图 9-20　新建邮件交换器记录

例如，在 ABC 学院中，mail2.abc.edu.cn 这台服务器负责接收所有邮箱格式为 XXX@student.abc.edu.cn 的邮件，可以在【主机或子域】文本框中填写 student，在【邮件服务器的完全限定的域名(FQDN)】文本框中填写 mail2.abc.edu.cn。如图 9-21 所示为 2 条 MX 资源记录创建完成后的界面。

如果一个区域内有多个邮件交换器，那么可以创建多个 MX 资源记录，并通过邮件服务器优先级来区分，数字较低的优先级较高。如果其他邮件交换器向这个域内传送邮件，它首先会传送给优先级较高的邮件交换器，如果传送失败，再选择优先级较低的邮件交换器。如果所有的邮件交换器的优先级相同，则随机选择一台传送。

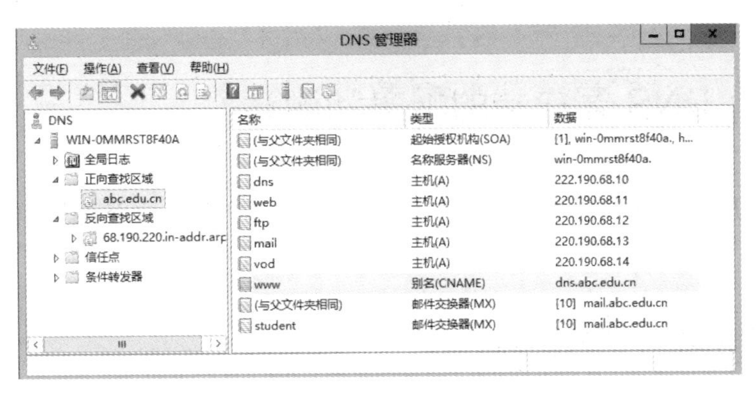

图 9-21 所有邮件交换器记录

4. 新建指针(PTR)资源记录

指针资源记录主要用来记录反向查找区域内的 IP 地址及主机，用户可通过该类型资源记录把 IP 地址映射成主机域名。

(1) 在控制树中右击已创建的反向查找区域节点，在弹出的快捷菜单中选择【新建指针】命令。

(2) 打开【新建资源记录】对话框，在【主机 IP 地址】文本框中输入主机 IP 地址，在【主机名】文本框中输入 DNS 主机的完全限定的域名(FQDN)，单击【确定】按钮，如图 9-22 所示。

(3) 重复上述步骤，将现有的服务器主机的信息都输入到该区域内，如图 9-23 所示。

图 9-22 新建指针记录

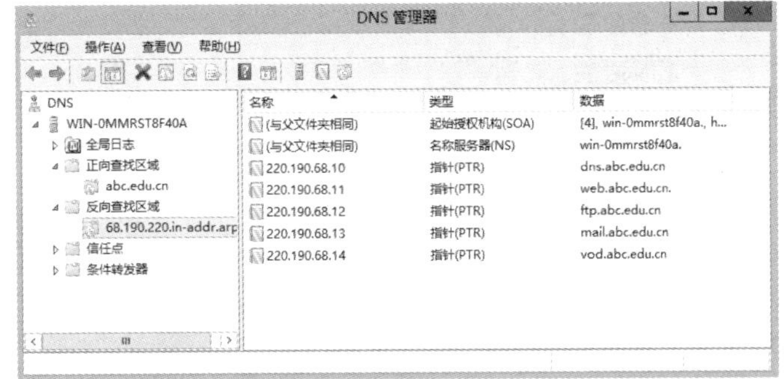

图 9-23 所有指针记录

点评与拓展： 在创建主机(A)资源记录时，也可以同时创建指针资源记录，只需在图 9-16 中选中【创建相关的指针(PTR)记录】复选框即可。

9.5 DNS 客户端的配置和测试

为了验证 DNS 安装与配置是否正确，可以通过以下几种方式来监测 DNS 服务器的运行情况。

9.5.1 DNS 客户端的配置

要在 DNS 客户机上测试 DNS 服务器的配置情况，首先要配置 DNS 客户机的相关属性，操作步骤如下。

(1) 在 DNS 客户机上(以 Windows 10 为例)选择【开始】→【设置】→【控制面板】命令，在打开的窗口中双击【网络连接】，在打开的窗口中右击【本地连接】图标，在弹出的快捷菜单中选择【属性】命令，在属性对话框中选择【Internet 协议版本 4(TCP/IPv4)】选项，单击【属性】按钮，打开【Internet 协议版本 4(TCP/IPv4)属性】对话框。

(2) 在【Internet 协议版本 4(TCP/IPv4)属性】对话框中选中【使用下面的 DNS 服务器地址】单选按钮，在【首选 DNS 服务器】文本框中输入主域名 DNS 服务器的 IP 地址。如果网络中有第二台 DNS 服务器可提供服务，则在【备用 DNS 服务器】文本框中输入第二台 DNS 服务器的 IP 地址，如图 9-24 所示。

(3) 如果客户端要指定两台以上的 DNS 服务器，单击【高级】按钮(图 9-24)，打开【高级 TCP/IP 设置】对话框，切换到 DNS 选项卡。单击【DNS 服务器地址(按使用顺序排列)】列表框下方的【添加】按钮，输入更多 DNS 服务器的 IP 地址。DNS 客户端会按顺序从这些 DNS 服务器中查找，设置完毕后，单击【确定】按钮，如图 9-25 所示。

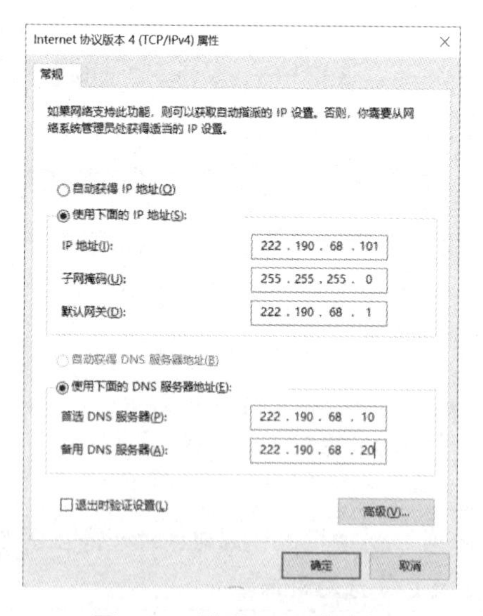

图 9-24 配置 DNS 客户机

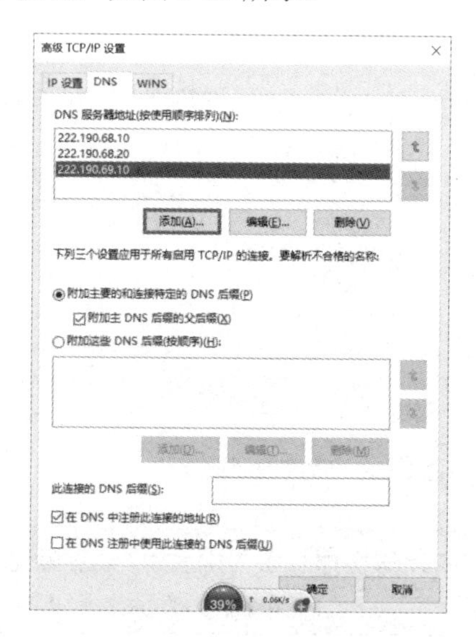

图 9-25 DNS 选项卡

(4) 单击图 9-24 中的【确定】按钮，完成 DNS 客户端的设置。

9.5.2　使用 nslookup 命令测试

Windows 和 Linux 操作系统都提供了一个诊断工具，即 nslookup，利用它可测试域名服务器(DNS)的信息。它们的使用方法基本相同，这里介绍在 Windows 10 系统中进行测试的方法。

nslookup 有两种工作模式：交互式和非交互式。如果仅需要查找一块数据，可使用非交互式模式，直接在【命令提示符】窗口中输入“nslookup <要解析的域名或 IP 地址>”。如果需要查找多块数据，可使用交互式模式，在【命令提示符】窗口中输入“nslookup”，进入交互模式。在 nslookup 提示符>后输入要解析的域名或 IP 地址，就可解析出对应的 IP 地址或域名。输入 Help 命令，可以得到相关帮助，输入 exit 命令可退出交互模式。

在一个配置正确的客户端对 DNS 服务器进行测试的操作步骤如下。

(1) 选择【开始】→【运行】命令，打开【运行】对话框，在【打开】文本框中输入 cmd 命令，单击【确定】按钮，如图 9-26 所示。

(2) 打开【命令提示符】窗口，在 DOS 提示符后输入 nslookup 命令，按 Enter 键，如图 9-27 所示。

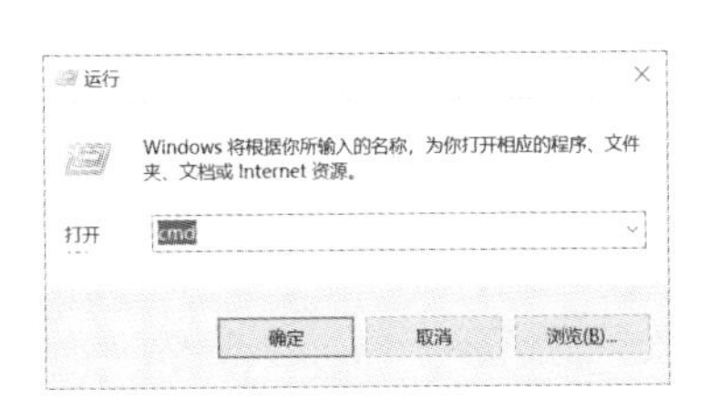

图 9-26　【运行】对话框

图 9-27　输入 nslookup 命令

(3) 测试主机记录。在提示符>后输入要测试的主机域名，如 dns.abc.edu.cn，这时将显示该主机域名对应的 IP 地址，如图 9-28 所示。

(4) 测试别名记录。在提示符>后先输入“set type=cname”命令，修改测试类型，再输入测试的主机别名，如 www.abc.edu.cn，这时将显示该别名对应的真实主机的域名及其 IP 地址，如图 9-29 所示。

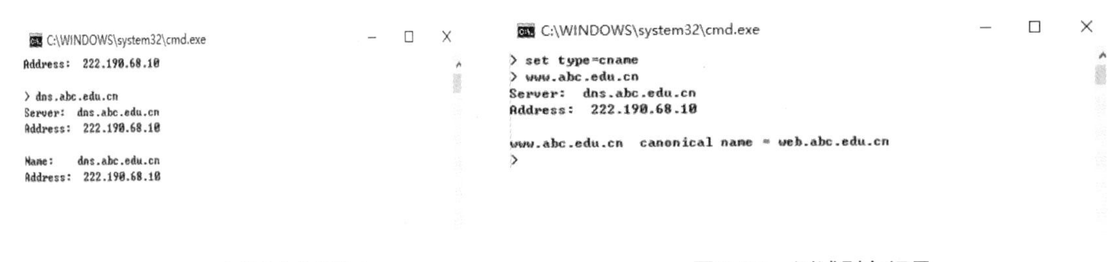

图 9-28　测试主机记录　　图 9-29　测试别名记录

(5) 测试邮件交换器记录。在提示符>后先输入“set type= mx”命令，修改测试类型，再输入邮件交换器的域名，如 abc.edu.cn，这时将显示该邮件交换器对应的真实主机的域名、IP 地址及其优先级，如图 9-30 所示。

(6) 测试指针记录。在提示符>后先输入“set type= ptr”命令，修改测试类型，再输入主机的 IP 地址，如 222.190.68.10，这时将显示该主机对应的域名，即 dns.abc.edu.cn，如图 9-31 所示。

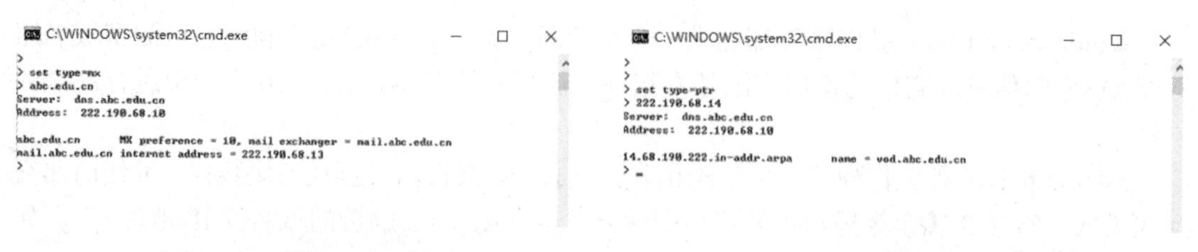

图 9-30 测试 MX 记录

图 9-31 测试 PTR 记录

9.5.3 管理 DNS 缓存

有时 DNS 服务器的配置与运行都正确，但 DNS 客户端还是无法利用 DNS 服务器实现域名解析。造成这个问题的原因可能是 DNS 客户端或 DNS 服务器的缓存有不正确或过时的信息，这时需要清除 DNS 客户端或 DNS 服务器的缓存信息。清除方法如下。

清除 DNS 服务器的缓存，可以在 DNS 管理器中右击 DNS 服务器图标，在弹出的快捷菜单中选择【清除缓存】命令，如图 9-32 所示。

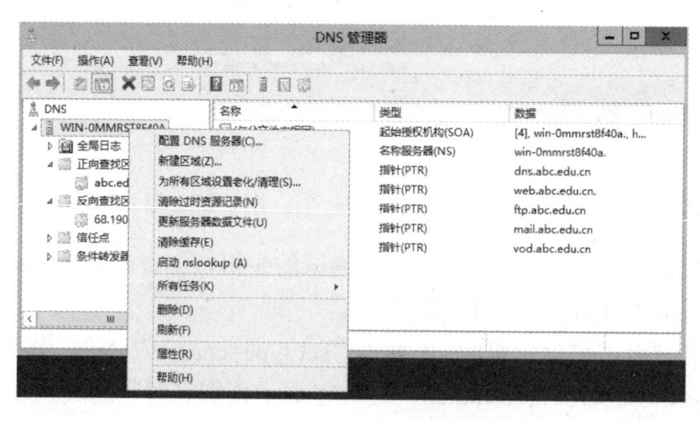

图 9-32 清除 DNS 服务器的缓存

清除 DNS 客户端的缓存，可打开【命令提示符】窗口，在 DOS 提示符后执行“ipconfig/flushdns”命令，如图 9-33 所示。

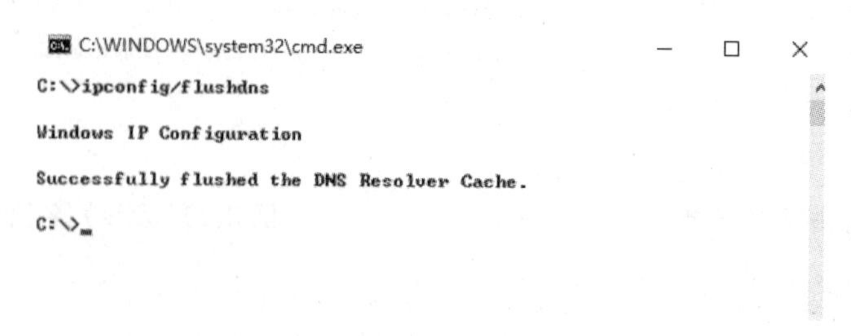

图 9-33 清除 DNS 客户端的缓存

9.6　子域和委派

9.6.1　域和区域

这里要注意域和区域的概念。互联网对外允许根据本单位的情况将域名划分为若干个域名服务器管辖区。也就是说，一个服务器所负责的或授权的范围叫作一个区域(Zone)。若一个服务器对一个域负责，而且这个域并没有被划分为一些更小的域，那么域和区域此时代表相同的意义。若服务器将域划分成了一些子域，并将其部分授权委托给了其他服务器，那么域和区域就有了区别，如图 9-34 所示。

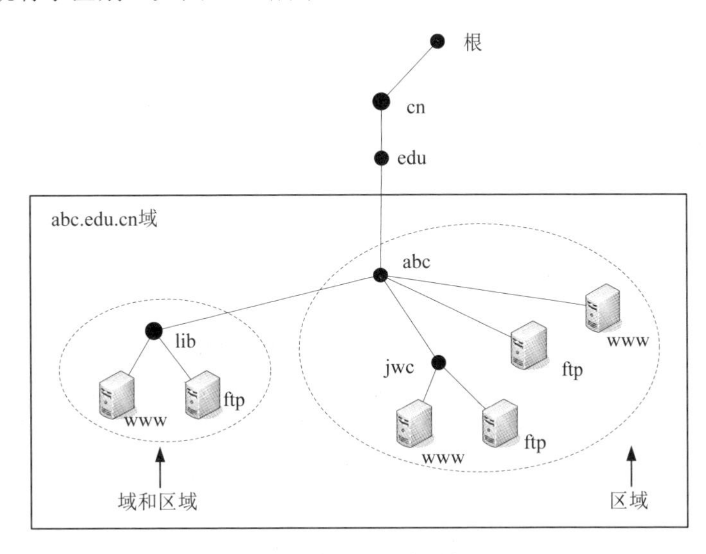

图 9-34　域和区域

9.6.2　创建子域和子域资源记录

例如，ABC 学院的教务处需要有自己的域名，域名为 jwc.abc.edu.cn，但其又没有自己的域名服务器，这时就需要在 abc.edu.cn 区域下创建子域，然后在此子域内创建主机、别名或邮件交换器记录。需要注意的是，这些资源记录还是存储在学院的域名服务器内。创建子域的操作步骤如下。

(1)　在主域名服务器中选择【开始】→【程序】→【管理工具】→DNS 命令，打开 DNS 管理器。

(2)　右击【正向查找区域】中的 abc.edu.cn 节点，在弹出的快捷菜单中选择【新建域】命令。

(3)　在【新建 DNS 域】对话框中输入新建的子域的名称 jwc(不需要写全名 jwc.abc. edu.cn)，单击【确定】按钮，如图 9-35 所示。

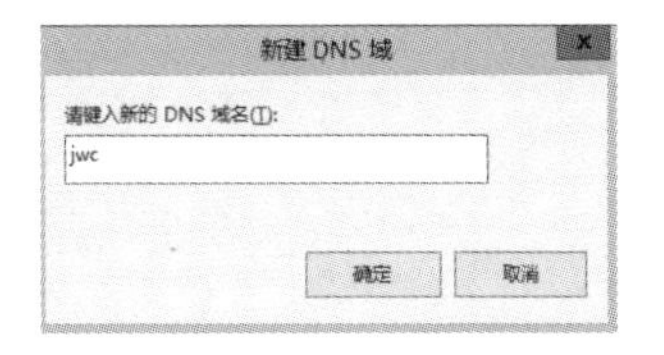

图 9-35　【新建 DNS 域】对话框

(4) 在新建的子域 jwc.abc.edu.cn 内创建主机、别名或邮件交换器记录。例如，教务处有两台服务器，它们的主机名分别是 jwc-server1.jwc.abc.edu.cn 和 jwc-server2.jwc.abc.edu.cn，IP 地址分别是 222.190.68.50 和 222.190.68.51。这两台服务器分别用作教务处的 WWW 服务器和 FTP 服务器，其别名分别是 w.jwc.abc.edu.cn 和 ftp.jwc.abc.edu.cn，如图 9-36 所示。

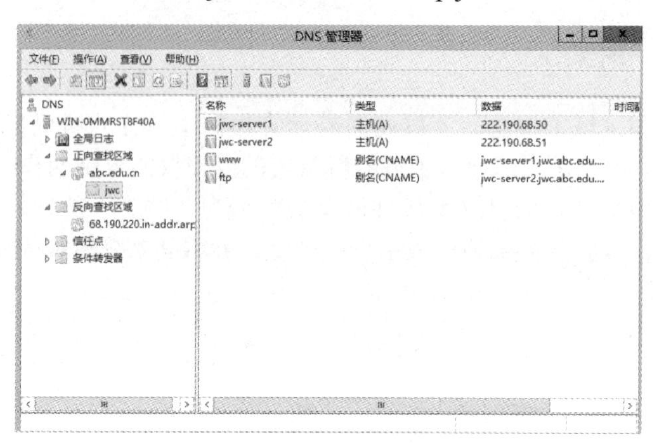

图 9-36 在子域内创建资源记录

9.6.3 委派区域给其他服务器

例如，ABC 学院的图书馆要求自己管理子域 lib.abc.edu.cn，这就需要在主域名服务器中创建一个子域(区域)lib，并将这个子域(区域)委派给图书馆的 DNS 服务器来管理。也就是说，ABC 学院图书馆的子域(区域)lib.abc.edu.cn 内的所有资源记录都是存储在图书馆的 DNS 服务器内。当 ABC 学院的 DNS 域名服务器收到 lib.abc.edu.cn 子域内的域名解析请求时，就会在图书馆的 DNS 服务器中查找(当解析模式是迭代查询方式时)。其配置过程如下。

(1) 在图书馆的 DNS 服务器(IP 地址为 222.190.69.88，主机名为 dns.lib.abc.edu.cn)中安装 DNS 服务，创建区域 lib.abc.edu.cn，并为其自身创建一个主机资源记录。假设图书馆的 DNS 服务器使用的也是 Windows Server 2012 操作系统，那么配置后的结果如图 9-37 所示。

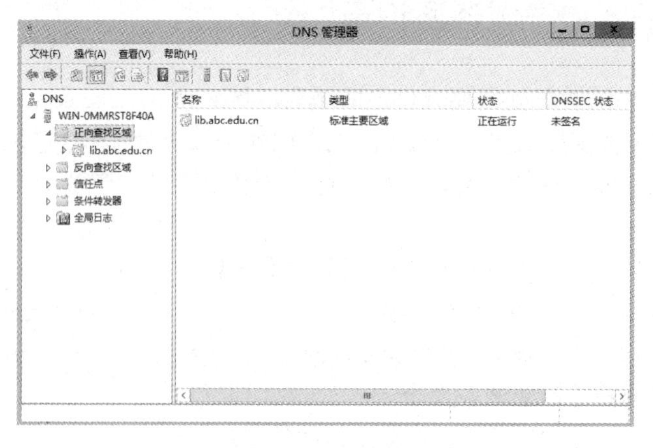

图 9-37 图书馆 DNS 服务器的配置

(2) 在主域名服务器(主机名为 dns.abc.edu.cn，IP 地址为 222.190.68.10)中选择【开始】

→【程序】→【管理工具】→DNS 命令，打开 DNS 管理器。

(3) 右击【正向查找区域】中的 abc.edu.cn 节点，在弹出的快捷菜单中选择【新建委派】命令。

(4) 在【欢迎使用新建委派向导】向导页中单击【下一步】按钮。

(5) 在【受委派域名】向导页中输入委派的域(区域)的名称 lib，单击【下一步】按钮，如图 9-38 所示。

(6) 在【名称服务器】向导页中单击【添加】按钮，如图 9-39 所示。

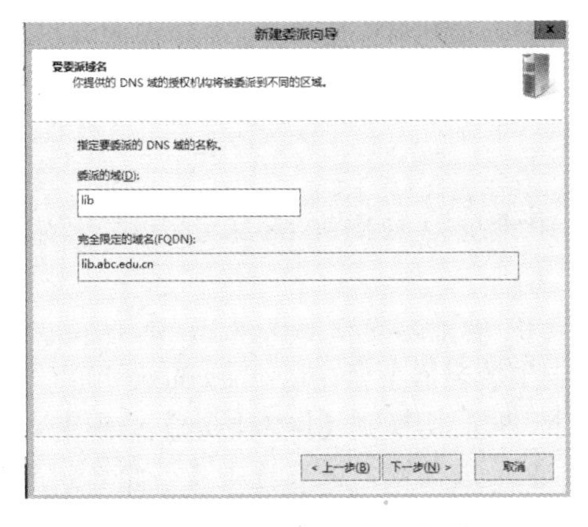

图 9-38 【受委派域名】向导页

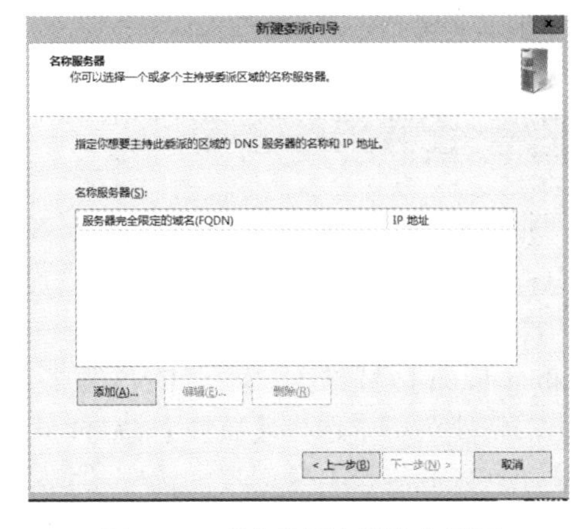

图 9-39 【名称服务器】向导页

(7) 在【新建名称服务器记录】对话框中输入委派子域(区域)的 DNS 服务器的 FQDN(服务器完全限定的域名)和 IP 地址，如图 9-40 所示。单击【确定】按钮，回到【名称服务器】向导页，单击【下一步】按钮。

(8) 在【新建委派向导】向导页中单击【完成】按钮。

如图 9-41 所示为完成后的界面，图中 lib 是刚才创建的委派子域，其内部只有一条 NS(域名服务器)资源记录，它指明了子域 lib.abc.edu.cn 的 DNS 服务器的主机名和 IP 地址。这时，当 ABC 学院的 DNS 域名服务器收到 lib.abc.edu.cn 子域内的域名解析请求时，就会在图书馆的 DNS 服务器中查找(当解析模式是迭代查询方式时)。

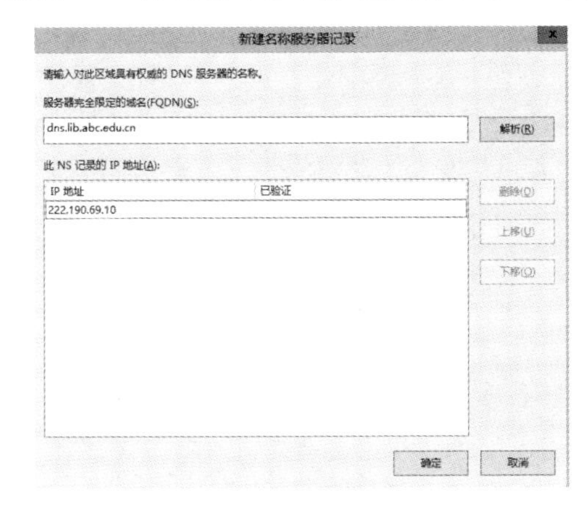

图 9-40 新建资源记录

图 9-41 创建好的委派子域

9.7 配置辅助域名服务器

随着 ABC 学院上网人数的增加，管理员发现现有的主域名服务器工作负担很重。为了提高 DNS 服务器的可用性，实现 DNS 解析的负载均衡，学院新购置了一台服务器用作辅助域名服务器，安装好了 Windows Server 2012 操作系统，并设置主机名为 dns2.abc.edu.cn，IP 地址为 222.190.68.20。

9.7.1 配置辅助区域

在辅助域名服务器(主机名为 dns2.abc.edu.cn，IP 地址为 222.190.68.20)上新建一个提供正向查找服务器的辅助区域的操作步骤如下。

(1) 在主域名服务器(主机名为 dns.abc.edu.cn，IP 地址为 222.190.68.10)中，确认可以将 abc.edu.cn 区域传送到辅助 DNS 服务器中。右击主域名服务器中的 abc.edu.cn 节点，在弹出的快捷菜单中选择【属性】命令，打开属性对话框，切换到【区域传送】选项卡。选中【允许区域传送】复选框，选中【到所有服务器】单选按钮，或者选中【只允许到下列服务器】单选按钮，输入备份服务器的 IP 地址，如图 9-42 所示。

(2) 在辅助域名服务器(主机名为 dns2.abc.edu.cn，IP 地址为 222.190.68.20)中安装 DNS 服务器。

(3) 在辅助域名服务器中打开【DNS 管理器】窗口，右击【正向查找区域】节点，在弹出的快捷菜单中选择【新建区域】命令。

(4) 打开【欢迎使用新建区域向导】对话框，单击【下一步】按钮。

(5) 在【区域类型】向导页中选中【辅助区域】单选按钮，单击【下一步】按钮，如图 9-43 所示。

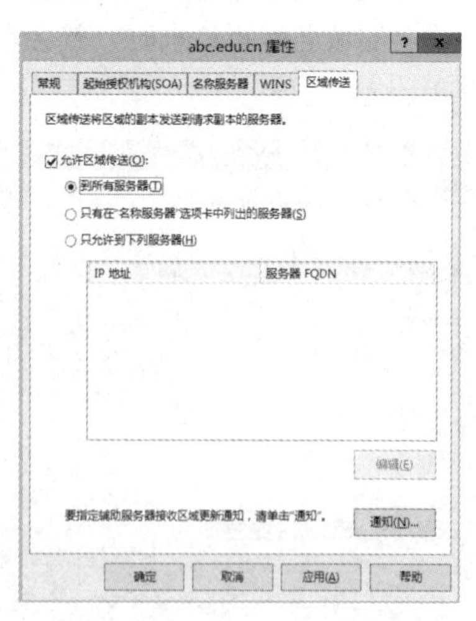

图 9-42 【区域传送】选项卡

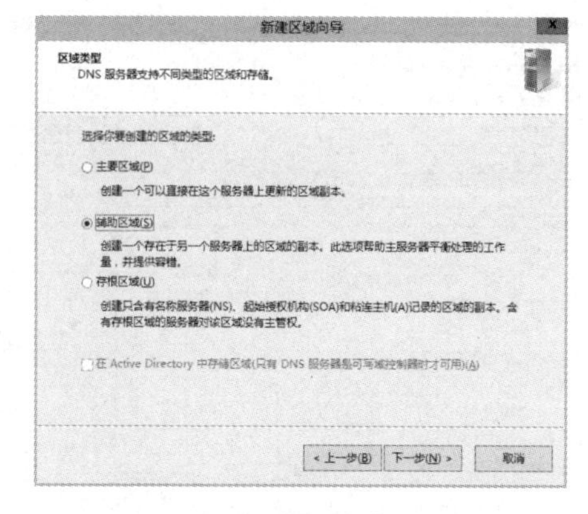

图 9-43 【区域类型】向导页

(6) 打开【区域名称】向导页，将区域名称设置为与主域名的区域名称一致，单击【下一步】按钮，如图 9-44 所示。

(7)　在【主 DNS 服务器】向导页中输入主域名服务器的 IP 地址(222.190.68.10)，完成后单击【下一步】按钮，如图 9-45 所示。

(8)　在【正在完成新建区域向导】向导页中单击【完成】按钮。

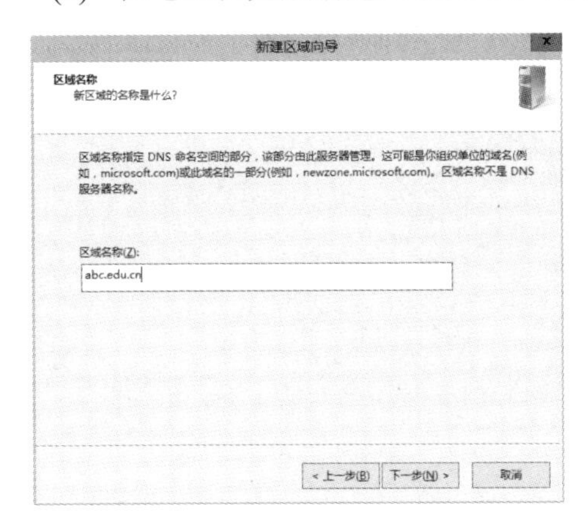

图 9-44　【区域名称】向导页

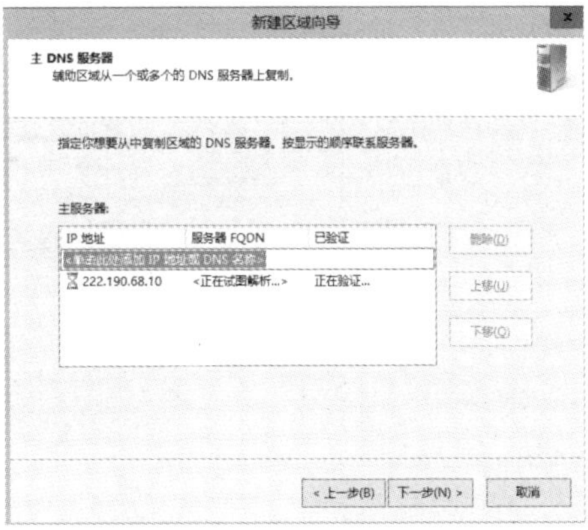

图 9-45　【主 DNS 服务器】主导页

(9)　如图 9-46 所示为 abc.edu.cn 创建的辅助区域，它的内容是自动从主域名服务器中复制过来的。

同样，也可以为反向区域 68.190.222.in-addr.arpa 创建辅助区域。

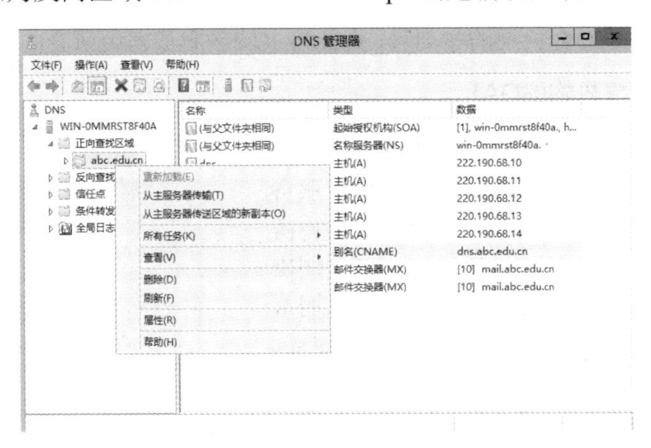

图 9-46　abc.edu.cn 区域的辅助区域

9.7.2　配置区域传送

DNS 服务器内的辅助区域是用来存储本区域内的所有资源记录的副本，这些信息是从主域名服务器中利用区域传送的方式复制过来的。辅助区域中的资源记录是只读的，管理员不能修改。

1. 手动执行区域传送

在默认情况下，辅助区域每隔 15 分钟会自动向其主要区域请求执行区域传送操作，实现资源记录的同步。但在某种情况下，管理员也可以手动执行区域传送，操作步骤如下。

(1) 在辅助域名服务器中打开【DNS 管理器】窗口。

(2) 右击需要执行手动传送的区域节点，在弹出的快捷菜单中选择【从主服务器传输】或【重新加载】命令，如图 9-47 所示。

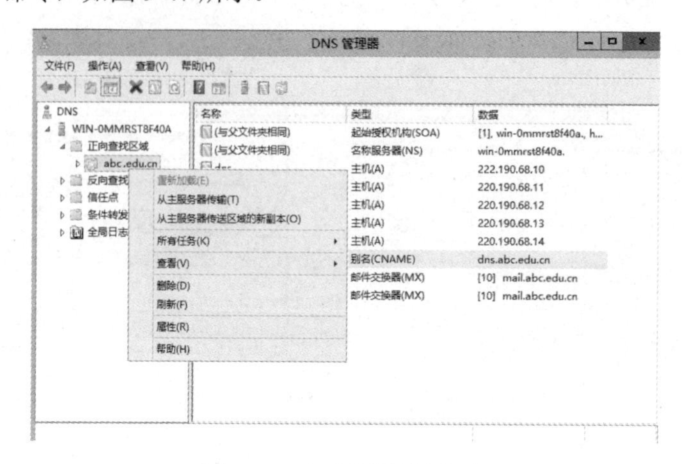

图 9-47 手动执行区域传送

尽管上述两种方式都可以手动执行区域传送，但它们是有区别的。

(1) 从主服务器传输。根据记录的序列号来判断自上次区域传送后，主域名服务器是否更新过资源记录，并将这些更新过的记录传送过来。

(2) 重新加载。不理会记录的序列号，直接将主域名服务器中所有的资源记录复制过来。

2. 配置起始授权机构(SOA)

DNS 服务器的主要区域会周期地执行区域传送操作，将资源记录复制到辅助区域的 DNS 服务器中。可以通过配置起始授权机构资源记录来修改区域传送操作过程。起始授权机构资源记录指明区域的源名称，并包含作为区域信息主要来源的服务器的名称，同时，它还表示该区域的其他基本属性，操作步骤如下。

(1) 在主域名服务器中打开 DNS 管理器。

(2) 右击正向查找区域中的 abc.edu.cn 节点，在弹出的快捷菜单中选择【属性】命令，在打开的对话框中切换到【起始授权机构(SOA)】选项卡，修改 SOA 资源记录的各个字段值，单击【确定】按钮，保存设置，如图 9-48 所示。

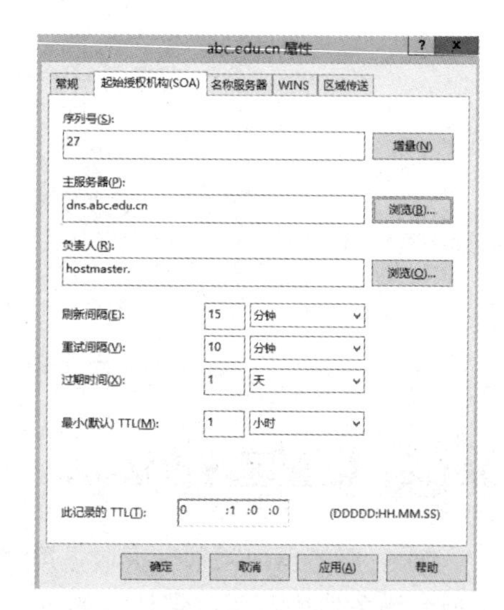

图 9-48 【起始授权机构(SOA)】选项卡

SOA 资源记录各个字段值包含的信息见表 9-1。

表 9-1 SOA 资源记录

字 段	描 述
序列号	该区域文件的修订版本号。每次区域中的资源记录改变时，这个数字便会增加。区域改变时，增加这个值非常重要，它使部分区域改动或完全修改的区域都可以在后续传输中复制到其他辅助服务器上
主服务器(所有者)	区域的主 DNS 服务器的主机名
负责人	管理区域的负责人的电子邮件地址。在该电子邮件名称中使用英文句点(.)代替 at 符号(@)
刷新间隔	以秒计算的时间，它是在查询区域的来源以进行区域更新之前辅助 DNS 服务器等待的时间。当刷新间隔到期时，辅助 DNS 服务器请求来自响应请求的源服务器的区域当前的 SOA 记录副本。然后，辅助 DNS 服务器将源服务器的当前 SOA 记录(如响应中所示)的序列号与其本地 SOA 记录的序列号相比较。如果二者不同，则辅助 DNS 服务器从主要 DNS 服务器请求区域传输。这个域的默认时间是 900 秒(15 分钟)
重试间隔	以秒计算的时间，是辅助服务器在重试失败的区域传输之前等待的时间。通常，这个时间短于刷新间隔。该默认值为 600 秒(10 分钟)
过期时间	以秒计算的时间，是区域没有刷新或更新，已过去的刷新间隔之后、辅助服务器停止响应查询之前的时间。因为这个时间到期，因此辅助服务器必须把它的本地数据当作不可靠数据。默认值是 86 400 秒(24 小时)
最小(默认)TTL	区域的默认生存时间(TTL)和缓存否定应答名称查询的最大间隔。该默认值为 3 600 秒(1 小时)

3. 选择与通知区域传送服务器

主域名服务器可以将区域内的记录区域传送到所有的辅助域名服务器中，也可以只传送到指定的辅助域名服务器中。其他未指定的辅助域名服务器所提出的区域传送请求都会被拒绝。操作步骤如下。

(1) 在主域名服务器中打开 DNS 管理器。

(2) 右击正向查找区域中的 abc.edu.cn 节点，在弹出的快捷菜单中选择【属性】命令，打开对话框切换到【区域传送】选项卡，选中【允许区域传送】复选框。若选中【到所有服务器】单选按钮，则任何一台备份 DNS 服务器的区域传送请求都会被接受。若选中【只有在“名称服务器”选项卡中列出的服务器】单选按钮，则表示只接受【名称服务器】选项卡中列出的辅助域名服务器所提出的区域传送请求。若选中【只允许到下列服务器】单选按钮，并输入备份服务器的 IP 地址 222.190.68.20，则表示只接受 IP 地址为 222.190.68.20 的备份服务器的区域传送请求，单击【确定】按钮，如图 9-49 所示。

(3) 在【通知】对话框中设置要通知的辅助域名服务器。这样，当主域名服务器区域内的记录有改动时，就会自动通知辅助域名服务器，而辅助域名服务器在接到通知后，就可以提出区域传送请求，如图 9-50 所示。

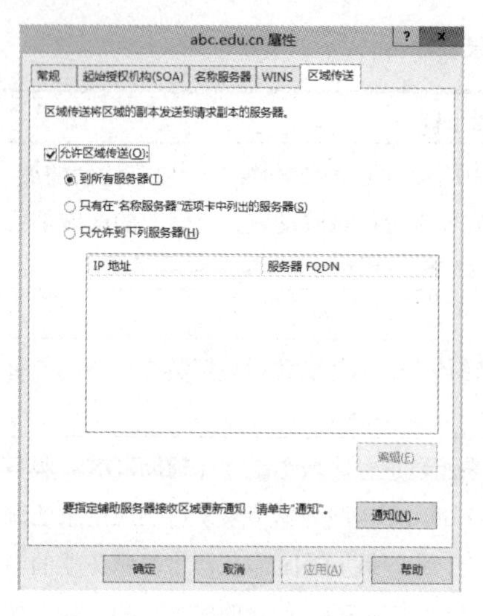

图 9-49 【区域传送】选项卡

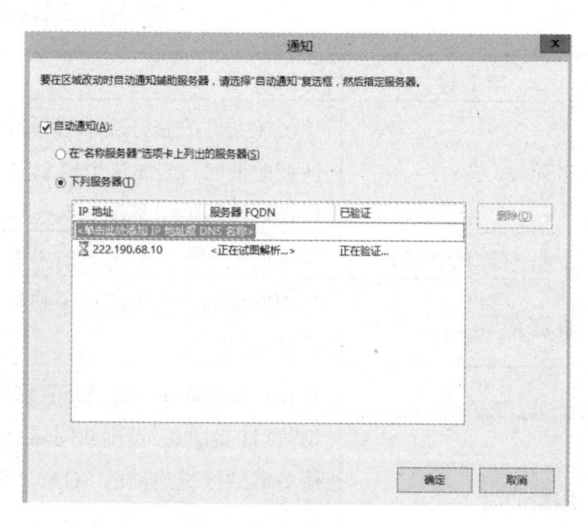

图 9-50 【通知】对话框

9.8 回到工作场景

通过对 9.2～9.7 节内容的学习，应熟悉 Windows Server 2012 环境下 DNS 服务器的安装方法；掌握主域名和辅助域名服务器的架设过程；掌握 DNS 客户端的配置及域名服务器的测试方法；掌握子域和委派域的创建方法。下面回到 9.1 节所介绍的工作场景中，完成工作任务。

【工作过程一】安装主 DNS 服务器

(1) 规划与安装操作系统。规划服务器的空间划分，安装 Windows Server 2012 操作系统，进行初始化设置，包括计算机名、IP 地址、防火墙、自动更新和防病毒软件等，并测试服务器的连接性。

(2) 在 DNS 服务器上打开【服务器管理器】窗口后，选择左侧的【角色】节点，单击【添加角色】超链接，启动添加角色向导。在【选择服务器角色】向导页中选中【DNS 服务器】复选框。

(3) 创建正向查找区域。打开【DNS 管理器】窗口，右击窗口左侧的【正向查找区域】节点，在弹出的快捷菜单中选择【新建区域】命令。在【区域类型】向导页中选中【主要区域】单选按钮；在【区域名称】向导页中为此区域设置区域名称 abc.edu.cn。

(4) 创建反向查找区域。右击窗口左侧的【反向查找区域】节点，在弹出的快捷菜单中选择【新建区域】命令。在【区域类型】向导页中选中【标准主要区域】单选按钮；在【反向查找区域名称】向导页中选中【IPv4 反向查找区域】单选按钮。在接下来的向导页中的【网络 ID】文本框中输入反向查询的网络 ID222.190.68。

(5) 新建资源记录。在正向查找区域内分别创建主机资源记录、别名资源记录和邮件交换器资源记录。在反向查找区域内分别为各服务器新建指针资源记录。

(6) 配置 DNS 客户端。在 DNS 客户端打开【Internet 协议版本 4(TCP/IPv4)属性】对话框，在【首选 DNS 服务器】文本框中输入 DNS 服务器的 IP 地址。打开【命令提示符】窗口，在 DOS 提示符后输入 nslookup 命令，依次测试主机记录、别名记录、邮件交换器记录和指针记录。

【工作过程二】配置辅助 DNS 服务器

(1) 在主域名服务器中右击正向主要区域，在弹出的快捷菜单中选择【属性】命令，切换到【区域传送】选项卡，选中【允许区域传送】复选框，并选中【到所有服务器】单选按钮。

(2) 在辅助域名服务器中安装 DNS 服务器角色。打开【DNS 管理器】窗口，利用新建区域向导创建新区域，在【区域类型】向导页中选中【辅助区域】单选按钮，在【区域名称】向导页中将区域名称设置成与主域名的区域名称一致，即 abc.edu.cn。在【主 DNS 服务器】向导页中输入主域名服务器的 IP 地址，即 222.190.68.10。完成新建区域向导后，右击【正向查找区域】节点，在弹出的快捷菜单中选择【从主服务器传输】或【重新加载】命令。

【工作过程三】创建子域和委派域

(1) 为教务处创建子域。在主域名服务器中右击正向主要区域，在弹出的快捷菜单中选择【新建域】命令；在【新建 DNS 域】对话框中输入新建子域的名称 jwc，单击【确定】按钮。在教务处子域内创建主机记录、别名记录或邮件交换器记录。

(2) 为图书馆创建委派域。在主域名服务器中右击正向主要区域，在弹出的快捷菜单中选择【新建委派】命令。打开新建委派向导后，在【受委派域名】向导页中输入委派域(区域)的名称 lib。在【名称服务器】向导页中单击【添加】按钮。在【新建资源记录】向导页中输入委派图书馆子域(区域)的 DNS 服务器的 FQDN(完全限制的域名)和 IP 地址。

9.9　工作实训营

9.9.1　训练实例

【实训环境和条件】

(1) 网络环境或 VMware Workstation 6.0 虚拟机软件。

(2) 两台安装有 Windows Server 2012 系统的物理计算机或虚拟机(充当主 DNS 和辅助 DNS 服务器)。

(3) 安装有 Windows XP/7/10 系统的物理计算机或虚拟机(充当域客户端)。

【实训目的】

通过上机实习，学员应该熟悉 DNS 服务的主要概念及工作原理，掌握 Windows Server 2012 系统中 DNS 服务器的安装、配置与测试方法。主要包括正向查找区域和反向查找区域的创建、资源记录的创建与管理、DNS 客户端的配置、DNS 服务器的测试、子域和委派域的创建。

【实训内容】

(1) 安装 DNS 服务器角色。

(2) 创建主要正向查找区域和主要反向查找区域。

(3) 添加资源记录。

(4) 配置和测试 DNS 客户端。

(5) 创建子域。

(6) 创建委派域。

(7) 创建辅助正向查找区域和辅助反向查找区域。

【实训过程】

(1) 安装 DNS 服务器角色。

① 在 DNS 服务器上打开【服务器管理器】窗口，选择左侧的【角色】节点，单击【添加角色】超链接，启动添加角色向导。

② 在【选择服务器角色】向导页中选中【DNS 服务器】复选框。

(2) 创建主要正向查找区域和主要反向查找区域。

① 打开【DNS 管理器】窗口，右击窗口左侧的【正向查找区域】节点，在弹出的快捷菜单中选择【新建区域】命令。

② 在【区域类型】向导页中选中【主要区域】单选按钮。

③ 在【区域名称】向导页中为此区域设置区域名称。

④ 右击窗口左侧的【反向查找区域】节点，在弹出的快捷菜单中选择【新建区域】命令。

⑤ 在【区域类型】向导页中选中【标准主要区域】单选按钮。

⑥ 在【反向查找区域名称】向导页中选中【IPv4 反向查找区域】单选按钮。在接下来打开的向导页中，在【网络 ID】文本框中输入此区域所支持的反向查询的网络 ID。

(3) 添加资源记录。

① 打开【DNS 管理器】窗口。

② 创建主机资源记录。右击相应的正向区域节点，在弹出的快捷菜单中选择【新建主机(A 或 AAAA)】命令。在【新建主机】对话框中输入主机名和其对应的 IP 地址，单击【添加主机】按钮。

③ 创建别名资源记录。右击相应的正向区域节点，在弹出的快捷菜单中选择【新建别名(CNAME)】命令。在【新建资源记录】对话框中输入主机的别名与目标主机的完全合格的域名，单击【确定】按钮。

④ 创建邮件交换器资源记录。右击相应的正向区域节点，在弹出的快捷菜单中选择【新建邮件交换器(MX)】命令。在【新建资源记录】对话框中分别输入【主机或子域】、【邮件服务器的完全限制的主机名(FQDN)】和【邮件服务器优先级】，单击【确定】按钮。

⑤ 新建指针资源记录。右击【反向查找区域】中相应的区域节点，在弹出的快捷菜单中选择【新建指针】命令。在打开的【新建资源记录】对话框中的【主机 IP 地址】文本

框中输入主机 IP 地址，在【主机名】文本框中输入 DNS 主机的完全限制的域名(FQDN)，单击【确定】按钮。

(4)　配置和测试 DNS 客户端。

①　在 DNS 客户端中打开【Internet 协议版本 4(TCP/IPv4)属性】对话框，在【首选 DNS 服务器】文本框中输入 DNS 服务器的 IP 地址。

②　打开【命令提示符】窗口，在 DOS 提示符后输入“nslookup”命令，按 Enter 键。

③　测试主机记录。在提示符>后输入要测试的主机域名，查看是否显示该主机域名对应的 IP 地址。

④　测试别名记录。在提示符>后先输入“set type=cname”命令，修改测试类型，再输入测试的主机别名，查看是否显示该别名对应的真实主机的域名及其 IP 地址。

⑤　测试邮件交换器记录。在提示符>后先输入“set type= mx”命令，修改测试类型，再输入邮件交换器的域名，查看是否显示该邮件交换器对应的真实主机的域名、IP 地址及其优先级。

⑥　测试指针记录。在提示符>后先输入“set type= ptr”命令，修改测试类型，再输入主机的 IP 地址，查看是否显示该主机对应的域名。

⑦　清除 DNS 客户端的缓存。返回【命令提示符】窗口，在 DOS 提示符后执行 ipconfig/flushdns 命令，查看返回结果。

(5)　创建子域。

①　在主域名服务器中右击正向主要区域，在弹出的快捷菜单中选择【新建域】命令。

②　在【新建 DNS 域】对话框中输入新建子域名称，单击【确定】按钮。

③　在新建的子域内创建主机记录、别名记录或邮件交换器记录。

④　在 DNS 客户端测试子域创建是否成功。

(6)　创建委派域。

①　在主域名服务器中右击正向主要区域，在弹出的快捷菜单中选择【新建委派】命令。

②　打开新建委派向导后，在【受委派域名】向导页中输入委派子域(区域)的名称。

③　在【名称服务器】向导页中单击【添加】按钮。

④　在【新建资源记录】向导页中输入委派子域(区域)的 DNS 服务器的 FQDN(完全限制的域名)和 IP 地址。

(7)　创建辅助正向查找区域和辅助反向查找区域。

①　在主域名服务器中右击正向主要区域，在弹出的快捷菜单中选择【属性】命令，打开对话框，切换到【区域传送】选项卡，选中【允许区域传送】复选框，选中【到所有服务器】单选按钮。

②　在辅助域名服务器中安装 DNS 服务器角色。

③　在辅助域名服务器中打开 DNS 管理器，利用新建区域向导创建新区域。在【区域类型】向导页中选中【辅助区域】单选按钮。在【区域名称】向导页中将区域名称设置成与主域名的区域名称一致。在【主 DNS 服务器】向导页中输入主域名服务器的 IP 地址。

④　右击【正向查找区域】节点，在弹出的快捷菜单中选择【从主服务器传输】或【重新加载】命令，查看资源记录是否复制过程了。

9.9.2 工作实践常见问题解析

完成 DNS 服务的安装后，有时可能会因为某些错误，导致不能正常启动服务或无法提供名称解析功能。对于 DNS 的故障处理，可以通过查看事件查看器中的 DNS 事件了解所出现的问题，进而进行相应的排错。以下是常见的 DNS 故障及排除方法。

【问题 1】无法启动 DNS 服务。

【答】这可能是由于 DNS 服务所需的文件遗失，或错误地修改了与服务有关的配置信息等原因造成的。解决方法是，通过备份%Systemroot%\systemt32\dns 文件夹中的区域文件，删除并重新安装 DNS 服务，以确保可以重新启动 DNS 服务。然后，在 DNS 服务器上新建正向查找区域，创建主要区域文件，区域名为备份的区域文件名称，并设置使用现存的文件，最后将区域文件还原到 DNS 服务器上。在完成新建区域后，会在该区域看到以前创建的所有记录，用于还原 DNS 服务器。

【问题 2】DNS 服务器返回错误的结果。

【答】这可能是因为 DNS 服务器中的记录被修改后，DNS 服务器还未替换缓存中的内容，所有返回给客户端的仍是旧的名称。解决办法是，在 DNS 管理器中选中 DNS 服务器名称并右击，在弹出的快捷菜单中选择【清除缓存】命令，清除 DNS 服务器的缓存内容。

【问题 3】客户端获得错误的结果。

【答】这可能是因为 DNS 服务器中的记录被修改后，客户端的 DNS 缓存没有该记录，所以客户端不能使用新的名称。解决办法是，在客户端打开【命令提示符】窗口，执行 ipconfig/flushdns 命令，清除客户端的缓存。

9.10 习题

一、填空题

1. DNS 是____________的简称。

2. DNS 域名解析的方式有 2 种，即____________和____________。

3. DNS 正向解析是指____________，反向解析是指____________________。

4. Windows Server 2012 系统支持 3 种类型的区域，即____________、____________和____________。

5. 可以使用 Windows Server 2012 系统内含的________命令，测试 DNS 服务器是否能够完成解析工作。

6. 为客户端自动分配 IP 地址应该安装________服务器，并安装________服务器实现域名解析。

二、选择题

1. 应用层 DNS 协议主要用于实现的网络服务功能是__________。
   A. 网络设备名字到 IP 地址的映射　　B. 网络硬件地址到 IP 地址的映射
   C. 进程地址到 IP 地址的映射　　D. 用户名到进程地址的映射

2. 实现完全合格的域名的解析方法有__________。
   A. DNS 服务　　B. 路由服务
   C. DHCP 服务　　D. 远程访问服务

3. DNS 提供了一个__________命名方案。
   A. 分级　　B. 分层　　C. 多级　　D. 多层

4. DNS 顶级域名中表示商业组织的是__________。
   A. com　　B. gov　　C. mil　　D. org

5. 对于域名 test.com 而言，DNS 服务器的查找顺序是__________。
   A. 先查找 test 主机，再查找.com 域　　B. 先查找.com 域，再查找 test 主机
   C. 随机查找　　D. 以上答案皆是

6. 将 DNS 客户端请求的完全合格的域名解析为对应的 IP 地址的过程被称为__________查询。
   A. 正向　　B. 反向　　C. 递归　　D. 迭代

7. 将 DNS 客户端请求的 IP 地址解析为对应的完全合格的域名的过程被称为__________查询。
   A. 递归　　B. 反向　　C. 迭代　　D. 正向

8. 当 DNS 服务器收到 DNS 客户端查询 IP 地址的请求后，如果自己无法解析，那么会把这个请求传送给__________，然后继续进行查询。
   A. 邮件服务器　　B. DHCP 服务器
   C. 打印服务器　　D. Internet 上的根 DNS 服务器

9. 如果用户的计算机在查询本地解析程序缓存没有解析成功时，希望由 DNS 服务器为其进行完全合格的域名解析，那么需要把这些用户的计算机配置为__________客户机。
   A. DNS　　B. DHCP　　C. WINS　　D. 远程访问

10. 在字符串 219.46.123.107.in-addrr.arpa 中，要查找的主机网络地址是__________。
   A. 219.46.123.0　　B. 107.123.0.0　　C. 107.123.46.0　　D. 107.0.0.0

11. 某企业的网络工程师安装了一台基于 Windows Server 2012 的 DNS 服务器，用来提供域名解析。网络中的其他计算机都作为这台 DNS 服务器的客户端。他在服务器中创建了一个标准主要区域，在一个客户端使用 nslookup 工具查询一个主机名称，DNS 服务器能够正确地将其 IP 地址解析出来。但当使用 nslookup 工具查询该 IP 地址时，DNS 服务器却无法将其主机名称解析出来。请问，应如何解决这个问题？__________
   A. 在 DNS 服务器反向解析区域中为这条主机记录创建相应的 PTR 指针记录

B. 在 DNS 服务器区域属性上设置允许动态更新

C. 在要查询的这台客户机上运行命令 ipconfig

D. 重新启动 DNS 服务器

12. 下列说法正确的是__________。

A. 一台服务器可以管理一个域　　B. 一台服务器可以同时管理多个域

C. 一个域可以同时被多台服务器管理　　D. 以上答案皆是

13. __________表示别名的资源记录。

A. MX　　B. SOA　　C. CNAME　　D. PTR

14. 常用的 DNS 测试的命令是__________。

A．nslookup　　B．hosts　　C．debug　　D．trace

第 10 章

Web 服务器的配置

本章要点

- Web 概述及 IIS 8.0 的主要特点。
- Web 服务器角色的安装方法。
- 配置和管理 Web 网站。
- 在同一服务器上创建多个 Web 网站。

技能目标

- 熟悉 Web 服务的工作原理，了解 IIS 8.0 的主要特点。
- 掌握 Windows Server 2012 的 Web 服务器(IIS)角色的安装方法。
- 掌握 Web 网站主要参数和安全配置方法。
- 理解 Web 虚拟站点的实现原理，掌握利用 IP 地址、主机名和端口号在同一服务器上创建多个 Web 网站。

10.1 工作场景导入

【工作场景】

在 ABC 学院校园网建设时，该学院制作了一个反映学院全貌的学院主页。主页采用 ASP 和 ASP.NET 技术开发，数据库平台采用的是 Microsoft SQL Server，现要将学院主页对外进行发布。假设 ABC 学院的 Web 服务器的计算机名是 web，域名是 www.abc.edu.cn，IP 地址为 222.190.68.11，并且在域名服务器中已进行了注册。

另外，该学院的教务处也创建了一个网站，开发技术也是 ASP 和 ASP.NET，由于没有专用的服务器，因此希望在学院的 Web 服务器上一并发布。

【引导问题】

(1) 如何在 Windows Server 2012 系统中安装 Web 服务器角色？安装前有哪些准备工作？

(2) 如何配置一个 Web 站点属性？如何提高 Web 服务器的安全性？

(3) 实际目录与虚拟目录有何区别？如何创建和管理虚拟目录？

(4) 如何在一台 Web 服务器中创建多个 Web 站点？有哪些方式？

10.2 Web 概述

10.2.1 Web 服务器角色概述

1. Web 服务的工作原理

Web 服务采用客户机/服务器工作模式，它以超文本标记语言(Hyper Text Markup Language，HTML)与超文本传输协议(Hyper Text Transfer Protocol，HTTP)为基础，为用户提供界面一致的信息浏览系统。Web 服务器负责对各种信息进行组织，并以文件的形式存储在某一个指定目录中，Web 服务器利用超链接来链接各信息片段，这些信息片段既可集中地存储在同一台主机上，也可分别放在不同地理位置的不同主机上。Web 客户机(浏览器)负责如何显示信息和向服务器发送请求。当客户提出访问请求时，服务器负责响应客户的请求并按用户的要求发送文件；当客户端收到文件后，解释该文件并在屏幕上显示出来。如图 10-1 所示为 Web 服务系统的工作原理。

1) Web 的客户端

客户端软件通常称为浏览器，其实就是 HTML 的解释器。

在 Web 的 Client/Server 工作环境中，Web 浏览器起着控制作用。Web 浏览器的任务是使用一个起始 URL 来获取一个 Web 服务器上的 Web 文档，解释这个 HTML 并将文档内容以用户环境所许可的效果最大限度地显示出来。当用户选择一个超文本链接时，这个过程重新开始，Web 浏览器通过与超文本链接相连的 URL 来请求获取文档，等待服务器发送和处理这个文档并显示出来。

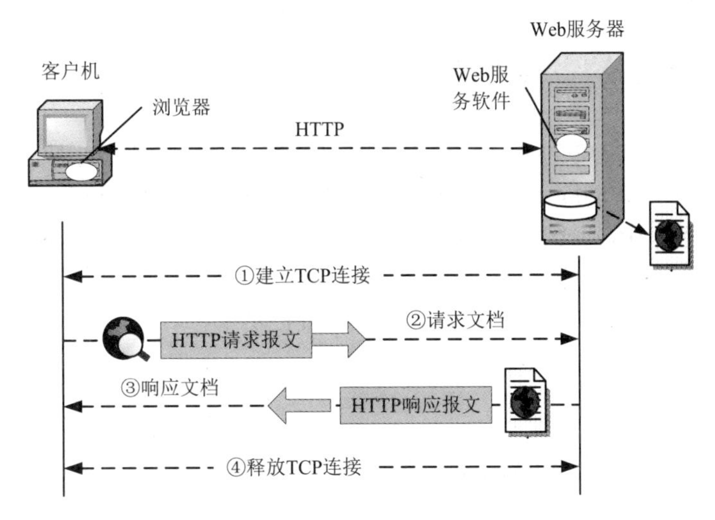

图 10-1　Web 服务系统的工作原理

在众多的 Web 浏览器中，常见的有 Internet Explorer(IE)、傲游(Maxthon)、火狐(Mozilla Firefox)、世界之窗(The World)、360 安全浏览器(360SE)、腾讯 TT(Tencent Traveler)等。

2) Web 的服务器

Web 服务器从硬件角度上看，是指在 Internet 上保存超文本和超媒体信息的计算机；从软件的角度看，是指提供上述 Web 功能的服务程序。Web 的服务器软件默认使用 TCP 80 端口监听，等待客户端浏览器发出的连接请求。连接建立后，客户端可以发出一定的命令，服务器给出相应的应答。

常见的 Web 服务器软件有微软公司的 IIS 和 Apache Web 服务器。

2. 超文本传输协议

超文本传输协议(Hyper Text Transfer Protocol，HTTP)是 Web 客户机与 Web 服务器之间的应用层传输协议，它可以传输普通文本、超文本、声音、图像以及其他在 Internet 上可以访问的任何信息。

HTTP 是一种面向事务的客户机/服务器协议，并使用 TCP 协议来保证传输的可靠性。HTTP 对每个事务的处理是独立的，通常情况下，HTTP 会为每个事务创建一个客户与服务器间的 TCP 连接，一旦事务处理结束，HTTP 就切断客户机与服务器间的连接，若客户取下一个文件，则还要重新建立连接。这种做法虽然有时效率比较低，但这样做的好处是大大简化了服务器的程序设计，缩小了程序规模，从而提高了服务器的响应速度。与其他协议相比，HTTP 的通信速度要快得多。

HTTP 将一次请求/服务的全过程定义为一个简单事务处理，它由以下四个步骤组成。

(1) 连接：客户与服务器建立连接。

(2) 请求：客户向服务器提出请求，在请求中指明想要操作的页。

(3) 应答：如果请求被接受，服务器送回应答。

(4) 关闭：客户与服务器断开连接。

HTTP 是一种面向对象的协议，为了保证 Web 客户机与 Web 服务器之间通信不会产生二义性，HTTP 精确定义了请求报文和响应报文的格式。

10.2.2 IIS 8.0 的主要特点

Windows Server 2012 为 Web 发布提供了统一的平台，此平台集成了 Internet 信息服务 8.0(IIS8)、ASP.NET、Windows Communication Foundation 以及 Microsoft Windows SharePoint Services。对现有的 IIS Web 服务器而言，IIS8 有很大的进步，它在集成 Web 平台技术中担任核心角色。IIS8 的主要优点包括提供了更有效的管理功能、改进了安全性和降低了支持成本。这些功能有助于创建一个为 Web 解决方案提供单一、一致的开发和管理模型的统一平台。

10.3 安装 Web 服务

10.3.1 架设 Web 服务器的需求和环境

安装 Web 服务器(IIS)角色之前，用户需要做一些必要的准备工作。

(1) 为服务器配置一个静态 IP 地址，不能使用由 DHCP 动态分配的 IP 地址。

(2) 为了让用户能够使用域名来访问 Web 站点，建议在 DNS 服务器为站点注册一个域名。

(3) 为了 Web 站点具有更高的安全性，建议用户把存放网站内容所在的驱动器格式化为 NTFS 文件系统。

10.3.2 安装 Web 服务器(IIS)角色

Web 服务是 Windows Server 2012 的重要角色之一，它包含在 IIS 8.0 中，用户可以通过【添加角色向导】来安装。在安装过程中，可以选择或取消 Web 服务组件(如安装或不安装 ASP 功能)，操作步骤如下。

(1) 选择【开始】→【管理工具】→【服务器管理器】命令，打开【服务器管理器】窗口，在右窗格的【角色摘要】部分中单击【添加角色和功能】超链接，启动添加角色和功能向导。

(2) 在【开始之前】向导页中提示此向导可以完成的工作，以及操作之前应注意的相关事项，单击【下一步】按钮。

(3) 在【选择服务器角色】向导页中显示所有可以安装的服务器角色，如果角色前面的复选框没有选中，表示该网络服务尚未安装，如果已选中，说明该服务已经安装。这里选中【Web 服务器(IIS)】复选框，如图 10-2 所示。

(4) 系统提示在安装 Web 服务器(IIS)角色时，必须安装 Windows 进程激活服务功能，否则无法安装 Web 服务器(IIS)角色，单击【添加功能】按钮，如图 10-3 所示。

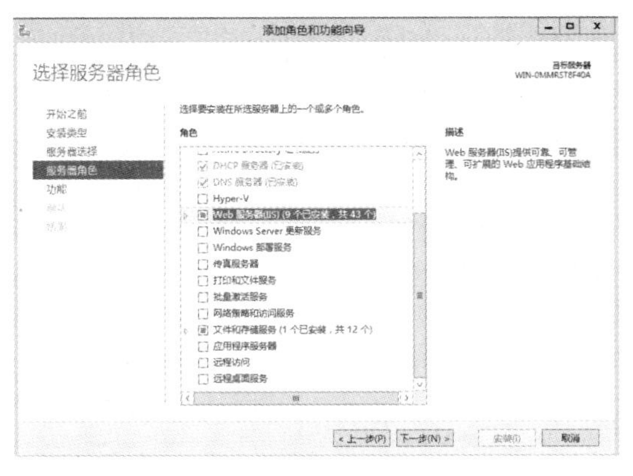

图 10-2 【选择服务器角色】向导页

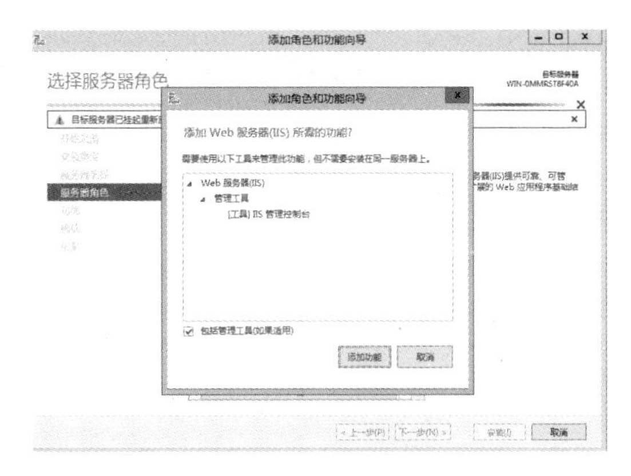

图 10-3 系统提示

(5) 返回【选择服务器角色】向导页，【Web 服务器(IIS)】复选框被选中，单击【下一步】按钮。

(6) 在【Web 服务器(IIS)简介】向导页中显示 Web 服务器的功能、注意事项和其他信息，单击【下一步】按钮。

(7) 在【选择角色服务】向导页中默认只选择安装 Web 服务所必需的组件，用户可根据实际需要选择安装的组件。例如，Web 服务器需要使用 APS.NET 或 ASP，则需要选中相应的复选框。选择完毕后，单击【下一步】按钮，如图 10-4 所示。

(8) 在【确认安装选择】向导页中显示前面所进行的设置，如果选择错误，单击【上一步】按钮返回。确认无误后，单击【安装】按钮。

(9) 在【安装进度】向导页中显示服务器角色的安装过程，如图 10-5 所示。

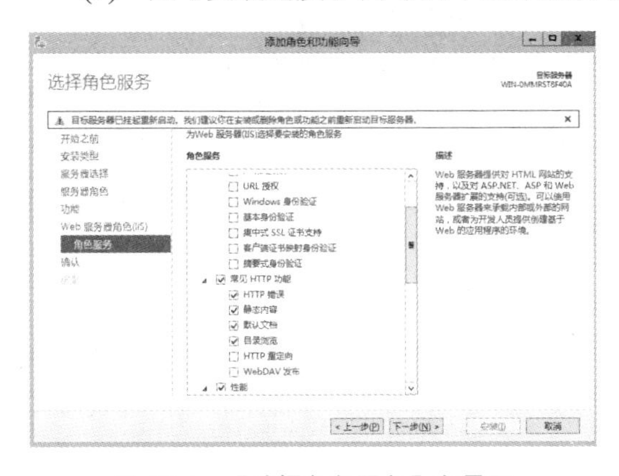

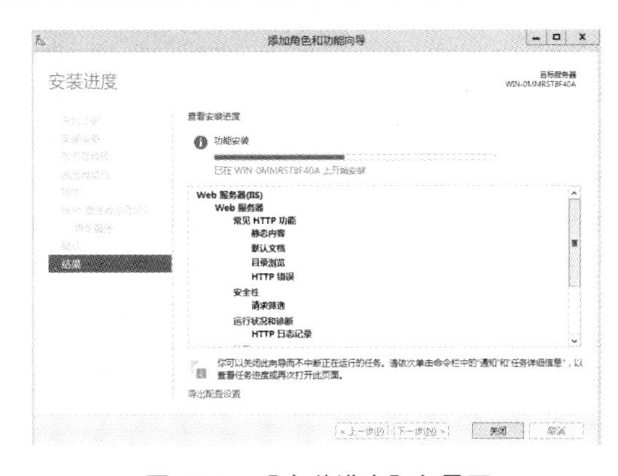

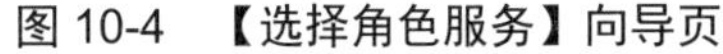

图 10-4 【选择角色服务】向导页　　图 10-5 【安装进度】向导页

(10) 在【安装结果】向导页中显示 Web 服务器(IIS)角色已经安装，并列出了已安装的角色服务，单击【完成】按钮，完成 Web 服务器(IIS)角色的安装。

(11) 选择【开始】→【管理工具】→【Internet 服务管理器】命令，打开【Internet Information Services(IIS)管理器】窗口，如图 10-6 所示。

(12) 在局域网中的另一台计算机(以 Windows 10 为例)上打开浏览器，在地址栏中输入“http://<服务器 IP 或域名>/”，若能看到如图 10-7 所示的界面，说明 Web 服务器安装成功。

图 10-6 【Internet Information Services(IIS)管理器】窗口

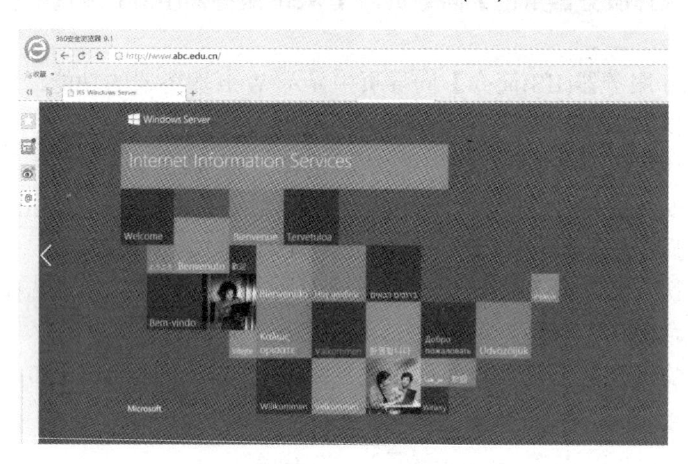

图 10-7 访问 Default Web Site

10.4 配置和管理 Web 网站

10.4.1 配置 Web 站点的属性

当 Web 服务器(IIS)角色成功安装之后，用户可以选择【开始】→【管理工具】→【Internet 服务管理器】命令，打开【Internet Information Services(IIS)管理器】窗口，实现对各类服务器的配置和管理。

对网站的配置与管理工作主要包括更改网站标识，绑定 IP 地址、域名和端口号，设置网站发布主目录，设置主目录访问权限，设置网络限制，设置网站的默认文档，MIME 设置，自定义 Web 网站错误消息。

1. 更改网站标识

在安装 Web 服务器(IIS)角色时，角色安装向导已经创建了一个名为 Default Web Site 的

Web 网站，若一台服务器中配置了多个 Web 网站，这个默认名字就无法区分 Web 网站的用途，这时最好还是改为一个有意义的名称，操作步骤如下。

(1)　在【Internet Information Services(IIS)管理器】窗口中展开【连接】窗格中的控制树，右击 Default Web Site 节点，在弹出的快捷菜单中选择【重命名】命令，如图 10-8 所示。

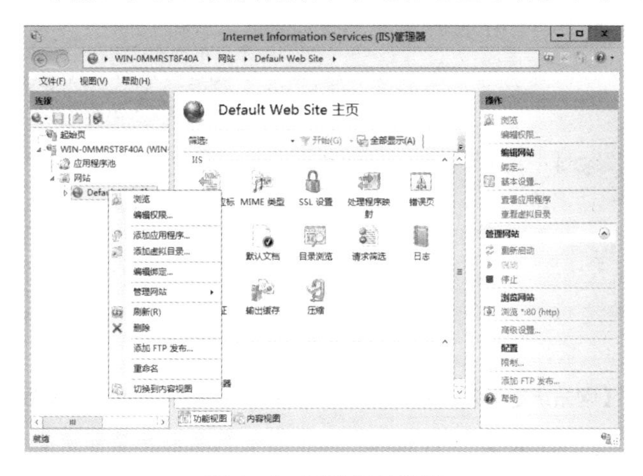

图 10-8　更改网站标识

(2)　在文本框中输入新的网站标识，按 Enter 键。

2．绑定 IP 地址、域名和端口号

如果一台 Web 服务器只提供一个 Web 站点，对于 IP 地址、域名和端口号的绑定意义就不大。如果在同一台 Web 服务器上创建多个 Web 网站，上述 3 个参数必须修改一个，以示区别不同的 Web 站点。至于如何在同一台服务器上创建多个 Web 网站，将在 10.5 节中讲解，这里只简要地介绍一下绑定 IP 地址、域名和端口号的操作步骤。

(1)　打开【Internet Information Services(IIS)管理器】窗口，在【连接】窗格中的控制树中选中需要设置的 Web 站点，单击【操作】窗格中的【绑定】超链接，如图 10-9 所示。

图 10-9　Web 站点配置主页

(2)　在打开的【网站绑定】对话框中显示了该站点的主机名、绑定的 IP 地址和端口等

信息。默认情况下，在列表中会显示一条信息，可以对条目进行编辑。若一个 Web 网站有多个域名或使用多个 IP 地址侦听，单击【添加】按钮，添加一条新的绑定条目，在列表中选择设置的条目，单击【编辑】按钮，如图 10-10 所示。

(3) 打开【编辑网站绑定】对话框，设置 Web 网站绑定的 IP 地址、域名和端口号，单击【确定】按钮，如图 10-11 所示。

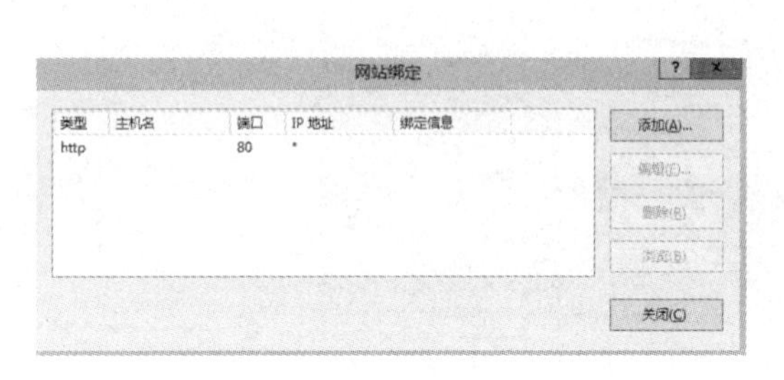

图 10-10 【网站绑定】对话框

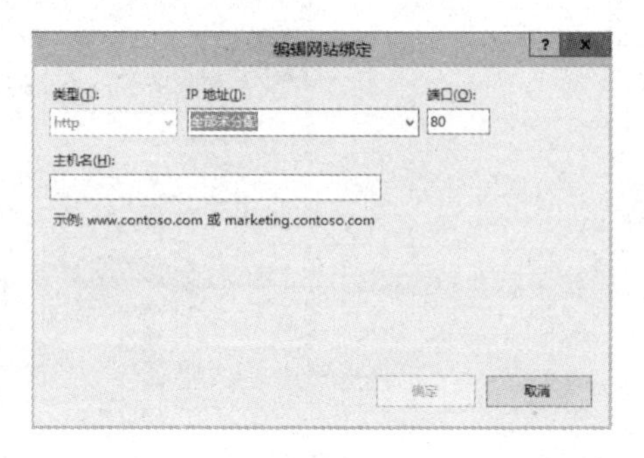

图 10-11 【编辑网站绑定】对话框

下面介绍这 3 个选项的含义。

① IP 地址：Windows Server 2012 可安装多块网卡，每块网卡又可绑定多个 IP 地址，因此服务器可能会拥有多个 IP 地址。在默认情况下，用户可使用该服务器绑定的任何一个 IP 地址访问 Web 网站。如果让用户仅能使用一个 IP 地址访问 Web，可指定一个 IP 地址。在【IP 地址】下拉列表中指定该 Web 站点的唯一 IP 地址，默认值为“全部未分配”。

② 端口：在默认情况下，Web 服务的 TCP 端口号是 80。当使用默认端口号时，客户端直接使用 IP 地址或域名即可访问。当端口号更改后，客户端必须知道端口号才能连接到该 Web 服务器。例如，使用默认值 80 端口时，用户只需通过 Web 服务器的地址或域名即可访问该网站，地址形式为“http://<域名或 IP 地址>”(如 http://222.190.68.11 或 http://www.abc.edu.cn)；若端口号不是 80，访问 Web 服务器时，在 URL 中必须提供端口号，使用“http://<域名或 IP 地址>:端口号”的方式(如 http://222.190.68.11:8080 或 http://www.abc.edu.cn:8080)。一般情况下，如果是一个公用的 Web 服务器，端口号设置为默认值，如果是一个专用的 Web 服务器，只对少数人开放或者完成某些管理任务时，可以修改 TCP 端口号。

③ 主机名：在默认情况下，网络中用户访问 Web 站点时，既可以使用 IP 地址也可以使用域名(如果域名服务器建立相应的记录)，若要限定用户只能使用域名访问该站点，可以设置“主机名”。这个设置主要用于一台 Web 服务器只有一个 IP 地址，但创建了多个 Web 站点，此时需要使用“主机名”来区别不同的站点。

3. 设置网站发布主目录

主目录也是网站的根目录，当用户访问网站时，服务器会先从主目录调取相应的文件。在安装 Web 服务器(IIS)角色时，角色安装向导会在 Windows Server 2012 系统分区中创建一个“%Systemdrive%\Intepub\wwwroot”文件夹作为 Default Web Site 站点的主目录。但在实际应用中，通常不采用该默认文件夹，因为将数据文件和操作系统放在同一个磁盘中会失去安全保障，并且当保存大量的音视频文件时可能会造成磁盘或分区的存储空间不足，所以最好将 Web 主目录保存在其他硬盘或非系统分区中。设置网站发布主目录的操作步骤如下。

(1) 打开【Internet Information Services(IIS)管理器】窗口，在【连接】窗格中的控制树中选中需要设置的 Web 站点，单击【操作】窗格中的【基本设置】超链接。

(2) 打开【编辑网站】对话框，在【物理路径】区域中单击浏览按钮，如图 10-12 所示。

(3) 在【浏览文件夹】对话框中选择一个合适的文件夹作为站点的主目录，如图 10-13 所示，返回【编辑网站】对话框，单击【确定】按钮。

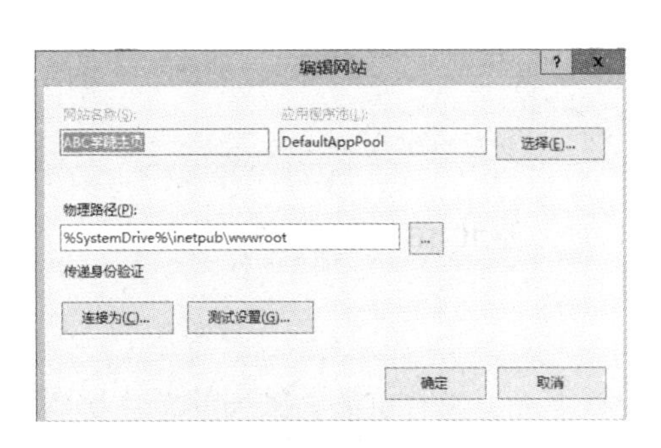

图 10-12 【编辑网站】对话框

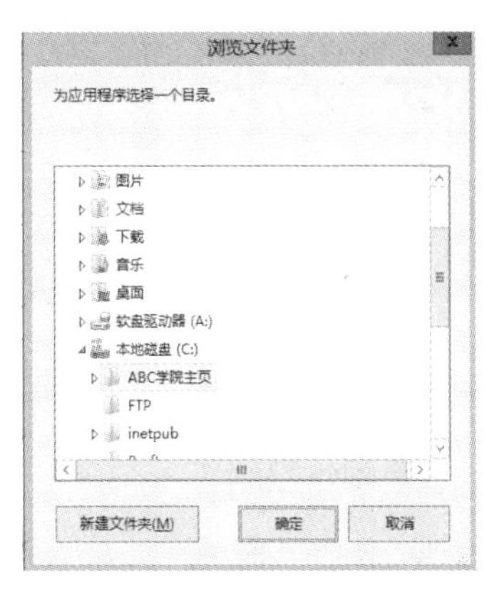

图 10-13 【浏览文件夹】对话框

4．设置主目录访问权限

对于一些比较重要的网站来说，主目录是不允许一般用户具有写入权限的。因此需要对网站主目录的访问权限进行设置，操作步骤如下。

(1) 打开【Internet Information Services(IIS)管理器】窗口，在【连接】窗格中的控制树中选中需要设置的 Web 站点，单击【操作】窗格中的【编辑权限】超链接。

(2) 打开 Web 主目录文件夹的属性对话框，切换到【安全】选项卡，在【组或用户名】列表框中显示了允许读取和修改该文件夹的组和用户名，如图 10-14 所示。

图 10-14 【安全】选项卡

(3) 对于一个公开的 Web 站点来讲，用户都是采用匿名方式访问 Web 服务器。对于 Web 服务器来说，匿名的账户是 IIS_IUSRS。若 IIS_IUSRS 账户对 Web 站点主目录没有访问权限(读取、执行、列出文件夹目录或写入等)，则无法访问 Web 站点，因此一般都要把 Web 站点主目录的读取、执行、列出文件夹目录权限授予 IIS_IUSRS 账户。单击【编辑】按钮，打开文件夹的权限对话框，在【组或用户名】列表框中进行用户的添加和删除操作，如图 10-15 所示。若要修改某个用户的权限，可选中欲修改权限的用户，在下方根据需要修改。

(4) 将 Web 站点主目录的读取、执行、列出文件夹目录权限授予 IIS_IUSRS 账户。单击【确定】按钮，图 10-16 所示。若是一个交互式网站，有时还需要授予写入权限。

图 10-15　修改用户权限

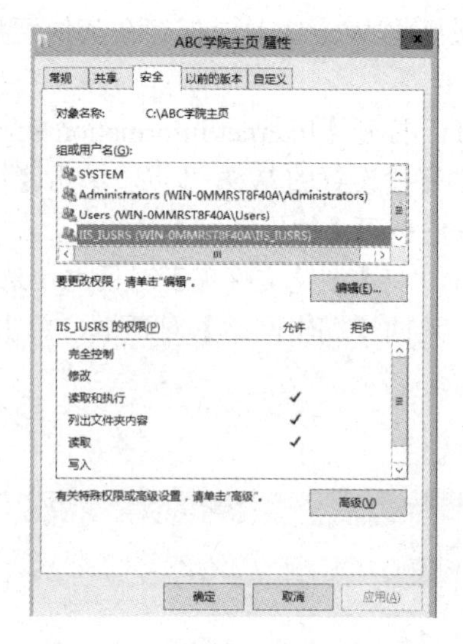

图 10-16　IIS_IUSRS 账户权限

5．设置网络限制

无论 Web 服务器的性能多么强劲，网络带宽有多大，都有可能会因为并发连接的数量过多致使服务器死机。因此，为了保证用户的正常访问，应对网站进行一定的限制，如限制带宽和连接限制等，操作步骤如下。

(1) 打开【Internet Information Services(IIS)管理器】窗口，在【连接】窗格中的控制树中选中需要设置的 Web 站点，单击【操作】窗格中的【限制】超链接。

(2) 在【编辑网站限制】对话框中设置【限制带宽使用】【连接限制】和【连接超时】选项，单击【确定】按钮，如图 10-17 所示。

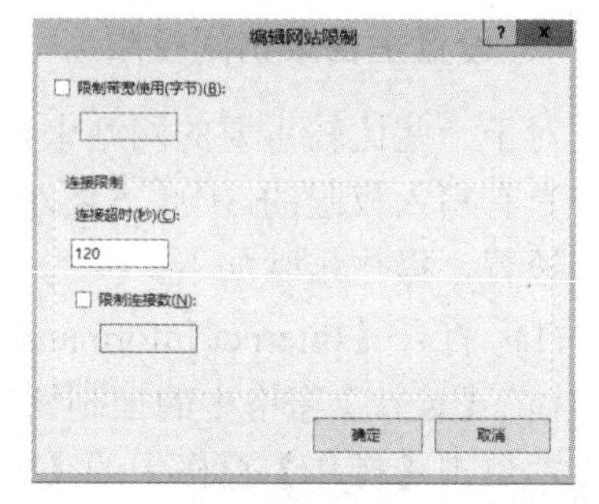

图 10-17　【编辑网站限制】对话框

下面介绍这 3 个选项的含义。

① 限制带宽使用。若不限制带宽，则当 Web 站点的访问量过大时，服务器的带宽可能全部被 Web 服务占用，这样就无法保证服务器中其他服务的带宽。若 Web 服务器中还有其他服务或者有多个 Web 站点，这种选择是不可取的，这就需要限制一个 Web 站点带宽使用量。其设置方法是，选中【限制带宽使用】复选框，并在文本框中输入此站点可使用的最大带宽值。设置最大带宽值后，在控制 IIS 服务器向用户开放的网络带宽值的同时，也可能降低服务器的响应速度。

② 连接限制。当一个 Web 站点并发连接数量过大时，可能使服务器资源被耗尽，从而引起死机。设置连接限制后，如果连接数量达到指定的最大值，以后所有的连接尝试都会返回一个错误信息，连接被断开。设置连接限制，还可以防止试图用大量客户端请求造成 Web 服务器负载的恶意攻击(这种攻击称拒绝服务攻击)。其设置方法是，选中【限制连接数】复选框，并在右侧文本框中设置所允许的同时连接最大数量。

③ 连接超时。当某条 HTTP 连接在一段时间内没有反应时，服务器就自动断开该连

接，以便及时释放被占的系统资源和网络带宽，减少无谓的系统资源和网络带宽资源的浪费，默认连接超时为 120 秒。

6．设置网站的默认文档

在访问一个网站时，往往只输入网站的 IP 地址或域名，而没有指定具体的网页路径和文件名，即可打开主页，这一功能是通过设置网站的默认文档来实现的。默认文档一般是目录的主页或包含网站文档目录列表的索引。通常情况下，Web 网站至少需要一个默认文档，当在浏览器中使用 IP 地址或域名访问时，Web 服务器会将默认文档回应给浏览器，从而显示其内容。

利用 IIS 8.0 搭建 Web 网站时，默认文档的文件名有 5 种，分别为 Default.htm、Default.asp、index.htm、index.html 和 iisstart.html，这些也是一般网站中最常用的主页名，当然也可以由用户自定义网页文件。当用户访问网站时，系统会自动按顺序由上至下依次查找与之相对应的文件名，如果无法找到其中的任何一个，就会提示“Directory Listing Denied(目录列表被拒绝)”。设置网站默认文档的操作步骤如下。

(1) 打开【Internet Information Services(IIS)管理器】窗口，在【连接】窗格中的控制树中选中需要设置的 Web 站点，进入网站的设置主页，双击【默认文档】图标，如图 10-18 所示。

图 10-18　Web 站点配置主页

(2) 打开【默认文档】页面后，在该列表框中可定义多个默认文档，因为服务器搜索默认文档是按从上到下的顺序依次搜索的，所以最上面的文档将会被最先搜索到。单击【操作】窗格中的【上移】和【下移】按钮可以调整各个默认文档的顺序，也可以单击【删除】按钮删除不需要的默认文档，如图 10-19 所示。

(3) 如果要添加一个新的默认文档，可在【操作】窗格中单击【添加】按钮，打开【添加默认文档】对话框，在【名称】文本框中输入要添加的文档名称，单击【确定】按钮，如图 10-20 所示。新添加的默认文档会自动排列在列表框的最下方，用户可以通过【上移】和【下移】按钮调整它们的顺序。

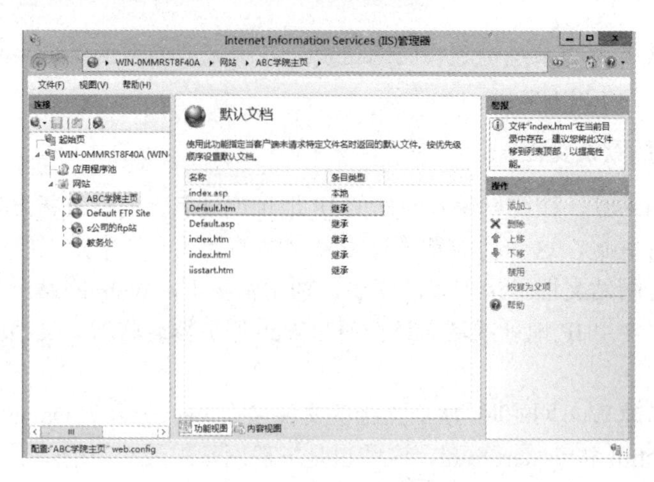

图 10-19 【默认文档】页面

7. MIME 设置

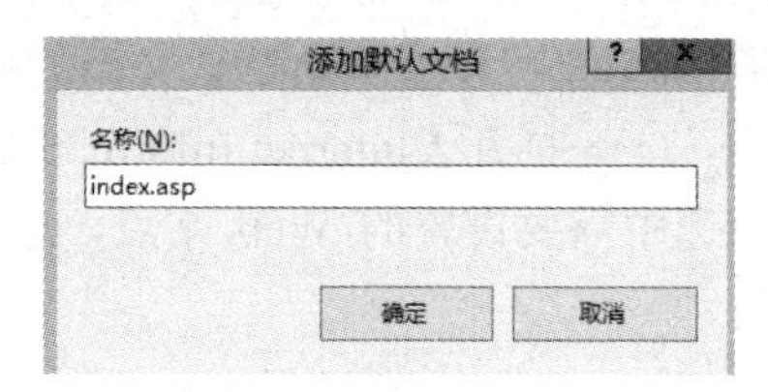

图 10-20 【添加默认文档】对话框

MIME(Multipurpose Internet Mail Extensions，多功能 Internet 邮件扩充服务)是一种保证非 ASCII 码文件在 Internet 上传播的标准，最早用于邮件系统传送非 ASCII 的内容，也可以传送图片等其他格式。随着网络的发展，浏览器开始支持这种规范，目前除了 HTML 文本格式外，还可以添加其他格式(如 PDF 等)，操作步骤如下。

(1) 打开【Internet Information Services(IIS)管理器】窗口，在【连接】窗格中的控制树中选中需要设置的 Web 站点，进入网站的设置主页，双击【MIME 类型】图标，如图 10-18 所示。

(2) 打开【MIME 类型】页面后，在列表框中显示可以管理被 Web 服务器用作静态文件的文件扩展名和关联的内容类型。单击【操作】窗格中的【编辑】按钮，修改文件扩展名与 MIME 类型的关联，如图 10-21 所示。

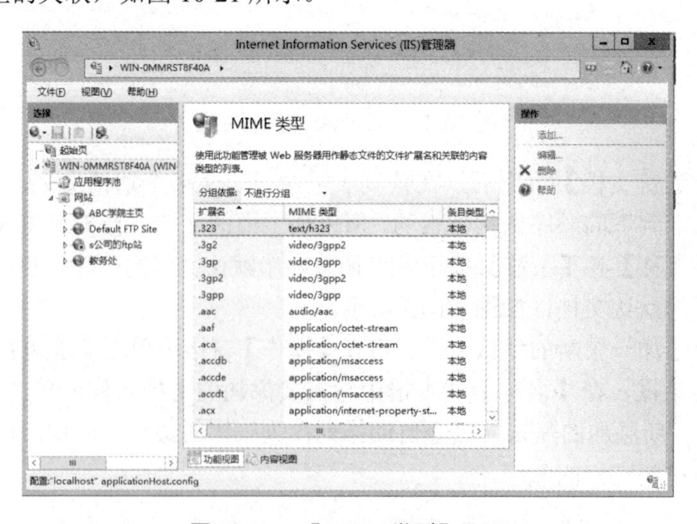

图 10-21 【MIME 类型】页面

(3) 默认情况下，系统已经集成了很多 MIME 类型，基本上可以满足用户的要求，但有时用户可能会有特殊要求，需要用户手动添加 MIME 类型。添加 MIME 类型的方法是，在【操作】窗格中单击【添加】按钮，打开【添加 MIME 类型】对话框。在【文件扩展名】文本框中输入欲添加的 MIME 类型(如这里输入.swf)，需要注意的是，如果不输入“.”，则系统会自动添加“.”。在【MIME 类型】文本框中输入添加的文件扩展名所属的类型，单击【确定】按钮，如图 10-22 所示。

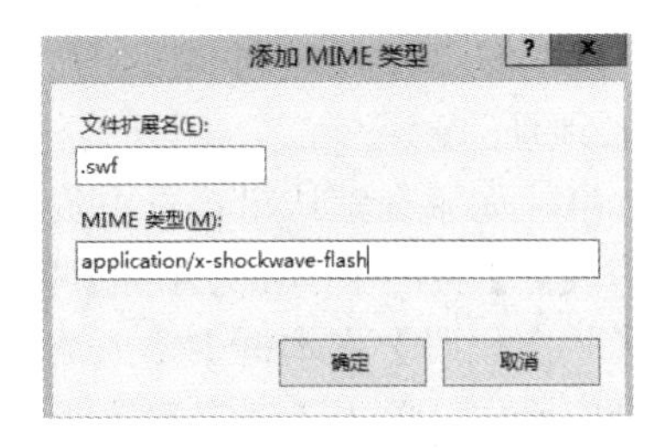

图 10-22　【添加 MIME 类型】对话框

8．自定义 Web 网站错误消息

有时可能会由于网络或者 Web 服务器设置的原因，用户无法正常访问 Web 页。为了能够使用户清楚地了解不能访问的原因，在 Web 服务器上应设置反馈给用户的错误页。错误页可以是自定义的，也可以是包含排除故障信息的详细错误信息。默认情况下，在 IIS 8.0(中文版)中已经集成了一些常见的错误代码所对应的提示页，这些提示页都存放在 Windows Server 2012 系统分区的“\inetpub\custerr\zh-CN”文件夹下。

自定义 Web 网站错误消息的操作步骤如下。

(1) 打开【Internet Information Services(IIS)管理器】窗口，在【连接】窗格中的控制树中选中需要设置的 Web 站点，进入网站的设置主页，双击【错误页】图标，如图 10-18 所示。

(2) 打开【错误页】页面后，在错误代码列表中显示已配置的 HTTP 错误响应。如果要修改某错误代码的设置，就在错误代码列表中选择欲修改设置的错误代码，单击右侧【操作】窗格中的【更改状态代码】按钮，即可修改相应的错误代码；若要详细设置发生该错误时返回用户的信息或发生该错误时所执行的操作，单击【编辑】按钮，如图 10-23 所示。

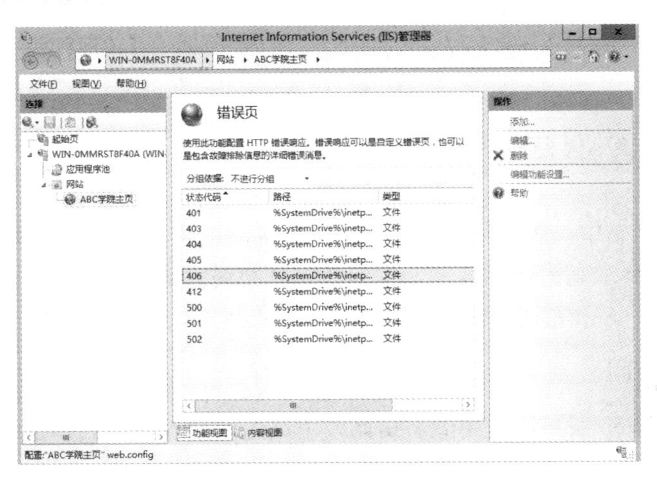

图 10-23　【错误页】页面

(3) 打开【编辑自定义错误页】对话框，进行详细设置，单击【确定】按钮保存设置，如图 10-24 所示。

下面介绍【编辑自定义错误页】对话框中各选项的含义。

① 将静态文件中的内容插入错误响应中。在【文件路径】文本框中输入存储在本地

计算机上的 Web 页的绝对路径，当发生错误时，将该 Web 页返回给客户端。如果选中【尝试返回使用客户端语言的错误文件】复选框，可以根据客户端计算机所使用的语言不同页返回相应的错误页。

② 在此网站上执行 URL。在【URL(相对于网站根目录)】文本框中输入相对于网站根目录的相对路径中的错误页，例如“/ErrorPages/404.aspx”。

③ 以 302 重定向响应。在【绝对 URL】文本框中输入当发生该错误时重定向的网站 URL 地址。

(4) 如果在默认错误页中没有所需要的错误页代码，则需要管理员进行手动添加。在【错误页】页面中单击【添加】按钮，打开【添加自定义错误页】对话框，如图 10-25 所示。在【状态代码】文本框中输入添加的错误代码，根据需要在响应操作区域中设置相应的错误响应操作，单击【确定】按钮保存设置。

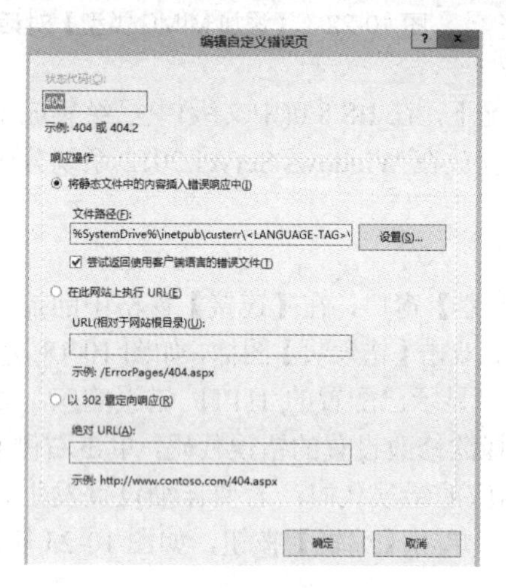

图 10-24 【编辑自定义错误页】对话框

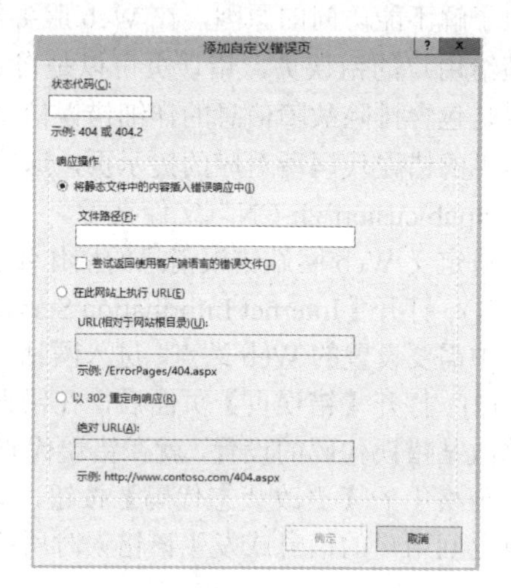

图 10-25 【添加自定义错误页】对话框

10.4.2 管理 Web 网络安全

在 IIS 建设的网站中，默认允许所有的用户连接，并且客户端访问时不需要使用用户名和密码。但对安全要求高的网站或网站中有机密信息时，就需要对用户进行身份验证了，只有使用正确的用户名和密码才能进行访问。

1. 禁用匿名访问

默认情况下，Web 服务器启用匿名访问，用户无须输入用户名和密码即可访问 Web 网站。其实匿名访问也是需要身份验证的，当用户访问 Web 站点时，所有 Web 客户都使用 IIS_IUSRS 账号自动登录。如果 Web 站点的主目录允许 IIS_IUSRS 账号访问，就向用户返回网页页面；如果不允许访问，IIS 将尝试使用其他验证方法。

如果 Web 网站是一个专用的信息管理系统，只允许授权的用户才能访问，此时，用户就要禁用 Web 网站匿名访问功能，操作步骤如下。

(1) 打开【Internet Information Services(IIS)管理器】窗口，在【连接】窗格中的控制树

中选中需要设置的 Web 站点，进入网站的设置主页，双击【身份验证】图标，如图 10-18 所示。

(2)　打开【身份验证】页面后，在列表中选中【匿名身份验证】选项，单击【操作】窗格中的【禁用】按钮，如图 10-26 所示。

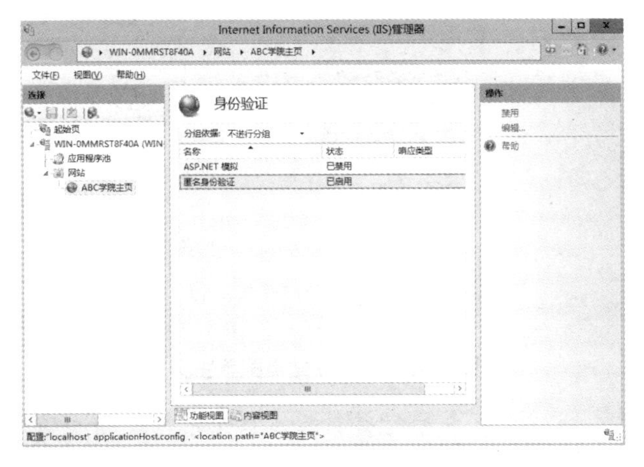

图 10-26　【身份验证】页面

2．使用身份验证

在 IIS 8.0 中提供了基本身份验证、摘要式身份验证和 Windows 身份验证 3 种身份验证方式。在安装 Web 服务器(IIS)角色时，默认不安装这些身份验证方法，但管理员可以手动选择安装这些组件。在【选择服务器角色】向导页中选中欲安装的身份验证方式即可，如图 10-27 所示。

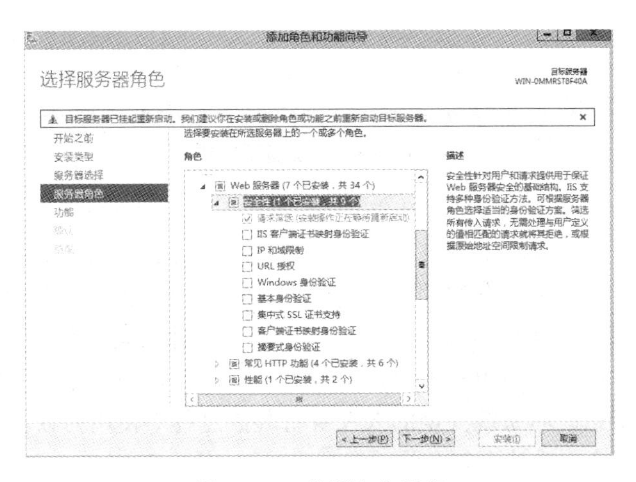

图 10-27　选择角色服务

(1)　打开【Internet Information Services(IIS)管理器】窗口，在【连接】窗格中的控制树中选中需要设置的 Web 站点，进入网站的设置主页，双击【身份验证】图标，如图 10-28 所示。

(2)　打开【身份验证】页面，在列表中显示当前用户已经安装的身份验证方式。如果欲使用非匿名访问身份验证方式，需禁用匿名身份验证方式，在列表中选择要使用的身份验证方式，如图 10-29 所示。单击右侧【操作】窗格中的【启动】按钮。

图 10-28　Web 站点配置主页

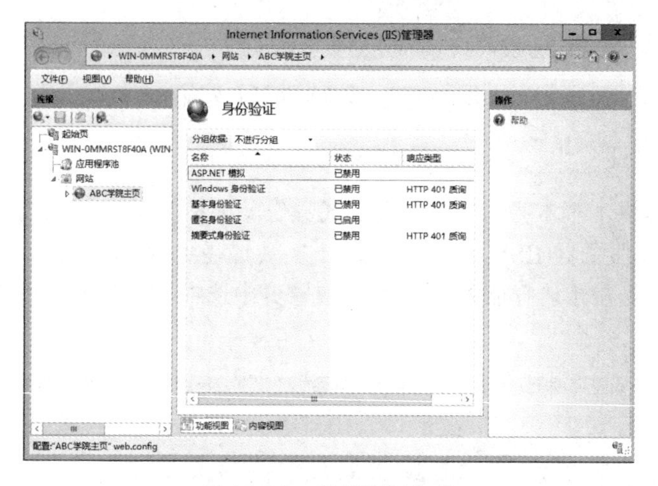

图 10-29　身份验证方式

下面介绍这 3 种身份验证的主要特点。

① 基本身份验证。用户使用基本身份验证访问 Web 站点时，系统会模仿为一个本地用户(即能实际登录到 Web 服务器的用户)登录到 Web 服务器，因此用于基本身份验证的 Windows 用户必须具有“本地登录”用户权限。它是一种工业标准的验证方法，大多数浏览器支持这种验证方法。在使用基本身份验证方法时，用户密码是以未加密形式在网络上传输的，很容易被蓄意破坏系统安全的人在身份验证过程中使用协议分析程序破译用户名和密码，因此这种验证方式是不安全的。

② 摘要式身份验证。摘要式身份验证也要求用户输入账户名和密码，但账户名和密码都经过 MD5 算法处理，然后将处理后产生的散列随机数(hash)传送给 Web 服务器。采用这种方法时，Web 服务器必须是 Windows 域的成员服务器。

③ Windows 身份验证。集成 Windows 验证是一种安全的验证形式，它也需要用户输入账户名和密码，但账户名和密码在通过网络发送前会经过散列处理，因此可以确保其安全性。Windows 身份验证方法有两种，分别是 Kerberos v5 验证和 NTLM，如果在 Windows

域控制器上安装了 Active Directory 服务，并且用户的浏览器支持 Kerberos v5 验证协议，则使用 Kerberos v5 验证，否则使用 NTLM 验证。

Windows 身份验证优先于基本身份验证，但它并不提示输入用户名和密码，只有 Windows 身份验证失败后，浏览器才提示输入用户名和密码。虽然 Windows 身份验证非常安全，但是在通过 HTTP 代理连接时，Windows 身份验证不起作用，无法在代理服务器或其他防火墙应用程序后使用。因此，Windows 身份验证最适合企业 Intranet 环境。

(3) 例如，Web 服务器使用了基本身份验证，当客户端访问该网站时，打开【Windows 安全性】对话框，在【用户名】和【密码】文本框中输入合法的用户名及密码，单击【确定】按钮，如图 10-30 所示。

(4) 如果验证通过即可打开网页，否则将返回错误页(错误代码为 401)，如图 10-31 所示。

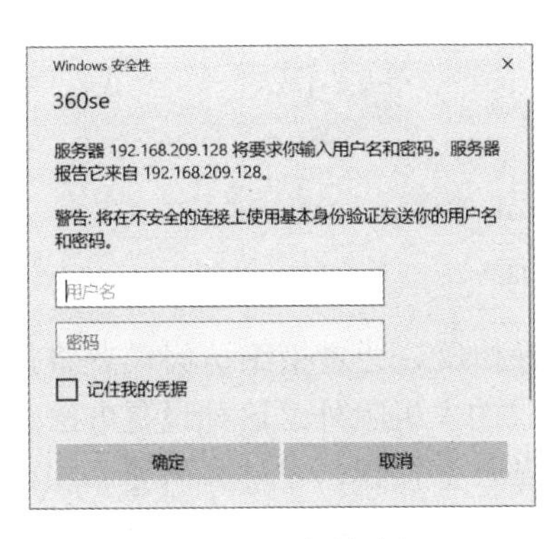

图 10-30　身份验证

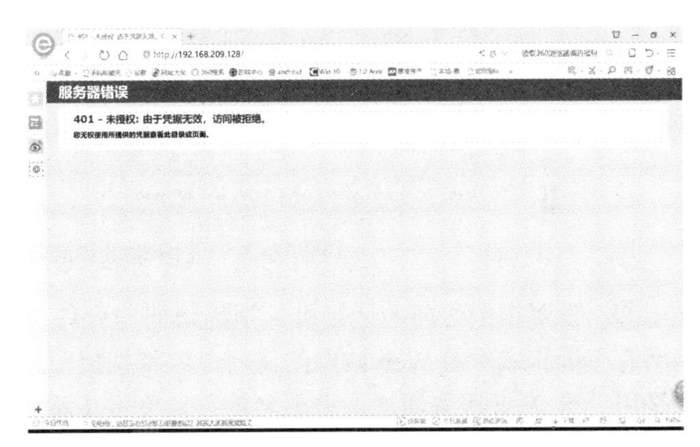

图 10-31　验证未通过

3. 通过 IP 地址限制保护网站

启用了用户验证方式后，每次访问该 Web 站点都需要输入用户名和密码，对于授权用户而言比较麻烦。由于 Web 服务器会检查每个来访者的 IP 地址，因此也可通过 IP 地址的访问来防止或允许某些特定的计算机、计算机组、域甚至整个网络访问 Web 站点，从而排除未知用户的访问。

默认情况下，在安装 Web 服务器(IIS)角色时不安装【IP 地址和域限制】组件，该组件需要用户进行手动安装。其安装方法是，在【选择角色服务】对话框中选中【IP 地址和域限制】复选框。通过 IP 地址限制保护网站的操作步骤如下。

(1) 打开【Internet Information Services(IIS)管理器】窗口，在【连接】窗格中的控制树中选中需要设置的 Web 站点，进入网站的设置主页，双击【IP 地址和域限制】图标。

(2) 打开【IP 地址和域限制】页面，单击【操作】窗格中的【添加允许条目】或【添加拒绝条目】按钮，如图 10-32 所示。

下面介绍添加允许/拒绝条目的含义及设置方法。

① 设置允许访问的计算机。在【操作】窗格中单击【添加允许条目】按钮，打开【添加允许限制规则】对话框。如果要允许一台主机访问 Web 站点，可选中【特定 IP 地址】单选按钮，并在文本框中输入允许访问的主机的 IP 地址。如果是允许一组主机访问 Web 站点，

可选中【IP 地址范围】单选按钮，通过这组主机的网络地址和子网掩码来标识。例如，图 10-33 所示的含义是只允许 222.190.68.0/24(IP 地址范围是 222.190.68.0～222.190.68.255)这个网络的主机访问该站点，其他主机不能访问该站点。设置完毕后，单击【确定】按钮，如图 10-33 所示。

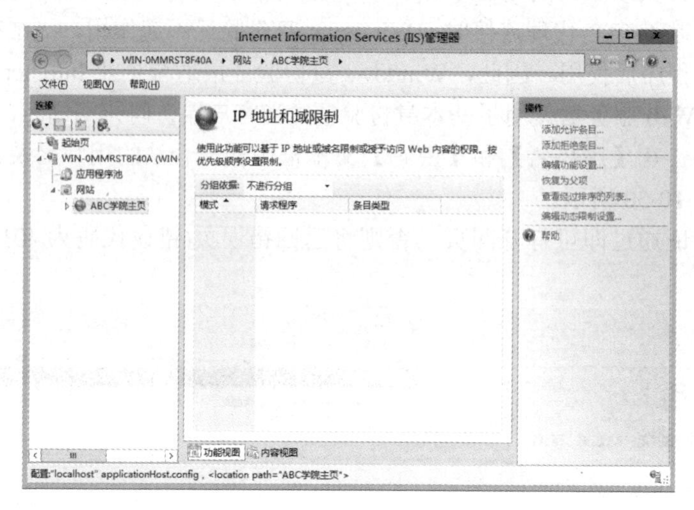

图 10-32 【IP 地址和域限制】页面

② 设置拒绝访问的计算机。拒绝访问与允许访问正好相反。通过拒绝访问设置将拒绝所有主机和域对该 Web 站点的访问，但特别授予访问权限的主机除外。这种设置方法主要是用于给 Web 服务器加入“黑名单”。单击【添加拒绝条目】按钮，在打开的【添加拒绝限制规则】对话框中添加拒绝访问的计算机。其操作步骤与【添加允许条目】相同。

(3) 用户还可以根据域名来限制要访问的计算机。单击【操作】窗格中的【编辑功能设置】按钮，打开【编辑 IP 和域限制设置】对话框。在【未指定的客户端的访问权】下拉列表框中设置除指定的 IP 地址外的客户端访问该网站时所进行的操作，下拉列表框中选择【允许】或【拒绝】选项。若选中【启用域名限制】复选框，即可启用域名限制，如图 10-34 所示。

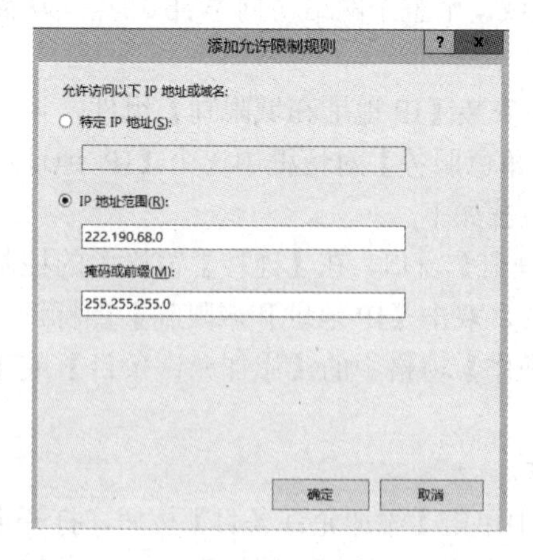

图 10-33 【添加允许限制规则】对话框

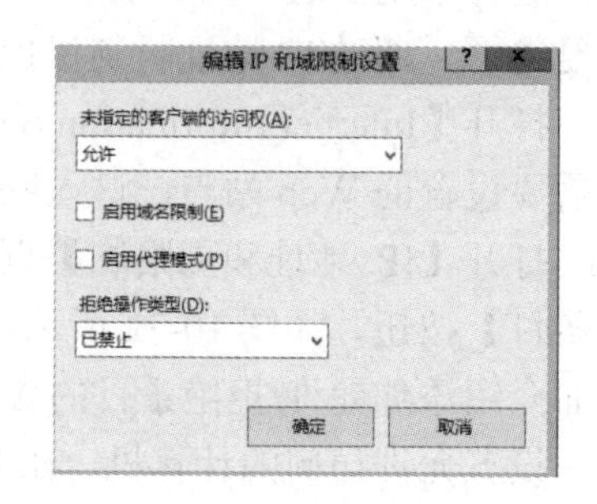

图 10-34 【编辑 IP 和域限制设置】对话框

> **提示：** 通过域名限制访问会要求 DNS 反向查找每一个连接，这会严重影响服务器性能，建议不要使用。

10.4.3　创建 Web 网站虚拟目录

1. 实际目录与虚拟目录

对于一个小型网站来说，Web 管理员可以将所有的网页及相关文件都存放在网站的主目录下，而对于一个较大的网站，这种方法不可取。通常做法是把网页及相关文件进行分类，并分别放在主目录下的子文件夹中，这些子文件夹称为实际目录(Physical Directory)。

如果要通过主目录以外的其他文件夹发布网页，就必须创建虚拟目录(Virtual Directory)。虚拟目录不包含在主目录中，但在客户浏览器中浏览虚拟目录，会感觉虚拟目录就位于主目录中。虚拟目录有一个别名(alias)，Web 浏览器直接访问此别名即可。使用别名可以更方便地移动站点中的目录，若要更改目录的 URL，只需更改别名与目录实际位置的映射即可。

为了说明实际目录与虚拟目录的区别，先来创建一个实际目录，再创建一个虚拟目录并进行管理。

2. 创建实际目录

在一个 Web 站点的主目录下创建和访问一个实际目录的操作步骤如下。

(1) 打开【Internet Information Services(IIS)管理器】窗口，在【连接】窗格中的控制树中选中需要设置的 Web 站点，单击【内容视图】超链接切换视图模式，此时在列表框中显示网站主目录下所有的文件和文件夹，如图 10-35 所示。

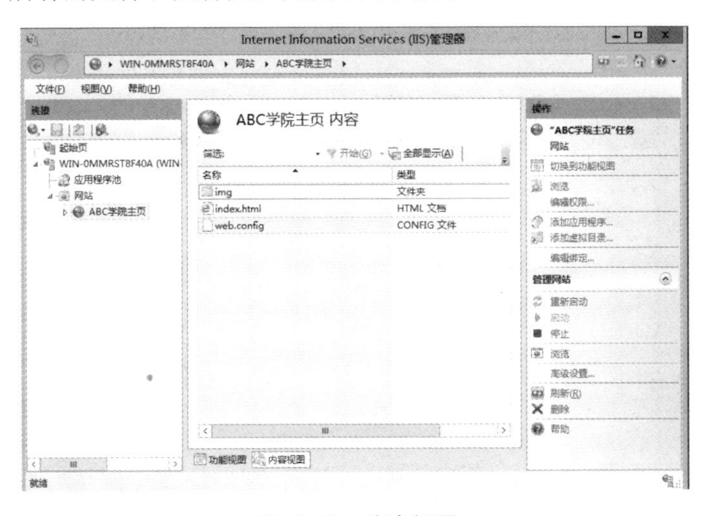

图 10-35　内容视图

(2) 单击【操作】窗格中的【浏览】超链接，打开网站的主目录，在该目录下创建一个名称为 music 的文件夹，如图 10-36 所示。

(3) 在上述文件夹中创建一个名为 index.htm 的测试网页文件，如图 10-37 所示。

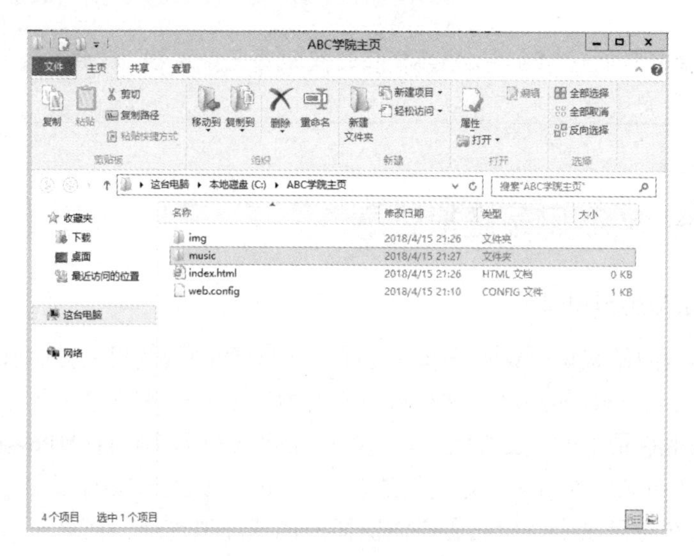

图 10-36 创建实际目录

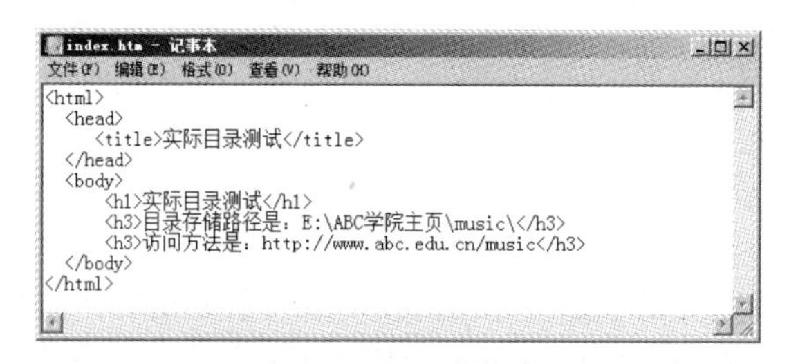

图 10-37 创建测试网页文件

(4) 实际目录创建后，单击【管理文件夹】窗格中的【刷新】超链接，刷新内容视图，就可在内容视图中看到刚创建的实际目录 music，如图 10-38 所示。

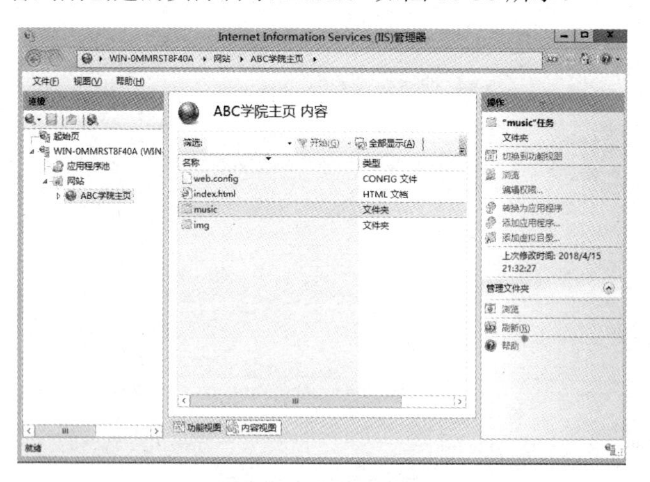

图 10-38 实际目录示例

(5) 打开浏览器，在地址栏中输入 http:// www.abc.edu.cn/music/，即可看到刚才在 music 文件夹下创建的网页内容，如图 10-39 所示。

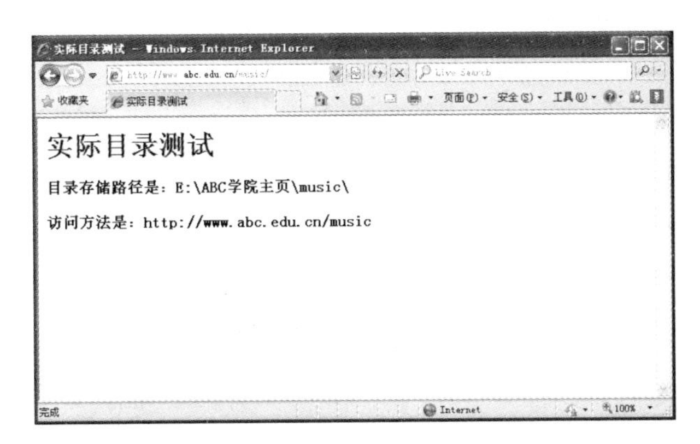

图 10-39　访问实际目录

3．创建虚拟目录

在一个 Web 网站的主目录下创建和访问一个虚拟目录过程的操作步骤如下。

(1)　在服务器的 C 盘根目录中创建一个名称为“视频”的文件夹，如图 10-40 所示。

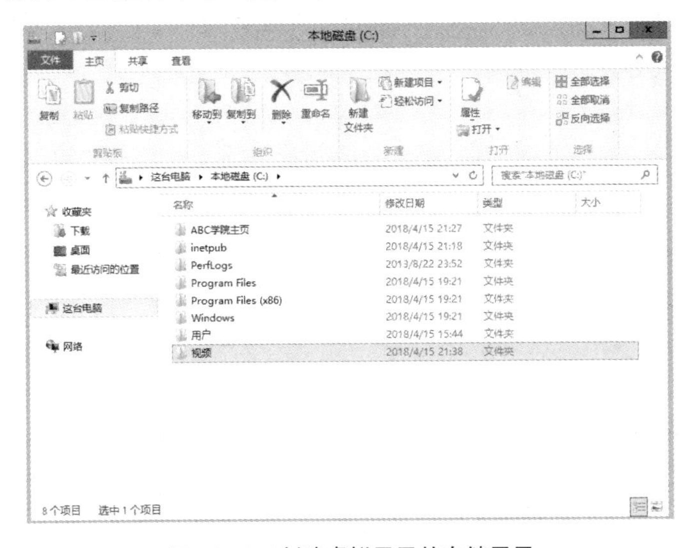

图 10-40　创建虚拟目录的存储目录

(2)　将“视频”文件夹的读取、执行、列出文件夹内容权限都要授予 IIS_IUSRS 账户，如图 10-41 所示。

(3)　在刚创建好的文件夹(C:\视频)中创建一个名称为 index.htm 的文件，如图 10-42 所示。

(4)　在网站的内容视图中，单击【操作】窗格中的【添加虚拟目录】超链接，打开【添加虚拟目录】对话框后，在【别名】文本框中输入 video，在【物理路径】文本框中输入虚拟目录的实际路径(也可单击浏览按钮进行选择)，单击【确定】按钮，如图 10-43 所示。

(5)　虚拟目录添加完成后，将在内容视图中显示新创建的虚拟目录，如图 10-44 所示。

(6)　打开浏览器，在地址栏中输入 http://www.abc.edu.cn/video/，即可看到刚才在虚拟目录中创建的测试主页的内容，如图 10-45 所示。

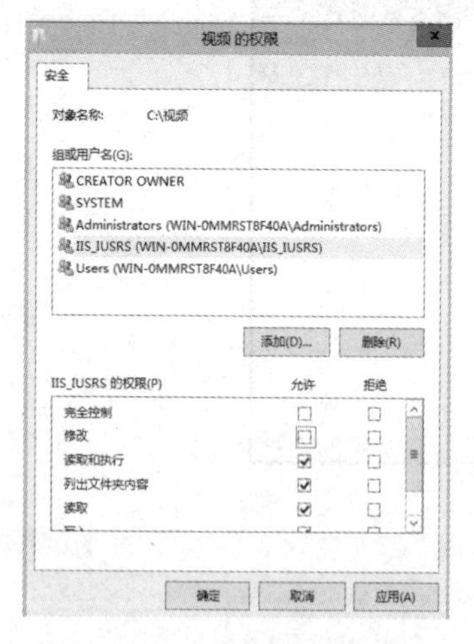

图 10-41　设置文件夹权限

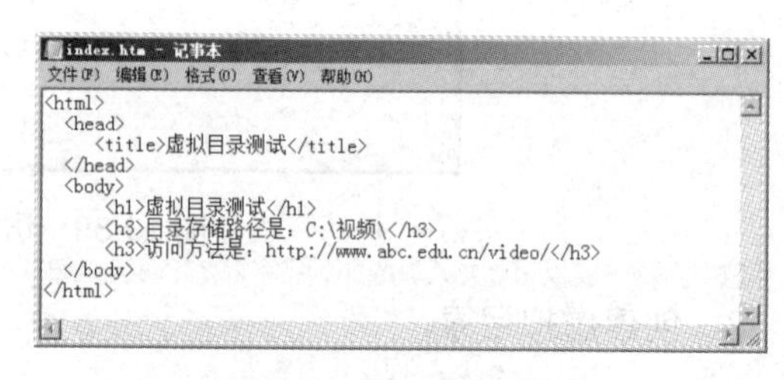

图 10-42　创建测试网页

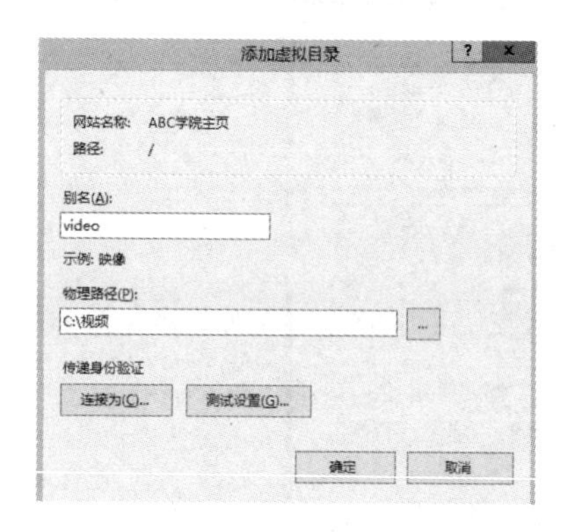

图 10-43　【添加虚拟目录】对话框

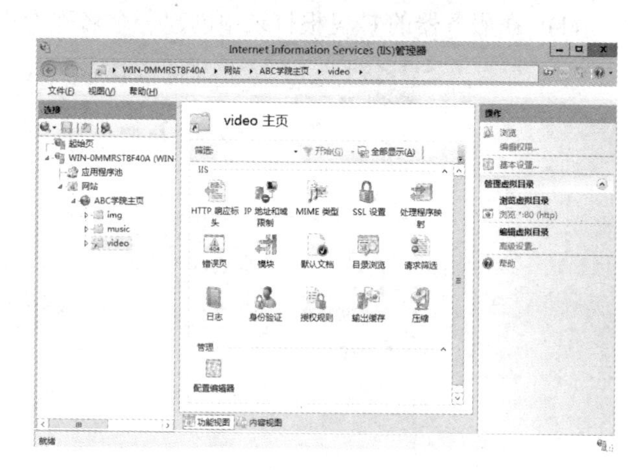

图 10-44　创建虚拟目录

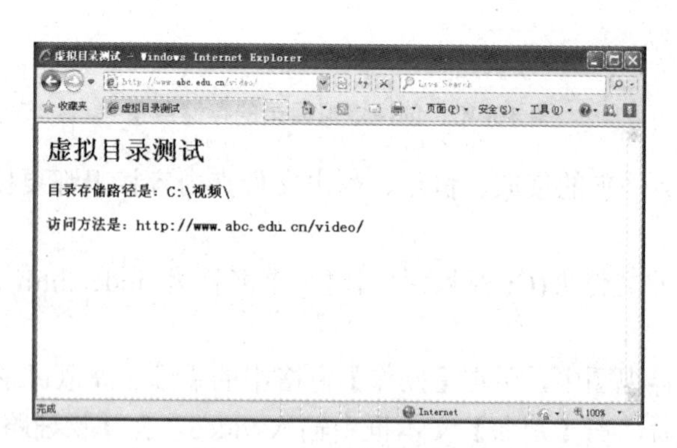

图 10-45　测试虚拟目录

4．管理虚拟目录

虚拟目录创建后，可能因为物理路径的变更使虚拟目录不能正常使用，或者需要修改虚拟路径的名称，这时就需要对虚拟目录进行配置了。

修改虚拟目录的方法是，选择相应的虚拟目录，单击【操作】窗格中的【高级设置】

超链接，在打开的【高级设置】对话框中重新设置虚拟目录的物理路径或者修改虚拟路径等操作，如图 10-46 所示。

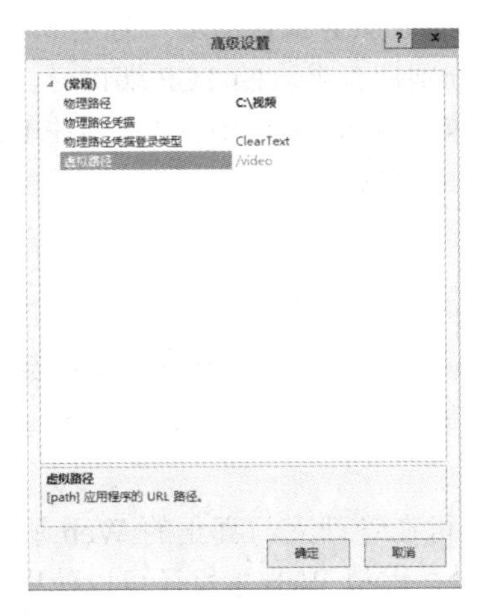

图 10-46　【高级设置】对话框

10.5　在同一服务器上创建多个 Web 网站

10.5.1　虚拟 Web 主机

在同一服务器上创建多个 Web 网站，有时也称为虚拟 Web 主机。所谓虚拟 Web 主机是指将一台物理 Web 服务器虚拟成多台 Web 服务器。例如，一家公司从事提供主机托管业务，为其他企业提供 Web 服务，那么它肯定不是为每家企业都准备一个物理上的服务器，而是在一个功能较强大的服务器上利用虚拟主机方式，为多个企业提供 Web 服务。虽然所有的 Web 服务是由一台服务器提供的，但让访问者看起来却是在不同的服务器上获取 Web 服务。具体地说，就是可以利用虚拟主机服务将两个不同公司 www.company1.com 与 www.company2.com 的主页内容存放在同一台服务器上，而访问者只需要输入公司域名，就可访问到相应的主页内容。

1．虚拟 Web 主机的创建方式

虽然可以在一台物理计算机上创建多个 Web 站点，但为了让用户能访问到正确的 Web 站点，每个 Web 站点必须有一个唯一的辨识身份。用来辨识 Web 站点身份的识别信息包括 IP 地址、主机头名称和 TCP 端口号。创建虚拟 Web 主机有如下 3 种方式。

- 基于 IP 方式(IP-Based)：在 Web 服务器的网卡上绑定多个 IP 地址，每个 IP 地址对应一台虚拟主机。访问这些虚拟主机时，用户可以使用虚拟主机 IP 地址，也可以使用虚拟主机的域名(在域名服务器配置好的情况下)。
- 基于主机头名称方式(Name-Based)：在 HTTP 1.1 标准中规定了在 Web 浏览器和 Web 服务器通信时，Web 服务器能跟踪 Web 浏览器请求的是哪个主机名称。采用基于主机头名称方式创建虚拟主机时，服务器只需要一个 IP 地址，但对应着多个

域名，每个域名对应一台虚拟主机，它已成为建立虚拟主机的最常用方式。访问虚拟主机时，只能使用虚拟主机域名访问，而不能通过 IP 地址。

- 基于 TCP 连接端口：Web 服务默认的端口号是 80，通过修改 Web 服务的工作端口，使每个虚拟主机分别拥有唯一的 TCP 端口号，从而区别不同的虚拟主机。访问基于 TCP 连接端口创建的虚拟主机时，需要在 URL 的后面添加 TCP 端口号，如 http://www.abc.edu.cn:8080。

2. 虚拟 Web 主机的特点

虚拟 Web 主机有以下主要特点。

(1) 节约软件投资。使用 Web 虚拟主机，用户可以在运行 IIS 8.0 的服务器上创建和管理多个 Web 站点(即只需一台服务器和软件包)。虚拟 Web 主机在性能和表现上都与独立的 Web 服务器没有差别。

(2) 可管理。虚拟 Web 主机在管理上与真正的 Web 服务器基本是相同的，例如，服务的终止、启动和暂停等。同时，虚拟 Web 主机还可以使用 Web 方式进行远程管理。

(3) 可配置。虚拟 Web 主机可以像真正的 Web 服务器一样进行各种功能的配置。

(4) 数据安全。利用虚拟 Web 主机，可以将数据敏感的信息分离开来，从信息内容到站点管理都相互隔离，从而提供更高的数据安全性。

(5) 分级管理。不同的虚拟网站可以指定不同的管理人员，同一虚拟网站也可以指定若干管理人员，从而将 Web 站点层层委派给享有相应权限的人员进行管理，使每一个部门都有自己的虚拟服务器，并能完全管理自己的站点。

(6) 性能和带宽调节。当计算机上安装有若干个虚拟网站时，用户可以为每一个 Web 虚拟主机提供性能和带宽，以保证服务器能够稳定运行，合理分配网络带宽和 CPU 处理能力。

10.5.2 使用不同 IP 地址在一台服务器上创建多个 Web 网站

使用不同的 IP 地址在一台服务器上创建多个 Web 网站时，首先要为每个 Web 网站分配一个独立的 IP 地址，即每个 Web 网站都可以通过不同的 IP 地址进行访问，从而使 IP 地址成为网站的唯一标识。使用不同的 IP 地址标识时，所有 Web 网站都可以采用默认的 80 端口，并且可以在 DNS 中对不同的网站分别解析域名，从而便于用户访问。当然，由于每个网站都需要一个 IP 地址，因此，如果创建的虚拟网站很多，将会占用大量的 IP 地址。

使用不同 IP 地址在一台服务器上创建多个 Web 网站的操作步骤如下。

(1) 为 Web 服务器的网卡绑定多个 IP 地址。在 Web 服务器上打开【Internet 协议(TCP/IP)属性】对话框，单击【高级】按钮，在【高级 TCP/IP 设置】对话框中单击【添加】按钮，为网卡再添加一个 IP 地址和子网掩码，如图 10-47 所示。

图 10-47 为网卡绑定多个 IP 地址

(2) 为站点创建 Web 发布主目录，并将它的读取、执行、列出文件夹目录权限授予 IIS_IUSRS 账户，如图 10-48 所示。

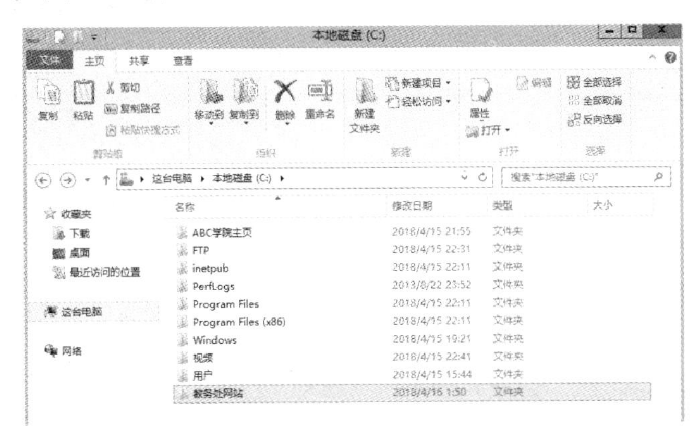

图 10-48　创建虚拟主机的主目录

(3) 为站点创建测试网页。在上述文件夹中创建一个 index.htm 文件，将其作为该 Web 网站的测试文件，如图 10-49 所示。

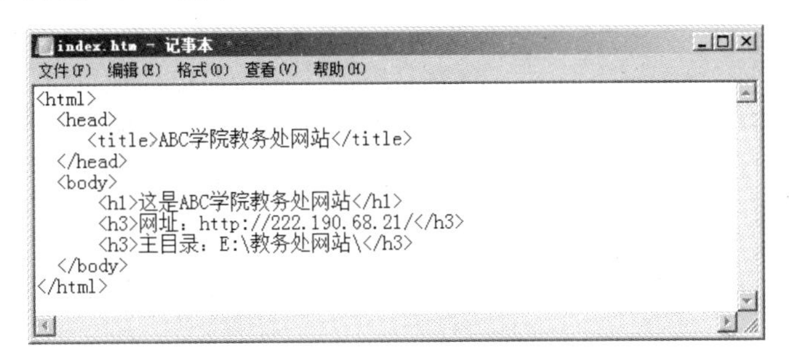

图 10-49　创建测试网页

(4) 若 Web 服务器中已经创建了其他 Web 站点，则需要通过【Internet Information Services(IIS)管理器】窗口设置其 IP 地址绑定，设置方法参见 10.4.1 小节。例如，服务器中已创建了 ABC 学院的主页网站，其绑定的 IP 地址是 222.190.68.11，如图 10-50 所示。

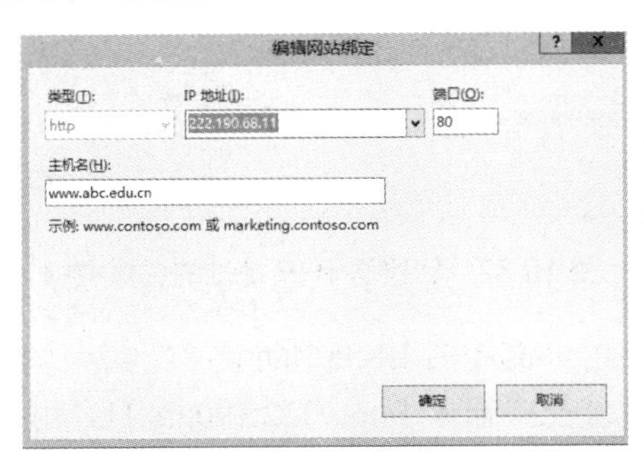

图 10-50　修改已创建 Web 站点的 IP 地址绑定

(5) 打开【Internet Information Services(IIS)管理器】窗口，在【连接】窗格中的控制树中选中【网站】节点，单击右侧【操作】窗格中的【添加网站】超链接，如图 10-51 所示。

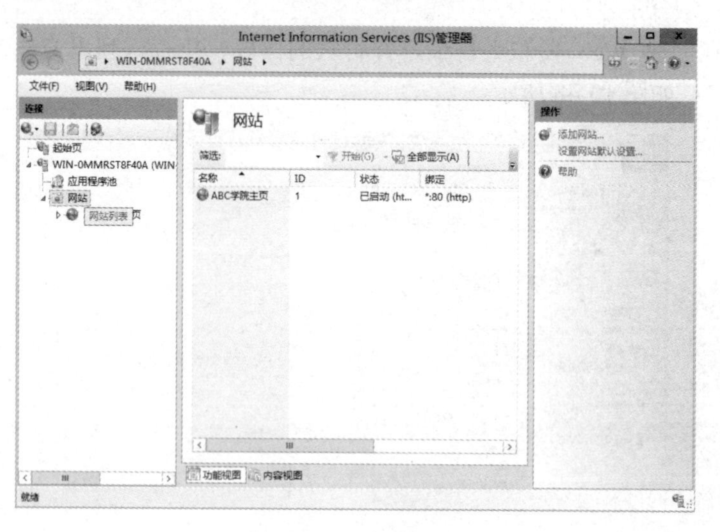

图 10-51 添加网站

(6) 在【添加网站】对话框中，将【网络名称】命名为【教务处】，以区别 ABC 学院的主页站点，在【物理路径】文本框中输入或选择教务处网站的主目录，在【IP 地址】下拉列表框中输入教务处网站绑定的 IP 地址，其他参数保持不变，单击【确定】按钮，如图 10-52 所示。

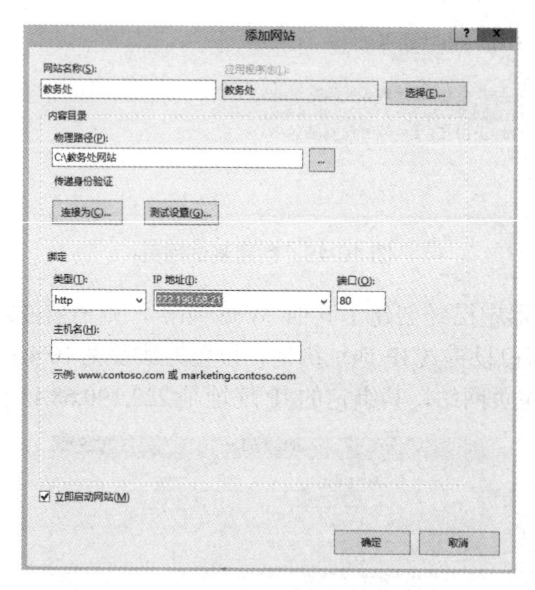

图 10-52 创建基于 IP 地址的虚拟主机

(7) 两个站点创建好后的界面如图 10-53 所示。

(8) 打开浏览器，在地址栏中输入 http://222.190.68.11，可看到 ABC 学院的主页，如图 10-54 所示。

(9) 若在地址栏中输入 http://222.190.68.21，可看到 ABC 学院教务处的主页，如图 10-55 所示。

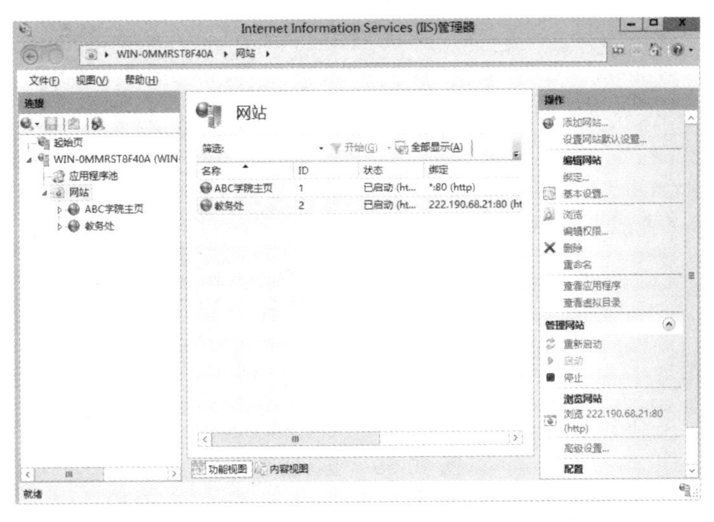

图 10-53　【Internet Information Services(IIS)管理器】窗口

图 10-54　访问 ABC 学院的主页

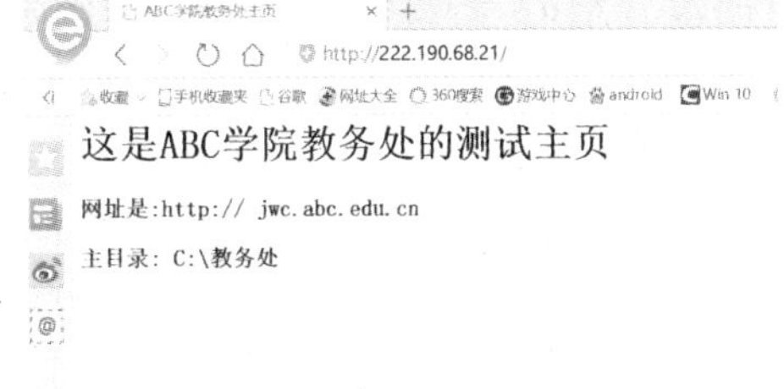

图 10-55　访问教务处的主页

10.5.3　使用不同主机名在一台服务器上创建多个 Web 网站

如果 Web 服务器所在子网的 IP 地址有限，或者一台 Web 服务器上创建了很多个 Web 网站，用户还可以使用不同主机名在一台服务器上创建多个 Web 网站。使用这种方法创建多个 Web 网站时，需要在 DNS 服务器中注册主机名，即将多个主机名同时指向同一台 Web 服务器。这种方式大量在 Web 站点托管服务商中使用。

使用不同主机名在一台服务器上创建多个 Web 网站的操作步骤如下。

(1)　在域名服务器中创建多条别名资源记录，并都指向一台真实的 Web 服务器。例如，创建两条别名记录 www.abc.com.cn 和 jwc.abc.com.cn，其实现主机都指向 web.abc.edu.cn，IP 地址是 222.190.68.11，如图 10-56 所示。

(2)　为站点创建 Web 发布主目录，并将它的读取、执行、列出文件夹目录权限授予 IIS_IUSRS 账户。

(3)　在上述文件夹中创建一个 index.htm 文件，将其作为该 Web 网站的测试文件。

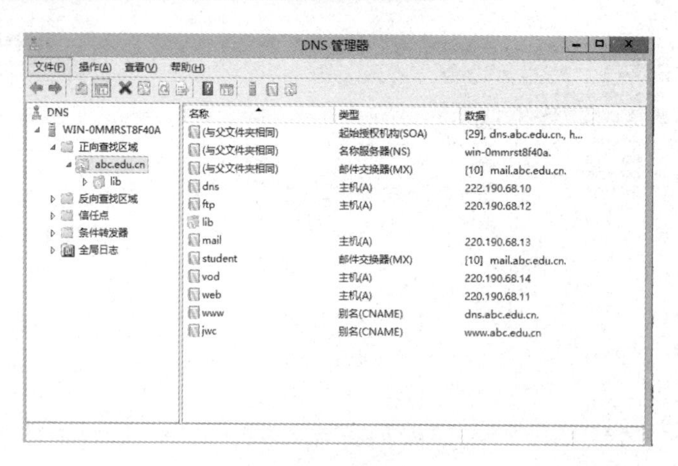

图 10-56　域名注册

(4) 若 Web 服务器中已经创建了其他 Web 站点，则通过【Internet Information Services(IIS)管理器】窗口设置其主机名绑定，设置方法参见 10.4.1 小节。例如，服务器中已创建了 ABC 学院的主页网站，其绑定的主机名为 www.abc.edu.cn，如图 10-57 所示。

(5) 打开【Internet Information Services(IIS)管理器】窗口，在【连接】窗格中的控制树中选中【网站】节点，单击【操作】窗格中的【添加网站】超链接。

(6) 打开【添加网站】对话框后，在【网站名称】文本框中输入一个有含义的站点名称，在【物理路径】文本框中输入或选择新建网站的主目录，在【主机名】文本框中输入该网站绑定的主机名，其他参数保持不变，单击【确定】按钮，如图 10-58 所示。

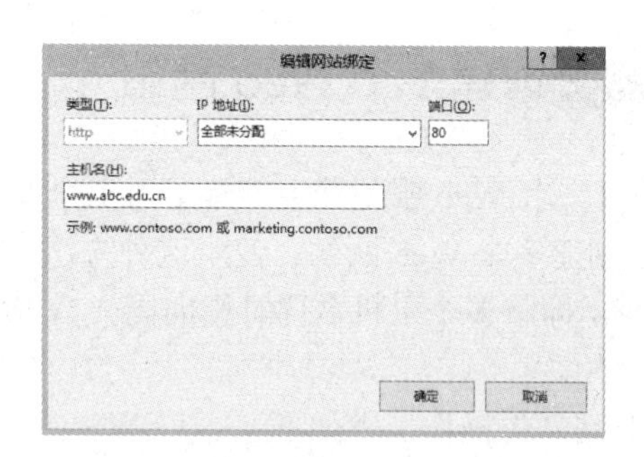

图 10-57　已创建 Web 站点的主机名绑定

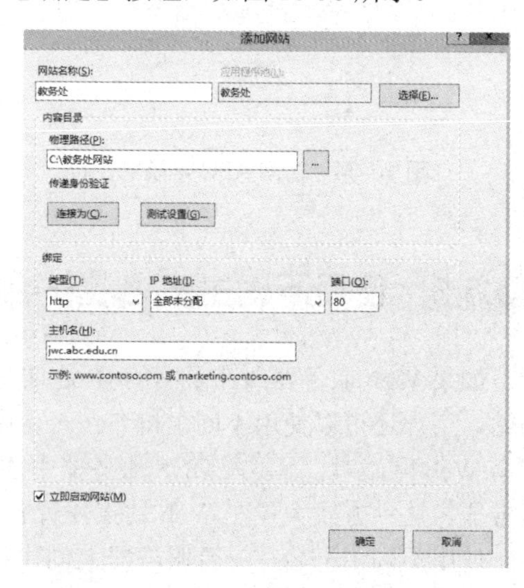

图 10-58　创建基于主机名的虚拟主机

(7) 在局域网中的另一台计算机上打开浏览器，在地址栏中输入 http:// www.abc.edu.cn /，可看到 ABC 学院的主页，如图 10-59 所示。

(8) 若在地址栏中输入 http://jwc.abc.edu.cn/，可看到 ABC 学院教务处的主页，如图 10-60 所示。

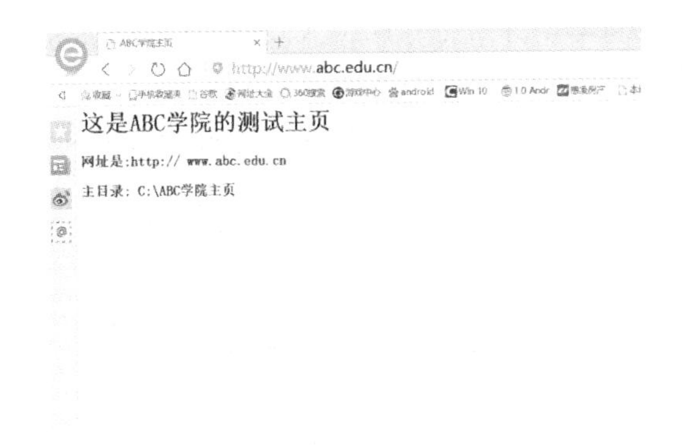

图 10-59　访问 ABC 学院的主页

图 10-60　访问教务处的主页

10.5.4　使用不同端口号在一台服务器上创建多个 Web 网站

同一台计算机、同一个 IP 地址，采用不同的 TCP 侦听端口号，也可以标识不同的 Web 网站。如果用户使用非标准的 TCP 端口号来标识网站，则无法通过标准名或 URL 来访问站点。

使用不同端口号在一台服务器上创建多个 Web 网站的操作步骤如下。

(1)　为站点创建 Web 发布主目录，并将它的读取、执行、列出文件夹目录权限授予 IIS_IUSRS 账户。

(2)　在上述文件夹中创建一个 index.htm 文件，将其作为教务处 Web 网站的测试文件。

(3)　打开【Internet Information Services(IIS)管理器】窗口，在【连接】窗格中的控制树中选中【网站】节点，单击【操作】窗格中的【添加网站】超链接。

(4)　在【添加网站】对话框中，将【网站名称】命名为【教务处】，在【物理路径】文本框中输入或选择教务处网站的主目录，在【端口】文本框中输入教务处网站绑定的端口号，其他参数保持不变，单击【确定】按钮，如图 10-61 所示。

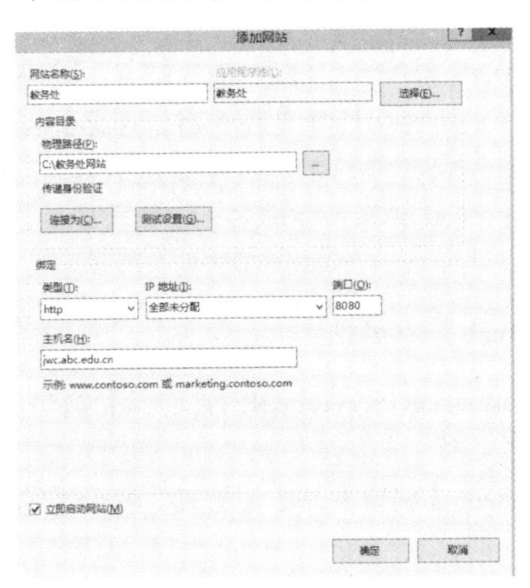

图 10-61　创建基于 TCP 端口号的虚拟主机

(5) 在局域网中的另一台计算机上打开浏览器，在地址栏中输入 http://222.190.68.11/ 或 http://222.190.68.11:80/，可看到 ABC 学院的主页，如图 10-62 所示。

(6) 若在地址栏中输入 http:// 222.190.68.11:8080/，可看到 ABC 学院教务处的主页，如图 10-63 所示。

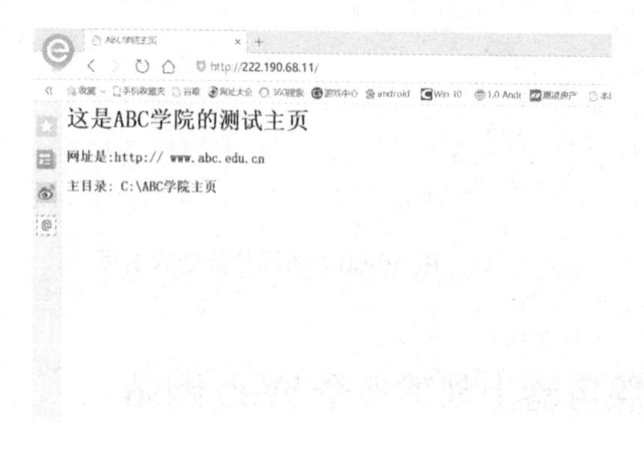

图 10-62　访问 ABC 学院的主页

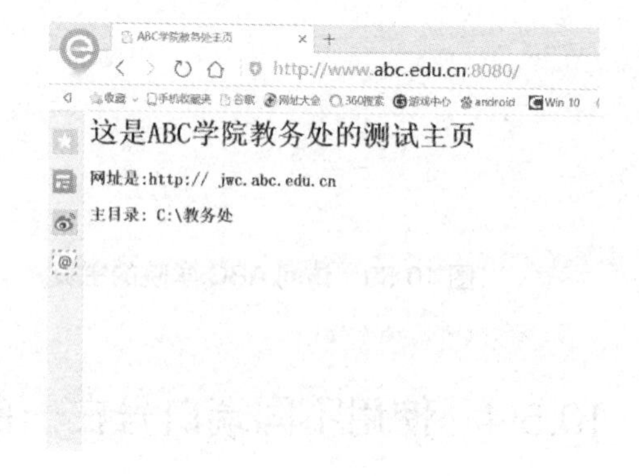

图 10-63　访问教务处的主页

10.6　回到工作场景

通过 10.2～10.5 节内容的学习，应掌握 Windows Server 2012 的 Web 服务器(IIS)角色的安装方法、Web 网站主要参数和安全配置方法，下面回到 10.1 节介绍的工作场景中，完成工作任务。

【工作过程一】安装 Web 服务器

(1) 规划与安装操作系统。规划服务器的空间划分，安装 Windows Server 2012 操作系统并进行初始化设置，包括计算机名、IP 地址、防火墙、自动更新、防病毒软件以及测试服务器的连接性等。

(2) 注册 DNS 域。在 DNS 服务器中注册 Web 站点，并测试域名设置的正确性。

(3) 安装 Web 服务器(IIS)角色。打开【服务器管理器】窗口，启动添加角色向导，选择 Web 服务器(IIS)角色。由于 ABC 学院的主页是采用 ASP 和 ASP.NET 技术开发的，因此在安装时需要选中 ASP.NET 和 ASP 等角色服务。安装完毕后，在 Web 客户端测试 Web 服务器是否安装成功。

【工作过程二】配置 Web 站点属性

(1) 打开【Internet Information Services(IIS)管理器】窗口，查看网站的 IP 地址、端口和主机名的绑定信息。

(2) 单击【操作】窗格中的【编辑网站】超链接，打开【编辑网站】对话框，修改 Web 网站的主目录。

(3) 单击【操作】窗格中的【基本设置】超链接，打开 Web 主目录文件夹的属性对话框，把 Web 站点主目录的读取、执行、列出文件夹目录权限授予 IIS_IUSRS 账户。

(4) 打开【编辑网站限制】对话框，查看并设置【限制带宽使用】、【连接限制】和【连接超时】选项。

(5) 进入网站的设置主页，双击【默认文档】图标，打开【默认文档】页面，添加一个新的默认文档 index.asp，单击【操作】窗格中的【上移】和【下移】按钮，调整各个默认文档的顺序。

【工作过程三】配置 Web 站点安全

(1) 由于ABC 学院的主页对外提供服务，不能进行身份验证，因此，要求 Web 服务器启用匿名访问设置。

(2) 对于涉及内部管理的内容，通过 IP 地址限制来设置只允许校园网内部的计算机进行访问。

(3) 及时监控 Web 服务器的运行，发现攻击服务器的隐患，锁定攻击者的 IP 地址，并通过 IP 地址限制，将这些 IP 地址加入到拒绝访问的计算机行列中。

10.7　工作实训营

10.7.1　训练实例

【实训环境和条件】

(1) 网络环境或 VMware Workstation 7.0 虚拟机软件。

(2) 安装有 Windows Server 2012 的物理计算机或虚拟机(充当 DNS 和 Web 服务器)。

(3) 安装有 Windows XP /7/10 的物理计算机或虚拟机(充当 Web 客户端)。

【实训目的】

通过上机实习，学员可以熟悉 Web 服务的工作原理，掌握 Windows Server 2012 的 Web 服务器(IIS)角色的安装方法，掌握 Web 网站主要参数和安全配置方法，理解 Web 虚拟主机的实现原理，掌握在同一服务器上创建多个 Web 网站的配置方法。

【实训内容】

(1) 在 Windows Server 2012 中安装 Web 服务器(IIS)角色。

(2) 配置 Web 站点属性。

(3) 管理 Web 网络安全。

(4) 比较实际目录与虚拟目录。

(5) 在同一服务器上创建多个 Web 网站。

【实训过程】

(1) 在 Windows Server 2012 中安装 Web 服务器(IIS)角色。

① 为 Windows Server 2012 计算机配置合适的 IP 地址，并测试其连接性。

② 在 DNS 服务器中注册 Web 站点，并测试域名设置的正确性。

③ 打开【服务器管理器】窗口，启动添加角色向导。

④ 在添加角色向导中，选择 Web 服务器(IIS)角色，并选择合适的角色服务。

⑤ 在 Web 客户端测试 Web 服务器安装是否成功。

(2) 配置 Web 站点属性。

① 打开【Internet Information Services(IIS)管理器】窗口，修改默认网站名称 Default Web Site。

② 打开【网站绑定】对话框，查看网站的 IP 地址、端口和主机名的绑定信息。

③ 打开【编辑网站】对话框，查看网站的主目录并修改。

④ 单击【操作】窗格中的【编辑权限】超链接，打开 Web 主目录文件夹的属性对话框，将 Web 站点主目录的读取、执行、列出文件夹目录权限授予 IIS_IUSRS 账户。

⑤ 打开【编辑网站限制】对话框，查看并设置【限制带宽使用】、【连接限制】和【连接超时】选项。

⑥ 进入网站的设置主页，双击【默认文档】图标，打开【默认文档】页面，单击【操作】窗格中的【上移】和【下移】按钮，调整各个默认文档的顺序，并添加一个新的默认文档 index.asp。

(3) 管理 Web 网络安全。

① 双击网站设置主页中的【身份验证】图标，打开【身份验证】页面，禁用网站的匿名访问，并在 Web 客户端进行测试。

② 在【服务器管理器】窗口中，查看是否安装了基本身份验证、Windows 身份验证和摘要式身份验证三种身份验证方式的角色服务。

③ 打开【身份验证】页面后，先禁用匿名身份验证方式，再启动基本身份验证，并在 Web 客户端进行访问网站测试。

④ 设置允许访问的计算机，并在 Web 客户端进行测试。

⑤ 设置拒绝访问的计算机，并在 Web 客户端进行测试。

(4) 比较实际目录与虚拟目录。

① 在一个 Web 网站的主目录下创建一个实际目录和测试网页，并在 Web 客户端测试其访问方法。

② 在一个 Web 网站的主目录下创建一个虚拟目录和测试网页，并在 Web 客户端测试其访问方法。

③ 修改虚拟目录的属性。

(5) 在同一服务器上创建多个 Web 网站。

① 为 Web 虚拟主机创建 Web 发布主目录，并创建 Web 虚拟主机测试网页。

② 给 Web 服务器的网卡绑定多个 IP 地址，修改已有 Web 站点的 IP 地址绑定，创建一个基于 IP 方式的 Web 虚拟主机，并在 Web 客户端测试其访问方法。

③ 在 DNS 服务器上注册 Web 虚拟主机的域名，修改已有 Web 站点的主机名绑定，创建一个基于主机头名称方式的 Web 虚拟主机，并在 Web 客户端测试其访问方法。

④ 创建一个基于 TCP 连接端口方式的 Web 虚拟主机，并在 Web 客户端测试其访问方法。

10.7.2 工作实践常见问题解析

【问题 1】我的 ASP 文件包含文件时提示 Active Server Pages 错误“ASP 0131”不允许的父路径，该如何解决？

【答】在站点属性中选择【主目录】→【配置】→【应用程序】命令，选中【启用父目录】。

【问题 2】IIS 所有的 exe 文件从上面的目录都不能下载，显示 404 文件找不到是什么原因？是否存在设置错误？

【答】这是由于 MIME 类型设置不对造成的，用户可以新建一个类型扩展名 EXE，类型为 application/octet-stream。

【问题 3】打开网页时，显示“HTTP 错误 401.2 - 未经授权：访问由于服务器配置被拒绝”。

【答】这是由于身份认证配置不当所致，用户可根据需要配置不同的身份认证(一般为匿名身份认证，这是大多数站点使用的认证方法)。可以在【IIS 的属性】→【安全性】→【身份验证】和【访问控制】下配置认证选项。

【问题 4】打开网页时，显示“HTTP 错误 403.6-禁止访问：客户端的 IP 地址被拒绝”。

【答】IIS 提供了 IP 限制的机制，用户可通过配置来限制某些 IP 地址不能访问站点，或者限制只有某些 IP 地址可以访问站点，如果客户端在被阻止的 IP 地址范围内，或者不在允许的范围内，则会出现错误提示。配置方法请参阅 10.4.2 小节。

【问题 5】打开网页时，显示“HTTP 错误 401.3-未经授权：访问由于 ACL 对所请求资源的设置被拒绝。”

【答】这是由于 NTFS 权限设置不当所致，Web 客户端的用户隶属于 user 组，因此，如果该文件的 NTFS 权限不足(如没有读权限)，就会导致页面无法访问。解决方法是，进入该文件夹的【安全】选项卡，配置 user 的权限，至少要授予读权限。

10.8 习题

一、填空题

1. HTTP 协议是常用的应用层协议，它通过________协议提供服务，上下层协议默认时，使用_______端口进行服务识别。HTTP 双方的一次会话与上次会话是________，即协议是无状态的，从交换信息的整体性说是__________。

2. 在 Windows Server 2012 系统中架设 Web 站点，为了使 Web 站点具有更高的安全性，存放网站内容所在的驱动器应格式化为________文件系统。

3. 在 Windows Server 2012 系统中架设 Web 站点，若启用匿名访问，则 Web 客户访问 Web 站点时，使用__________账号自动登录。

4. 默认网站的名称为 www.czc.net.cn，虚拟目录名为 share，要访问虚拟目录 share，应在地址栏中输入_________。

二、选择题

1. 在 Windows Server 2012 操作系统中可以通过安装________组件来创建 Web 站点。

A. IIS　　B. IE　　C. WWW　　D. DNS

2. 若 Web 站点的默认文档中依次有 index.htm、default.htm、default.asp 和 ih.htm 四个文档，则主页显示的是________的内容。

A. index.htm　　B. ih.htm　　C. default.htm　　D. default.asp

3. 每个 Web 站点必须有一个主目录来发布信息，IIS 8.0 默认的主目录为________。

A. \Website　　B. \Inetpub\wwwroot

C. \Internet　　D. \Internet\website

4. 除了主目录以外，还可以采用________作为发布目录。

A. 备份目录　　B. 副目录　　C. 虚拟目录　　D. 子目录

5. 若 Web 站点的 Internet 域名是 www.xyz.com，IP 地址为 192.168.1.21，现将 TCP 端口改为 8080，则用户在 IE 浏览器的地址栏中输入________后就可访问该网站。

A. http://192.168.1.21　　B. http://www. xyz.com

C. http://192.168.1.21:8080　　D. http://www. xyz.com/8080

6. Web 主目录的访问控制权限不包括________。

A. 读取　　B. 更改　　C. 写入　　D. 目录浏览

7. Web 网站的默认端口为________。

A. 8080　　B. 80　　C. 8000　　D. 8008

8. 在配置 IIS 时，如果想禁止某些 IP 地址访问 Web 服务器，应在【默认 Web 站点】的属性对话框中的________选项卡中进行配置。

A. 目录安全性　　B. 文档　　C. 主目录　　D. ISAPI 筛选器

第 11 章

搭建 FTP 服务器

本章要点

- FTP 简介及 FTP 客户端软件的使用。
- 添加 FTP 服务。
- 配置和管理 FTP 站点。
- 架设用户隔离模式的 FTP 站点。

技能目标

- 熟悉 FTP 的工作原理。
- 掌握常用的 FTP 客户端软件及其使用方法。
- 掌握在 Windows Server 2012 环境下 FTP 服务的安装及配置方法。
- 掌握利用用户隔离模式的 FTP 站点，以保证 FTP 用户之间的数据不能相互访问。

11.1　工作场景导入

【工作场景】

S 公司是一家大型建筑设计企业，为了保证每个员工设计数据的可靠性，公司建设一台文件服务器用于员工的数据备份，同时提供公用数据资源的下载。考虑到有的员工可能通过 Internet 来访问文件服务器，需要使用 FTP 协议来实现此功能。假设文件服务器的 IP 地址是 222.190.68.12。

【引导问题】

(1) 如何在 Windows Server 2012 系统中安装 FTP 服务？安装前有哪些准备工作？
(2) 如何配置一个 FTP 站点属性？如何提高 FTP 服务器的安全性？
(3) 实际目录与虚拟目录有何区别？如何创建和管理虚拟目录？
(4) 如何实现用户隔离模式的 FTP 站点？

11.2　FTP 简介

11.2.1　什么是 FTP

FTP(File Transfer Protocol，文件传输协议)是 TCP/IP 协议簇的应用协议之一，主要用来在计算机之间传输文件。通过 TCP/IP 协议连接在一起的任何两台计算机，如果安装了 FTP 协议和服务器软件，就可以通过 FTP 服务进行文件传送。

11.2.2　FTP 数据传输原理

1. FTP 的工作原理

FTP 在客户机/服务器模式下工作，一个 FTP 服务器可同时为多个客户提供服务。它要求用户使用客户端软件与服务器建立连接，然后才能从服务器上获取文件(称为文件下载/Download)，或向服务器发送文件(称为文件上载/Upload)，如图 11-1 所示。

一个完整的 FTP 文件传输需要建立两种类型的连接，一种为文件传输命令，称为控制连接，另一种实现真正的文件传输，称为数据连接。当客户端希望与 FTP 服务器建立上传/下载的数据传输时，首先向服务器的 TCP 21 端口发起一个建立连接的请求，FTP 服务器接收来自客户端的请求，完成连接的建立过程，这样的连接就称为 FTP 控制连接。这条连接主要用于传送控制信息(命令和响应)，默认情况下，服务器端控制连接的默认端口号为 21。FTP 控制连接建立之后，即可开始传输文件，传输文件的连接称为 FTP 数据连接。

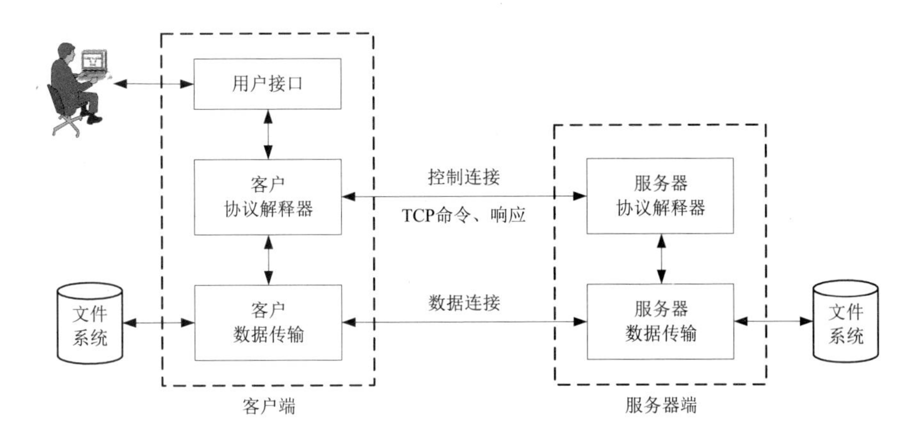

图 11-1　FTP 功能模块及 FTP 连接

2. FTP 服务的工作模式

FTP 数据连接就是 FTP 传输数据的过程，它有两种传输模式，分别是主动传输模式(Active)和被动传输模式(Passive)。

(1) 主动传输模式。如图 11-2(a)所示，当 FTP 的控制连接建立，客户提出目录列表、传输文件时，客户端在命令连接上用 PORT 命令告诉服务器“我打开了××××端口，你过来连接我”。于是，FTP 服务器使用一个标准端口 20 作为服务器端的数据连接端口(ftp-data)向客户端的××××端口发送连接请求，建立一条数据连接来传送数据。在主动传输模式下，FTP 的数据连接和控制连接方向相反，由服务器向客户端发起一个用于数据传输的连接。客户端的连接端口由服务器端和客户端通过协商确定。在主动传输模式下，FTP 服务器使用 20 端口与客户端的暂时端口进行连接，并传输数据，客户端只是处于接收状态。当 FTP 默认端口被修改后，数据连接端口也随之发生改变，例如，若 FTP 的 TCP 端口配置为 600，则其数据端口为 599。

(2) 被动传输模式。如图 11-2(b)所示，当 FTP 的控制连接建立，客户提出目录列表、传输文件时，客户端发送 PASV 命令使服务器处于被动传输模式，服务器在命令连接上用 PASV 命令告诉客户端“我打开了××××端口，你过来连接我”。于是，客户端向服务器的××××端口发送连接请求，建立一条数据连接来传送数据。在被动传输模式下，FTP 的数据连接和控制连接方向一致，由客户端向服务器发起一个用于数据传输的连接。客户端的连接端口是发起该数据连接请求时使用的端口。当 FTP 客户在防火墙之外访问 FTP 服务器时，需要使用被动传输模式。在被动传输模式下，FTP 服务器打开一个监听端口等待客户端对其进行连接，并传输数据，而服务器并不参与数据的主动传输，只是被动接受。

3. 匿名 FTP

访问 FTP 服务器有两种方式：一种是需要用户提供合法的用户名和口令，这种方式适用于在主机上有账户和口令的内部用户；另一种方式是用户使用公开的账户和口令登录，访问并下载文件，这种方式称为匿名 FTP 服务。

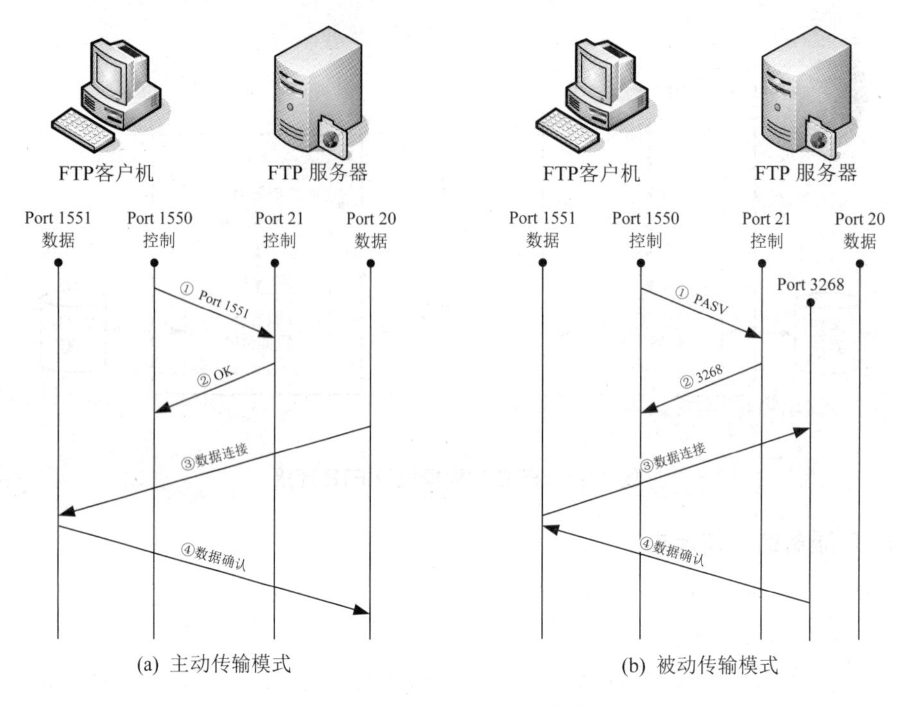

(a) 主动传输模式　　(b) 被动传输模式

图 11-2　FTP 服务的传输模式

Internet 上有很多匿名 FTP 服务器(Anonymous FTP Servers)，可以提供公共的免费的文件传送服务。匿名 FTP 服务器可以提供免费软件(Freeware)、共享软件(Shareware)以及测试版的应用软件等。匿名 FTP 服务器的域名一般由 ftp 开头，如 ftp.ustc.edu.cn。匿名 FTP 服务器向用户提供了一种标准统一的匿名登录方法，即用户名为 Anonymous，口令为用户的电子邮件地址或其他任意字符。

一般来说，匿名 FTP 服务器的每个目录中都含有 readme 或 index 文件，这些文件含有该目录中所存储的有关信息。因此，用户在下载文件之前，最好先阅读它们。

11.2.3　FTP 客户端的使用

FTP 的客户端软件应具有远程登录、管理本地计算机和远程服务器的文件与目录以及相互传送文件的功能，并能根据文件类型自动选择正确的传送方式。一个好的 FTP 文件传送客户端软件还应支持记录传送断点和从断点位置继续传送、具有友好的用户界面等优点。FTP 客户程序通常有 3 种类型，即传统的 FTP 命令行、浏览器和 FTP 下载工具。

1. FTP 命令行

在 UNIX 操作系统中，FTP 是系统的一个基本命令，用户可以通过命令行的方式使用。Windows 系统也带有可在 DOS 提示符下运行的 FTP.EXE 命令文件，如图 11-3 所示为 Windows 10 系统下 FTP 命令的使用界面。

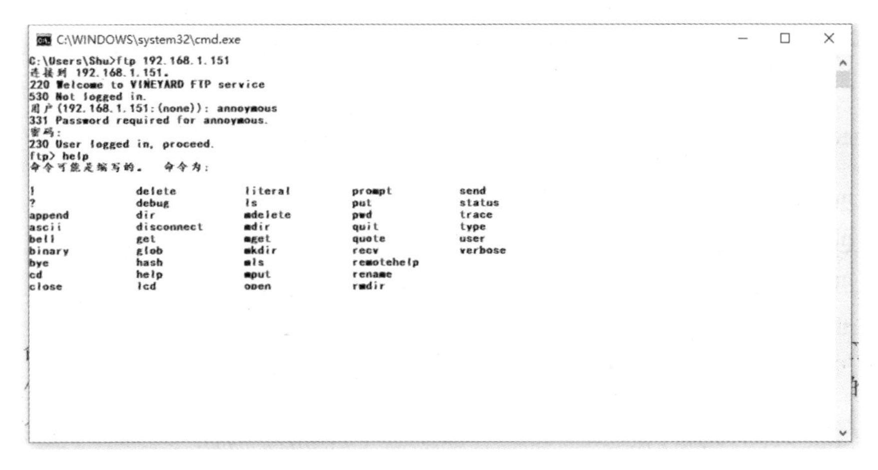

图 11-3　FTP 命令行

FTP 命令行的使用方法类似于 DOS 命令行的人机交互界面。在不同的操作系统中，FTP 命令行软件的形式和使用方法大致相同，Windows 系统下 FTP.EXE 命令的常用子命令见表 11-1。

表 11-1　FTP.EXE 常用子命令

类　别	命　令	用　途	语　法
连接	**open**	与指定的 FTP 服务器连接	**open** *computer [port]*
	close	结束会话并返回命令解释程序	**close**
	quit	结束会话并退出 FTP	**quit**
	bye	结束并退出 FTP	**bye**
	disconnect	从远程计算机断开，保留 FTP 提示	**disconnect**
	user	指定远程计算机的用户	**user** *username [password] [account]*
	quote	修改用户密码	**quote site pswd** *old-password new-password*
目录操作	**pwd**	显示远程计算机上的当前目录	**pwd**
	cd	更改远程计算机上的工作目录	**cd** *remote-directory*
	dir	显示远程目录文件和子目录列表	**dir** *[remote-directory] [local-file]*
	lcd	更改本地计算机上的工作目录	**lcd** *[directory]*
	mkdir	创建远程目录	**mkdir** *directory*
	delete	删除远程计算机上指定的文件	**delete** *remote-file*
	mdelete	删除一个文件夹下符合条件的文件	**mdelete** *remote-files [...]*
	mdir	显示远程目录文件和子目录列表	**mdir** *remote-files [...] local-file*
	ls	显示远程目录文件和子目录的缩写列表	**ls** *[remote-directory] [local-file]*

续表

类　别	命　令	用　途	语　法
传输文件	**get**	使用当前文件转换类型将远程文件复制到本地计算机	**get** *remote-file [local-file]*
	mget	将多个远程文件复制到本地计算机	**mget** *remote-files [...]*
	put	将一个本地文件复制到远程计算机上	**put** *local-file [remote-file]*
	mput	将多个本地文件复制到远程计算机上	**mput** *local-files [...]*
设置选项	**ascii**	设置文件默认传送类型为 ASCII	**ascii**
	binary	设置文件默认传送类型为二进制	**binary**
帮助	**help/?**	显示 FTP 命令说明，不带参数将显示所有子命令	**help** *[command]* **?** *[command]*
	!	临时退出到 Windows 命令行，用 exit 返回到 FTP 子系统	**!**

2．浏览器

大多数浏览器软件都支持 FTP 文件传输协议。用户只需在地址栏中输入 URL 就可以下载文件，也可通过浏览器上载文件。利用 IE 访问 FTP 站点如图 11-4 所示。

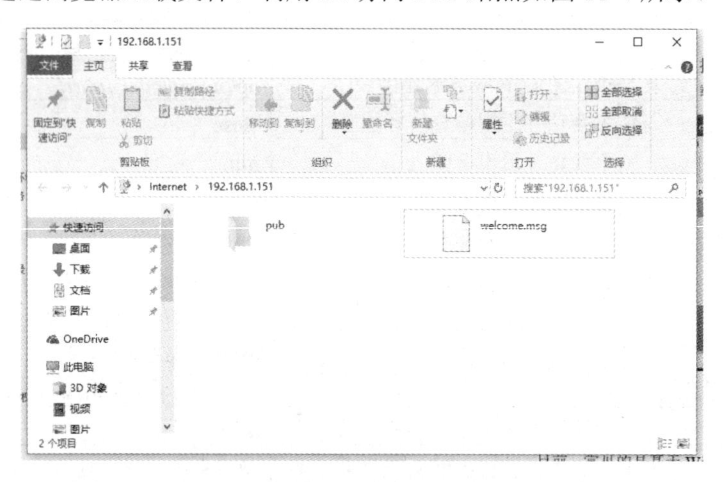

图 11-4　利用 IE 访问 FTP 站点

3．FTP 下载工具

目前，常见的是基于 Windows 环境的具有图形人机交互界面的 FTP 文件传送软件，如 Windows 环境下的 WS-FTP 和 CuteFTP 软件。

如图 11-5 所示为 CuteFTP 的运行窗口。在【主机】文本框中输入待连接的远程主机的 IP 地址或域名。在【用户名】和【密码】文本框中分别输入远程主机合法的 FTP 用户名及其密码，若采用匿名登录，则使用的 anonymous 密码一般为一个合法的电子邮件地址或其他任意字符(由服务器设定)。端口号的默认值是 21。

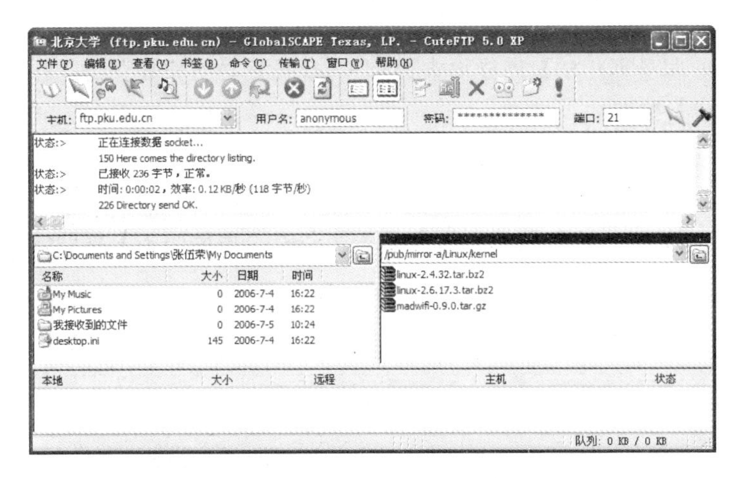

图 11-5　CuteFTP 的运行窗口

11.3　添加 FTP 服务

11.3.1　架设 FTP 服务器的需求和环境

安装 FTP 服务器之前，用户需要做一些必要的准备工作。

(1)　为服务器配置一个静态 IP 地址，但不能使用由 DHCP 动态分配的 IP 地址。

(2)　为了使用户能使用域名访问 FTP 站点，建议在 DNS 服务器中为站点注册一个域名。

(3)　为了使 FTP 站点具有更高的安全性，建议用户把存放 FTP 内容所在的驱动器格式化为 NTFS 文件系统。如果要限制用户上传文件的大小，还需启动磁盘配额。

11.3.2　安装 FTP 服务器角色

如果要允许用户在网站中上载或下载文件，就需要在 Web 服务器上安装 FTP 服务。默认情况下，在 IIS 8.0 上不会安装 FTP 服务。若要设置 FTP 站点，则必须先通过【服务器管理器】安装 FTP 服务，操作步骤如下。

(1)　选择【开始】→【管理工具】→【服务器管理器】命令，打开【服务器管理器】窗口，选择左侧的【角色】节点，在右侧的【角色摘要】中单击【添加角色】超链接，启动添加角色向导。

(2)　在【开始之前】向导页中提示此向导可以完成的工作，以及操作之前应注意的相关事项，单击【下一步】按钮。

(3)　在【选择服务器角色】向导页中显示所有可以安装的服务器角色。如果角色前面的复选框没有选中，则表示该网络服务尚未安装。如果已选中，说明该服务已经安装。 这里选中【Web 服务器(IIS)】复选框。

(4)　返回【选择服务器角色】向导页，【Web 服务器(IIS)】复选框已选中，单击【下一步】按钮。

(5) 在【Web 服务器(IIS)】向导页中显示 Web 服务器的简要介绍、注意事项和其他信息，单击【下一步】按钮。

(6) 打开【选择角色服务】向导页，在【角色服务】列表框中选中【FTP 服务器】复选框，打开【是否添加 FTP 发布服务所需的角色服务】对话框，在其中提示必须安装所需的角色服务才能安装 FTP 发布服务，单击【添加必需的角色服务】按钮，如图 11-6 所示。

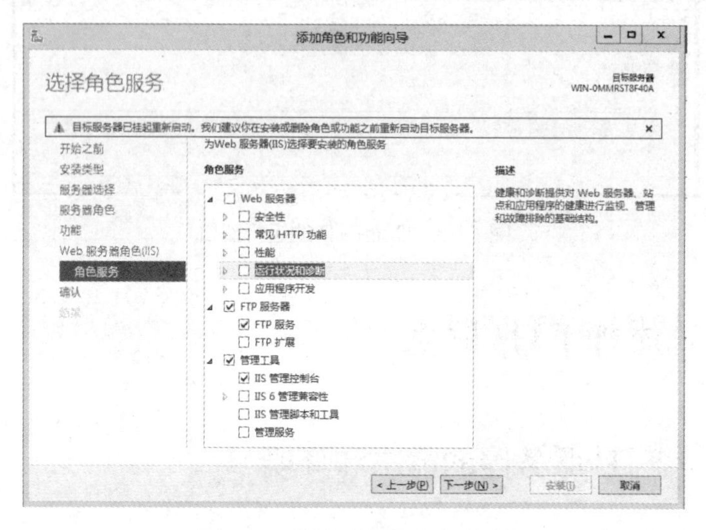

图 11-6　添加必需的角色服务

(7) 由于在安装 Web 服务器(IIS)角色服务时，系统会默认安装一些 Web 服务所必需的组件，如果所安装服务器仅作为 FTP 服务器而不提供 Web 服务，用户可取消选中【Web 服务器】角色服务前的复选框，单击【下一步】按钮。

(8) 在【确认安装所选内容】向导页中显示前面所进行的设置，如果选择错误，单击【上一步】按钮返回。如果正确，单击【安装】按钮，如图 11-7 所示。

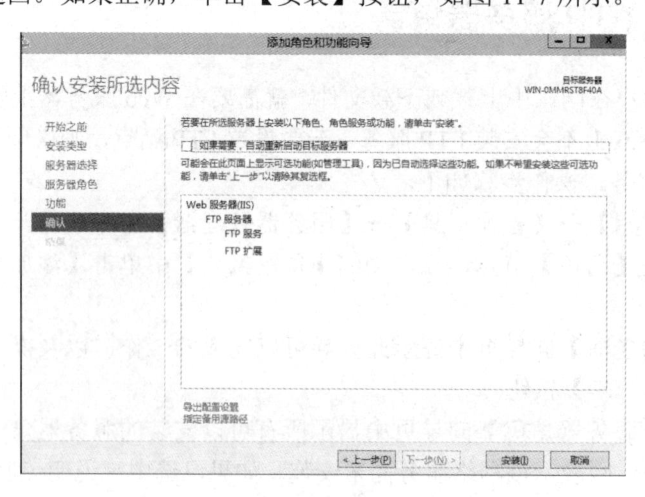

图 11-7　【确认安装所选内容】向导页

(9) 在【安装进度】向导页中显示服务器角色的安装过程。

(10) 在【安装结果】向导页中显示 FTP 角色服务已经成功安装，单击【完成】按钮，关闭【添加角色向导】对话框。

安装 FTP 服务时，系统会创建一个默认 FTP 站点，其主目录是%Systemdrive%\Inetpub\Ftproot。随后用户可以使用 IIS 8.0 管理器根据自己的需要自定义该站点。

11.3.3　FTP 服务的启动和测试

FTP 服务安装后，默认情况下不会启动该服务，用户需要手动启动。如果 FTP 服务之前已停止或暂停，也需要重新启动该服务。

1. 利用服务器管理器启动和停止 FTP 服务

(1) 选择【开始】→【管理工具】→【服务器管理器】命令，打开【服务器管理器】窗口，选择左侧的 IIS 节点。

(2) 在右侧的【服务】中找到 FTPSVC 服务并右击，在弹出的快捷菜单中选择【启动】命令，结果如图 11-8 所示。

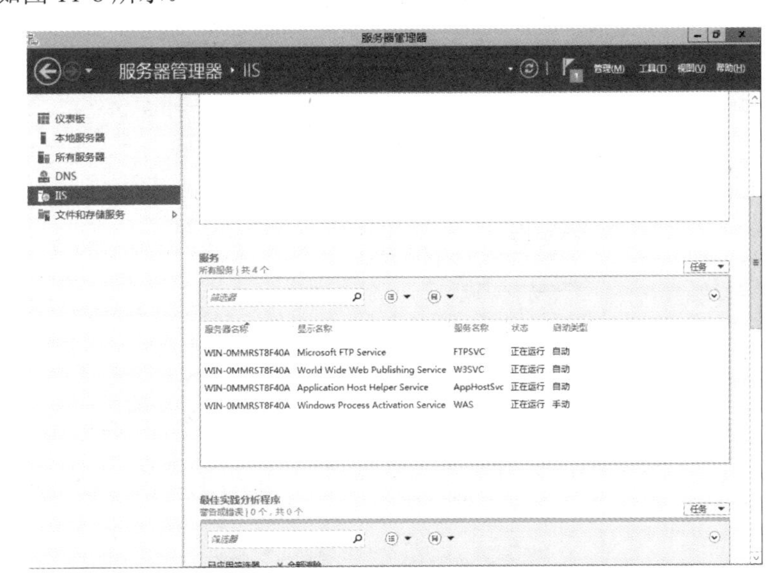

图 11-8　启动 FTP 服务

2. 利用服务管理控制台启动和停止 FTP 服务

(1) 选择【开始】→【管理工具】→【服务】命令，打开【服务】窗口，在右窗格中双击 Microsoft FTP Service 选项，如图 11-9 所示。

(2) 在【Microsoft FTP Service 的属性(本地计算机)】对话框中单击【启动】按钮，若要服务器启动后立即启动 FTP 服务，可在【启动类型】下拉列表中选择【自动】选项，单击【确定】按钮，如图 11-10 所示。

3. 测试 FTP 服务

(1) 向%Systemdrive%\Inetpub\Ftproot 文件夹复制一些文件。

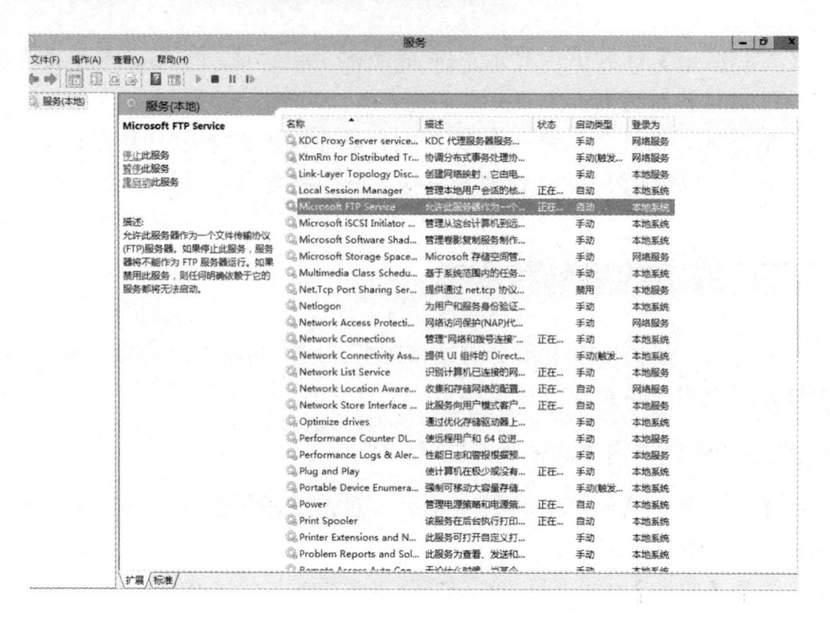

图 11-9　服务管理控制台

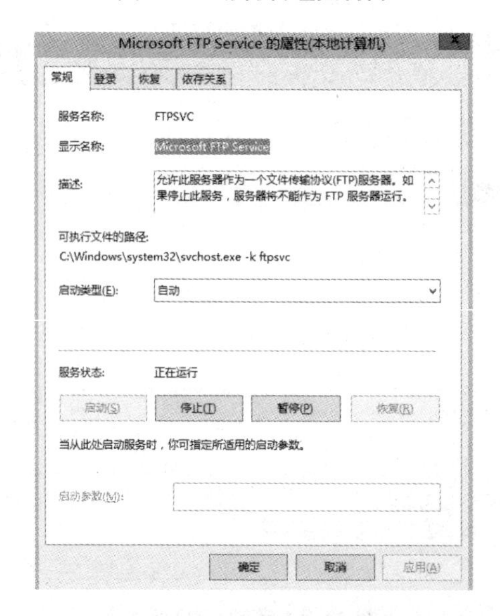

图 11-10　设置 FTP 服务开机后自动启动

(2) 在局域网中的另一台计算机(以 Windows 10 为例)上打开浏览器，在地址栏中输入“ftp://<服务器 IP 或域名>/”，即可看到刚才复制到 FTP 服务根目录文件夹中的文件，如图 11-11 所示。

(3) 若看不到文件，并出现【FTP 文件夹错误】对话框，则有可能是客户端的 IE 属性配置不同造成的，如图 11-12 所示。

(4) 若要解决上述问题，打开【Internet 选项】对话框，切换到【高级】选项卡，取消选中【使用被动 FTP(用于防火墙和 DSL 调制解调器的兼容)】复选框，单击【确定】按钮，如图 11-13 所示。

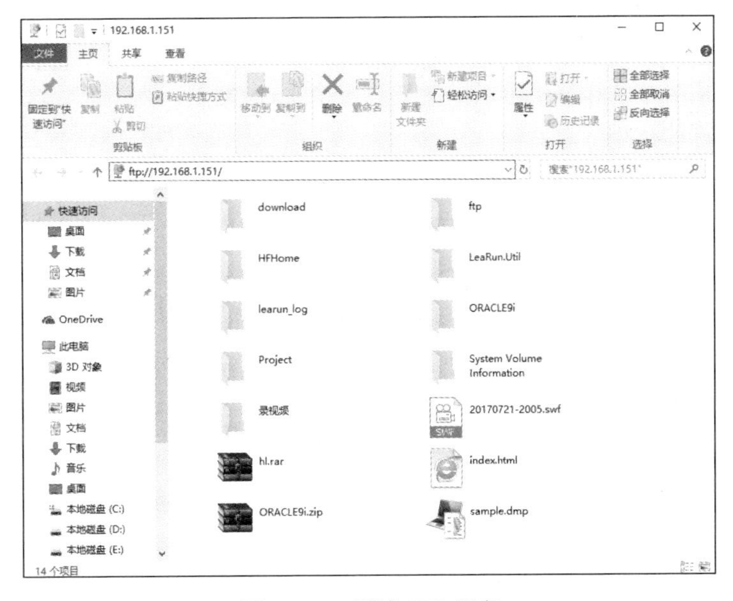

图 11-11　测试 FTP 服务

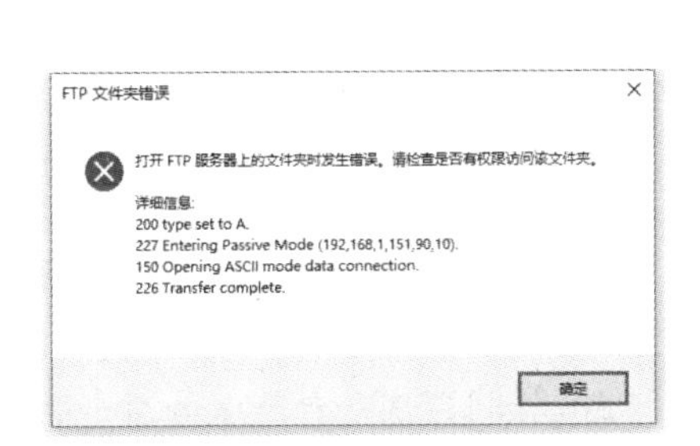

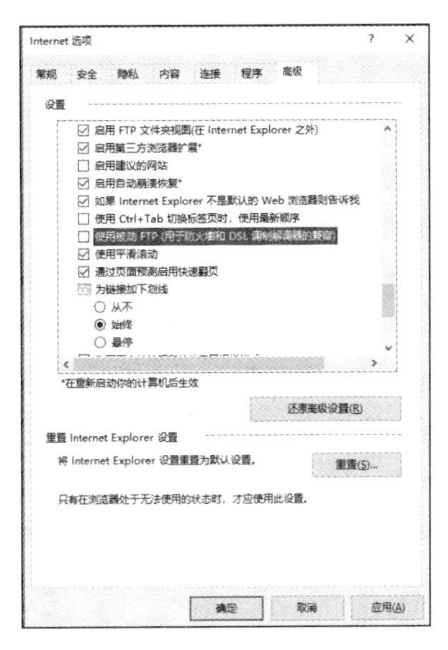

图 11-12　【FTP 文件夹错误】对话框　　　　图 11-13　【Internet 选项】对话框

至此，一个 FTP 站点就创建完毕了，下面的任务是丰富 FTP 站点的内容。

11.4　配置和管理 FTP 站点

11.4.1　配置 FTP 服务器的属性

为了更好地管理 FTP 服务器，需要对其进行适当的配置。

1. 设置 FTP 站点标识、连接限制、日志记录

一台安装 IIS 组件的计算机可以同时架设多个 FTP 站点，为了区分这些站点，需要给每个站点设置不同的标识信息。

(1) 打开【Internet Information Services(IIS)8.0 管理器】窗口，右击服务器节点，打开【添加 FTP 站点】对话框，在【FTP 站点名称】文本框中输入“Default FTP Site”，单击【下一步】按钮，如图 11-14 所示。

(2) 在【绑定和 SSL 设置】界面，设置 FTP 站点侦听的 IP 地址和 TCP 端口号，以及 SSL 相关设置，如图 11-15 所示。

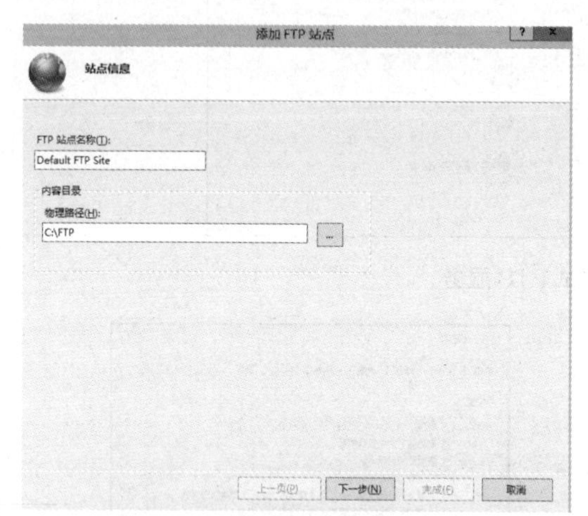

图 11-14　IIS 8.0 控制台

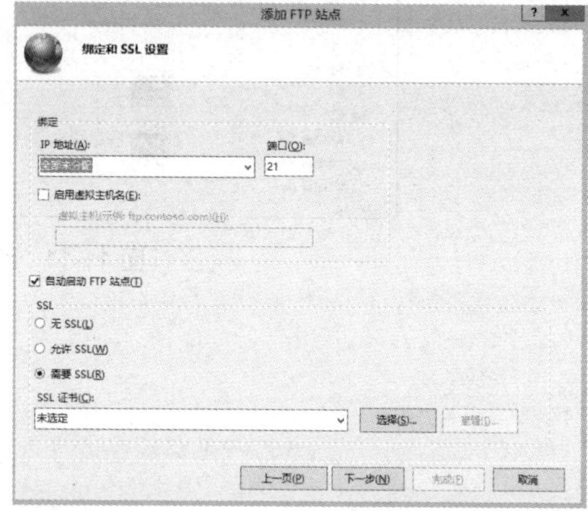

图 11-15　【绑定和 SSL 设置】界面

- IP 地址：Windows Server 2012 操作系统中允许安装多块网卡，且每块网卡可以绑定多个 IP 地址。在【IP 地址】文本框中输入信息，使 FTP 客户端只能利用设置的这个 IP 地址访问该 FTP 站点。
- TCP 端口：指定用户与 FTP 服务器进行连接并访问的端口号，默认的端口号为 21。服务器也可设置一个任意的 TCP 端口号，若更改了 TCP 端口号，客户端在访问 FTP 站点时需要在 URL 之后加上这个端口号，否则无法与 TCP 连接。

(3) 设置 FTP 连接限制。由于服务器配置、性能等的差别，有些服务器不能满足大访问量的需求，往往造成超时甚至死机，因此需要设置连接限制。在【FTP 站点连接】选项组中有如下 3 个选项。

- 不受限制：该选项允许同时发生的连接数不受任何限制。
- 连接数限制为：该选项限制允许同时发生的连接数为某一个特定值，若超过这个特定值后，则其他用户将无法连接 FTP 服务器。
- 连接超时(秒)：当某条 FTP 连接在一段时间内没有反应时，服务器就自动断开该连接，以便及时释放被占的系统资源和网络带宽，减少系统资源和网络带宽资源的浪费，连接超时默认为 120 秒。

(4) 设置完毕后，单击【确定】或【应用】按钮，保存设置。

2．设置安全账户

FTP 站点有两种验证方式，分别是匿名 FTP 验证和基本 FTP 验证。在默认情况下，用户可以通过匿名账户(anonymous)登录 FTP 站点(密码是任意一个电子邮件地址)，也可以用正式的用户账户和密码登录 FTP 站点。

> 提示：在 IIS 计算机中并没有一个名称为 anonymous 的用户账户，实际上它使用的账户名称是 IUSR_计算机名，这个账户是在安装 IIS 时，系统自动创建的。

如果站点安全性要求较高，只允许正式的用户账户登录，而禁止用户匿名登录 FTP 站点，操作方法如下。

(1) 在 FTP 站点的功能视图中，找到【FTP 身份验证】图标，如图 11-16 所示。

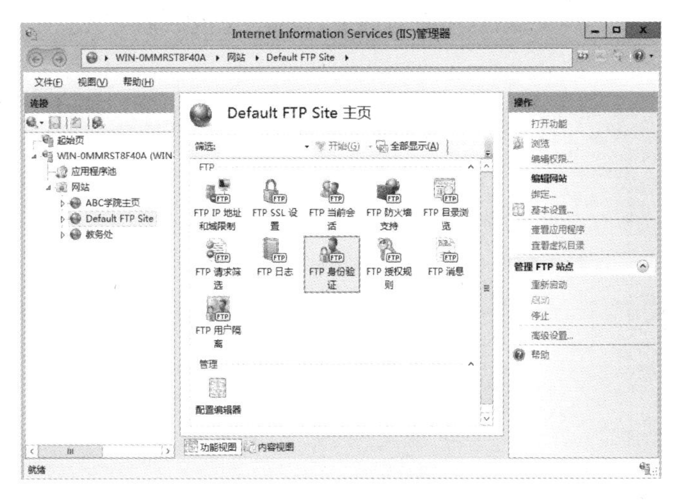

图 11-16　FTP 身份验证

(2) 选中【匿名身份验证】，单击右侧【禁用】按钮，匿名账户(anonymous)将无法登录 FTP 站点，如图 11-17 所示。

(3) 在客户机重新访问该 FTP 站点时，将自动打开【登录身份】对话框。输入正确的用户名和密码才能访问该 FTP 站点，如图 11-18 所示。

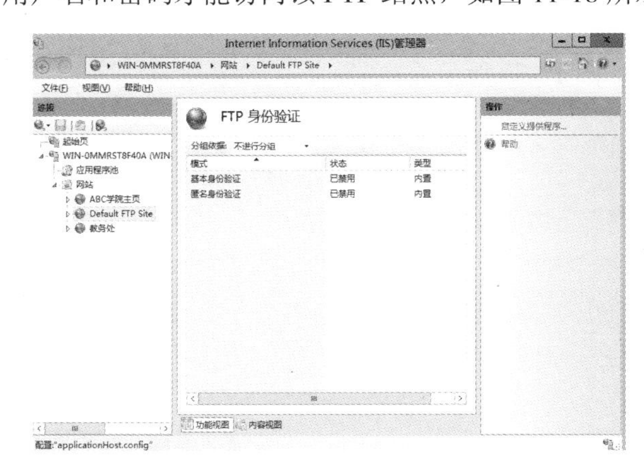

图 11-17　【FTP 身份验证】页面

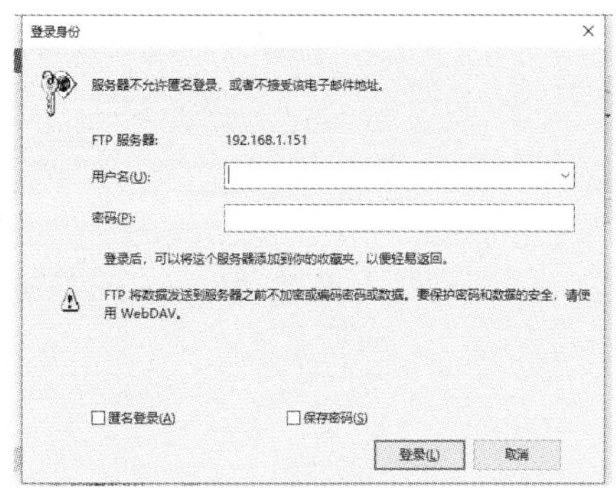

图 11-18　【登录身份】对话框

3．设置消息

用户访问 Internet 中的 FTP 网站时，通常都会在登录后出现欢迎信息，退出时也会显示提示信息，使用这种方式既是一种对企业网站的宣传，也更显得富有人情味。在 Windows Server 2012 的 FTP 服务器中可以设置此消息。设置与测试消息的操作步骤如下。

(1) 在 FTP 站点的功能视图中，单击【FTP 消息】按钮。

(2) 在每个文本框中填写相应的内容，单击【确定】或【应用】按钮，即可保存设置，如图 11-19 所示。

- 横幅：用户访问 FTP 站点时，首先看到文字，它通常是用来介绍 FTP 站点的名称和用途。
- 欢迎使用：用户登录成功后，看到欢迎词，它通常包含用户致意、使用该 FTP 站点时应注意的事项、站点所有者或管理的信息或联系方式、上载或下载文件的规则说明等。

图 11-19　FTP 消息

- 退出：用户退出时，看到欢送词，它通常为表达欢迎用户再次光临、向用户表示感谢之类的内容。
- 最大连接数：如果设置了 FTP 站点的最大连接数，当用户连接超过这个数目时，就会给提出连接请求的客户机发送一条错误信息。

(3) 利用 FTP 命令行访问 FTP 站点如图 11-20 所示。

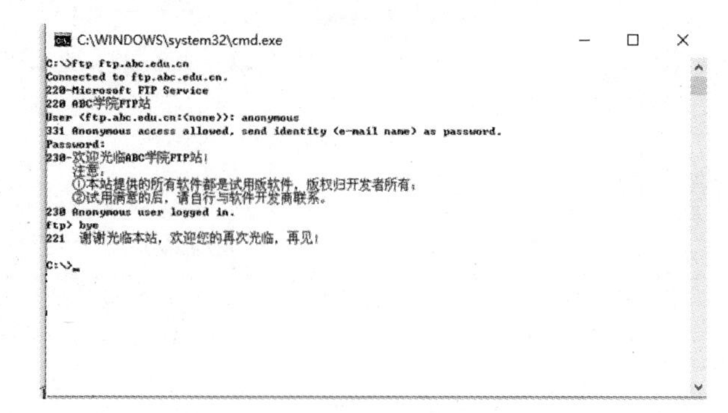

图 11-20　测试消息

(4) 当 FTP 站点的连接数目已经到达最大连接数时，若再有用户访问 FTP 站点，则出现错误画面，如图 11-21 所示。

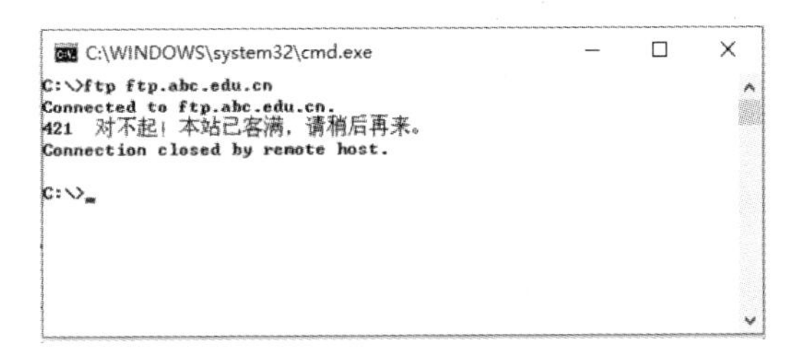

图 11-21　测试【最大连接数】消息

点评与拓展： 如果想看到如图 11-21 所示的画面，可以在 FTP 站点【高级设置】中将【最大连接数】设置为 1，保存后，同时启动两个命令行窗口来连接该 FTP 站点即可。注意：练习完成后，不要忘记将其改为原设置值。

4. 设置主目录

用户可以设置 FTP 站点的主目录位置、访问权限和目录列表样式。

(1) 在 FTP 站点右侧操作组中，单击【基本设置】超链接，如图 11-22 所示。

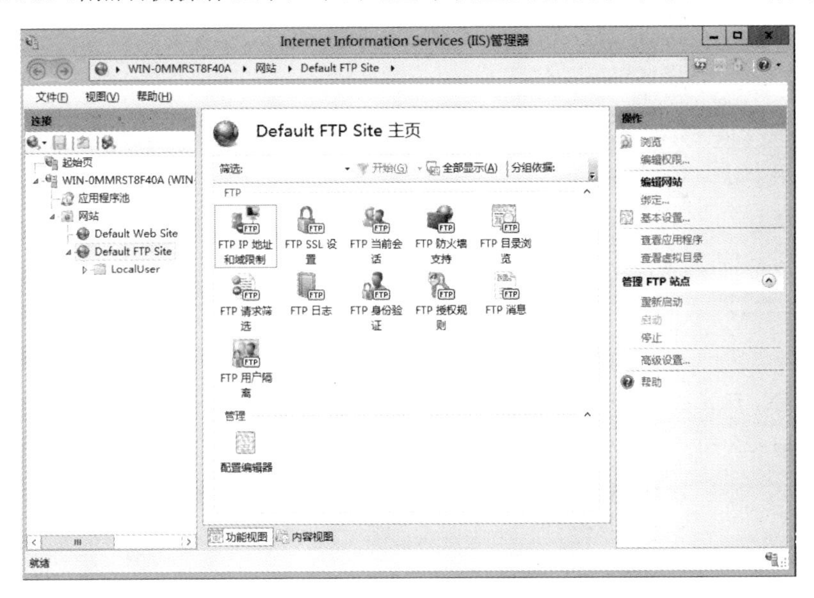

图 11-22　基本设置

(2) 设置主目录位置。FTP 站点的主目录可以在本地计算机中，也可以在其他计算机的共享文件夹中。

- 此计算机上的目录：在【物理路径】文本框中直接输入 FTP 站点主目录的路径，也可单击【浏览】按钮更改目录位置。
- 另一台计算机上的目录：将主目录指向另外一台计算机上的共享文件夹，在【物理路径】文本框中输入“\\计算机名\共享名目录名”，如图 11-23 所示。

为了保护 FTP 站点数据的安全，建议用户将 FTP 的发布根目录设置在非系统分区上，并且使用 NTFS 分区，这样不仅可以设置用户的访问权限，还可以使用磁盘配额功能限定用户使用磁盘空间的大小。

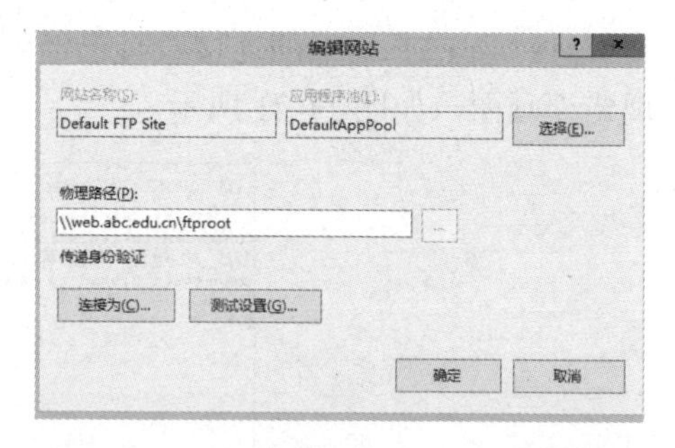

图 11-23　FTP 主目录放在另一台计算机上

(3) 设置 FTP 访问权限。在【FTP 站点】右侧的【操作】栏中，单击【编辑权限】超链接。

当赋予用户写入权限时，许多用户可能会向 FTP 服务器上传大量文件，从而导致磁盘空间迅速被占用，因此有必要限制每个用户写入的数据量。如果 FTP 的主目录处于 NTFS 卷上，那么 NTFS 文件系统的磁盘限额功能可以较好地解决此问题。NTFS 文件夹权限要优先于 FTP 站点权限，可以通过把多种权限设置组合在一起来保证 FTP 服务器的安全。

(4) 设置目录列表样式。在【FTP 目录六中】功能中设置利用 FTP 命令行访问 FTP 服务器时主目录列表的显示方式。

- MS-DOS 方式：该方式为默认方式，类似于在 DOS 下执行 dir 命令显示文件列表的方式，如图 11-24 所示。

```
命令提示符 - ftp ftp.abc.edu.cn
C:\>ftp ftp.abc.edu.cn
Connected to ftp.abc.edu.cn.
220 Microsoft FTP Service
User (ftp.abc.edu.cn:(none)): anonymous
331 Anonymous access allowed, send identity (e-mail name) as password.
Password:
230 Anonymous user logged in.
ftp> dir
200 PORT command successful.
150 Opening ASCII mode data connection for /bin/ls.
08-10-07  05:04PM                    0 readme.txt
08-01-07  09:44AM                52736 sconinst.exe
08-01-07  09:44AM                52224 setup.exe
03-25-07  08:07PM              2155888 setup6freewb.exe
08-01-07  09:44AM                72192 su6404.exe
03-27-03  08:00PM               269304 termsrv.chm
01-09-07  06:27AM              2275787 ttpsetup.exe
06-15-07  09:16AM              5403186 winwebmail.exe
08-10-07  05:04PM       <DIR>          音乐
226 Transfer complete.
ftp: 467 bytes received in 0.00Seconds 467000.00Kbytes/sec.
ftp> _
```

图 11-24　MS-DOS 方式

- UNIX 方式：类似于在 UNIX/Linux 下执行 ls 命令显示文件列表的方式，如图 11-25 所示。

```
命令提示符 - ftp ftp.abc.edu.cn
C:\>ftp ftp.abc.edu.cn
Connected to ftp.abc.edu.cn.
220 Microsoft FTP Service
User (ftp.abc.edu.cn:(none)): anonymous
331 Anonymous access allowed, send identity (e-mail name) as password.
Password:
230 Anonymous user logged in.
ftp> dir
200 PORT command successful.
150 Opening ASCII mode data connection for /bin/ls.
-r-xr-xr-x   1 owner    group               0 Aug 10 17:04 readme.txt
-r-xr-xr-x   1 owner    group           52736 Aug  1  9:44 sconinst.exe
-r-xr-xr-x   1 owner    group           52224 Aug  1  9:44 setup.exe
-r-xr-xr-x   1 owner    group         2155888 Mar 25 20:07 setup6freewb.exe
-r-xr-xr-x   1 owner    group           72192 Aug  1  9:44 su6404.exe
-r-xr-xr-x   1 owner    group          269304 Mar 27  2003 termsrv.chm
-r-xr-xr-x   1 owner    group         2275787 Jan  9  6:27 ttpsetup.exe
-r-xr-xr-x   1 owner    group         5403186 Jun 15  9:16 winwebmail.exe
dr-xr-xr-x   1 owner    group               0 Aug 10 17:04 音乐
226 Transfer complete.
ftp: 647 bytes received in 0.00Seconds 647000.00Kbytes/sec.
ftp> _
```

图 11-25　UNIX 方式

5. 设置目录安全性

通过对 IP 地址的限制，可以只允许(或禁止)某些特定的计算机访问该站点，从而避免外界恶意攻击。其设置方法如下。

(1) 在 FTP 站点的功能视图中，找到【FTP IP 地址和域限制】页面，如图 11-26 所示。

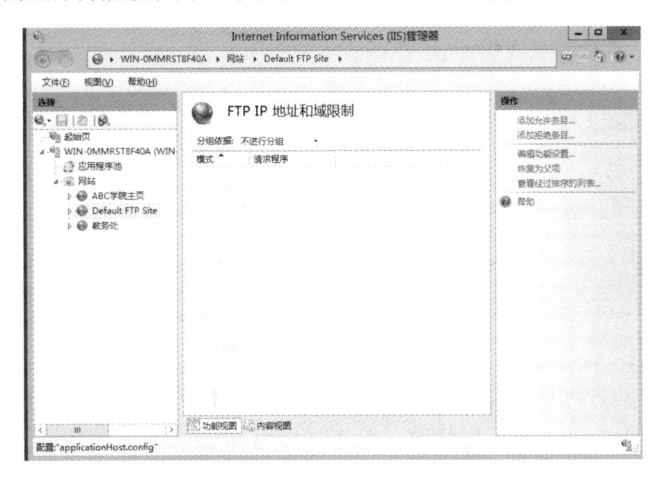

图 11-26　【FTP IP 地址和域限制】页面

(2) 有两种方式来限制 IP 地址的访问，分别是授权访问和拒绝访问。

◆ 授权访问：是指除列表中的 IP 地址的主机不能访问外，其他所有主机都可以访问该 FTP 站点，主要是用于给 FTP 服务器加入“黑名单”。

◆ 拒绝访问：是指除列表中的 IP 地址的主机能访问外，其他所有主机都不能访问该 FTP 站点，主要用于内部的 FTP，以防止外部主机访问该 FTP 站点。例如，ABC 学院的 FTP 站点只允许 ABC 学院内部用户进行访问，而不允许外部人员访问。双击【FTP IP 和域限制功能】，单击【添加允许条目】超链接，在打开的对话框中，设置【IP 地址范围】和【掩码】，如图 11-27 所示，只允许 222.190.64.0/24～222.190.71.0/24 这 8 个 C 类网段中的计算机访问该 FTP 站点。

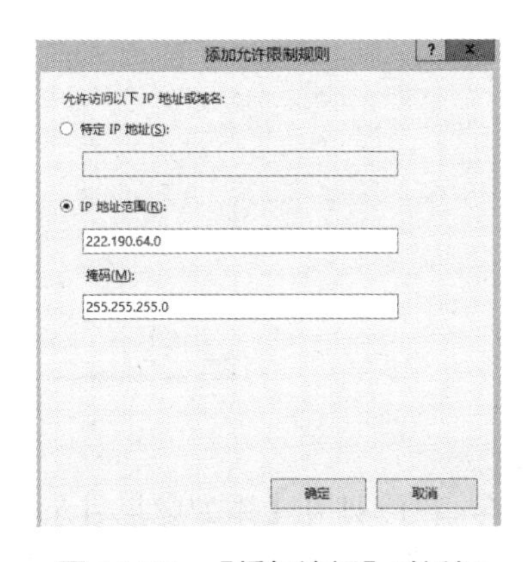

图 11-27　【授权访问】对话框

11.4.2　在 FTP 站点上创建虚拟目录

与 Web 站点一样，用户也可以为 FTP 站点添加虚拟目录。FTP 站点的虚拟目录不但可以解决磁盘空间不足的问题，也可以为 FTP 站点设置拥有不同访问权限的虚拟目录，从而更好地管理 FTP 站点。创建虚拟目录的操作步骤如下。

(1) 创建一个文件夹(如 C:\视频)，并向该文件夹中复制一些文件，如图 11-28 所示。

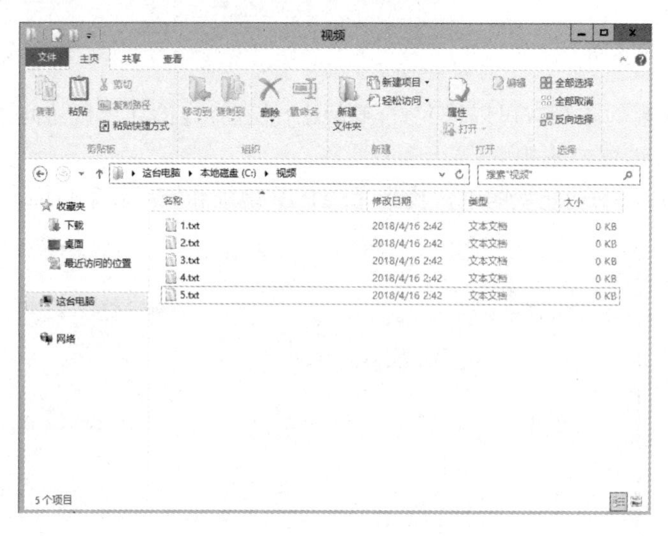

图 11-28　准备虚拟目录

(2) 选中 FTP 站点图标，单击右侧【操作】中的【查看虚拟目录】超链接，在弹出的对话框中单击【添加虚拟目录】超链接，如图 11-29 所示。

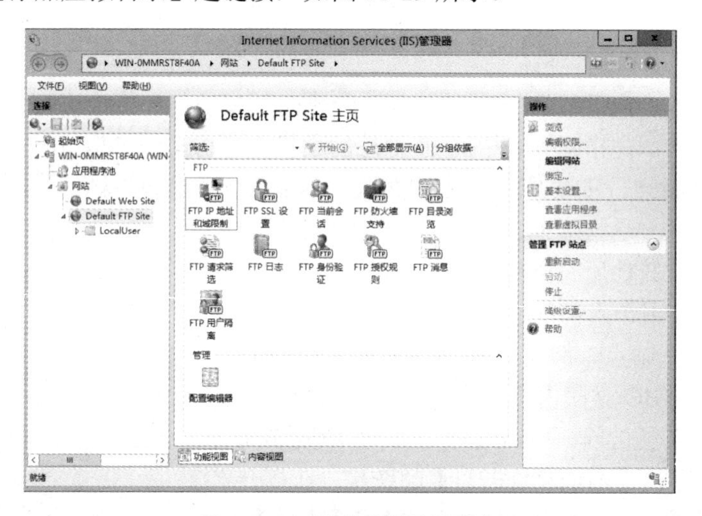

图 11-29　站点虚拟目录列表

(3) 打开【添加虚拟目录】对话框，在【别名】文本框中输入访问该目录时用的名字，如 video，设置【物理路径】，单击【确定】按钮，如图 11-30 所示。

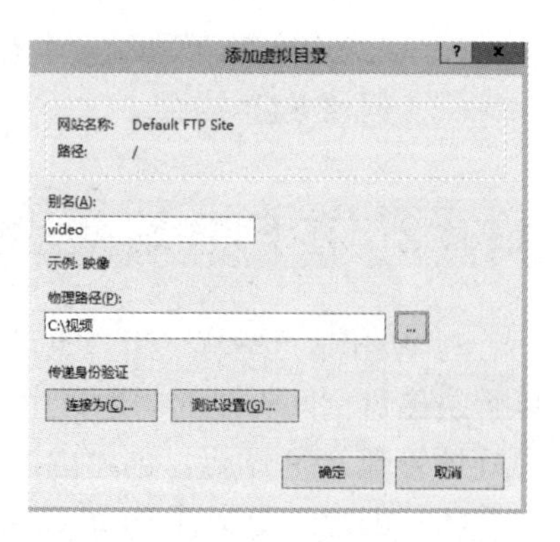

图 11-30　【添加虚拟目录】对话框

(4) 虚拟目录创建完成后，将显示在【Internet Information Services(IIS)管理器】窗口中，如图 11-31 所示。

(5) 在局域网中的另一台计算机(以 Windows 10 例)上打开浏览器，并在地址栏中输入“ftp://<服务器 IP 或域名>/<虚拟目录名>”，即可看到虚拟目录中的文件，如图 11-32 所示。

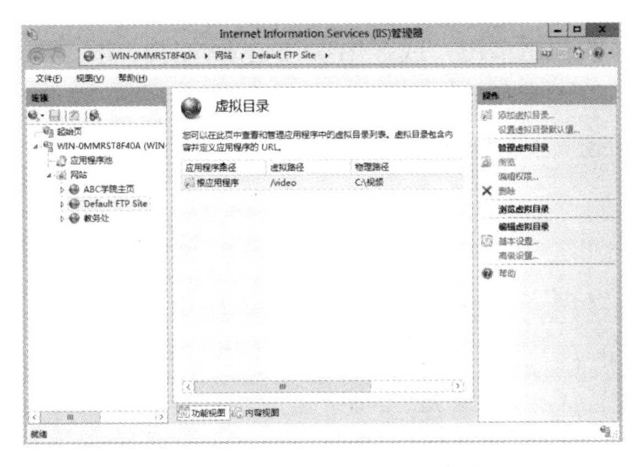

图 11-31　虚拟目录创建完成

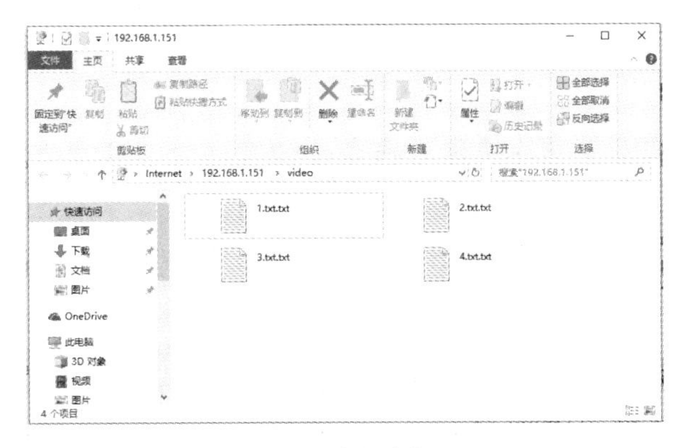

图 11-32　访问虚拟目录

11.4.3　查看 FTP 站点日志

查看 FTP 站点日志的操作步骤如下。

(1) 在 FTP 站点功能视图中，找到【FTP 日志】功能，打开后如图 11-33 所示。

(2) 在日志文件中，设置日志存放的路径，单击【选择 W3C 字段】按钮，在其中改变日志的记录格式，如图 11-33 所示。在【日志文件滚动更新】中，设置日志轮换策略等参数，如图 11-34 所示。

图 11-33　【FTP 日志】页面

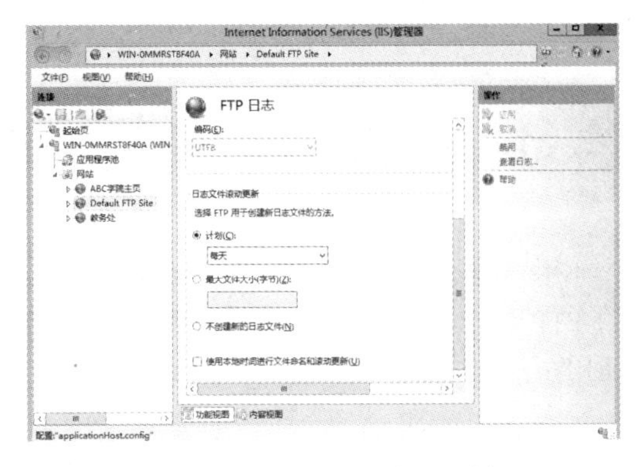

图 11-34　设置文件滚动更新

(3) 为了分析 FTP 的使用情况，或在出现安全事件时，用户可以打开 FTP 日志进行分析，如图 11-35 所示为 FTP 某天日志的内容。

ex100329.log - 记事本

文件(F) 编辑(E) 格式(O) 查看(V) 帮助(H)

```
#Software: Microsoft Internet Information Services 7.0
#Version: 1.0
#Date: 2010-03-29 09:17:38
#Fields: time c-ip cs-method cs-uri-stem sc-status sc-win32-status
09:17:38 222.190.68.3 [1]USER anonumoys 331 0
09:17:45 222.190.68.3 [1]PASS - 530 1326
09:17:52 222.190.68.3 [1]USER none 331 0
09:17:57 222.190.68.3 [1]PASS - 530 1326
09:18:59 222.190.68.3 [1]QUIT - 530 0
09:19:37 222.190.68.3 [2]USER anonymous 331 0
09:19:44 222.190.68.3 [2]PASS jojo@sohu.com 230 0
09:20:01 222.190.68.3 [3]USER anonymous 331 0
09:20:01 222.190.68.3 [3]PASS IEUser@sohu.com 230 0
09:20:01 222.190.68.3 [3]CWD / 250 0
09:20:14 222.190.68.3 [2]QUIT - 226 0
09:20:34 222.190.68.3 [4]USER anonymous 331 0
09:20:40 222.190.68.3 [4]PASS jojo@pbxy.mtn 230 0
09:21:25 222.190.68.3 [5]USER anonymous 331 0
09:21:25 222.190.68.3 [5]PASS IEUser@sohu.com 230 0
09:21:25 222.190.68.3 [5]CWD / 250 0
09:23:14 222.190.68.3 [4]closed - 421 121
09:24:14 222.190.68.3 [5]closed - 421 121
```

图 11-35　FTP 日志

11.4.4　在 FTP 站点上查看 FTP 会话

在 FTP 站点功能视图中，找到【FTP 当前会话】按钮，对话框中列出了所有当前连接的用户，如图 11-36 所示。

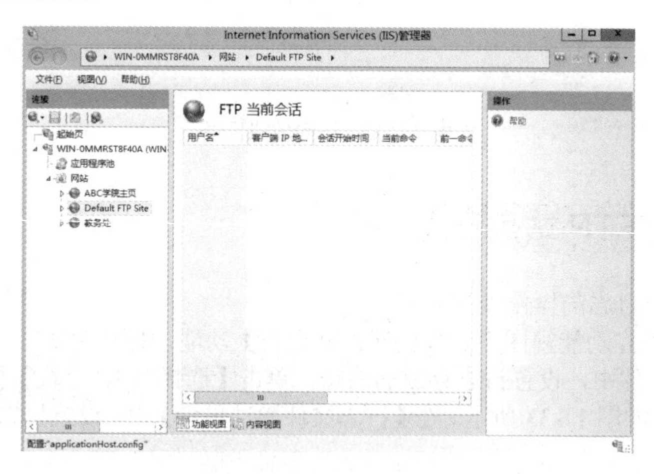

图 11-36　FTP 当前会话

11.5　架设用户隔离模式的 FTP 站点

"用户隔离"是 IIS 8.0 中包含的 FTP 组件中的一项新增功能。配置成"用户隔离"模式的 FTP 站点可以使用户登录后直接进入属于该用户的目录中，且该用户不能查看或修改其他用户的目录。

1．创建用户账户

为了演示用户隔离模式 FTP 站点，先利用【计算机管理】控制台创建两个用户账户，分别是 Bob 和 Henry，如图 11-37 所示。

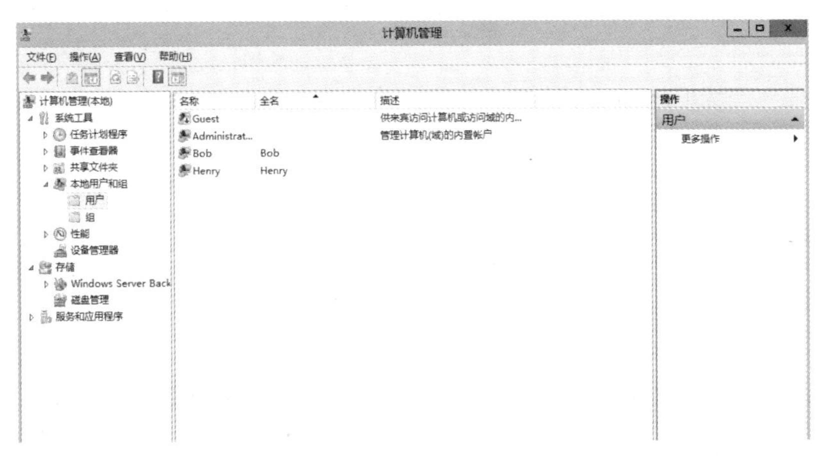

图 11-37 创建用户账户

2. 规划目录结构

用户隔离模式的 FTP 站点对目录的名称和结构有一定的要求，操作步骤如下。

(1) 在一个 NTFS 分区中创建一个文件夹作为 FTP 站点的主目录(如 C:\ftp)，然后在主目录中创建一个名为 LocalUser 的子文件夹。最后，在 LocalUser 文件夹下创建一个名为 Public 的文件夹作为匿名用户的主目录，创建若干个与用户账户名称相一致的文件夹，这些文件夹分别作为相应用户的主目录，如图 11-38 所示。

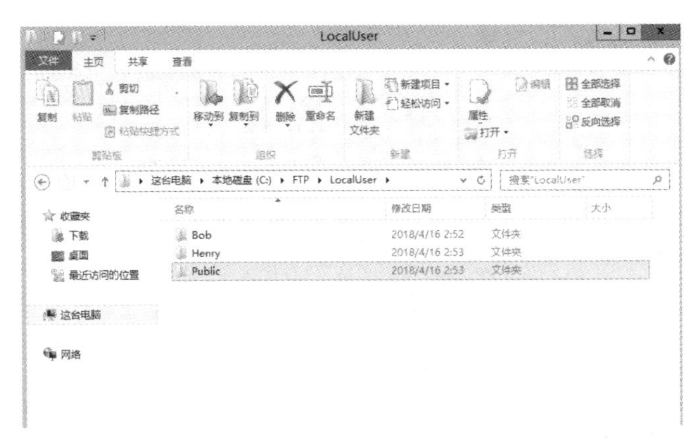

图 11-38 规划目录结构

> **提示：** 隔离模式 FTP 站点的主目录必须创建在 NTFS 分区中，这是因为只有 NTFS 分区才能控制文件夹的访问权限。

(2) 修改与用户账户名称相一致的文件夹的安全属性，使该用户对文件夹具有【完全控制】权限。用户 Henry 对 C:\ftproot\LocalUser\Henry 文件夹具有【完全控制】权限，如图 11-39 所示。

(3) 在 Public 文件夹和每个用户的主目录文件夹中创建一些测试文件，以示区别，如图 11-40 所示。

图 11-39 设置文件夹安全权限

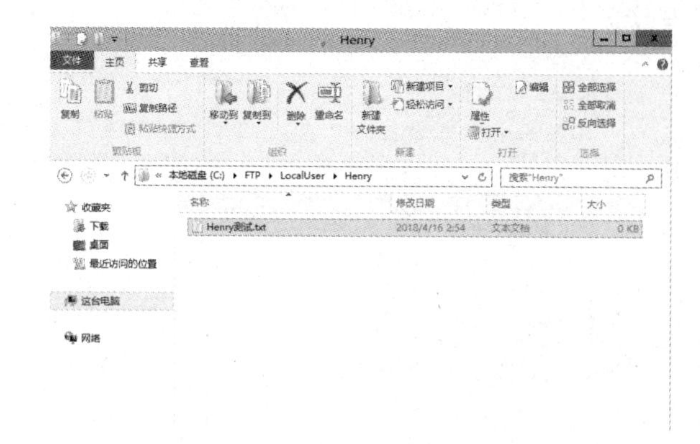

图 11-40 创建测试文件

3. 创建 FTP 站点

(1) 选择【开始】→【管理工具】→【Internet 服务(IIS 8.0)管理器】命令，打开 IIS 8.0 管理器，展开控制树中的【FTP 站点】。

(2) 创建新 FTP 站点前一定要删除或停止“默认 FTP 站点”，否则新创建的 FTP 站点将无法正常启动。选择【默认 FTP 站点】节点，单击工具栏中的×或■按钮，将已存在的 FTP 站点删除或停止，如图 11-41 所示。

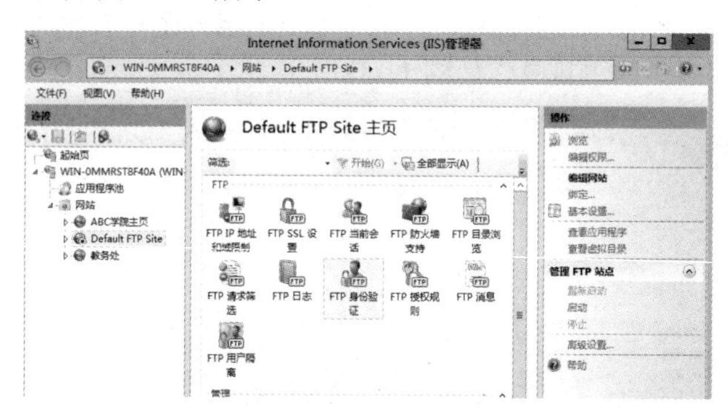

图 11-41 删除/停止默认 FTP 站点

(3) 右击左侧的【网站】图标，在弹出的快捷菜单中选择【添加 FTP 站点】命令，如图 11-42 所示。

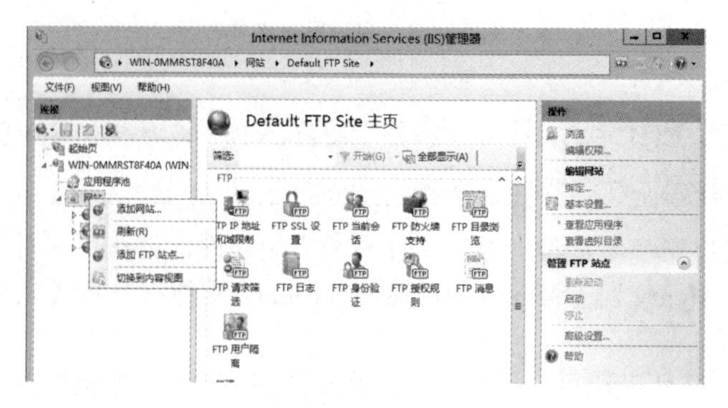

图 11-42 选择【添加 FTP 站点】命令

(4) 打开【FTP 站点创建向导】欢迎界面，单击【下一步】按钮。

(5) 在【站点信息】向导页中输入 FTP 站点名称，设置物理路径，单击【下一步】按钮，如图 11-43 所示。

(6) 在【绑定和 SSL 设置】向导页中为 FTP 服务指定 IP 地址和端口号。IP 地址保留默认设置，端口号也保留默认设置的 21，单击【下一步】按钮，如图 11-44 所示。

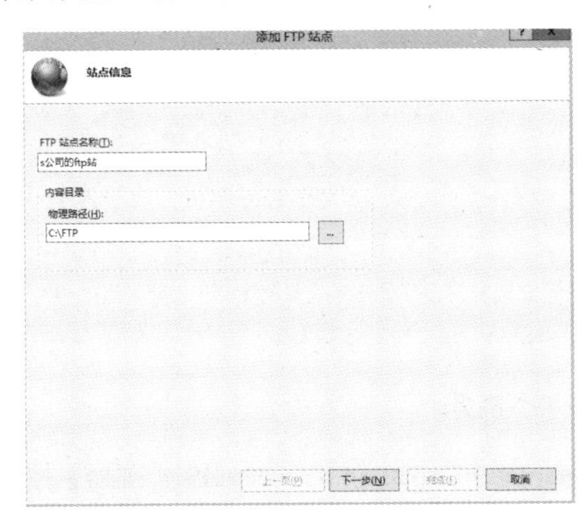

图 11-43　【站点信息】向导页

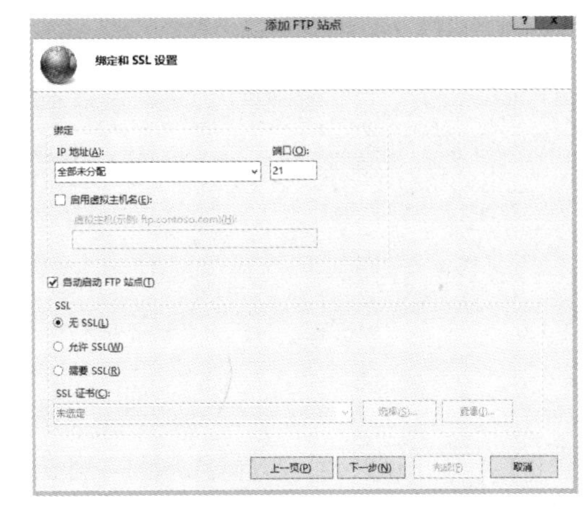

图 11-44　【绑定和 SSL 设置】向导页

(7) 在【身份验证和授权信息】向导页中设置身份验证、授权以及权限，单击【完成】按钮，如图 11-45 所示。

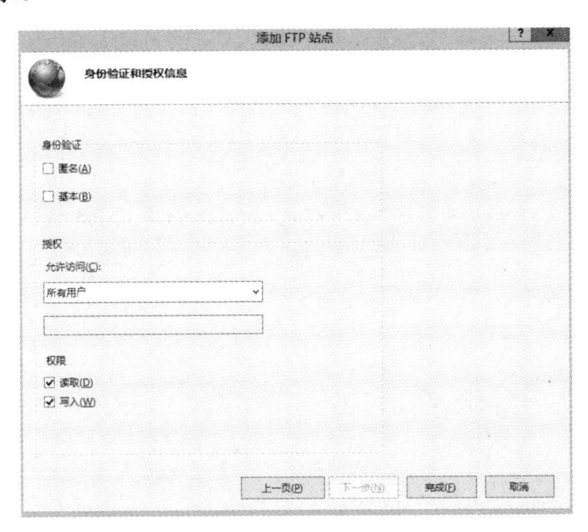

图 11-45　【身份验证和授权信息】向导页

(8) 在 FTP 站点功能视图中，单击【FTP 用户隔离】按钮，打开【FTP 用户隔离】页面。如果隔离用户，则每个用户都只能访问各自的文件目录，相当于为每个用户建立了一个网络硬盘。若选择【隔离用户，将用户局限于以下目录】中的【在 Active Directory 中配置的 FTP 主目录】，则只有活动目录中的用户才可以访问此 FTP 站点。若要创建一个公共的 FTP 站点，则不隔离用户，选中【不隔离用户，在以下目录中启动用户会话】中的【FTP 根目录】或者【用户名目录】皆可。这里选择【隔离用户，将用户局限于以下目录】中的

【用户名目录(禁用全局虚拟目录)】后，单击【应用】按钮，如图 11-46 所示。

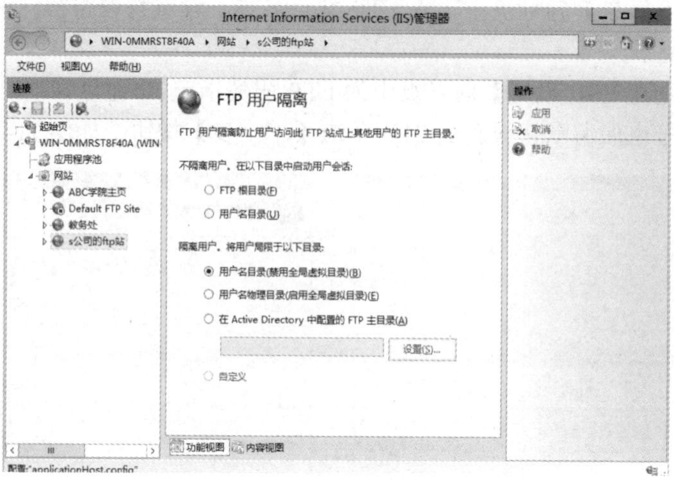

图 11-46　FTP 用户隔离

(9) FTP 站点创建、设置完成后，将在【Internet Information Services(IIS)管理器】控制台中显示该站点。

4．登录 FTP 站点

用户隔离模式 FTP 站点创建好后，就可以测试该 FTP 站点了，其测试方法如下。

(1) 在局域网中的另一台计算机(以 Windows 10 为例)上打开浏览器，在地址栏中输入“ftp://<服务器 IP 或域名>/”，看到“C:\ftproot\LocalUser\Public”文件夹中的文件，当前以匿名用户登录到 FTP 站点中，如图 11-47 所示。

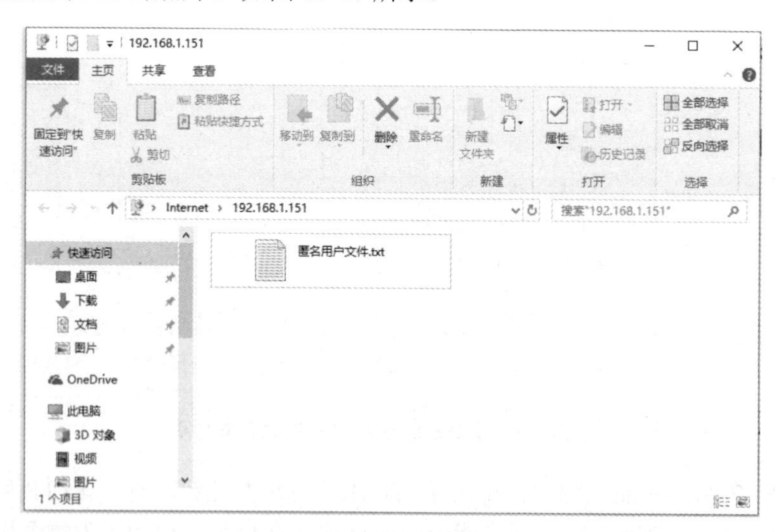

图 11-47　匿名用户登录

(2) 在浏览器窗口中选择【文件】→【登录】命令，打开【登录身份】对话框，在对话框中输入用户名和密码，单击【登录】按钮，如图 11-48 所示。

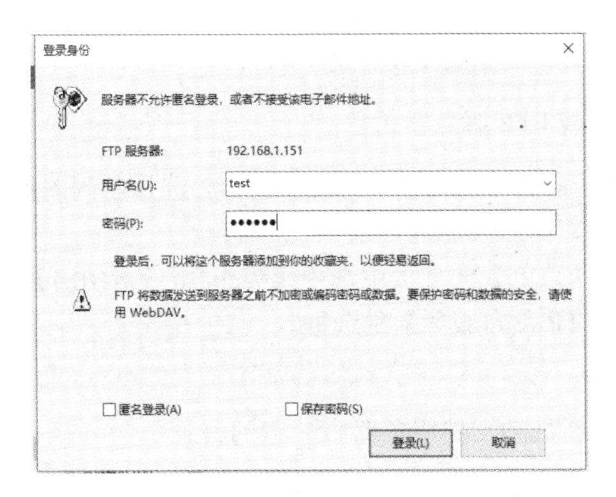

图 11-48　【登录身份】对话框

(3) 可看到 C:\ftproot\ LocalUser\Test 文件夹中的内容，如图 11-49 所示。

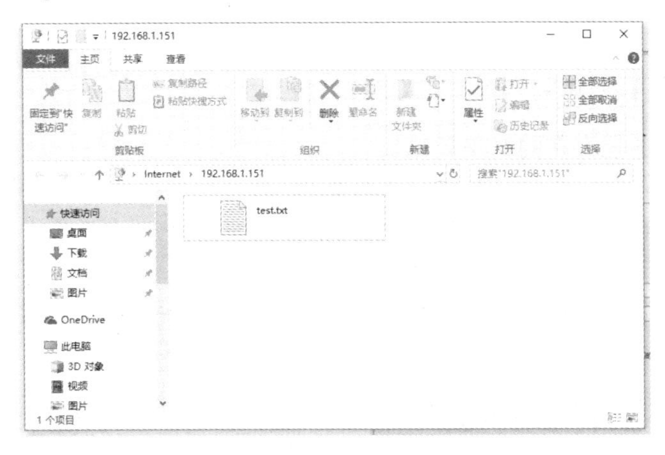

图 11-49　真实身份登录

点评与拓展： 用户登录分为以下 3 种情况。

① 如果以匿名用户的身份登录，则登录成功以后只能在 Public 目录中进行读写操作。

② 如果是以某一个合法用户的身份登录且有自己的主目录，则该用户只能在属于自己的目录中进行读/写操作，且无法看到其他用户的目录和 Public 目录。

③ 没有自己主目录的合法用户，不能使用其账户登录 FTP 站点，只能以匿名用户的身份登录。

11.6　回到工作场景

通过 11.2～11.6 节内容的学习，应掌握 FTP 客户端的使用方法， Windows Server 2012 的 FTP 服务器的安装、配置和管理方法以及架设用户隔离模式 FTP 站点的方法。下面将回到 11.1 节介绍的工作场景中，完成工作任务。

【工作过程一】安装 FTP 服务器角色

(1) 在文件服务器上打开【服务器管理器】窗口，选择左侧的【角色】节点，单击【添加角色】超链接，启动添加角色向导。

(2) 在【选择服务器角色】向导页中选中【Web 服务器(IIS)】复选框。在【选择角色服务】向导页中选中【FTP 发布服务】复选框。

(3) 启动 FTP 服务。

【工作过程二】重新规划文件服务器中 E 盘的目录

(1) 在一个 E 盘中创建一个文件夹作为 FTP 站点的主目录(如 E:\ftproot)。

(2) 在 FTP 站点的主目录中创建一个名为 LocalUser 的子文件夹，并将用户文件夹全部移动到该目录下。

(3) 在 LocalUser 文件夹下创建一个名为 Public 的文件夹作为匿名用户的主目录。

【工作过程三】创建用户隔离模式 FTP 站点

(1) 删除或停止已存在的 FTP 站点。

(2) 右击左侧的【FTP 站点】节点，在弹出的快捷菜单中选择【新建】→【FTP 站点】命令，打开 FTP 站点创建向导，创建一个用户隔离模式 FTP 站点，并将 FTP 站点主目录指向新创建的文件夹，FTP 站点访问权限设置为读取和写入。

(3) 创建虚拟目录。将 D 盘的文件夹作为虚拟目录发布到 FTP 站点中。

11.7 工作实训营

11.7.1 训练实例

【实训环境和条件】

(1) 网络环境或 VMware Workstation 7.0 虚拟机软件。

(2) 安装有 Windows Server 2012 的物理计算机或虚拟机(充当域控制器)。

(3) 安装有 Windows 7/10 的物理计算机或虚拟机(充当域客户端)。

【实训目的】

通过上机练习，学员应该熟悉 FTP 服务器的工作原理，掌握 Windows Server 2012 的 FTP 服务的安装方法，掌握 FTP 服务的基本设置和身份验证的方法，掌握 FTP 服务器安全配置。

【实训内容】

(1) 安装 FTP 服务器角色。

(2) 配置和管理 FTP 站点属性。

(3) 在 FTP 站点上创建虚拟目录。

(4) 创建用户隔离模式 FTP 站点。

【实训过程】

(1) 安装 FTP 服务器角色。

① 在服务器上打开【服务器管理器】窗口，选择左侧的【角色】节点，单击【添加角色】超链接，启动添加角色向导。

② 在【选择服务器角色】向导页中选中【Web 服务器(IIS)】复选框。

③ 在【选择角色服务】向导页中选中【FTP 发布服务】复选框。

④ 启动 FTP 服务。打开【服务】管理控制台，在右窗格中双击 FTP Publishing Service 选项，在【FTP Publishing Service 的属性(本地计算机)】对话框中单击【启动】按钮，即可启动 FTP 服务。若要服务器启动后，立即启动 FTP 服务，在【启动类型】下拉列表中选择【自动】选项，单击【确定】按钮，保存设置。

⑤ 向%Systemdrive%\Inetpub\Ftproot 文件夹中复制一些文件。

⑥ 在 FTP 客户机上打开浏览器，在地址栏中输入“ftp://<服务器 IP 或域名>/”，测试 FTP 服务是否安装成功，以及是否已启动。

(2) 配置和管理 FTP 站点属性。

① 打开 FTP 站点的属性对话框，切换到【安全账户】选项卡，客户机重新访问该 FTP 站点时，将自动打开【登录身份】对话框。

② 打开 FTP 站点的属性对话框，切换到【消息】选项卡，分别设置【横幅】【欢迎】【退出】、【最大连接数】。利用 FTP 命令行访问 FTP 站点，用户可以查看登录和退出时提示信息。

③ 打开 FTP 站点的属性的对话框，切换到【主目录】选项卡，设置目录列表样式。利用 FTP 命令行访问 FTP 服务器，并使用 ls 命令查看结果。

④ 打开 FTP 站点的属性的对话框，切换到【目录安全性】选项卡，选中【授权访问】单选按钮，将 FTP 客户机的 IP 地址加入到黑名单中。在 FTP 客户机上访问 FTP 服务器，并查看结果。

(3) 在 FTP 站点上创建虚拟目录。

① 创建一个文件夹，并向该文件夹中复制一些文件。

② 选中 FTP 站点图标，在右窗格中的空白处右击，在弹出的快捷菜单中选择【新建】→【虚拟目录】命令，利用【虚拟目录创建向导】创建一个 FTP 虚拟目录。

③ 在 FTP 客户机上打开浏览器，在地址栏中输入“ftp://<服务器 IP 或域名>/<虚拟目录名>”，并查看结果。

(4) 创建用户隔离模式 FTP 站点。

① 创建 2～3 个测试用户账户。

② 规划目录结构。在一个 NTFS 分区中创建一个文件夹作为 FTP 站点的主目录，在主目录中创建一个名为 LocalUser 的子文件夹。最后，在 LocalUser 文件夹下创建一个名为 Public 的文件夹作为匿名用户的主目录，创建若干个与用户账户名称相一致的文件夹，这些文件夹分别作为相应用户的主目录。

③ 在 Public 文件夹和每个用户的主目录文件夹中创建一些测试文件。

④ 删除或停止已存在的 FTP 站点。

⑤ 右击【FTP 站点】图标，在弹出的快捷菜单中选择【新建】→【FTP 站点】命令，打开【FTP 站点创建向导】，创建一个隔离用户的 FTP 站点。

⑥ 在 FTP 客户机上打开浏览器，在地址栏中输入“ftp://<服务器 IP 或域名>/”，分别以匿名方法、合法用户方式访问 FTP 站点，并查看结果。

11.7.2 工作实践常见问题解析

利用 IIS 建立 FTP 服务器虽然简单，但出现的问题也很多。例如，一些小问题导致无法连接到 FTP 服务器，或者连接到服务器又无法下载文件等。主要问题集中在两点，分别是传输模式的问题和权限问题，下面列出了一些故障现象及其解决办法。

【问题 1】登录 FTP 时已经通过身份验证，即输入了用户名和密码，但总列不出目录。

【答】FTP 有两种登录模式，既然能通过身份验证，但不能显示共享目录，就是工作模式的问题，用户只需要将登录工具的主动模式改为被动模式即可。

【问题 2】部分用户只能使用 FTP 工具登录 FTP 服务器，而不能用浏览器登录。

【答】最主要还是工作模式的选择问题。不过还有一种情况就是用户的密码中包含有“:”或“@”字符，因为在浏览器中“:”用于分隔用户名和密码，“@”用于连接密码与服务器 IP 地址。如果仍然希望用浏览器登录，就必须修改用户密码。

【问题 3】访问客户机时，一直停留在登录界面，单击【登录】按钮无效。

【答】出现该问题时，可能由以下几个原因造成。

(1) FTP 服务器禁用了 IUSR_Computername 用户。由于登录 FTP 服务器要通过这个用户，而服务器禁用了这个用户，导致客户机无法连接到 FTP 服务器，解决办法是在服务器上启用该用户。

(2) FTP 管理器中将 ISUR-Computername 用户密码设置错误。解决办法是修改 ISUR-Computername 用户的密码。然后打开 FTP 站点的属性对话框，在【安全账户】选项卡中设置 ISUR-Computername 用户密码。

(3) FTP 站点目录在 NTFS 分区上，没有给 ISUR-Computername 用户读的权限，解决办法是在 FTP 主目录上添加 ISUR-Computername 用户读的权限。

(4) 用户的连接数超过了 FTP 服务器上【连接数限制为】设置的最大数。解决办法是将【连接数限制为】的数值设置得大一些。

【问题 4】访问客户机时，出现错误提示框，提示错误 550，过后再访问又停留在登录界面。

【答】该问题可能是 FTP 服务器拒绝了此 IP 地址登录，解决办法是在 IIS 中将此 IP 地址设置为许可。

【问题 5】客户机能访问 FTP 站点，但不能上传文件，上传时出现错误提示框。

【答】出现该问题时，可能由以下几个原因造成。

(1) 在 IIS 中设置为只有读取权限，没有写入权限。解决办法是在 IIS 中给用户添加写入的权限。

(2) 默认情况下，匿名用户只有访问权限，没有上传权限。用户可以在 IIS 管理器上和 FTP 服务器上(FTP 站点目录)给 ISUR-Computername 用户写入的权限。

(3) 受 NTFS 权限的限制。

11.8　习题

一、填空题

1. 在 FTP 服务器上用户一般会建立两类连接，分别是________和________。
2. WWW 网站的 TCP 端口默认为________，FTP 服务器的端口默认为________。
3. 在 Internet Information Services(IIS)管理器中，设置 FTP 站点的访问权限有________和________。

二、选择题

1. 匿名 FTP 访问通常使用________作为用户名。
   A. Guest　B. Email 地址　C. anonymous　D. 主机 ID
2. 在 Windows 操作系统中可以通过安装________组件来创建 FTP 站点。
   A. IIS　B. IE　C. POP3　D. DNS
3. 下面软件不能用作 FTP 的客户端是________。
   A. IE 浏览器　B. Lead Ftp　C. Cute Ftp　D. ServU
4. 一次下载多个文件用________命令。
   A. mget　B. get　C. put　D. send
5. 关于匿名 FTP 服务，说法正确的是________。
   A. 登录用户名为 anonymous
   B. 登录用户名为 Guest
   C. 用户有完全的上传/下载文件的权限
   D. 可利用 Gopher 软件查找某个 FTP 服务器上的文件
6. 下列选项中哪个不属于 FTP 站点的安全设置________。
   A. 读取　B. 写入　C. 记录访问　D. 脚本访问
7. 在一台 Windows Server 2012 计算机上实现 FTP 服务，在一个 NTFS 分区上创建了主目录，允许用户进行下载，并允许匿名访问。但 FTP 的用户报告不能下载服务器上的文件，通过检查发现这是由于没有设置 FTP 站点主目录的 NTFS 权限造成的，为了让用户能够下载这些文件并最大限度地实现安全性，应该如何设置 FTP 站点主目录的 NTFS 权限？________
   A. 设置 Everyone 组具有完全控制的权限
   B. 设置用户账户 IUSR_Computername 具有读取的权限
   C. 设置用户账户 IUSR_Computername 具有完全控制的权限
   D. 设置用户账户 IWAM_Computername 具有读取的权限

8. 在一台 Windows Server 2012 计算机上创建一个 FTP 站点，为用户提供文件下载服务。FTP 的客户报告说，当他们访问 FTP 服务器进行下载时，速度非常慢。通过监视发现，来自某一个 IP 地址的用户长时间访问服务器，决定暂时停止为该用户提供 FTP 服务，以提高对其他用户的服务质量，应该如何做？________

A. 在 FTP 服务器上设置 TCP/IP 过滤此 IP 地址

B. 在 FTP 服务器上设置取消匿名用户访问

C. 在 FTP 服务器上设置另外一个端口提供 FTP 服务

D. 在 FTP 服务器属性对话框的目录安全性选项卡中设置拒绝此 IP 地址访问，然后重新启动 FTP 站点。

9. FTP 服务使用的端口是________。

A．21　　B．23　　C．25　　D．53

参 考 文 献

[1] 杨云，汪辉进．Windows Server 2012 网络操作系统项目教程[M]．4 版．北京：人民邮电出版社，2016.

[2] 王淑江．Windows Server 2012 活动目录管理实践[M]．北京：人民邮电出版社，2014.

[3] 龚涛，刘媛媛，杨晓雪．网络操作系统：基于 Windows Server 2012[M]．2 版．北京：机械工业出版社，2018.

[4] 王伟．网络操作系统 Windows Server 2012 系统管理[M]．北京：电子工业出版社，2016.

[5] 黄君羡，郭雅．Windows Server 2012 网络服务器配置与管理[M]．北京：电子工业出版社，2014.

[6] 宁蒙．Windows Server 2012 服务器配置实训教程[M]．2 版．北京：机械工业出版社，2016.

[7] 王淑江．Windows Server 2012 Hyper-V 虚拟化管理实践[M]．北京：人民邮电出版社，2013.

[8] 戴有炜．Windows Server 2012 系统配置指南[M]．北京：清华大学出版社，2014.

[9] 黄君羡．Windows Server 2012 活动目录项目式教程[M]．北京：人民邮电出版社，2015.

[10] 刘邦桂．服务器配置与管理——Windows Server 2012[M]．北京：清华大学出版社，2017.

[11] 黄超强．Windows Server 2012 操作系统项目教程[M]．北京：科学出版社，2016.

[12] 褚建立．Windows Server 2012 网络管理项目实训教程．2 版．北京：电子工业出版社，2017.

[13] 丛佩丽．网络操作系统管理与应用[M]．3 版．北京：中国铁道出版社，2016.

[14] Behrouz A.Forouzan，Sophia Chung Fegan. TCP/IP 协议簇[M]．2 版．谢希仁译．北京：清华大学出版社，2005.

[15] 谢希仁．计算机网络[M]．4 版．北京：电子工业出版社，2003.

[16] 雷震甲．网络工程师教程[M]．3 版．北京：清华大学出版社，2009.

[17] 张伍荣．应试捷径——典型考题解析与考点贯通(网络工程师考试下午科目)[M]．北京：电子工业出版社，2006.

[18] 王达．网管员必读——网络组建[M]．2 版．北京：电子工业出版社，2007.

[19] 鞠光明，刘勇．Windows 服务器维护与管理教程与实训[M]．北京：北京大学出版社，2005.